U1006430

实用工程材料简明手册丛书

新编常用建筑材料简明手册

白会人　主编

中国建材工业出版社

图书在版编目(CIP)数据

新编常用建筑材料简明手册/白会人主编.—北京:中国建材工业出版社,2009.8
(实用工程材料简明手册丛书)
ISBN 978-7-80227-460-0

Ⅰ.新… Ⅱ.白… Ⅲ.建筑材料-技术手册 Ⅳ.TU5-62

中国版本图书馆 CIP 数据核字(2009)第 015644 号

内容提要

本书依据国家现行的相关建筑施工材料标准编写。全书的内容包括水泥、混凝土、砖瓦、砌块、木材、钢材、玻璃、陶瓷、管材、管件、防水材料以及饰面、保温材料。本书内容丰富,信息量大,通俗易懂,可操作性、实用性强,便于执行,方便查阅。

本书可作为建筑工程施工人员、管理人员的必备工具书,也可作为大专院校师生的参考用书。

新编常用建筑材料简明手册
白会人　主编

出版发行:中国建材工业出版社
地　　址:北京市西城区车公庄大街 6 号
邮　　编:100044
经　　销:全国各地新华书店
印　　刷:北京鑫正大印刷有限公司
开　　本:787mm×1092mm　1/16
印　　张:28
字　　数:710 千字
版　　次:2009 年 8 月第 1 版
印　　次:2009 年 8 月第 1 次
书　　号:ISBN 978-7-80227-460-0
定　　价:58.00 元

本社网址:www.jccbs.com.cn
本书如出现印装质量问题,由我社发行部负责调换。联系电话:(010)88386906

《新编常用建筑材料简明手册》

编写人员

主　编　白会人

编　委（按姓氏笔画排序）

计春艳　王晓蕾　关　红　齐　艳

孙　博　孙　鹏　初　平　苏　迪

李晓绯　李晓颖　李　鹏　邵英杰

张青青　邹　剑　罗　铖　周　婵

洪　峙　侯　同　徐荣晋　曹丽娟

崔永祥　韩少锋　韩舒宁

前　　言

近年来，随着我国经济建设的快速发展，建筑业作为国民经济支柱产业，持续稳定的高增长率带动了建筑材料行业的迅速成长。考虑到科学技术的快速发展以及设计、施工实践中相关情况的变化，国务院有关部门陆续修订、制订了一批新的标准、规范、规程。为了贯彻、应用这些新的标准、规范、规程，广大建筑工程技术人员迫切需要具有相关数据的参考书籍，为此，我们组织编写了这本《新编常用建筑材料简明手册》。

本手册分为9章，根据国家和行业的最新标准、规范编写。主要内容包括：水泥、混凝土、砖瓦、砌块、木材、钢材、玻璃、陶瓷、管材、管件、防水材料以及饰面、保温材料。

本手册特点是：技术规范新、内容覆盖面广、实用性强、查阅方便快捷等，收录了大量的常用数据、公式以及图表，能够很好地满足不同读者的需求。本手册可作为建筑工程施工人员、管理人员的速查手册，也可作为大专院校师生的参考用书。

由于编者的经验和学识有限，加之当今我国建筑业的飞速发展，尽管编者尽心尽力、反复推敲核实，但仍不免有疏漏之处，恳请广大读者提出批评和指正。

编者

2009.7

目 录

1 水　泥

1.1　通用水泥质量等级

1. 水泥质量等级的划分(表 1-1)

表 1-1　水泥质量等级的划分

等　级	要　　求
优等品	水泥产品标准必须达到国际先进水平,且水泥实物质量水平与国外同类产品相比达到近 5 年内的先进水平
一等品	水泥产品标准必须达到国际一般水平,且水泥实物质量水平达到国际同类产品的一般水平
合格品	按我国现行水泥产品标准组织生产,水泥实物质量水平必须达到产品标准的要求

2. 通用水泥实物质量等级的技术要求

1)水泥实物质量在符合相应标准的技术要求基础上,进行实物质量水平的分等。

2)通用水泥的实物质量水平根据 3d 抗压强度、28d 抗压强度和终凝时间进行分等。

3)通用水泥的实物质量应符合表 1-2 的要求。

表 1-2　通用水泥的实物质量

项目 \ 品种 \ 等级	优等品		一等品		合格品
	硅酸盐水泥 普通硅酸盐水泥 复合硅酸盐水泥 石灰石硅酸盐水泥	矿渣硅酸盐水泥 火山灰质硅酸盐水泥 粉煤灰硅酸盐水泥	硅酸盐水泥 普通硅酸盐水泥 复合硅酸盐水泥 石灰石硅酸盐水泥	矿渣硅酸盐水泥 火山灰质硅酸盐水泥 粉煤灰硅酸盐水泥	通用水泥各品种
抗压强度,MPa 3d 不小于	24.0	21.0	19.0	16.0	符合通用水泥各品种的技术要求
28d 不小于	46.0	46.0	36.0	36.0	
不大于	$1.1\overline{R}$	$1.1\overline{R}$	$1.1\overline{R}$	$1.1\overline{R}$	
终凝时间,h 不大于	6:30	6:30	6:30	8:00	

注:$\overline{R}$ 为同品种同强度等级水泥 28d 抗压强度上月平均值,至少以 20 个编号平均,不足 20 个编号时,可两个月或三个月合并计算。对于 62.5 级(含 62.5)以上水泥,28d 抗压强度不大于 $1.1\overline{R}$ 的要求不作规定。

3. 水泥质量等级评定

1)水泥企业可按《通用水泥质量等级》(JC/T 452—2002)实物质量要求以出厂水泥试验结果确定产品等级。

2）当水泥企业确定产品优等品或一等品并在包装袋上印有相应等级品时，质量管理部门应按企业确定等级进行考核、监督。

3）水泥产品实物质量水平的验证由省级或省级以上国家认可的水泥质量检验机构负责进行。

4）水泥产品的质量管理认证统计、监督按照有关规定进行。

1.2 通用硅酸盐水泥

1. 定义与分类

通用硅酸盐水泥是以硅酸盐水泥熟料和适量的石膏，及规定的混合材料制成的水硬性胶凝材料。

通用硅酸盐水泥按混合材料的品种和掺量分为硅酸盐水泥、普通硅酸盐水泥、矿渣硅酸盐水泥、火山灰质硅酸盐水泥、粉煤灰硅酸盐水泥和复合硅酸盐水泥。

2. 组分

通用硅酸盐水泥的组分应符合表1-3的规定。

表1-3 通用硅酸盐水泥的组分 %

品种	代号	组分				
		熟料+石膏	粒化高炉矿渣	火山灰质混合材料	粉煤灰	石灰石
硅酸盐水泥	P·Ⅰ	100	—	—	—	—
	P·Ⅱ	≥95	≤5	—	—	—
		≥95	—	—	—	≤5
普通硅酸盐水泥	P·O	≥80且<95	>5且≤20			—
矿渣硅酸盐水泥	P·S·A	≥50且<80	>20且≤50	—	—	—
	P·S·B	≥30且<50	>50且≤70	—	—	—
火山灰质硅酸盐水泥	P·P	≥60且<80	—	>20且≤40	—	—
粉煤灰硅酸盐水泥	P·F	≥60且<80	—	—	>20且≤40	—
复合硅酸盐水泥	P·C	≥50且<80	>20且≤50			

3. 强度等级

1）硅酸盐水泥的强度等级分为42.5、42.5R、52.5、52.5R、62.5、62.5R六个等级。

2）普通硅酸盐水泥的强度等级分为42.5、42.5R、52.5、52.5R四个等级。

3）矿渣硅酸盐水泥、火山灰质硅酸盐水泥、粉煤灰硅酸盐水泥、复合硅酸盐水泥的强度等级分为32.5、32.5R、42.5、42.5R、52.5、52.5R六个等级。

4. 技术要求

通用硅酸盐水泥的技术要求，见表1-4。

表 1-4 通用硅酸盐水泥的技术要求

项 目	要 求
化学指标	通用硅酸盐的化学指标应符合表 1-5 的规定
碱含量	水泥中碱含量按 $Na_2O+0.658K_2O$ 计算值表示。若使用活性骨料，用户要求提供低碱水泥时，水泥中的碱含量应不大于 0.60% 或由买卖双方协商确定
凝结时间	硅酸盐水泥初凝不小于 45min，终凝不大于 390min 普通硅酸盐水泥、矿渣硅酸盐水泥、火山灰质硅酸盐水泥、粉煤灰硅酸盐水泥和复合硅酸盐水泥初凝不小于 45min，终凝不大于 600min
安定性	沸煮法合格
强度	不同品种不同强度等级的通用硅酸盐水泥，其各龄期的强度应符合表 1-6 的规定
细度	硅酸盐水泥和普通硅酸盐水泥以比表面积表示，不小于 $300m^2/kg$；矿渣硅酸盐水泥、火山灰质硅酸盐水泥、粉煤灰硅酸盐水泥和复合硅酸盐水泥以筛余表示，80μm 方孔筛筛余不大于 10% 或 45μm 方孔筛筛余不大于 30%

表 1-5 通用硅酸盐的化学指标 %

品 种	代 号	不溶物（质量分数）	烧失量（质量分数）	三氧化硫（质量分数）	氧化镁（质量分数）	氯离子（质量分数）
硅酸盐水泥	P·Ⅰ	≤0.75	≤3.0	≤3.5	≤5.0①	≤0.06③
	P·Ⅱ	≤1.50	≤3.5			
普通硅酸盐水泥	P·O	—	≤5.0			
矿渣硅酸盐水泥	P·S·A	—	—	≤4.0	≤6.0②	
	P·S·B	—	—		—	
火山灰质硅酸盐水泥	P·P	—	—	≤3.5	≤6.0②	
粉煤灰硅酸盐水泥	P·F	—	—			
复合硅酸盐水泥	P·C	—	—			

① 如果水泥压蒸试验合格，则水泥中氧化镁的含量（质量分数）允许放宽至 6.0%；
② 如果水泥中氧化镁的含量（质量分数）大于 6.0% 时，需进行水泥压蒸安定性试验并合格；
③ 当有更低要求时，该指标由买卖双方协商确定。

表 1-6 通用硅酸盐水泥的强度 MPa

品 种	强度等级	抗压强度 3d	抗压强度 28d	抗折强度 3d	抗折强度 28d
硅酸盐水泥	42.5	≥17.0	≥42.5	≥3.5	≥6.5
	42.5R	≥22.0		≥4.0	
	52.5	≥23.0	≥52.5	≥4.0	≥7.0
	52.5R	≥27.0		≥5.0	
	62.5	≥28.0	≥62.5	≥5.0	≥8.0
	62.5R	≥32.0		≥5.5	
普通硅酸盐水泥	42.5	≥17.0	≥42.5	≥3.5	≥6.5
	42.5R	≥22.0		≥4.0	
	52.5	≥23.0	≥52.5	≥4.0	≥7.0
	52.5R	≥27.0		≥5.0	
矿渣硅酸盐水泥 火山灰质硅酸盐水泥 粉煤灰硅酸盐水泥 复合硅酸盐水泥	32.5	≥10.0	≥32.5	≥2.5	≥5.5
	32.5R	≥15.0		≥3.5	
	42.5	≥15.0	≥42.5	≥3.5	≥6.5
	42.5R	≥19.0		≥4.0	
	52.5	≥21.0	≥52.5	≥4.0	≥7.0
	52.5R	≥23.0		≥4.5	

1.3 石灰石硅酸盐水泥

1. 定义

石灰石硅酸盐水泥系由硅酸盐水泥熟料和石灰石、适量石膏磨细制成的水硬性胶凝材料。其中石灰石掺加量为10% ~25%。石灰石硅酸盐水泥代号为P·L。

2. 石灰石质量(表1-7)

表1-7 石灰石质量要求

化学成分	含量,%
$CaCO_3$	≥75.0
Al_2O_3	≤2.0

3. 强度等级

石灰石硅酸盐水泥强度等级分为32.5、32.5R、42.5、42.5R。

4. 技术要求(表1-8)

表1-8 石灰石硅酸盐水泥的技术要求

项目	要求
氧化镁	熟料中氧化镁含量不得超过5.0%。如果水泥经压蒸安定性试验合格,则熟料中氧化镁含量允许放宽到6.0%
三氧化硫	水泥中三氧化硫含量不得超过3.5%
细度	水泥比表面积不得小于350m^2/kg
凝结时间	初凝不得早于45min,终凝不得迟于10h
安定性	用沸煮法检验必须合格
强度	各强度等级水泥的各龄期抗压强度和抗折强度不得低于表1-9中的数值
碱	水泥中碱含量按$Na_2O+0.658K_2O$计算值来表示。若使用活性骨料,需要限制水泥碱含量时,由供需双方商定

表1-9 各强度等级石灰石硅酸盐水泥的各龄期强度指标

强度等级	抗压强度,MPa		抗折强度,MPa	
	3d	28d	3d	28d
32.5	11.0	32.5	2.5	5.5
32.5R	16.0	32.5	3.5	5.5
42.5	16.0	42.5	3.5	6.5
42.5R	21.0	42.5	4.0	6.5

1.4 道路硅酸盐水泥

1. 定义

由道路硅酸盐水泥熟料，适量石膏，可加入符合《道路硅酸盐水泥》（GB 13693）规定的混合材料，磨细制成的水硬性胶凝材料，称为道路硅酸盐水泥（简称道路水泥），代号 P·R。

2. 道路硅酸盐水泥熟料要求

铝酸三钙（$3CaO \cdot Al_2O_3$）的含量应不超过 5.0%，铁铝酸四钙（$4CaO \cdot Al_2O_3 \cdot Fe_2O_3$）的含量应不低于 16.0%，游离氧化钙的含量，旋窑生产应不大于 1.0%；立窑生产应不大于 1.8%。

铝酸三钙的含量按式（1-1）、铁铝酸四钙的含量按式（1-2）计算：

$$w(3CaO \cdot Al_2O_3) = 2.65[w(Al_2O_3) - 0.64w(Fe_2O_3)] \tag{1-1}$$

$$w(4CaO \cdot Al_2O_3 \cdot Fe_2O_3) = 3.04w(Fe_2O_3) \tag{1-2}$$

式中 $w(3CaO \cdot Al_2O_3)$——硅酸盐水泥熟料中铝酸三钙的含量，%；

$w(4CaO \cdot Al_2O_3 \cdot Fe_2O_3)$——硅酸盐水泥熟料中铁铝酸四钙的含量，%；

$w(CaO)$——硅酸盐水泥熟料中氧化钙的含量，%；

$w(Al_2O_3)$——硅酸盐水泥熟料中三氧化二铝的含量，%；

$w(Fe_2O_3)$——硅酸盐水泥熟料中三氧化二铁的含量，%。

3. 强度等级

道路硅酸盐水泥分 32.5 级、42.5 级和 52.5 级三个等级。

4. 技术要求（表 1-10）

表 1-10 道路硅酸盐水泥的技术要求

项 目	要 求
氧化镁	含量应不大于 5.0%
三氧化硫	含量应不大于 3.5%
烧失量	烧失量应不大于 3.0%
比表面积	300 ~ 450m^2/kg
凝结时间	初凝应不早于 1.5h，终凝不得迟于 10h
安定性	用沸煮法检验必须合格
干缩率	28d 干缩率应不大于 0.10%
耐磨性	28d 磨耗量应不大于 3.00kg/m^2
强度	水泥的强度等级按规定龄期的抗压和抗折强度划分，各龄期的抗压强度和抗折强度应不低于表 1-11 数值
碱含量	碱含量由供需双方商定。若使用活性骨料，用户要求提供低碱水泥时，水泥中碱含量应不超过 0.60%。碱含量按 $w(Na_2O) + 0.658w(K_2O)$ 计算值表示

表 1-11　道路硅酸盐水泥的等级与各龄期强度　MPa

强度等级	抗折强度		抗压强度	
	3d	28d	3d	28d
32.5	3.5	6.5	16.0	32.5
42.5	4.0	7.0	21.0	42.5
52.5	5.0	7.5	26.0	52.5

1.5　砌筑水泥

1. 定义

凡由一种或一种以上的水泥混合材料，加入适量硅酸盐水泥熟料和石膏，经磨细制成的工作性较好的水硬性胶凝材料，称为砌筑水泥，代号 M。

2. 组成

水泥中混合材料掺加量按质量百分比计应大于 50%，允许掺入适量的石灰石或窑灰。

3. 强度等级

砌筑水泥分 12.5 和 22.5 两个强度等级。

4. 技术要求(表 1-12)

表 1-12　砌筑水泥的技术要求

项　目	要　求
三氧化硫	含量应不大于 4.0%
细度	80μm 方孔筛筛余不大于 10.0%
凝结时间	初凝不早于 60min，终凝不迟于 12h
安定性	用沸煮法检验，应合格
保水率	应不低于 80%
强度	各等级水泥各龄期强度应不低于表 1-13 中数值

表 1-13　各等级砌筑水泥各龄期强度　MPa

水泥等级	抗压强度		抗折强度	
	7d	28d	7d	28d
12.5	7.0	12.5	1.5	3.0
22.5	10.0	22.5	2.0	4.0

1.6 钢渣砌筑水泥

1. 定义

以转炉钢渣或电炉钢渣、粒化高炉矿渣为主要成分，加入适量硅酸盐水泥熟料和石膏，经磨细制成的工作性较好的水硬性胶凝材料，称为钢渣砌筑水泥，代号为S·M。

2. 强度等级

钢渣砌筑水泥分17.5、22.5、27.5三个等级。

3. 技术要求（表1-14）

表1-14 钢渣砌筑水泥的技术要求

项 目	要 求
三氧化硫	水泥中的三氧化硫含量应不超过4.0%。如水浸安定性合格，三氧化硫含量允许放宽至6.0%
比表面积	水泥比表面积应不小于$350m^2/kg$
凝结时间	初凝时间应不早于60min，终凝时间应不迟于12h
安定性	用沸煮法检验必须合格。用氧化镁含量大于5%的钢渣制成的水泥，经压蒸安定性检验，必须合格。钢渣中的氧化镁含量为5%～13%时，如粒化高炉矿渣的掺量大于40%制成的水泥可不作压蒸法检验 如水泥中三氧化硫含量超过4.00%时，须进行水浸安定性检验
保水率	保水率应不低于80%
强度	各等级水泥的各龄期强度应不得低于表1-15中的数值

表1-15 钢渣砌筑水泥各龄期强度

水泥等级	抗压强度，MPa		抗折强度，MPa	
	7d	28d	7d	28d
17.5	7.0	17.5	1.5	3.0
22.5	10.0	22.5	2.0	4.0
27.5	12.5	27.5	2.5	5.0

1.7 水泥胶砂强度检验方法

1. 方法概要

本方法为40mm×40mm×160mm棱柱试体的水泥抗压强度和抗折强度测定。

试体是由按质量计的一份水泥、三份中国ISO标准砂，用0.5的水灰比拌制的一组塑性胶砂制成。中国 ISO 标准砂的水泥抗压强度结果必须与 ISO 基准砂的相一致。

胶砂用行星搅拌机搅拌，在振实台上成型。也可使用频率 2800～3000 次/min，振幅 0.75mm 振动台成型。

试体连模一起在湿气中养护 24h，然后脱模在水中养护至强度试验。

到试验龄期时将试体从水中取出，先进行抗折强度试验，折断后每截再进行抗压强度试验。

2. 胶砂组成

(1) 砂

1) ISO 基准砂。ISO 基准砂是由德国标准砂公司制备的 SiO_2 含量不低于 98% 的天然的圆形硅质砂组成，其颗粒分布在表 1-16 规定的范围内。

表 1-16　ISO 基准砂颗粒分布

方孔边长，mm	累计筛余，%
2.0	0
1.6	7±5
1.0	33±5
0.5	67±5
0.16	87±5
0.08	99±1

砂的筛析试验应用有代表性的样品来进行，每个筛子的筛析试验应进行至每分钟通过量小于 0.5g 为止。

砂的湿含量是在 105～110℃ 下用代表性砂样烘 2h 的质量损失来测定，以干基的质量百分数表示，应小于 0.2%。

2) 中国 ISO 标准砂。中国 ISO 标准砂完全符合 1) 颗粒分布和湿含量的规定。生产期间这种测定每天应至少进行一次。这些要求不足以保证标准砂与基准砂等同。这种等效性是通过标准砂和基准砂比对检验程序来保持的。

中国 ISO 标准砂可以单级分包装，也可以各级预配合以 1350g±5g 量的塑料袋混合包装，但所用塑料袋材料不得影响强度试验结果。

(2) 水泥

当试验水泥从取样至试验要保持 24h 以上时，应把它贮存在基本装满和气密的容器里，这个容器应不与水泥起反应。

(3) 水

仲裁试验或其他重要试验用蒸馏水，其他试验可用饮用水。

3. 胶砂的制备

(1) 配合比

胶砂的质量配合比应为一份水泥、三份标准砂和半份水（水灰比为 0.5）。一锅胶砂成三条试体，每锅材料需要量如表 1-17。

表 1-17 每锅胶砂的材料数量 g

材料量 / 水泥品种	水 泥	标 准 砂	水
硅酸盐水泥	450 ±2	1350 ±5	225 ±1
普通硅酸盐水泥			
矿渣硅酸盐水泥			
粉煤灰硅酸盐水泥			
复合硅酸盐水泥			
石灰石硅酸盐水泥			

(2)配料

水泥、砂、水和试验用具的温度与试验室相同，称量用的天平精度应为 ±1g。当用自动滴管加 225mL 水时，滴管精度应达到 ±1mL。

(3)搅拌

每锅胶砂用搅拌机进行机械搅拌。先使搅拌机处于待工作状态，然后按以下的程序进行操作：

1)把水加入锅里，再加入水泥，把锅放在固定架上，上升至固定位置。

2)然后立即开动机器，低速搅拌 30s 后，在第二个 30s 开始的同时均匀地将砂子加入。当各级砂是分装时，从最粗粒级开始，依次将所需的每级砂量加完。把机器转至高速再拌 30s。

3)停拌 90s，在第一个 15s 内用一胶皮刮具将叶片和锅壁上的胶砂，刮入锅中间。在高速下继续搅拌 60s。各个搅拌阶段，时间误差应在 ±1s 以内。

4. 试验程序

(1)总则

用规定的设备以中心加荷法测定抗折强度。

在折断后的棱柱体上进行抗压试验，受压面是试体成型时的两个侧面，面积为 40mm ×40mm。

当不需要抗折强度数值时，抗折强度试验可以省去。但抗压强度试验应在不使试件受有害应力情况下折断的两截棱柱体上进行。

(2)抗折强度测定

将试体一个侧面放在试验机支撑圆柱上，试体长轴垂直于支撑圆柱，通过加荷圆柱以 50N/s ±10N/s 的速率均匀地将荷载垂直地加在棱柱体相对侧面上，直至折断。

保持两个半截棱柱体处于潮湿状态直至抗压试验。

抗折强度 R_f 以牛顿每平方毫米(MPa)表示，按式(1-3)进行计算：

$$R_f = \frac{1.5F_fL}{b^3} \tag{1-3}$$

式中 F_f——折断时施加于棱柱体中部的荷载，N；

L——支撑圆柱之间的距离，mm；

b——棱柱体正方形截面的边长，mm。

(3)抗压强度测定

抗压强度试验通过规定的仪器，在半截棱柱体的侧面上进行。

半截棱柱体中心与压力机压板受压中心差应在 ±0.5mm 内,棱柱体露在压板外的部分约有 10mm。

在整个加荷过程中以 2400N/s ±200N/s 的速率均匀地加荷直至破坏。

抗压强度 R_c 以牛顿每平方毫米(MPa)为单位,按式(1-4)进行计算:

$$R_c = \frac{F_c}{A} \tag{1-4}$$

式中 F_c——破坏时的最大荷载,N;

A——受压部分面积,mm^2($40mm \times 40mm = 1600mm^2$)。

5. 水泥的合格检验

(1)试验结果的确定

1)抗折强度。以一组三个棱柱体抗折结果的平均值作为试验结果。当三个强度值中有超出平均值 ±10% 时,应剔除后再取平均值作为抗折强度试验结果。

2)抗压强度。以一组三个棱柱体上得到的六个抗压强度测定值的算术平均值为试验结果。如六个测定值中有一个超出六个平均值的 ±10%,就应剔除这个结果,而以剩下五个的平均数为结果。如果五个测定值中再有超过它们平均数 ±10% 的,则此组结果作废。

(2)试验结果的计算

各试体的抗折强度记录至 0.1MPa,按(1)中 1)规定计算平均值。计算精确至 0.1MPa。

各个半棱柱体得到的单个抗压强度结果计算至 0.1MPa,按(1)中 2)规定计算平均值,计算精确至 0.1MPa。

(3)再现性

抗压强度测量方法的再现性,是同一个水泥样品在不同试验室工作的不同操作人员,在不同的时间,用不同来源的标准砂和不同套设备所获得试验结果误差的定量表达。

对于 28d 抗压强度的测定,在合格试验室之间的再现性,用变异系数表示,可要求不超过 6%。

这意味着不同试验室之间获得的两个相应试验结果的差可要求(概率 95%)小于约 15%。

1.8 建筑石灰试验方法(化学分析方法)

1. 分析方法

(1)二氧化硅的测定

1)氟硅酸钾容量法

① 方法提要

在有过量的氟,钾离子存在的强酸性溶液中,使硅酸形成氟硅酸钾(K_2SiF_6)沉淀,经过滤、洗涤、中和滤纸上的残余酸后,加沸水使氟硅酸钾沉淀水解生成等当量的氢氟酸,然后以酚酞为指示剂,用氢氧化钠标准溶液进行滴定。

② 试剂

a. 硝酸(浓);

b. 氯化钾(固体)；

c. 氟化钾溶液(150g/L)：将15g氟化钾放在塑料杯中，加50mL水溶解后，再加20mL硝酸，用水稀释至100mL，加固体氯化钾至饱和，放置过夜，倾出上层清液，贮存于塑料瓶中备用；

d. 氯化钾-乙醇溶液(50g/L)：将5g氯化钾溶于50mL水中，用95%乙醇稀释至100mL混匀；

e. 酚酞指示剂乙醇溶液(10g/L)：将1g酚酞溶于95%乙醇，并用95%乙醇稀释至100mL；

f. 氢氧化钠标准溶液(0.05mol/L)：将10g氢氧化钠溶于5L水中，充分摇匀，贮存于塑料桶中；

标定方法：准确称取0.3000g苯二甲酸氢钾置于400mL烧杯中，加入约150mL新煮沸的冷水(用氢氧化钠溶液中和至酚酞呈微红色)，使其溶解，然后加入7～8滴酚酞指示剂乙醇溶液(10g/L)，以氢氧化钠标准溶液滴定至微红色为终点，记录V。

氢氧化钠溶液对二氧化硅的滴定度按式(1-5)计算。

$$T_{SiO_2} = \frac{m \times 15.02 \times 1000}{V \times 204.2} \tag{1-5}$$

式中　T_{SiO_2}——每毫升氢氧化钠标准溶液相当于二氧化硅的毫克数；

m——苯二甲酸氢钾质量，g；

V——氢氧化钠标准溶液的体积，mL；

204.2——苯二甲酸氢钾的摩尔质量，g；

15.02——二氧化硅的摩尔质量，g。

③ 分析步骤

准确称取试样约0.3000g，置于银坩埚中，加入4g氢氧化钠盖上盖，并留有缝隙，于高温炉内升温至600～650℃熔融20min取出冷却，用热水将熔融物浸出，倒入塑料杯中，并洗净银坩埚，也倒入塑料杯中然后依次加15mL硝酸及10mL氟化钾溶液(150g/L)，冷却后加固体氯化钾，仔细搅拌至饱和并有少量氯化钾析出。于冷水中静置15～20min，用中速滤纸过滤，塑料杯及沉淀用氯化钾溶液(50g/L)洗3次，将滤纸连同沉淀取下，置于原塑料杯中，沿杯壁加入10mL氯化钾-乙醇溶液(50g/L)及1mL酚酞指示剂乙醇溶液(10g/L)。用0.05mol/L氢氧化钠标准溶液中和未洗净的酸，至溶液呈微红色，然后加入200mL沸水(煮沸用氢氧化钠溶液中和至酚酞呈微红色)，用0.05mol/L氢氧化钠标准溶液滴定至微红色，记录V。

④ 结果计算

二氧化硅的百分含量(X_1)按式(1-6)计算。

$$X_1 = \frac{T_{SiO_2} \times V}{m \times 1000} \times 100 \tag{1-6}$$

式中　T_{SiO_2}——每毫升氢氧化钠标准溶液相当于二氧化硅的毫克数；

V——滴定时消耗氢氧化钠标准溶液的体积，mL；

m——试样质量，g。

2)氯化铵重量法

① 方法提要

试样加少量无水碳酸钠于铂坩埚内，放在高温下烧结。用盐酸分解。加固体氯化铵后，在沸水浴上加热蒸发使硅酸凝聚，过滤沉淀，经高温灼烧恒重，用氢氟酸处理后，再经高温灼烧恒重，求得二氧化硅的百分含量。

② 试剂

氯化铵（固体）；盐酸；盐酸（1+1）；盐酸（3+97）；硝酸；氢氟酸；硫酸（1+4）；焦硫酸钾（固体）。

③ 分析步骤

准确称取试样约0.5000g，置于铂坩埚中，加入0.3g研细的无水碳酸钠，混匀，将铂坩埚放入950~1000℃高温炉内熔融10min，取出冷却。

将熔融块倒入150mL瓷蒸发皿中，加数滴水润湿，盖上表面皿从皿口滴加5mL盐酸（1+1）及2~3滴硝酸，待反应停止后，取下表面皿用平头玻璃棒压碎块状物，使试样充分分解，然后用胶头扫棒以盐酸（3+97）擦洗坩埚内壁数次，溶液合并于蒸发皿中（总体积不超过20mL为宜）。将蒸发皿置于沸水浴上，皿上放一玻璃三角架，再盖上表面皿。蒸发至糊状后，加1g氯化铵，充分搅拌，然后继续在沸水浴上蒸发至近干（约15min）。取下蒸发皿，加20mL热盐酸（3+97），搅拌，使可溶性盐类溶解。以中速定量滤纸过滤，用胶头扫棒以热盐酸（3+97）擦洗玻璃棒及蒸发皿，并洗涤沉淀10~12次，滤液及洗液保存在250mL容量瓶内。

在沉淀上加数滴硫酸（1+4），然后将沉淀及滤纸一并移入已恒重的铂坩埚中，先在电炉上低温烤干，再升高温度使滤纸充分灰化，再于950~1000℃的高温炉内灼烧40min，取出坩埚，置于干燥器内冷却10~15min，称量，如此反复灼烧直至恒重，向坩埚内加数滴水润湿沉淀，再加3滴硫酸（1+4）和5~7mL氢氟酸，置于水浴上缓慢加热挥发，至开始逸出三氧化硫白烟时取下坩埚、稍冷。再加2~3滴硫酸（1+4）和3~5mL氢氟酸，继续加热挥发，至三氧化硫白烟完全逸尽。取下坩埚，放入950~1000℃高温炉内灼烧30min，取出稍冷，放在干燥器内冷却至室温、称量。如此反复灼烧直至恒重。

坩埚内残渣加入0.5g焦硫酸钾，在电炉上从低温逐渐加热至完全熔融，用热水和数滴盐酸（1+1）溶出，并入分离二氧化硅后的滤液中，然后加水稀释至标线摇匀，此液供测铁、铝、钙、镁用。

④ 结果计算

二氧化硅的百分含量（X_2）按式（1-7）计算。

$$X_2 = \frac{m_1 - m_2}{m} \times 100 \tag{1-7}$$

式中 m_1——未经氢氟酸处理的沉淀和坩埚的质量，g；

m_2——经氢氟酸处理后的残渣和坩埚的质量，g；

m——试样质量，g。

（2）铁、铝、钙、镁的测定

除用（1）中2）③试样溶液外，可按下列方法制试样溶液。

1）试样溶液制备

① 方法提要

试样于银坩埚中，用氢氧化钠经高温熔融，用热水浸出熔块，放在300mL烧杯中，加盐酸分解，银离子与氯离子在高浓度盐酸溶液中，生成络银离子$[AgCl_4]^{-3}$，防止了氯化银析出，得到澄清溶液。于同一份试样溶液中，经分取试样溶液，测铁、铝、钙、镁。

② 试剂

盐酸;盐酸(1+5);氢氧化钠(固体)。

③ 制备步骤

准确称取石灰样0.6000g,置于银坩埚中,加入4~5g氢氧化钠,盖上盖,并留有缝隙,放入高温炉中在600~650℃的温度下熔融20min,取出冷却,将坩埚放入已盛有100mL热水的烧杯中。盖上表面皿,待熔块完全浸出后,取出银坩埚。先用水洗盖和坩埚,在搅拌同时,一次加入25mL盐酸,再加1mL硝酸,用热盐酸(1+5)洗净坩埚和盖。将溶液加热至沸,冷却后移入250mL容量瓶中用水稀释至标线,摇匀,供铁、铝、钙、镁测定。

2)三氧化二铁的测定

① 方法提要

在pH1.8~2.0,及60~70℃的溶液中,以磺基水杨酸钠为指示剂,用EDTA标准溶液滴定至亮黄色或无色。

② 试剂

a. 氨水(1+1);

b. 盐酸(1+1);

c. 乙二胺四乙酸二钠(EDTA)标准溶液(0.015mol/L):将5.6g乙二胺四乙酸二钠(简称EDTA)置于烧杯中,加约200mL水,加热溶解,过滤。用水稀释至1L;

d. 碳酸钙标准溶液:准确称取约0.6g已在100~105℃烘过2h的碳酸钙(高纯试剂),置于400mL烧杯中。加入约100mL水,盖上表面皿,沿杯口滴加盐酸(1+1)至碳酸钙全都溶解后,加热煮沸数分钟将溶液冷至室温,移入250mL容量瓶中,用水稀至标线,摇匀;

e. 磺基水杨酸钠指示剂(100g/L):将10g磺基水杨酸钠溶于100mL水中;

f. 精密pH试纸(pH 0.5~5.0);

g. CMP混合指示剂:将1g钙黄绿素(简称C),1g甲基百里香酚蓝(简称M),0.2g酚酞(简称P)与50g已在100~105℃烘干2h的硝酸钾混合研细,保存在磨口瓶中备用。

标定方法:吸取25mL碳酸钙标准溶液放入400mL烧杯中,用水稀释至约200mL。加入适量CMP混合指示剂,在搅拌下滴加(200g/L)氢氧化钾溶液至出现绿色荧光后,再过量1~2mL以(0.015mol/L)EDTA标准溶液滴定至绿色荧光消失,并呈现红色,记录V_1。

EDTA标准溶液对三氧化二铁、三氧化二铝、氧化钙和氧化镁的滴定度按下式计算。

$$T_{Fe_2O_3}=\frac{C\times V_1}{V}\times\frac{M_{Fe_2O_3}}{2M_{CaCO_3}}=\frac{C\times V_1}{V}\times 0.7977 \tag{1-8}$$

$$T_{Al_2O_3}=\frac{C\times V_1}{V}\times\frac{M_{Al_2O_3}}{2M_{CaCO_3}}=\frac{C\times V_1}{V}\times 0.5094 \tag{1-9}$$

$$T_{CaO}=\frac{C\times V_1}{V}\times\frac{M_{CaO}}{M_{CaCO_3}}=\frac{C\times V_1}{V}\times 0.5603 \tag{1-10}$$

$$T_{MgO}=\frac{C\times V_1}{V}\times\frac{M_{MgO}}{M_{CaCO_3}}=\frac{C\times V_1}{V}\times 0.4028 \tag{1-11}$$

式中 $T_{Fe_2O_3}$——每毫升EDTA标准溶液相当于三氧化二铁的毫克数;

$T_{Al_2O_3}$——每毫升EDTA标准溶液相当于三氧化二铝的毫克数;

T_{CaO}——每毫升 EDTA 标准溶液相当于氧化钙的毫克数；

T_{MgO}——每毫升 EDTA 标准溶液相当于氧化镁的毫克数；

C——每毫升碳酸钙标准溶液含碳酸钙的毫克数；

V_1——碳酸钙标准溶液的体积，mL；

V——标定时消耗 EDTA 标准溶液的体积，mL；

$M_{Fe_2O_3}$——三氧化二铁的分子量；

$M_{Al_2O_3}$——三氧化二铝的分子量；

M_{CaO}——氧化钙的分子量；

M_{MgO}——氧化镁的分子量；

M_{CaCO_3}——碳酸钙的分子量。

③ 分析步骤

吸取 50mL 按(1)中 2)③或(2)中 1)③制备的试样溶液，放入 300mL 烧杯中，加水稀释至约 100mL，用氨水(1+1)和盐酸(1+1)调解溶液的 pH 值至 1.8～2.0(用精密 pH 试纸检验)。将溶液加热至 70℃左右，加 10 滴磺基水杨酸钠指示剂(100g/L)，以(0.015mol/L)标准溶液缓慢地滴定至亮黄色或无色(终点时溶液温度在 60℃左右)。

④ 结果计算

三氧化二铁的百分含量(X_3)按式(1-12)计算。

$$X_3 = \frac{T_{Fe_2O_3} \times V \times 5}{m \times 1000} \times 100 \tag{1-12}$$

式中 $T_{Fe_2O_3}$——每毫升 EDTA 标准溶液相当于三氧化二铁的毫克数；

V——滴定时消耗 EDTA 标准溶液的体积，mL；

5——全部试样溶液与所取试样溶液的体积比；

m——试样质量，g。

3)三氧化二铝(含钛)的测定

① 方法提要

在滴定铁后的溶液中，加入(对铝、钛)过量的 EDTA 标准溶液(一般过量 10mL 左右)。于 70～80℃时调解溶液 pH 值至 4.0～4.2 以 PAN 为指示剂，用硫酸铜标准溶液回滴过量 EDTA 溶液。

② 试剂

a. 乙酸-乙酸钠缓冲溶液(pH4.3)；称取 42.3g 无水乙酸钠溶于水中，加 80mL 冰乙酸，然后加水稀释至 1L，摇匀；

b. EDTA 标准溶液(0.015mol/L)：见(2)中 2)②；

c. 硫酸铜标准溶液(0.015mol/L)。将 3.7g 硫酸铜($CuSO_4 \cdot 5H_2O$)溶于水中，加 4～5 滴硫酸(1+1)，用水稀释至 1L，摇匀；

d. PAN 指示剂溶液(0.2%)：将 0.2g 1-(2-吡啶偶氮)-2-苯酚(PAN)溶于 100mL 乙醇中。

EDTA 标准溶液与硫酸铜标准溶液体积比的标定；

以滴定管缓慢放出 10～15mL(0.015mol/L)EDTA 标准溶液于 400mL 烧杯中，用水稀释至约 200mL，加 15mL 乙酸-乙酸钠缓冲溶液 pH4.3，然后加热至沸，取下稍冷，加 5～6 滴 PAN 指示剂，以硫酸铜标准溶液滴定至亮紫色。

EDTA 标准溶液与硫酸铜标准溶液的体积比 K 按式(1-13)计算。

$$K=\frac{V_1}{V_2} \tag{1-13}$$

式中　K——每毫升硫酸铜标准溶液相当于 EDTA 标准溶液的毫升数；

V_1——EDTA 标准溶液体积，mL；

V_2——滴定时消耗硫酸铜标准溶液体积，mL。

③ 分析步骤

在滴定铁后的溶液中，加入 10～15mL(0.015mol/L)EDTA 标准溶液。然后用水稀释至约 200mL，将溶液加热至 70～80℃后，加 15mL 乙酸-乙酸钠缓冲溶液(pH4.3)，煮沸 1～2min，取下稍冷，加 4～5 滴 PAN 指示剂，以硫酸铜标准溶液滴定至亮紫色为终点。

④ 结果计算

三氧化二铝的百分含量(X_4)按式(1-14)计算。

$$X_4=\frac{T_{Al_2O_3}\times(V_1-V_2\cdot K)\times 5}{m\times 1000}\times 100 \tag{1-14}$$

式中　$T_{Al_2O_3}$——每毫升 EDTA 标准溶液相当于三氧化二铝的毫克数；

V_1——加入 EDTA 标准溶液的体积，mL；

V_2——滴定时消耗硫酸铜标准溶液的体积，mL；

K——每毫升硫酸铜标准溶液相当于 EDTA 标准溶液的毫升数；

5——全部试样溶液与所取试样溶液的体积比；

m——试样质量，g。

4)氧化钙的测定

① 方法提要

在 pH13 以上的强碱性溶液中，以三乙醇胺掩蔽铁、铝，用 CMP 混合指示剂，以 EDTA 标准溶液直接滴定钙。

在不分离硅的条件下进行钙的滴定需预先在酸性溶液中加适量氟化钾，以抑制硅酸的干扰。

② 试剂

a. 氟化钾溶液(20g/L)：将 2g 氟化钾($KF\cdot 2H_2O$)溶于 100mL 水中，贮存在塑料瓶中；

b. 三乙醇胺(1+2)；

c. 氢氧化钾溶液(200g/L)：将 20g 氢氧化钾溶于 100mL 水中，摇匀；

d. EDTA 标准溶液(0.015mol/L)：见(2)中 2)②；

e. CMP 混合指示剂：见(2)中 2)②。

③ 分析步骤

吸取 10mL 按(1)中 2)③或(2)中 1)③制备的试样溶液，放入 400mL 烧杯中，加入 4mL 氟化钾溶液(20g/L)，搅拌并放置 2min，用水稀释至约 250mL，加 3mL 三乙醇胺(1+2)及适量的 CMP 混合指示剂，在搅拌下加入氢氧化钾溶液(200g/L)，至出现绿色荧光后再过量 5～8mL(此时溶液的 pH 在 13 以上)。用(0.015mol/L)EDTA 标准溶液滴定至绿色荧光消失，并呈现粉红色为终点。

④ 结果计算

氧化钙的百分含量(X_5)按式(1-15)计算。

$$X_5 = \frac{T_{CaO} \times V \times 25}{m \times 1000} \times 100 \tag{1-15}$$

式中 T_{CaO}——每毫升 EDTA 标准溶液相当于氧化钙的毫克数;

V——滴定时消耗 EDTA 标准溶液的体积,mL;

25——全都试样溶液与所取试样溶液的体积比,

m——试样质量,g。

5)氧化镁的测定

① 方法提要

在 pH10 溶液中,以三乙醇胺,酒石酸钾钠掩蔽铁铝,氟化钾消除二氧化硅对钙、镁的干扰,用酸性铬蓝 K-萘酚绿 B 混合指示剂,以 EDTA 标准溶液滴定钙、镁总量,扣除钙量,计算氧化镁的含量。

② 试剂

a. 氟化钾溶液(20g/L);

b. 三乙醇胺(1+2);

c. 酒石酸钾钠溶液(100g/L):将 10g 酒石酸钾钠溶液溶于 100mL 水中;

d. 氨水(1+1);

e. EDTA 标准溶液(0.015mol/L);

f. 酸性铬蓝 K-萘酚绿 B(1:2.5)混合指示剂;称取 1g 酸性铬蓝 K,2.5g 萘酚绿 B 和 50g 已在 100~105℃烘箱干燥 2h 的硝酸钾混合研细,贮存在磨口瓶中备用;

g. 氨水-氯化铵缓冲溶液(pH10):称取 67.5g 氯化铵溶于 200mL 水中,加氨水 570mL,用水稀释至 1L。

③ 分析步骤

吸取 10mL 按(1)中 2)③或(2)中 1)③制备的试样溶液。放入 400mL 烧杯中。加入 4mL 氟化钾溶液(20g/L),搅拌并放置 2min,用水稀释至约 250mL,加 3mL 三乙醇胺(1+2)及 1mL 酒石酸钾钠(100g/L),然后加入 20mL 氨水-氯化铵缓冲溶液(pH10),及适量的酸性铬蓝 K-萘酚绿 B(1:2.5)混合指示剂,以(0.015mol/L)EDTA 标准溶液滴定近终点时应缓慢滴定至纯蓝色。

④ 结果计算

氧化镁的百分含量(X_6)按式(1-16)计算。

$$X_6 = \frac{T_{MgO} \times (V_2 - V_1) \times 25}{m \times 1000} \times 100 \tag{1-16}$$

式中 T_{MgO}——每毫升 EDTA 标准溶液相当于氧化镁的毫克数;

V_1——滴定钙时消耗 EDTA 标准溶液体积,mL;

V_2——滴定钙、镁合量消耗 EDTA 标准溶液体积,mL;

25——全部试样溶液与所取试样溶液的体积比;

m——试样质量,g。

(3)石灰结合水、二氧化碳含量、烧失量的测定

1)方法提要

试样在 580±20℃灼烧失去的质量即为结合水含量,以百分含量计算。然后再将上述试

样在 950～1000℃灼烧，计算二氧化碳含量、烧失量，以百分含量计算。

2）分析步骤

准确称取 1.0g 试样，置于已恒重的瓷坩埚中，将盖斜置于坩埚上，放在高温炉中，温度由低温开始升高至 580±20℃灼烧 2h，取出稍冷，放在干燥器内冷至室温称量，如此反复操作至恒重。再把上述试样放在 950～1000℃高温炉中，灼烧 1h，取出稍冷，放在干燥器内冷至室温称量，如此反复操作至恒重（每次灼烧约 15min）。

3）结果计算

结合水百分含量（X_7）、二氧化碳百分含量（X_8）、烧失量百分含量（X_9）分别按下式计算。

$$X_7 = \frac{m - m_1}{m} \times 100 \tag{1-17}$$

$$X_8 = \frac{m_1 - m_2}{m} \times 100 \tag{1-18}$$

$$X_9 = \frac{m - m_2}{m} \times 100 \tag{1-19}$$

式中 m_1——在 580±20℃灼烧后试样质量，g；

m_2——在 950～1000℃灼烧后试样质量，g；

m——试样质量，g。

（4）酸不溶物的测定

1）方法提要

试样加盐酸溶解，滤出不溶残渣，经高温灼烧，称量。

2）试剂

① 盐酸（1+5）；

② 硝酸银溶液（10g/L）：将 1g 硝酸银溶于 90mL 水中，加入 5～10mL 硝酸（密度 1.42），装入棕色瓶内。

3）分析步骤

准确称取试样 0.5g，放在 250mL 烧杯中，用水润湿后盖上表面皿，慢慢加入 40mL 盐酸（1+5），待反应停止后，用水冲洗表面皿及烧杯壁并稀释至 75mL，加热煮沸 3～4min，用慢速滤纸过滤，以热水洗至无氯根为止（用硝酸银溶液检验），将不溶物和滤纸一起移入已恒重的坩埚中，灰化后，在 950～1000℃灼烧 30min，取出稍冷放在干燥器内冷却至室温称量，反复操作至恒重。

4）结果计算

酸不溶物百分含量（X_{10}）按式（1-20）计算。

$$X_{10} = \frac{m_1}{m} \times 100 \tag{1-20}$$

式中 m_1——灼烧后酸不溶物质量，g；

m——试样质量，g。

2. 分析结果的允许误差

分析结果的允许误差范围见表 1-18。

表 1-18 建筑石灰试验的分析结果允许误差

测试项目	含量,%	室内允许差,% *a*	室间允许差,% *b*
烧失量	—	0.25	—
SiO_2	<2.0 2.0~7.0 >7.0	0.10 0.15 0.20	0.15 0.20 0.30
Fe_2O_3	≤0.5 >0.5	0.05 0.10	0.10 0.15
$Al_2O_3+TiO_2$	≤0.5 >0.5	0.05 0.10	0.10 0.15
CaO	>30	0.25	0.40
结合水	—	0.25	—
MgO	<3 3~10 >10	0.15 0.20 0.25	0.20 0.25 0.30
CO_2	≤10 >10	0.15 0.25	0.20 0.30

1.9 水泥细度检验方法

1. 方法原理

本方法是采用45μm方孔筛和80μm方孔筛对水泥试样进行筛析试验,用筛上筛余物的质量百分数来表示水泥样品的细度。

2. 术语(表1-19)

表 1-19 水泥细度检验方法相关术语

术　语	定　　义
负压筛析法	用负压筛析仪,通过负压源产生的恒定气流,在规定筛析时间内使试验筛内的水泥达到筛分
水筛法	将试验筛放在水筛座上,用规定压力的水流,在规定时间内使试验筛内的水泥达到筛分
手工筛析法	将试验筛放在接料盘(底盘)上,用手工按照规定的拍打速度和转动角度,对水泥进行筛析试验

3. 仪器

(1)试验筛

1)试验筛由圆形筛框和筛网组成,筛网符合《试验筛　金属丝编织网、穿孔板和电成型薄板、筛孔的基本尺寸》(GB/T 6005)R20/380μm、R20/345μm的要求,分负压筛、水筛和手工筛三种。负压筛应附有透明筛盖,筛盖与筛上口应有良好的密封性。手工筛结构符合《金属丝编织网试验筛》(GB/T 6003.1),其中筛框高度为50mm,筛子的直径为150mm。

2)筛网应紧绷在筛框上,筛网和筛框接触处,应用防水胶密封,防止水泥嵌入。

3)筛孔尺寸的检验方法按《金属丝编织网试验筛》(GB/T 6003.1)进行。由于物料会对筛网产生磨损,试验筛每使用100次后需重新标定。

(2)负压筛析仪

1)负压筛析仪由筛座、负压筛、负压源及收尘器组成,其中筛座由转速为30r/min ±2r/min的喷气嘴、负压表、控制板、微电机及壳体构成。

2)筛析仪负压可调范围为4000 ~6000Pa。

3)喷气嘴上口平面与筛网之间距离为2 ~8mm。

4)负压源和收尘器,由功率≥600W的工业吸尘器和小型旋风收尘筒组成或用其他具有相当功能的设备。

(3)水筛架和喷头

水筛架和喷头的结构尺寸应符合《水泥标准筛和筛析仪》(JC/T 728)规定,但其中水筛架上筛座内径为140_{-3}^{0}mm。

(4)天平

最小分度值不大于0.01g。

4. 操作程序

(1)试验准备

试验前所用试验筛应保持清洁,负压筛和手工筛应保持干燥。试验时,80μm筛析试验称取试样25g,45μm筛析试验称取试样10g。

(2)负压筛析法

1)筛析试验前应把负压筛放在筛座上,盖上筛盖,接通电源,检查控制系统,调节负压至4000 ~6000Pa范围内。

2)称取试样精确至0.01g,置于洁净的负压筛中,放在筛座上,盖上筛盖,接通电源,开动筛析仪连续筛析2min,在此期间如有试样附着在筛盖上,可轻轻地敲击筛盖使试样落下。筛毕,用天平称量全部筛余物。

(3)水筛法

1)筛析试验前,应检查水中无泥、砂,调整好水压及水筛架的位置,使其能正常运转,并控制喷头底面和筛网之间距离为35 ~75mm。

2)称取试样精确至0.01g,置于洁净的水筛中,立即用淡水冲洗至大部分细粉通过后,放在水筛架上,用水压为0.05MPa ±0.02MPa的喷头连续冲洗3min。筛毕,用少量水把筛余物冲至蒸发皿中,等水泥颗粒全部沉淀后,小心倒出清水,烘干并用天平称量全部筛余物。

(4)手工筛析法

1)称取水泥试样精确至0.01g,倒入手工筛内。

2)用一只手持筛往复摇动,另一只手轻轻拍打,往复摇动和拍打过程应保持近于水平。拍打速度每分钟约120次,每40次向同一方向转动60°,使试样均匀分布在筛网上,直至每分钟通过的试样量不超过0.03g为止。称量全部筛余物。

(5)对其他粉状物料、或采用45~80μm以外规格方孔筛进行筛析试验时，应指明筛子的规格、称样量、筛析时间等相关参数。

(6)试验筛的清洗

试验筛必须经常保持洁净，筛孔通畅，使用10次后要进行清洗。金属框筛、铜丝网筛清洗时应用专门的清洗剂，不可用弱酸浸泡。

5. 结果计算及处理

(1)计算

水泥试样筛余百分数按下式计算：

$$F=\frac{R_t}{W}\times 100 \tag{1-21}$$

式中 F——水泥试样的筛余百分数，%；

R_t——水泥筛余物的质量，g；

W——水泥试样的质量，g。

结果计算至0.1%。

(2)筛余结果的修正

试验筛的筛网会在试验中磨损，因此筛析结果应进行修正。修正的方法是将(1)的结果乘以该试验筛标定后得到的有效修正系数，即为最终结果。

(3)试验结果

负压筛析法、水筛法和手工筛析法测定的结果发生争议时，以负压筛析法为准。

1.10 水泥密度测定方法

1. 定义

水泥密度，表示水泥单位体积的质量，水泥密度的单位是 g/cm^3。

2. 方法原理

将水泥倒入装有一定量液体介质的李氏瓶内，并使液体介质充分地浸透水泥颗粒。根据阿基米德定律，水泥的体积等于它所排开的液体体积，从而算出水泥单位体积的质量即为密度，为使测定的水泥不产生水化反应，液体介质采用无水煤油。

3. 仪器

(1)李氏瓶

横截面形状为圆形，应严格遵守关于公差、符号、长度、间距以及均匀刻度的要求；最高刻度标记与磨口玻璃塞最低点之间的间距至少为10mm。

李氏瓶的结构材料是优质玻璃，透明无条纹，且有抗化学侵蚀性且热滞后性小，要有足够的厚度以确保较好的耐裂性。

瓶颈刻度由 0～24mL，且 0～1mL 和 18～24mL 应以 0.1mL 刻度，任何标明的容量误差都不大于 0.05mL。

(2)无水煤油

无水煤油符合《煤油》(GB 253)的要求。

4. 测定步骤

1)将无水煤油注入李氏瓶中到 0～1mL 刻度线后(以弯月面下部为准)，盖上瓶塞放入恒温水槽内，使刻度部分浸入水中(水温应控制在李氏瓶刻度时的温度)，恒温 30min，记下初始(第一次)读数。

2)从恒温水槽中取出李氏瓶，用滤纸将李氏瓶细长颈内没有煤油的部分仔细擦干净。

3)水泥试样应预先通过 0.90mm 方孔筛，在 110℃ ±5℃温度下干燥 1h，并在干燥器内冷却至室温。称取水泥 60g，称准至 0.01g。

4)用小匙将水泥样品一点点地装入 1)的李氏瓶中，反复摇动(亦可用超声波震动)，至没有气泡排出，再次将李氏瓶静置于恒温水槽中，恒温 30min，记下第二次读数。

5)第一次读数和第二次读数时，恒温水槽的温度差不大于 0.2℃。

5. 结果计算

1)水泥体积应为第二次读数减去初始(第一次)读数，即水泥所排开的无水煤油的体积(mL)。

2)水泥密度 ρ(g/cm^3)按下式计算：

$$\text{水泥密度}\rho=\text{水泥质量}(g)/\text{排开的体积}(cm^3) \tag{1-22}$$

结果计算到小数第三位，且取整数到 0.01g/cm^3，试验结果取两次测定结果的算术平均值，两次测定结果之差不得超过 0.02g/cm^3。

1.11　膨胀水泥膨胀率试验方法

1. 试验仪器和设备

1)试模：用铸铁制成的三联试模，可以拆卸，模型应有编号。每联试模内壁其有效尺寸见表 1-20。模板顶端具有安置测量钉头的小孔，小孔位置必须保证测量钉头在试体的中心线上。

表 1-20　膨胀水泥试模内壁有效尺寸　mm

编　号	制　造　尺　寸	磨损后允许尺寸
A	280	—
B	$25^{0}_{-0.1}$	$25^{+0.3}_{0}$
C	$25^{+0.1}_{0}$	$25^{0}_{-0.3}$

测量钉头伸入试体深度应为 15mm ±1mm。钉头内侧之间的长度应保证试体的有效长度为 250mm ±2.5mm。

2)钉头:用不锈钢或铜制作。

3)比长仪:由百分表及支架组成,百分表刻度值最小为0.01mm,量程为10mm。

注:允许用其他形式的测长仪,但精确度必须符合上述要求,在仲裁检验时,应以比长仪为准。

2. 材料

1)水泥试样应充分拌匀,通过0.9mm方孔筛。

2)试验用水必须是洁净的淡水。

3. 温、湿度

1)试验室温度为17~25℃,相对湿度大于50%。水泥试样、拌合水及试模等的温度应与室温相同。

2)养护箱温度为20℃±3℃,相对湿度大于90%。养护水的温度为20℃±2℃。联合养护是水中养护3d后再放入湿气养护箱中养护。各种温度、湿度均应每日检查并记录。

4. 试体成型

1)成型前按《水泥标准稠度用水量、凝结时间、安定性检验方法》(GB 1346—2001)的规定检验水泥标准稠度用水量和凝结时间,但临近终凝时,每隔5分钟测定一次。

2)成型前将试模拭净并装配好,内壁均匀地刷一层薄机油,然后将钉头插入试模倚板上的小孔中,钉头插入深度不小于10mm,松紧要适宜。

3)水泥膨胀试体需制作两组,每组三条;一组在水中养护,一组在湿气中养护。每组称取水泥1000g,置于搅拌锅内,加入标准稠度用水量,开动搅拌机,搅拌3min,用餐刀刮下粘在叶片上的水泥浆后,取下搅拌锅。

4)将搅拌好的全部水泥浆均匀地装入试模内,用餐刀在钉头两侧插实3~5次,然后用餐刀以45°角由试模的一端向另一端压实水泥浆10~15次,这一操作反复进行2~3遍后将水泥浆整平。用手将试模一端向上提起30~50mm,使其自由落下,振动10次,用同一操作将试模另一端振动10次,立即将试体剖平并编号。从加水时起10min内完成成型工作。

5. 养护

1)编号后,将试模放入养护箱养护。脱模时间详见表1-21。脱模后将钉头擦干净,立即测量试体的初始长度值。

表1-21　膨胀水泥脱模时间

水　泥　名　称	脱　模　时　间
石膏矾土膨胀水泥	终凝后1h
明矾石膨胀水泥	终凝后1.5~2h
硅酸盐膨胀水泥	终凝后2h
快凝膨胀水泥	终凝后0.5h

注:对于凝结硬化较慢的水泥,可以适当延长养护时间,以脱模时试体完整无缺为限,延长的时间应记录。

2)初长值测量完毕后,分别放入水中和湿气中养护,至下次测量时取出。各种膨胀水泥的养护要求见表1-22。

表1-22 各种膨胀水泥的养护要求

水泥名称	养护要求
石膏矾土膨胀水泥	水中和联合养护
明矾石膨胀水泥	水中养护
硅酸盐膨胀水泥	水中和湿气养护(水中养护1h后下水)
快凝膨胀水泥	水中养护

3)试体养护龄期为1d、3d、7d、14d、28d。测量时间是从测量试体初长值时算起。快凝膨胀水泥加6h龄期。

注:测量龄期可以根据需要作必要的增减。

4)试体测量完毕后即放入水槽中养护,试体之间应留有间隙,水面至少高出试体20mm。养护水每两周更换一次。

6. 测量与计算

1)每次测量前,比长仪必须放平并校正表针零点位置。

2)测量时,应将试体和钉头擦净。试体放入比长仪的上下位置应固定(将试体标记编号的一端向上)。

3)测量读数时应旋转试体,使试体钉头和比长仪正确接触,如表针跳动时,可取跳动范围内的平均值。测量应精确至0.01mm。

4)试体各龄期的膨胀率E_X(%)按下式计算:

$$E_X = \frac{L_2 - L_1}{L} \times 100 \tag{1-23}$$

式中 E_X——试体各龄期的膨胀率,%;

L_1——试体初始长度读数,mm;

L_2——试体各龄期长度读数,mm;

L——试体的有效长度,250mm。

5)从三条试体膨胀值中,取大的两个数字的平均值,作为膨胀率的测定结果。计算应精确至0.01%。

7. 各种膨胀水泥膨胀率指标

水泥净浆试体各龄期的膨胀率应符合表1-23~表1-26的要求。

表1-23 硅酸盐膨胀水泥

龄期	水中养护膨胀率,%
1d	不得小于0.30
28d	不得大于1.00

注:湿气养护(湿度大于90%):最初3d内不应有收缩。

表1-24　石膏矾土膨胀水泥

龄　期	膨　胀　率，%	
	水中养护	联合养护
1d	不得小于0.15	不得小于0.15
28d	不得大于1.00	不得小于0.10

注：1. 联合养护系水中养护3d后再放入湿气养护箱中养护；
2. 水中养护28d膨胀试体表面不得出现裂纹。

表1-25　快凝膨胀水泥

龄　期	水中养护膨胀率，%
6h	不得小于0.15
1d	不得小于0.30
28d	不得小于1.00

表1-26　明矾石膨胀水泥

龄　期	水中养护膨胀率，%
1d	不得小于0.15
28d	不得小于1.00

2 混　凝　土

2.1 建筑用砂

1. 术语(表2-1)

表2-1 建筑用砂相关术语

术　语	定　　义
天然砂	由自然风化、水流搬运和分选、堆积形成的、粒径小于4.75mm的岩石颗粒,但不包括软质岩、风化岩石的颗粒
人工砂	经除土处理的机制砂、混合砂的统称
机制砂	由机械破碎、筛分制成的,粒径小于4.75mm的岩石颗粒,但不包括软质岩、风化岩石的颗粒
混合砂	由机制砂和天然砂混合制成的砂
含泥量	天然砂中粒径小于75μm的颗粒含量
石粉含量	人工砂中粒径小于75μm的颗粒含量
泥块含量	砂中原粒径大于1.18mm,经水浸洗、手捏后小于600μm的颗粒含量
细度模数	衡量砂粗细度的指标
坚固性	砂在自然风化和其他外界物理化学因素作用下抵抗破裂的能力
轻物质	表观密度小于2000kg/m³的物质
碱-集料反应	指水泥、外加剂等混凝土组成物及环境中的碱与集料中碱活性矿物在潮湿环境下缓慢发生并导致混凝土开裂破坏的膨胀反应
亚甲蓝*MB*值	用于判定人工砂中粒径小于75μm颗粒含量主要是泥土还是与被加工母岩化学成分相同的石粉的指标

2. 分类与规格

1)砂按产源分为天然砂、人工砂两类。

天然砂:淡化海砂、河砂、湖砂、山砂;

人工砂:机制砂、混合砂。

2)规格。砂按细度模数分为粗、中、细三种规格,其细度模数分别为:

粗:3.7~3.1;中:3.0~2.3;细:2.2~1.6。

3)类别。砂按技术要求分为Ⅰ类、Ⅱ类、Ⅲ类。

4)用途。Ⅰ类宜用于强度等级大于C60的混凝土;Ⅱ类宜用于强度等级C30~C60及抗冻、抗渗或其他要求的混凝土;Ⅲ类宜用于强度等级小于C30的混凝土和建筑砂浆。

3. 技术要求

(1)颗粒级配(表 2-2)

表 2-2 建筑用砂的颗粒级配

筛孔	累计筛余,%		
	1 级配区	2 级配区	3 级配区
9.50mm	0	0	0
4.75mm	10~0	10~0	10~0
2.36mm	35~5	25~0	15~0
1.18mm	65~35	50~10	25~0
600μm	85~71	70~41	40~16
300μm	95~80	92~70	85~55
150μm	100~90	100~90	100~90

注:1. 砂的实际颗粒级配与表中所列数字相比,除 4.75mm 和 600μm 筛挡外,可以略有超出,但总量应小于 5%;
2. 1 区人工砂中 150μm 筛孔的累计筛余可以放宽到 100~85,2 区人工砂中 150μm 筛孔的累计筛余可放宽到 100~80,3 区人工砂中 150μm 筛孔的累计筛余可放宽到 100~75。

(2)含泥量、石粉含量和泥块含量

1)天然砂的含泥量和泥块含量应符合表 2-3 的规定。

表 2-3 建筑用砂的含泥量和泥块含量

项目	指标		
	Ⅰ类	Ⅱ类	Ⅲ类
含泥量(按质量计),%	<1.0	<3.0	<5.0
泥块含量(按质量计),%	0	<1.0	<2.0

2)人工砂的石粉含量和泥块含量应符合表 2-4 的规定。

表 2-4 建筑用砂的石粉含量

项目			指标		
			Ⅰ类	Ⅱ类	Ⅲ类
亚甲蓝试验	MB 值<1.40 或合格	石粉含量(按质量计)(%)	<3.0	<5.0	<7.0[①]
		泥块含量(按质量计)(%)	0	<1.0	<2.0
	MB 值≥1.40 或不合格	石粉含量(按质量计)(%)	<1.0	<3.0	<5.0
		泥块含量(按质量计)(%)	0	<1.0	<2.0

① 根据使用地区和用途,在试验验证的基础上,可由供需双方协商确定。

(3)有害物质

砂不应混有草根、树叶、树枝、塑料、煤块、炉渣等杂物。砂中云母、轻物质、有机物、硫化物及硫酸盐、氯盐等的含量应符合表 2-5 的规定。

表 2-5 建筑用砂中有害物质含量

项目	指标		
	Ⅰ类	Ⅱ类	Ⅲ类
云母(按质量计),%	<1.0	<2.0	<2.0
轻物质(按质量计),%	<1.0	<1.0	<1.0
硫化物与硫酸盐(按 SO_3 质量计),%	<0.5	<0.5	<0.5
有机物(比色法)	合格	合格	合格
氯化物(按氯离子质量计),%	<0.01	<0.02	<0.06

(4)坚固性

1)天然砂采用硫酸钠溶液法进行试验,砂样经过5次循环后其质量损失应符合表2-6的规定。

表 2-6 建筑用砂的坚固性指标

项目	指标		
	Ⅰ类	Ⅱ类	Ⅲ类
质量损失,%	<8	<8	<10

2)人工砂采用压碎指标法进行试验,压碎指标值应小于表2-7的规定。

表 2-7 建筑用砂的压碎指标

项目	指标		
	Ⅰ类	Ⅱ类	Ⅲ类
单级最大压碎指标,%	<20	<25	<30

(5)表观密度、堆积密度、空隙率

1)表观密度大于2500kg/m³。

2)松散堆积密度大于1350kg/m³。

3)空隙率小于47%。

(6)碱集料反应

经碱集料反应试验后,由砂制备的试件无裂缝、酥裂,胶体外溢等现象,在规定的试验龄期膨胀率值应小于0.1%。

2.2 建筑用卵石、碎石

1. 术语(表2-8)

表 2-8 建筑用卵石、碎石的相关术语

术语	定义
卵石	由自然风化、水流搬运和分选、堆积形成的,粒径大于4.75mm的岩石颗粒
碎石	天然岩石或卵石经机械破碎、筛分制成的,粒径大于4.75mm的岩石颗粒

续表

术　语	定　　义
针、片状颗粒	卵石和碎石颗粒的长度大于该颗粒所属相应粒级的平均粒径 2.4 倍者为针状颗粒；厚度小于平均粒径 0.4 倍者为片状颗粒（平均粒径指该粒级上、下限粒径的平均值）
含泥量	卵石、碎石中粒径小于 75μm 的颗粒含量
泥块含量	卵石、碎石中原粒径大于 4.75mm，经水浸洗、手捏后小于 2.36mm 的颗粒含量
坚固性	卵石、碎石在自然风化和其他外界物理化学因素作用下抵抗破裂的能力
碱集料反应	指水泥、外加剂等混凝土构成物及环境中的碱与集料中碱活性矿物在潮湿环境下缓慢发生并导致混凝土开裂破坏的膨胀反应

2. 规格及用途

(1)规格

按卵石、碎石粒径尺寸分为单粒粒级和连续粒级。亦可以根据需要采用不同单粒级卵石、碎石混合成特殊粒级的卵石、碎石。

(2)类别

按卵石、碎石技术要求分为Ⅰ类、Ⅱ类、Ⅲ类。

(3)用途

Ⅰ类宜用于强度等级大于 C60 的混凝土；Ⅱ类宜用于强度等级 C30 ~ C60 及抗冻、抗渗或其他要求的混凝土；Ⅲ类宜用于强度等级小于 C30 的混凝土。

3. 技术要求

(1)颗粒级配(表 2-9)

表 2-9　卵石和碎石的颗粒级配

公称粒径,mm \ 累计筛余,% \ 方筛孔,mm		2.36	4.75	9.50	16.0	19.0	26.5	31.5	37.5	53.0	63.0	75.0	90
连续粒级	5 ~ 10	95 ~ 100	80 ~ 100	0 ~ 15	0								
	5 ~ 16	95 ~ 100	85 ~ 100	30 ~ 60	0 ~ 10	0							
	5 ~ 20	95 ~ 100	90 ~ 100	40 ~ 80	—	0 ~ 10	0						
	5 ~ 25	95 ~ 100	90 ~ 100	—	30 ~ 70	—	0 ~ 5	0					
	5 ~ 31.5	95 ~ 100	90 ~ 100	70 ~ 90	—	15 ~ 45	—	0 ~ 5	0				
	5 ~ 40	—	95 ~ 100	70 ~ 90	—	30 ~ 65	—	—	0 ~ 5	0			
单粒粒级	10 ~ 20		95 ~ 100	85 ~ 100		0 ~ 15	0						
	16 ~ 31.5		95 ~ 100		85 ~ 100			0 ~ 10	0				
	20 ~ 40			95 ~ 100		80 ~ 100			0 ~ 10	0			
	31.5 ~ 63				95 ~ 100			75 ~ 100	45 ~ 75		0 ~ 10	0	
	40 ~ 80					95 ~ 100			70 ~ 100		30 ~ 60	0 ~ 10	0

(2)含泥量和泥块含量(表2-10)

表2-10　卵石、碎石的含泥量和泥块含量

项　　目	指　　标		
	Ⅰ 类	Ⅱ 类	Ⅲ 类
含泥量(按质量计),%	<0.5	<1.0	<1.5
泥块含量(按质量计),%	0	<0.5	<0.7

(3)针片状颗粒含量(表2-11)

表2-11　卵石和碎石的针片状颗粒含量

项　　目	指　　标		
	Ⅰ 类	Ⅱ 类	Ⅲ 类
针片状颗粒(按质量计),% <	5	15	25

(4)有害物质

卵石和碎石中不应混有草根、树叶、树枝、塑料、煤块和炉渣等杂物。其有害物质含量应符合表2-12的规定。

表2-12　卵石和碎石中有害物质含量

项　　目	指　　标		
	Ⅰ 类	Ⅱ 类	Ⅲ 类
有机物	合格	合格	合格
硫化物及硫酸盐(按 SO_3 质量计),% <	0.5	1.0	1.0

(5)坚固性

采用硫酸钠溶液法进行试验,卵石和碎石经5次循环后,其质量损失应符合表2-13的规定。

表2-13　卵石和碎石的坚固性指标

项　　目	指　　标		
	Ⅰ 类	Ⅱ 类	Ⅲ 类
质量损失,% <	5	8	12

(6)强度

1)岩石抗压强度。在水饱和状态下,其抗压强度火成岩应不小于80MPa,变质岩应不小于60MPa,水成岩应不小于30MPa。

2)压碎指标。压碎指标值应小于表2-14的规定。

表 2-14 卵石和碎石的压碎指标 %

项目	指标		
	Ⅰ类	Ⅱ类	Ⅲ类
碎石压碎指标，<	10	20	30
卵石压碎指标，<	12	16	16

(7)表观密度、堆积密度、空隙率

1)表观密度大于 $2500kg/m^3$；

2)松散堆积密度大于 $1350kg/m^3$；

3)空隙率小于 47%。

(8)碱集料反应

经碱集料反应试验后，由卵石、碎石制备的试件无裂缝、酥裂、胶体外溢等现象，在规定的试验龄期的膨胀率应小于 0.10%。

2.3 混凝土用水标准

1. 术语(表 2-15)

表 2-15 混凝土用水标准的相关术语

术语	定义
混凝土用水	混凝土拌合用水和混凝土养护用水的总称，包括：饮用水、地表水、地下水、再生水、混凝土企业设备洗刷水和海水等
地表水	存在于江、河、湖、塘、沼泽和冰川等中的水
地下水	存在于岩石缝隙或土壤孔隙中可以流动的水
再生水	指污水经适当再生工艺处理后具有使用功能的水
不溶物	在规定的条件下，水样经过滤，未通过滤膜部分干燥后留下的物质
可溶物	在规定的条件下，水样经过滤，通过滤膜部分干燥蒸发后留下的物质

2. 技术要求

(1)混凝土拌合用水

1)混凝土拌合用水水质要求应符合表 2-16 的规定。对于设计使用年限为 100 年的结构混凝土，氯离子含量不得超过 500mg/L；对使用钢丝或经热处理钢筋的预应力混凝土，氯离子含量不得超过 350mg/L。

表 2-16 混凝土拌合用水水质要求

项目	预应力混凝土	钢筋混凝土	素混凝土
pH 值	≥5.0	≥4.5	≥4.5
不溶物(mg/L)	≤2000	≤2000	≤5000

续表

项 目	预应力混凝土	钢筋混凝土	素混凝土
可溶物(mg/L)	≤2000	≤5000	≤10000
Cl^-(mg/L)	≤500	≤1000	≤3500
SO_4^{2-}(mg/L)	≤600	≤2000	≤2700
碱含量(mg/L)	≤1500	≤1500	≤1500

注:碱含量按 $Na_2O+0.658K_2O$ 计算值来表示。采用非碱活性骨料时,可不检验碱含量。

2)地表水、地下水、再生水的放射性应符合《生活饮用水卫生标准》(GB 5749)的规定。

3)被检验水样应与饮用水样进行水泥凝结时间对比试验。对比试验的水泥初凝时间差及终凝时间差均不应大于30min;初凝和终凝时间应符合《通用硅酸盐水泥》(GB 175)的规定。

4)被检验水样应与饮用水样进行水泥胶砂强度对比试验,被检验水样配制的水泥胶砂3d和28d强度不应低于饮用水配制的水泥胶砂3d和28d强度的90%。

5)混凝土拌合用水不应有漂浮明显的油脂和泡沫,不应有明显的颜色和异味。

6)混凝土企业设备洗刷水不宜用于预应力混凝土、装饰混凝土、加气混凝土和暴露于腐蚀环境的混凝土;不得用于使用碱活性或潜在碱活性骨料的混凝土。

7)未经处理的海水严禁用于钢筋混凝土和预应力混凝土。

8)在无法获得水源的情况下,海水可用于素混凝土,但不宜用于装饰混凝土。

(2)混凝土养护用水

1)混凝土养护用水可不检验不溶物和可溶物,其他检验项目应符合(1)中1)和2)的规定。

2)混凝土养护用水可不检验水泥凝结时间和水泥胶砂强度。

2.4 混凝土外加剂

1. 术语(表2-17)

表2-17 混凝土外加剂的相关术语

术 语	定 义
高性能减水剂	比高效减水剂具有更高减水率、更好坍落度保持性能、较小干燥收缩,且具有一定引气性能的减水剂。
基准水泥	符合《混凝土外加剂》(GB 8076)要求的、专门用于检验混凝土外加剂性能的水泥
基准混凝土	按照《混凝土外加剂》(GB 8076)试验条件配制的不掺外加剂的混凝土
受检混凝土	按照《混凝土外加剂》(GB 8076)规定的试验条件配制的掺有外加剂的混凝土。

2. 技术要求

(1)受检混凝土性能指标(表2-18)

表 2-18　受检混凝土性能指标

项目		外加剂品种												
		高性能减水剂 HPWR			高效减水剂 HWR		普通减水剂 WR			引气减水剂 AEWR	泵送剂 PA	早强剂 Ac	缓凝剂 Re	引气剂 AE
		早强型 HPWR-A	标准型 HPWR-S	缓凝型 HPWR-R	标准型 HWR-S	缓凝型 HWR-R	早强型 WR-A	标准型 WR-S	缓凝型 WR-R					
减水率,%,不小于		25	25	25	14	14	8	8	8	10	12	—	—	6
泌水率比,%,不大于		50	60	70	90	100	95	100	100	70	70	100	100	70
含气量,%		≤6.0	≤6.0	≤6.0	≤3.0	≤4.5	≤4.0	≤4.0	≤5.5	≥3.0	≤5.5	—	—	≥3.0
凝结时间之差,min	初凝	-90 ~ +90	-90 ~ +120	> +90	-90 ~ +120	> +90	-90 ~ +90	-90 ~ +120	> +90	-90 ~ +120	—	-90 ~ +90	> +90	-90 ~ +120
	终凝			—		—			—			—	—	
1h 经时变化量	坍落度,mm	—	≤80	≤60	—	—	—	—	—	—	≤80	—	—	—
	含气量,%	—	—	—						-1.5 ~ +1.5	—			-1.5 ~ +1.5
抗压强度比,%,不小于	1d	180	170	—	140	—	135	—	—	—	—	135	—	—
	3d	170	160	—	130	—	130	115	—	115	—	130	—	95
	7d	145	150	140	125	125	110	115	110	110	115	110	100	95
	28d	130	140	130	120	120	100	110	110	100	110	100	100	90
收缩率比,%,不大于	28d	110	110	110	135	135	135	135	135	135	135	135	135	135
相对耐久性(200 次),%,不小于		—	—	—	—	—	—	—	—	80	—	—	—	80

注:1. 表中抗压强度比、收缩率比、相对耐久性为强制性指标,其余为推荐性指标。
2. 除含气量和相对耐久性外,表中所列数据为掺外加剂混凝土与基准混凝土的差值或比值。
3. 凝结时间之差性能指标中的“—”号表示提前,“+”号表示延缓。
4. 相对耐久性(200 次)性能指标中的“≥80”表示将 28d 龄期的受检混凝土试件快速冻融循环 200 次后,动弹性模量保留值≥80%。
5. 1h 含气量经时变化量指标中的“—”号表示含气量增加,“+”号表示含气量减少。
6. 其他品种的外加剂是否需要测定相对耐久性指标,由供、需双方协商确定。
7. 当用户对泵送剂等产品有特殊要求时,需要进行的补充试验项目、试验方法及指标,由供需双方协商决定。

(2)匀质性指标(表2-19)

表2-19 混凝土外加剂匀质性指标

项 目	指 标
氯离子含量,%	不超过生产厂控制值
总碱量,%	不超过生产厂控制值
含固量,%	$S>25\%$时,应控制在$0.95S\sim1.05S$; $S\leqslant25\%$时,应控制在$0.90S\sim1.10S$
含水率,%	$W>5\%$时,应控制在$0.90W\sim1.10W$; $W\leqslant5\%$时,应控制在$0.80W\sim1.20W$
密度,g/cm^3	$D>1.1$时,应控制在$D\pm0.03$; $D\leqslant1.1$时,应控制在$D\pm0.02$
细度	应在生产厂控制范围内
pH值	应在生产厂控制范围内
硫酸钠含量,%	不超过生产厂控制量

注:1. 生产厂应在相关的技术资料中明示产品匀质性指标的控制值;
2. 对相同和不同批次之间的匀质性和等效性的其他要求,可由供需双方商定;
3. 表中的S、W和D分别为含固量、含水率和密度的生产厂控制值。

2.5 普通混凝土配合比

1. 混凝土配制强度的确定

1)混凝土配制强度应按下式计算:

$$f_{cu,0}\geqslant f_{cu,k}+1.645\sigma \tag{2-1}$$

式中 $f_{cu,0}$——混凝土配制强度,MPa;

$f_{cu,k}$——混凝土立方体抗压强度标准值,MPa;

σ——混凝土强度标准差,MPa。

2)下列情况时应提高混凝土配制强度:

① 现场条件与试验室条件有显著差异时。

② C30级及其以上强度等级的混凝土采用非统计方法评定时。

3)混凝土强度标准差宜根据同类混凝土统计资料计算确定,并应符合下列规定:

① 计算时强度试件组数不应少于25组。

② 当混凝土强度等级为C20和C25级,其强度标准差计算值小于2.5MPa时,计算配制强度用的标准差应取不小于2.5MPa;当混凝土强度等级等于或大于C30级,其强度标准差计算值小于3.0MPa时计算配制强度用的标准差应取不小于3.0MPa。

③ 当无统计资料计算混凝土强度标准差时其值应按《混凝土结构工程施工质量验收规范》(GB 50204)的规定取用。

2. 混凝土配合比设计中的基本参数

1)每立方米混凝土用水量的确定,应符合下列规定:

① 干硬性和塑性混凝土用水量的确定：

a. 水灰比在0.40～0.80范围时，根据粗骨料的品种、粒径及施工要求的混凝土拌合物稠度，其用水量可按表2-20、表2-21选取。

表2-20　干硬性混凝土的用水量　kg/m^3

拌合物稠度		卵石最大粒径，mm			碎石最大粒径，mm		
项　目	指　标	10	20	40	16	20	40
维勃稠度，s	16～20	175	160	145	180	170	155
	11～15	180	165	150	185	175	160
	5～10	185	170	155	190	180	165

b. 水灰比小于0.40的混凝土以及采用特殊成型工艺的混凝土用水量应通过试验确定。

② 流动性和大流动性混凝土的用水量宜按下列步骤计算：

a. 以表2-21中坍落度90mm的用水量为基础，按坍落度每增大20mm用水量增加5kg，计算出未掺外加剂时的混凝土的用水量。

表2-21　塑性混凝土的用水量　kg/m^3

拌合物稠度		卵石最大粒径，mm				碎石最大粒径，mm			
项　目	指　标	10	20	31.5	40	16	20	31.5	40
坍落度，mm	10～30	190	170	160	150	200	185	175	165
	35～50	200	180	170	160	210	195	185	175
	55～70	210	190	180	170	220	205	195	185
	75～90	215	195	185	175	230	215	205	195

注：1. 本表用水量系采用中砂时的平均取值。采用细砂时每立方米混凝土用水量可增加5～10kg；采用粗砂时则可减少5～10kg；

2. 掺用各种外加剂或掺合料时，用水量应相应调整。

b. 掺外加剂时的混凝土用水量可按下式计算：

$$m_{wa}=m_{w0}(1-\beta) \tag{2-2}$$

式中　m_{wa}——掺外加剂混凝土每立方米混凝土的用水量，kg；

m_{w0}——未掺外加剂混凝土每立方米混凝土的用水量，kg；

β——外加剂的减水率，%。

c. 外加剂的减水率应经试验确定。

2）当无历史资料可参考时混凝土砂率的确定应符合下列规定：

① 坍落度为10～60mm的混凝土砂率，可根据粗骨料品种、粒径及水灰比按表2-22选取。

表2-22　混凝土的砂率　%

水灰比，W/C	卵石最大粒径，mm			碎石最大粒径，mm		
	10	20	40	16	20	40
0.40	26～32	25～31	24～30	30～35	29～34	27～32
0.50	30～35	29～34	28～33	33～38	32～37	30～35

续表

水灰比,W/C	卵石最大粒径,mm			碎石最大粒径,mm		
	10	20	40	16	20	40
0.60	33~38	32~37	31~36	36~41	35~40	33~38
0.70	36~41	35~40	34~39	39~44	38~43	36~41

注:1. 本表数值系中砂的选用砂率,对细砂或粗砂,可相应地减少或增大砂率;
2. 只用一个单粒级粗骨料配制混凝土时,砂率应适当增大;
3. 对薄壁构件,砂率取偏大值;
4. 本表中的砂率系指砂与骨料总量的重量比。

② 坍落度大于60mm的混凝土砂率,可经试验确定,也可在表2-22的基础上按坍落度每增大20mm,砂率增大1%的幅度予以调整。

③ 坍落度小于10mm的混凝土,其砂率应经试验确定。

3)外加剂和掺合料的掺量应通过试验确定,并应符合《混凝土外加剂应用技术规范》、《粉煤灰在混凝土和砂浆中应用技术规程》、《粉煤灰混凝土应用技术规程》、《用于水泥和混凝土中的粒化高炉矿渣粉》等的规定。

4)当进行混凝土配合比设计时,混凝土的最大水灰比和最小水泥用量应符合表2-23中的规定。

表2-23 混凝土的最大水灰比和最小水泥用量

环境条件		结构物类别	最大水灰比			最小水泥用量,kg		
			素混凝土	钢筋混凝土	预应力混凝土	素混凝土	钢筋混凝土	预应力混凝土
1. 干燥环境		正常的居住或办公用房屋内部件	不作规定	0.65	0.60	200	260	300
2. 潮湿环境	无冻害	高湿度的室内部件 室外部件 在非侵蚀性土和(或)水中的部件	0.70	0.60	0.60	225	280	300
	有冻害	经受冻害的室外部件 在非侵蚀性土和(或)水中且经受冻害的部件 高湿度且经受冻害的室内部件	0.55	0.55	0.55	250	280	300
3. 有冻害和除冰剂的潮湿环境		经受冻害和除冰剂作用的室内和室外部件	0.50	0.50	0.50	300	300	300

注:1. 当用活性掺合料取代部分水泥时,表中的最大水灰比及最小水泥用量即为替代前的水灰比和水泥用量;
2. 配制C15级及其以下等级的混凝土,可不受本表限制。

5)长期处于潮湿和严寒环境中的混凝土,应掺用引气剂或引气减水剂。引气剂的掺入量应根据混凝土的含气量并经试验确定,混凝土的最小含气量应符合表2-24的规定;混凝土的含气量亦不宜超过7%。混凝土中的粗骨料和细骨料应作坚固性试验。

表2-24 长期处于潮湿和严寒环境中混凝土的最小含气量

粗骨料最大粒径,mm	最小含气量,%
40	4.5
25	5.0
20	5.5

注:含气量的百分比为体积比。

3. 混凝土配合比的计算

1)进行混凝土配合比计算时,其计算公式和有关参数表格中的数值均系以干燥状态骨料为基准。当以饱和面干骨料为基准进行计算时,则应做相应的修正。

注:干燥状态骨料系指含水率小于0.5%的细骨料或含水率小于0.2%的粗骨料。

2)混凝土配合比应按下列步骤进行计算:

① 计算配制强度,并求出相应的水灰比。

② 选取每立方米混凝土的用水量,并计算出每立方米混凝土的水泥用量。

③ 选取砂率,计算粗骨料和细骨料的用量,并提出供试配用的计算配合比。

3)混凝土强度等级小于C60级时,混凝土水灰比宜按下式计算:

$$W/C=\frac{\alpha_a \cdot f_{ce}}{f_{cu,0}+\alpha_a \cdot \alpha_b \cdot f_{ce}} \tag{2-3}$$

式中 α_a,α_b——回归系数;

f_{ce}——水泥28d抗压强度实测值,MPa。

① 当无水泥28d抗压强度实测值时,式(2-3)中的f_{ce}值可按下式确定:

$$f_{ce}=\gamma_c \cdot f_{ce,g} \tag{2-4}$$

式中 γ_c——水泥强度等级值的富余系数,可按实际统计资料确定;

$f_{ce,g}$——水泥强度等级值,MPa。

② f_{ce}值也可根据3d强度或快测强度推定28d强度关系式推定得出。

4)回归系数α_a和α_b宜按下列规定确定:

① 回归系数α_a和α_b应根据工程所使用的水泥、骨料,通过试验由建立的水灰比与混凝土强度关系式确定。

② 当不具备上述试验统计资料时,其回归系数可按表2-25采用。

表2-25 回归系数α_a、α_b选用表

系数 \ 石子品种	碎石	卵石
α_a	0.46	0.48
α_b	0.07	0.33

5)每立方米混凝土的用水量(m_{w0})可按2.5-2-1)中的规定确定。

6)每立方米混凝土的水泥用量(m_{c0})可按下式计算:

$$m_{c0}=\frac{m_{w0}}{W/C} \tag{2-5}$$

7)混凝土的砂率可按2.5-2-2)的规定选取。

8)粗骨料和细骨料用量的确定,应符合下列规定:

① 当采用重量法时,应按下列公式计算:

$$m_{c0}+m_{g0}+m_{s0}+m_{w0}=m_{cp} \tag{2-6}$$

$$\beta_s = \frac{m_{s0}}{m_{g0} + m_{s0}} \times 100\% \tag{2-7}$$

式中 m_{c0}——每立方米混凝土的水泥用量,kg;

m_{g0}——每立方米混凝土的粗骨料用量,kg;

m_{s0}——每立方米混凝土的细骨料用量,kg;

m_{w0}——每立方米混凝土的用水量,kg;

β_s——砂率,%;

m_{cp}——每立方米混凝土拌合物的假定重量,kg(其值可取2350~2450kg)。

② 当采用体积法时,应按下列公式计算:

$$\frac{m_{c0}}{\rho_c} + \frac{m_{g0}}{\rho_g} + \frac{m_{s0}}{\rho_s} + \frac{m_{w0}}{\rho_w} + 0.01\alpha = 1 \tag{2-8}$$

$$\beta_s = \frac{m_{s0}}{m_{g0} + m_{s0}} \times 100\% \tag{2-9}$$

式中 ρ_c——水泥密度,kg/cm^3(可取2900~3100kg/cm^3);

ρ_g——粗骨料的表观密度,kg/cm^3;

ρ_s——细骨料的表观密度,kg/cm^3;

ρ_w——水的密度,kg/cm^3(可取1000kg/cm^3);

α——混凝土的含气量百分数,在不使用引气型外加剂时可取为1。

4. 混凝土配合比的试配、调整与确定

(1)试配

1)混凝土配合比试配时,每盘混凝土的最小搅拌量应符合表2-26的规定;当采用机械搅拌时,其搅拌量不应小于搅拌机额定搅拌量的1/4。

表2-26 混凝土试配的最小搅拌量

骨料最大粒径,mm	拌合物数量,L
31.5及以下	15
40	25

2)按计算的配合比进行试配时,首先应进行试拌,以检查拌合物的性能。当试拌得出的拌合物坍落度或维勃稠度不能满足要求,或黏聚性和保水性不好时,应在保证水灰比不变的条件下相应调整用水量或砂率,直到符合要求为止。然后提出供混凝土强度试验用的基准配合比。

3)混凝土强度试验时,至少应采用三个不同的配合比。当采用三个不同的配合比时其中一个应为上述2)确定的基准配合比,另外两个配合比的水灰比,宜较基准配合比分别增加和减少0.05;用水量应与基准配合比相同,砂率可分别增加和减少1%。

当不同水灰比的混凝土拌合物坍落度与要求值的差超过允许偏差时,可通过增减用水量进行调整。

4)制作混凝土强度试验试件时,应检验混凝土拌合物的坍落度或维勃稠度、黏聚性、保水性及拌合物的表观密度,并以此结果作为代表相应配合比的混凝土拌合物的性能。

5)进行混凝土强度试验时,每种配合比至少应制作一组(三块)试件,标准养护到28d时试压。

需要时可同时制作几组试件,供快速检验或较早龄期试压,以便提前定出混凝土配合比供施工使用。但应以标准养护28d强度或按《粉煤灰混凝土应用技术规程》(GBJ 146)、《粉煤灰在混凝土和砂浆中应用技术规程》(JGJ 28)等规定的龄期强度的检验结果为依据调整配合比。

(2)配合比的调整与确定

1)根据试验得出的混凝土强度与其相对应的灰水比(C/W)关系,用作图法或计算法求出与混凝土配制强度($f_{cu,0}$)相对应的灰水比,并应按下列原则确定每立方米混凝土的材料用量:

① 用水量(m_w)应在基准配合比用水量的基础上,根据制作强度试件时测得的坍落度或维勃稠度进行调整确定。

② 水泥用量(m_c)应以用水量乘以选定出来的灰水比计算确定。

③ 粗骨料和细骨料用量(m_g 和 m_s)应在基准配合比的粗骨料和细骨料用量的基础上,按选定的灰水比进行调整后确定。

2)经试配确定配合比后,尚应按下列步骤进行校正:

① 应根据上述1)确定的材料用量按下式计算混凝土的表观密度计算值$\rho_{c,c}$:

$$\rho_{c,c} = m_c + m_g + m_s + m_w \tag{2-10}$$

② 应按下式计算混凝土配合比校正系数δ:

$$\delta = \frac{\rho_{c,t}}{\rho_{c,c}} \tag{2-11}$$

式中 $\rho_{c,t}$——混凝土表观密度实测值,kg/cm^3;

$\rho_{c,c}$——混凝土表观密度计算值,kg/cm^3。

③ 当混凝土表观密度实测值与计算值之差的绝对值不超过计算值的2%时,按上述1)确定的配合比即为确定的设计配合比;当二者之差超过2%时,应将配合比中每项材料用量均乘以校正系数δ,即为确定的设计配合比。

3)根据本单位常用的材料,可设计出常用的混凝土配合比备用;在使用过程中,应根据原材料情况及混凝土质量检验的结果予以调整。但遇有下列情况之一时,应重新进行配合比设计:

① 对混凝土性能指标有特殊要求时。

② 水泥外加剂或矿物掺合料品种质量有显著变化时。

③ 该配合比的混凝土生产间断半年以上时。

5. 有特殊要求的混凝土配合比设计

(1)抗渗混凝土

1)抗渗混凝土所用原材料应符合下列规定:

① 粗骨料宜采用连续级配,其最大粒径不宜大于40mm,含泥量不得大于1.0%,泥块含量不得大于0.5%。

② 细骨料的含泥量不得大于3.0%,泥块含量不得大于1%。

③ 外加剂宜采用防水剂、膨胀剂、引气剂、减水剂或引气减水剂。

④ 抗渗混凝土宜掺用矿物掺合料。

2）抗渗混凝土配合比的计算方法和试配步骤应符合下列规定：

① 每立方米混凝土中的水泥和矿物掺合料总量不宜小于 320kg。

② 砂率宜为 35% ~45% 。

③ 供试配用的最大水灰比应符合表 2-27 的规定。

表 2-27　抗渗混凝土最大水灰比

抗渗等级	最大水灰比	
	C20 ~ C30 混凝土	C30 以上混凝土
P6	0.60	0.55
P8 ~ P12	0.55	0.50
P12 以上	0.50	0.45

3）掺用引气剂的抗渗混凝土，其含气量宜控制在 3% ~5% 。

4）进行抗渗混凝土配合比设计时，应增加抗渗性能试验，并应符合下列规定：

① 试配要求的抗渗水压值应比设计值提高 0.2MPa。

② 试配时，宜采用水灰比最大的配合比作抗渗试验，其试验结果应符合下式要求：

$$P_t \geqslant \frac{P}{10} + 0.2 \qquad (2\text{-}12)$$

式中　P_t——6 个试件中 4 个未出现渗水时的最大水压值，MPa；

P——设计要求的抗渗等级值。

③ 掺引气剂的混凝土还应进行含气量试验，试验结果应符合上述 3）的规定。

（2）抗冻混凝土

1）抗冻混凝土所用原材料应符合下列规定：

① 应选用硅酸盐水泥或普通硅酸盐水泥，不宜使用火山灰质硅酸盐水泥。

② 宜选用连续级配的粗骨料，其含泥量不得大于 1.0% ，泥块含量不得大于 0.5% 。

③ 细骨料含泥量不得大于 3.0% ，泥块含量不得大于 1.0% 。

④ 抗冻等级 F100 及以上的混凝土所用的粗骨料和细骨料均应进行坚固性试验。

⑤ 抗冻混凝土宜采用减水剂，对抗冻等级 F100 及以上的混凝土应掺引气剂，掺用后混凝土的含气量应符合规定。

2）抗冻混凝土配合比的供试配用的最大水灰比应符合表 2-28 的规定。

表 2-28　抗冻混凝土的最大水灰比

抗冻等级	无引气剂时	掺引气剂时
F50	0.55	0.60
F100	—	0.55
F150 及以上	—	0.50

3）进行抗冻混凝土配合比设计时，尚应增加抗冻融性能试验。

（3）高强混凝土

1）配制高强混凝土所用原材料应符合下列规定：

① 应选用质量稳定、强度等级不低于42.5级的硅酸盐水泥或普通硅酸盐水泥。

② 强度等级为C60级的混凝土，其粗骨料的最大粒径不应大于31.5mm，强度等级高于C60级的混凝土，其粗骨料的最大粒径不应大于25mm；针片状颗粒含量不宜大于5.0%，含泥量不应大于0.5%，泥块含量不宜大于0.2%；其他质量指标应符合《普通混凝土用砂、石质量及检验方法标准》(JGJ 52)的规定。

③ 细骨料的细度模数宜大于2.6，含泥量不应大于2.0%，泥块含量不应大于0.5%，其他质量指标应符合《普通混凝土用砂、石质量及检验方法标准》(JGJ 52)的规定。

④ 配制高强混凝土时应掺用高效减水剂或缓凝高效减水剂。

⑤ 配制高强混凝土时应掺用活性较好的矿物掺合料，且宜复合使用矿物掺合料。

2)高强混凝土配合比的计算方法和步骤应符合下列规定：

① 基准配合比中的水灰比，可根据现有试验资料选取。

② 配制高强混凝土所用砂率及所采用的外加剂和矿物掺合料的品种、掺量，应通过试验确定。

③ 计算高强混凝土配合比时，其用水量可按本节2的规定确定。

④ 高强混凝土的水泥用量不应大于550kg/m³；水泥和矿物掺合料的总量不应大于600kg/m³。

3)高强混凝土配合比的试配与确定的步骤应按规定进行。当采用三个不同的配合比进行混凝土强度试验时，其中一个应为基准配合比，另外两个配合比的水灰比，宜较基准配合比分别增加和减少0.02～0.03。

4)高强混凝土设计配合比确定后，尚应用该配合比进行不少于6次的重复试验进行验证，其平均值不应低于配制强度。

(4)泵送混凝土

1)泵送混凝土所采用的原材料应符合下列规定：

① 泵送混凝土应选用硅酸盐水泥、普通硅酸盐水泥、矿渣硅酸盐水泥和粉煤灰硅酸盐水泥，不宜采用火山灰质硅酸盐水泥。

② 粗骨料宜采用连续级配，其针片状颗粒含量不宜大于10%；粗骨料的最大粒径与输送管径之比宜符合表2-29的规定。

表2-29　粗骨料的最大粒径与输送管径之比

石子品种	泵送高度，m	粗骨料最大粒径与输送管径比
碎石	<50	≤1：3.0
	50～100	≤1：4.0
	>100	≤1：5.0
卵石	<50	≤1：2.5
	50～100	≤1：3.0
	>100	≤1：4.0

③ 泵送混凝土宜采用中砂，其通过0.315mm筛孔的颗粒含量不应少于15%。

④ 泵送混凝土应掺用泵送剂或减水剂，并宜掺用粉煤灰或其他活性矿物掺合料，其质量应符合国家现行有关标准的规定。

2)泵送混凝土试配时要求的坍落度值应按下式计算：

$$T_t = T_p + \Delta T \tag{2-13}$$

式中 T_t——试配时要求的坍落度值；

T_p——入泵时要求的坍落度值；

ΔT——试验测得在预计时间内的坍落度经时损失值。

3）泵送混凝土配合比的计算和试配步骤应符合下列规定：

① 泵送混凝土的用水量与水泥和矿物掺合料的总量之比不宜大于0.60。

② 泵送混凝土的水泥和矿物掺合料的总量不宜小于300kg/m^3。

③ 泵送混凝土的砂率宜为35%～45%。

④ 掺用引气型外加剂时，其混凝土含气量不宜大于4%。

（5）大体积混凝土

1）大体积混凝土所用的原材料应符合下列规定：

① 水泥应选用水化热低和凝结时间长的水泥，如低热矿渣硅酸盐水泥、中热硅酸盐水泥、矿渣硅酸盐水泥、粉煤灰硅酸盐水泥、火山灰质硅酸盐水泥等；当采用硅酸盐水泥或普通硅酸盐水泥时，应采取相应措施延缓水化热的释放。

② 粗骨料宜采用连续级配，细骨料宜采用中砂。

③ 大体积混凝土应掺用缓凝剂、减水剂和减少水泥水化热的掺合料。

2）大体积混凝土在保证混凝土强度及坍落度要求的前提下，应提高掺合料及骨料的含量，以降低每立方米混凝土的水泥用量。

3）大体积混凝土配合比的计算和试配步骤应按规定进行，并宜在配合比确定后进行水化热的验算或测定。

2.6 粉煤灰混凝土

1. 粉煤灰的质量指标

1）用于混凝土中的粉煤灰质量的指标划分为三个等级。其质量指标应符合表2-30的规定。

表2-30 粉煤灰质量指标的分级 %

质量指标 / 粉煤灰等级	细度（45μm方孔筛筛余）	烧失量	需水量比	三氧化硫含量
Ⅰ	≤12	≤5	≤95	≤3
Ⅱ	≤20	≤8	≤105	≤3
Ⅲ	≤45	≤15	≤115	≤3

2）干排法获得的粉煤灰，其含水量不宜大于1%；湿排法获得的粉煤灰，其质量应均匀。

3）主要用于改善混凝土和易性所采用的粉煤灰，可不受《粉煤灰混凝土应用技术规范》（GBJ 146）的限制。

2. 粉煤灰混凝土的工程应用

1）粉煤灰用于混凝土工程可根据等级，按下列规定应用：

① Ⅰ级粉煤灰适用于钢筋混凝土和跨度小于6m的预应力钢筋混凝土。

② Ⅱ级粉煤灰适用于钢筋混凝土和无筋混凝土。

③ Ⅲ级粉煤灰主要用于无筋混凝土。对设计强度等级C30及以上的无筋粉煤灰混凝土，宜采用Ⅰ、Ⅱ级粉煤灰。

④ 用于预应力钢筋混凝土、钢筋混凝土及设计强度等级C30及以上的无筋混凝土的粉煤灰等级，如经试验论证，可采用比上述“①”、“②”、“③”规定低一级的粉煤灰。

2）粉煤灰用于跨度小于6m的预应力钢筋混凝土时，放松预应力前，粉煤灰混凝土的强度必须达到设计规定的强度等级，且不得小于20MPa。

3）配制泵送混凝土、大体积混凝土、抗渗结构混凝土、抗硫酸盐和抗软水侵蚀混凝土、蒸养混凝土、轻骨料混凝土、地下工程混凝土、水下工程混凝土、压浆混凝土及碾压混凝土等，宜掺用粉煤灰。

4）根据各类工程和各种施工条件的不同要求，粉煤灰可与各类外加剂同时使用。外加剂的适应性及合理掺量应由试验确定。

5）粉煤灰用于下列混凝土时，应采取相应措施：

① 粉煤灰用于要求高抗冻融性的混凝土时，必须掺入引气剂；

② 粉煤灰混凝土在低温条件下施工时，宜掺入对粉煤灰混凝土无害的早强剂或防冻剂，并应采取适当的保温措施；

③ 用于早期脱模、提前负荷的粉煤灰混凝土，宜掺用高效减水剂、早强剂等外加剂。

3. 粉煤灰混凝土配合比设计和粉煤灰取代水泥的最大限量

（1）粉煤灰混凝土配合比设计

1）粉煤灰混凝土的设计强度等级、强度保证率、标准差及离差系数等指标，应与基准混凝土相同，其取值应按有关标准规范执行。

2）粉煤灰混凝土设计强度等级的龄期，地上工程宜为28d；地面工程宜为28d或60d；地下工程宜为60d或90d；大体积混凝土工程宜为90d或180d。在满足设计要求的条件下，以上各种工程采用的粉煤灰混凝土，其强度等级龄期也可采用相应的较长龄期。

3）混凝土中掺用粉煤灰可采用等量取代法、超量取代法和外加法。粉煤灰混凝土配合比设计，应按绝对体积法计算。

4）当粉煤灰混凝土配合比设计采用超量取代法时，超量系数可按表2-31选用；当混凝土超强较大或配制大体积混凝土时，可采用等量取代法；当主要为改善混凝土的和易性时，可采用外加法。

5）粉煤灰的含水率大于1%时，应从粉煤灰混凝土配合比用水量中扣除。粉煤灰混凝土中掺入引气剂时，其增加的空气体积应在配合比设计的混凝土体积中扣除。

表2-31　粉煤灰的超量系数

粉煤灰等级	超量系数
Ⅰ	1.1～1.4
Ⅱ	1.3～1.7
Ⅲ	1.5～2.0

（2）粉煤灰取代水泥的最大限量

1）粉煤灰在各种混凝土中取代水泥的最大限量（以重量计算）应符合表2-32的规定。

表 2-32 粉煤灰取代水泥的最大限量

混凝土种类	粉煤灰取代水泥的最大限量,%			
	硅酸盐水泥	普通硅酸盐水泥	矿渣硅酸盐水泥	火山灰质硅酸盐水泥
预应力钢筋混凝土	25	15	10	—
钢筋混凝土 高强度混凝土 高抗冻融性混凝土 蒸养混凝土	30	25	20	15
中、低强度混凝土 泵送混凝土 大体积混凝土 水下混凝土 地下混凝土 压浆混凝土	50	40	30	20
碾压混凝土	65	55	45	35

2)当钢筋混凝土中钢筋保护层厚度小于5cm时,粉煤灰取代水泥的最大限量,应比表2-32的规定相应减少5%。

4. 粉煤灰混凝土的施工

1)粉煤灰掺入混凝土中的方式,可采用干掺或湿掺。其掺入方法应符合下列要求:

① 干掺时,干粉煤灰单独计量,与水泥、砂、石、水等材料按规定次序加入搅拌机进行搅拌;

② 湿掺时,先将粉煤灰配制成粉煤灰与水及外加剂的悬浮浆液,与砂、石等材料按规定次序加入搅拌机进行搅拌。

2)使用干态或湿态粉煤灰应以重量计量,称量误差不得超过±2%。粉煤灰中的含水量,应在拌合水中扣除。

3)粉煤灰混凝土拌合物必须搅拌均匀,其搅拌时间应比基准混凝土延长10~30s。

4)粉煤灰混凝土浇筑时,不得漏振或过振。振捣后的粉煤灰混凝土表面,不得出现明显的粉煤灰浮浆层。

5)粉煤灰混凝土振捣完毕后,应加强养护,混凝土表面宜加遮盖,并保持湿润。暴露的潮湿养护时间,不得少于14d;干燥或炎热气候条件下的潮湿养护时间,不得少于21d。

6)粉煤灰混凝土在低温条件下施工时应加强表面保温,粉煤灰混凝土表面的最低温度不得低于5℃。寒潮冲击情况下,日降温幅度大于8℃时,应加强粉煤灰混凝土表面的保护,防止产生裂缝。

7)蒸养粉煤灰混凝土,应符合下列要求:

① 成型后热预养温度不宜高于45℃;预养(静停)时间不得少于1h;常温预养时,其预养时间应适当延长。

② 蒸养时的升温速度宜为15~20℃/h;恒温温度宜为85~90℃;降温速度宜为35~45℃/h。

③ 蒸养粉煤灰混凝土的养护周期,宜为8~10h。

5. 粉煤灰混凝土的检验

1）粉煤灰混凝土的质量，应以坍落度或工作度、抗压强度进行检验。引气剂的粉煤灰混凝土，应增测含气量。有特殊要求时，还应增测其他相应的检验项目。

2）现场施工粉煤灰混凝土的坍落度或工作度的检验，每班至少应测定两次，其测定值允许偏差应为 ±2cm。

3）粉煤灰混凝土抗压强度的检验，应符合下列规定：

① 非大体积粉煤灰混凝土每拌制 $100m^3$，至少成型一组试块；大体积粉煤灰混凝土每拌制 $500m^3$，至少成型一组试块；不足上列规定数量时，每班至少成型一组试块。

② 用边长 15cm 的立方体试块，在标准养护条件下所得的抗压强度极限值作为标准。

③ 每组 3 个试块试验结果的平均值，作为该组试块强度代表值。当 3 个试块的最大或最小强度值与中间值相比超过 15% 时，以中间值代表该组试块的强度值。

4）掺引气剂的粉煤灰混凝土，每班应至少测定两次含气量，其测定值的允许偏差应为 ±0.5%。

6. 粉煤灰混凝土配合比计算方法

（1）基准混凝土配合比计算方法

1）根据混凝土结构设计要求的强度和标准差的计算方法。

① 混凝土的试配强度，应按下列公式计算：

$$R_h = R_0 + \sigma_0 \tag{2-14}$$

式中　R_h——混凝土的试配强度；

R_0——混凝土设计要求的强度；

σ_0——混凝土标准差。

当施工单位具有 30 组以上混凝土试配强度的历史资料时，σ_0 可按下式求得：

$$\sigma_0 = \sqrt{\frac{\sum_{i=1}^{n} R_i^2 - nR_n^2}{n-1}} \tag{2-15}$$

式中　R_i——第 R_i 组的试块强度；

R_n——n 组试块强度的平均值。

当施工单位无历史统计资料时，σ_0 可按表 2-33 取值。

表 2-33　混凝土强度标准差

R_0, MPa	σ_0, MPa
10 ~ 20	4.0
25 ~ 40	5.0
50 ~ 60	6.0

② 根据试配强度 R_h，应按下式计算水灰比值：

$$R_h = A \cdot R_c \cdot \left(\frac{C}{W} - B\right) \tag{2-16}$$

式中 R_c——水泥的实际强度，MPa；

$\frac{C}{W}$——混凝土的灰水比；

A、B——试验系数。当缺乏 A、B 试验系数时，可按下列数值取用。采用碎石时，$A=0.46$，$B=0.52$；采用卵石时，$A=0.48$，$B=0.61$（仅适用于骨料为干燥状态）。

③ 根据骨料最大粒径及混凝土坍落度选用用水量（W_0），可按表 2-34 选用。

表 2-34 混凝土用水量

粗骨料最大粒径，mm	混凝土用水量，kg/m^3
20	165～185
40	145～165
80	125～145
150	105～125

④ 根据水灰比、粗骨料最大粒径及砂细度模数选用砂率，可按表 2-35 选用。

表 2-35 混凝土砂率

粗骨料最大粒径，mm	砂率，%
20	38～42
40	32～36
80	24～28
150	19～23

⑤ 水泥的用量（C_0），应按下式计算：

$$C_0=\frac{C_0}{W_0}W_0 \tag{2-17}$$

⑥水泥浆的体积（V_P），应按下式计算：

$$V_P=\frac{C_0}{\gamma_c}+W_0 \tag{2-18}$$

式中 γ_c——水泥比重。

⑦ 砂和石料的总体积（V_A），应按下式计算：

$$V_A=1000(1-a)-V_P \tag{2-19}$$

式中 a——混凝土含气量（%），不掺外加剂的混凝土，当骨料最大粒径为 20mm 时，可取 2%；40mm 时可取 1%；80mm 和 150mm 时可忽略不计。

⑧ 砂料的重量（S_0），应按下式计算：

$$S_0=V_A\cdot Q_s\cdot\gamma_s \tag{2-20}$$

式中 γ_s——砂料比重；

Q_s——砂率，%。

⑨ 石料的重量（G_0），应按下式计算：

$$G_0=V_A\cdot(1-Q_s)\cdot\gamma_g \tag{2-21}$$

式中　γ_g——石料比重。

2)根据混凝土结构设计要求的强度(R_0)和强度保证率(P)及离差系数(C_v)的计算方法。

① 计算出要求的试配强度:

混凝土试配强度应等于设计强度(R_0)乘以系数 K,K 值与混凝土强度保证率和离差系数有关,可按表2-36 查得。

表 2-36　K 值表

C_v \ P,%	95	90	85	80	75
0.10	1.18	1.15	1.12	1.09	1.08
0.13	1.26	1.20	1.15	1.12	1.10
0.15	1.32	1.24	1.19	1.15	1.12
0.18	1.40	1.30	1.22	1.18	1.14
0.20	1.49	1.35	1.26	1.20	1.16
0.25	1.68	1.47	1.35	1.27	1.21

表中 P 值根据结构物类型和重要性,由设计单位规定。

C_v 值由混凝土施工质量水平决定,可预先选用。当混凝土强度在20MPa 及以上时可选用0.15;在20MPa 以下时可选用0.20。以后根据施工资料调整。C_v 值应按下列方法计算:

a. 计算平均强度 R_m(总体强度的特征值),指同一强度等级的混凝土若干组试件抗压强度的算术平均值,应按下列公式计算:

$$R_m = \frac{\sum_{i=1}^{n} R_i}{n} \tag{2-22}$$

式中　R_i——每组试件的平均极限抗压强度;

n——试件的组数。

b. 混凝土强度的标准差 σ_0,应按下列公式计算:

$$\sigma_0 = \sqrt{\frac{1}{n-1}\sum_{i=1}^{n}(R_i - R_m)^2} \tag{2-23}$$

c. 混凝土强度的离差系数 C_v,应按下列公式计算:

$$C_v = \frac{\sigma_0}{R_m} \tag{2-24}$$

② 水灰比、用水量、砂率、水泥用量及砂料石料重量的计算或选用方法与上述“1)”中“②”至“⑨”的内容相同。

③ 基准混凝土配合比各种材料用量为:C_0、W_0、S_0、G_0。

(2)等量取代法配合比计算方法

1)选定与基准混凝土相同或稍低的水灰比。

2)根据确定的粉煤灰等量取代水泥量(f%)和基准混凝土水泥用量(C_0),应按下式计算粉煤灰用量(F)和粉煤灰混凝土中的水泥量(C):

$$F = C_0 \cdot f(\%) \tag{2-25}$$

$$C = G_0 - F \tag{2-26}$$

3)粉煤灰混凝土的用水量(W),应按下式计算:

$$W = \frac{W}{C_0}(C + F) \tag{2-27}$$

4)水泥和粉煤灰的浆体体积(V_P),应按下式计算:

$$V_P = \frac{C}{\gamma_c} + \frac{F}{\gamma_f} + W \tag{2-28}$$

式中 γ_f——粉煤灰比重。

5)砂料和石料的总体积(V_A),应按下式计算:

$$V_A = 1000(1 - a) - V_P \tag{2-29}$$

6)选用与基准混凝土相同或稍低的砂率(Q_s)、砂料(S)和石料(G)的重量,应按下式计算:

$$S = V_A \cdot Q_s \cdot \gamma_s \tag{2-30}$$

$$G = V_A \cdot (1 - Q_s) \cdot \gamma_g \tag{2-31}$$

7)等量取代法粉煤灰混凝土配合比各种材料用量为:C、F、W、S、G。

(3)超量取代法配合比计算方法

1)根据基准混凝土计算出的各种材料用量(C_0、W_0、S_0、G_0),选取粉煤灰取代水泥率($f\%$)和超量系数(K),对各种材料进行计算调整。

2)粉煤灰取代水泥量(F)、总掺量(F_t)及超量部分重量(F_e),应按下式计算:

$$F = C_0 \cdot f(\%) \tag{2-32}$$

$$F_t = K \cdot F \tag{2-33}$$

$$F_e = (K - 1) \cdot F \tag{2-34}$$

3)水泥的重量(C),应按下式计算:

$$C = C_0 - F \tag{2-35}$$

4)粉煤灰超量部分的体积应按下式计算,即在砂料中扣除同体积的砂重,求出调整后的砂重(S_e):

$$S_e = S_0 - \frac{F_e}{\gamma_f} \cdot \gamma_s \tag{2-36}$$

5)超量取代粉煤灰混凝土的各种材料用量为:C、F_t、S_e、W_0,G_0。

(4)外加法配合比计算方法

1)根据基准混凝土计算出的各种材料用量(C_0、W_0、S_0、G_0),选定外加粉煤灰掺入率($f_m\%$),对各种材料进行计算调整。

2)外加粉煤灰的重量(F_m),应按下式计算:

$$F_m = G_0 \cdot f_m(\%) \tag{2-37}$$

3）外加粉煤灰的体积，应按下式计算，即在砂料中扣除同体积的砂重，求出调整后的砂重（S_m）：

$$S_m = S_0 - \frac{F_m}{\gamma_f} \cdot \gamma_s \tag{2-38}$$

4）外加粉煤灰混凝土的各种材料用量为：C_0、F_m、S_m、W_0、G_0。

2.7 蒸压加气混凝土

1. 加气混凝土围护材料导热系数和蓄热系数计算（表2-37）

表2-37 加气混凝土围护材料导热系数和蓄热系数计算值

围护结构类别		干密度ρ_0，kg/m³	理论计算值（体积含水量3%条件下）		灰缝影响系数	潮湿影响系数	设计计算值	
			导热系数λ，W/(m·K)	蓄热系数S_{24}，W/(m²·K)			导热系数λ，W/(m·K)	蓄热系数S_{24}，W/(m²·K)
单一结构		400	0.13	2.06	1.25	—	0.16	2.58
单一结构		500	0.16	2.61	1.25	—	0.20	3.26
单一结构		600	0.19	3.01	1.25	—	0.24	3.76
单一结构		700	0.22	3.49	1.25	—	0.28	4.36
复合结构	铺设在密闭屋面内	300	0.11	1.64	—	1.5	0.17	2.46
复合结构	铺设在密闭屋面内	400	0.13	2.06	—	1.5	0.20	3.09
复合结构	铺设在密闭屋面内	500	0.16	2.61	—	1.5	0.24	3.92
复合结构	铺设在密闭屋面内	600	0.19	3.01	—	1.5	0.29	4.52
复合结构	浇注在混凝土构件中	300	0.11	1.64	—	1.6	0.18	2.62
复合结构	浇注在混凝土构件中	400	0.13	2.06	—	1.6	0.21	3.30
复合结构	浇注在混凝土构件中	500	0.16	2.61	—	1.6	0.26	4.18
复合结构	浇注在混凝土构件中	600	0.19	3.01	—	1.6	0.30	4.82

注：当加气混凝土砌块和条板之间采用粘结砂浆，且灰缝≤3mm时，灰缝影响系数取1.00。

2. 加气混凝土围护结构隔热低限厚度（表2-38和表2-39）

表2-38 单一加气混凝土围护结构隔热低限厚度

围护结构类别	隔热低限厚度，mm
外墙（不包括内外饰面）	175～200
屋面板	250～300

表2-39 复合屋盖中加气混凝土隔热低限厚度

钢筋混凝土屋面板厚度	加气混凝土隔热低限厚度，mm
120	180～200
150	160～180

注：1. 表中隔热层厚度包括加气混凝土碎块找坡层（以平均厚度计）和加气混凝土砌块保温层厚度；
2. 采用其他材料找坡层或其他构造形式的复合屋面构造形式中，加气混凝土隔热层厚度应根据热工计算确定。

3. 蒸压加气混凝土砌块外墙拼装大板洞口两边和上部过梁板的最小尺寸(表 2-40)

表 2-40 蒸压加气混凝土砌块外墙拼装大板洞口两边和上部过梁板的最小尺寸

洞口尺寸 (宽×高),mm	洞口两边板宽,mm	过梁板板高,mm
900×1200 以下	300	300
1800×1500 以下	450	300
2400×1800 以下	600	400

注:300mm 或 400mm 板材如需用 600mm 宽的板材在纵向切锯,不得切锯两边截取中段。如用作过梁板,应经结构验算。

4. 屋面板堆放要求(表 2-41)

表 2-41 屋面板堆放要求

堆放方式	堆放限制高度	垫木			
		位置	长度	断面尺寸	根数
平放	3.0m 以下	距端头≤600mm	约 900mm	100mm×100mm	板长 4m 以上时,每点 2 根;板长4m 以下时,每点 1 根

5. 砌体结构尺寸和位置的允许偏差(表 2-42)

表 2-42 砌体结构尺寸和位置的允许偏差

项目		允许偏差,mm	检查方法
砌体厚度		±4	—
基础顶面和楼面标高		±15	
轴线位移		10	
墙面垂直	每层	5	用 2m 靠尺检查
	全高	10	
表面平整		6	用 2m 靠尺检查
水平灰缝平直		7	用 10m 长的线拉直检查

6. 墙板结构尺寸和位置的允许偏差(表 2-43)

表 2-43 墙板结构尺寸和位置的允许偏差

项目			允许偏差,mm	检查方法
拼装大板的高度或宽度两对角线长度差			±55	拉线
外墙板安装	垂直度	每层	5	用 2m 靠尺检查
		全高	20	
	平整度	表面平整	5	

续表

项目			允许偏差,mm	检查方法
内墙板安装	垂直度	墙面垂直	4	用2m靠尺检查
	平整度	表面平整	4	
内外墙门、窗框余量10mm			±5	—

7. 加气混凝土隔墙隔声性能(表2-44)

表2-44 加气混凝土隔墙隔声性能

隔墙做法	构造示意	下列各频率的隔声量(dB)						100~3150Hz的计权隔声量 R_w(dB)
		125Hz	250Hz	500Hz	1000Hz	2000Hz	4000Hz	
75mm厚砌块墙,双面抹灰		29.9	30.4	30.4	40.2	49.2	55.5	38.8
100mm厚砌块墙,双面抹灰		34.7	37.5	33.3	40.1	51.9	56.5	41.0
150mm厚砌块墙,双面抹灰	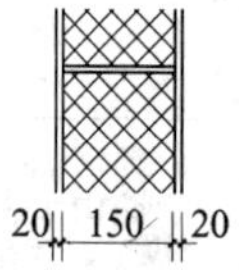	37.4	38.6	38.4	48.6	53.6	57.0	44.0(砌块)
		37.4	38.6	38.4	48.6	53.6	57.0	46.0(板材)(B06级无抹灰层)
100mm厚条板,双面刮腻子喷浆		32.6	31.6	31.9	40.0	47.9	60.0	39.0
两道75mm厚砌块墙,双面抹混合灰	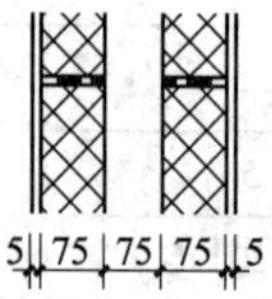	35.4	38.9	46.0	47.0	62.2	69.2	49.0

续表

隔墙做法	构造示意	下列各频率的隔声量(dB)						100～3150Hz的计权隔声量 R_w(dB)
		125Hz	250Hz	500Hz	1000Hz	2000Hz	4000Hz	
两道75mm厚条板,双面抹混合灰	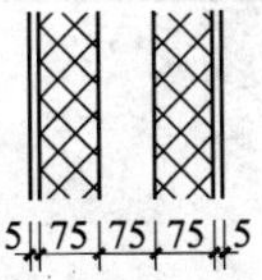	38.6	49.3	49.4	55.6	65.7	69.6	56.0
一道75mm厚砌块和一道半砖墙,双面抹灰	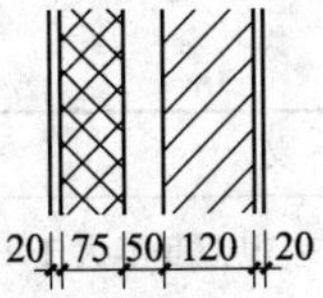	40.3	40.8	55.4	57.7	67.2	63.5	55.0
200mm厚条板,双面刮腻子喷浆	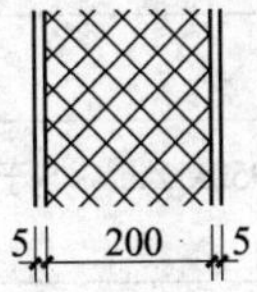	31.0	37.2	41.1	43.1	51.3	54.7	45.2(板材)
		39.0	40.1	40.4	50.4	59.1	48.4	48.4(砌块)(B06级无抹灰层)

注:1. 本检测数据除注明外,均为B05级水泥、矿渣、砂加气混凝土砌块;
2. 砌块均为普通水泥砂浆砌筑;
3. 抹灰为1:3:9(水:石灰:砂)混合砂浆;
4. B06级制品隔声数据系水泥、石灰、粉煤灰加气混凝土制品。

8. 加气混凝土耐火性能(表2-45)

表2-45 加气混凝土耐火性能

材料		体积密度级别	厚度,mm	耐火极限,h
加气混凝土砌块	水泥、矿渣、砂为原材料	B05	75	2.5
			100	3.75
			150	5.75
			200	8.0
	水泥、石灰、粉煤灰为原材料	B06	100	6
			200	8
	水泥、石灰、砂为原材料	B05	150	>4
			100	3

续表

材料		体积密度级别	厚度,mm	耐火极限,h
水泥、矿渣、砂为原材料	屋面板	B05	100	3
			3300×600×150	1.25
	墙板	B05	2700×(3×600)×150	<4

2.8 轻骨料混凝土

1. 术语(表2-46)

表2-46 轻骨料混凝土的相关术语

术语	定义
轻骨料混凝土	用轻粗骨料、轻砂(或普通砂)、水泥和水配制而成的干表观密度不大于1950kg/m³的混凝土
全轻混凝土	由轻砂做细骨料配制而成的轻骨料混凝土
砂轻混凝土	由普通砂或部分轻砂做细骨料配制而成的轻骨料混凝土
大孔轻骨料混凝土	用轻粗骨料、水泥和水配制而成的无砂或少砂混凝土
次轻混凝土	在轻粗骨料中掺入适量普通粗骨料,干表观密度大于1950kg/m³、小于或等于2300kg/m³的混凝土
混凝土干表观密度	硬化后的轻骨料混凝土单位体积的烘干质量
混凝土湿表观密度	轻骨料混凝土拌合物经捣实后单位体积的质量
净用水量	不包括轻骨料1h吸水量的混凝土拌合用水量
总用水量	包括轻骨料1h吸水量的混凝土拌合用水量
净水灰比	净用水量与水泥用量之比
总水灰比	总用水量与水泥用量之比
圆球型轻骨料	原材料经造粒、煅烧或非煅烧而成的、呈圆球状的轻骨料
普通型轻骨料	原材料经破碎烧胀而成的、呈非圆球状的轻骨料
碎石型轻骨料	由天然轻骨料、自燃煤矸石或多孔烧结块经破碎加工而成的;或由页岩块烧胀后破碎而成的,呈碎石状的轻骨料

2. 技术性能

(1)一般规定

1)轻骨料混凝土的强度等级应按立方体抗压强度标准值确定。

2)轻骨料混凝土的强度等级应划分为:LC5.0;LC7.5;LC10;LC15;LC20;LC25;LC30;LC35;LC40;LC45;LC50;LC55;LC60。

3)轻骨料混凝土按其干表观密度可分为14个等级(表2-47)。某一密度等级轻骨料混凝土的密度标准值,可取该密度等级干表观密度变化范围的上限值。

表2-47 轻骨料混凝土的密度等级

密度等级	干表观密度的变化范围,kg/m³	密度等级	干表观密度的变化范围,kg/m³
600	560~650	1300	1260~1350
700	660~750	1400	1360~1450
800	760~850	1500	1460~1550
900	860~950	1600	1560~1650
1000	960~1050	1700	1660~1750
1100	1060~1150	1800	1760~1850
1200	1160~1250	1900	1860~1950

4)轻骨料混凝土根据其用途可按表2-48分为三大类。

表2-48 轻骨料混凝土按用途分类

类别名称	混凝土强度等级的合理范围	混凝土密度等级的合理范围	用途
保温轻骨料混凝土	LC5.0	≤800	主要用于保温的围护结构或热工构筑物
结构保温轻骨料混凝土	LC5.0 LC7.5 LC10 LC15	800~1400	主要用于既承重又保温的围护结构
结构轻骨料混凝土	LC15 LC20 LC25 LC30 LC35 LC40 LC45 LC50 LC55 LC60	1400~1900	主要用于承重构件或构筑物

(2)性能指标

1)结构轻骨料混凝土的强度标准值应按表2-49采用。

表2-49 结构轻骨料混凝土的强度标准值 MPa

强度种类		轴心抗压	轴心抗拉
符号		f_{ck}	f_{tk}
混凝土强度等级	LC15	10.0	1.27
	LC20	13.4	1.54
	LC25	16.7	1.78
	LC30	20.1	2.01
	LC35	23.4	2.20
	LC40	26.8	2.39
	LC45	29.6	2.51
	LC50	32.4	2.64
	LC55	35.5	2.74
	LC60	38.5	2.85

注:自燃煤矸石混凝土轴心抗拉强度标准值应按表中值乘以系数0.85;浮石或火山渣混凝土轴心抗拉强度标准值应按表中值乘以系数0.80。

2）结构轻骨料混凝土弹性模量应通过试验确定。在缺乏试验资料时，可按表2-50取值。

表2-50　轻骨料混凝土的弹性模量 E_{LC}　　$\times 10^2$ MPa

强度等级	密度等级							
	1200	1300	1400	1500	1600	1700	1800	1900
LC15	94	102	110	117	125	133	141	149
LC20	—	117	126	135	145	154	163	172
LC25	—	—	141	152	162	172	182	192
LC30	—	—	—	166	177	188	199	210
LC35	—	—	—	—	191	203	215	227
LC40	—	—	—	—	—	217	230	243
LC45	—	—	—	—	—	230	244	257
LC50	—	—	—	—	—	243	257	271
LC55	—	—	—	—	—	—	267	285
LC60	—	—	—	—	—	—	280	297

注：用膨胀矿渣珠、自燃煤矸石作粗骨料的混凝土，其弹性模量值可比表列数值提高20%。

3）结构用砂轻混凝土的收缩值可按下列公式计算，且计算后取值和实测值不应大于表2-51的规定值。

$$\varepsilon(t)=\varepsilon(t)_0\cdot\beta_1\cdot\beta_2\cdot\beta_3\cdot\beta_5 \tag{2-39}$$

$$\varepsilon(t)_0=\frac{t}{a+bt}\times 10^{-3} \tag{2-40}$$

式中　$\varepsilon(t)$——结构用砂轻混凝土的收缩值；

$\varepsilon(t)_0$——结构用砂轻混凝土随龄期变化的收缩值；

t——龄期(d)；

$\beta_1\cdot\beta_2\cdot\beta_3\cdot\beta_5$——结构用砂轻混凝土的收缩值修正系数可按表2-52取值；

a、b——计算参数，当初始测试龄期为3d时，取 $a=78.69$，$b=1.20$；当初始测试龄期为28d时，取 $a=120.23$，$b=2.26$。

表2-51　不同龄期的收缩值

龄　期，d	28	90	180	360	终极值
收缩值，mm/m	0.36	0.59	0.72	0.82	0.85

表2-52　收缩值与徐变系数的修正系数

影响因素	变化条件	收缩值		徐变系数	
		符号	系数	符号	系数
相对湿度，%	≤40	β_1	1.30	ζ_1	1.30
	≈60		1.00		1.00
	≥80		0.75		0.75

续表

影响因素	变化条件	收缩值		徐变系数	
		符号	系数	符号	系数
截面尺寸,体积/表面积,cm	2.00	β_2	1.20	ζ_2	1.15
	2.50		1.00		1.00
	3.75		0.95		0.92
	5.00		0.90		0.85
	10.00		0.80		0.70
	15.00		0.65		0.60
	>20.00		0.40		0.55
养护方法	标准的	β_3		ζ_3	1.00
	蒸养的				0.85
加荷龄期,d	7	—	—	ζ_4	1.20
	14		—		1.10
	28		—		1.00
	90		—		0.80
粉煤灰取代水泥率,%	0	β_5	1.00	ζ_5	1.00
	10~20		0.95		1.00

4)结构用砂轻混凝土的徐变系数可按下列公式计算,且计算后取值和实测值不应大于表2-53的规定值。

表 2-53 不同龄期的徐变系数

龄期,d	28	90	180	360	终极值
徐变系数	1.63	2.11	2.38	2.64	2.65

$$\phi(t)=\phi(t)_0\cdot\zeta_1\cdot\zeta_2\cdot\zeta_3\cdot\zeta_4\cdot\zeta_5 \tag{2-41}$$

$$\phi(t)_0=\frac{t^n}{a+bt^n} \tag{2-42}$$

式中 $\phi(t)$——结构用砂轻混凝土的徐变系数;

$\phi(t)_0$——结构用砂轻混凝土随龄期变化的徐变系数;

ζ_1、ζ_2、ζ_3、ζ_4、ζ_5——结构用砂轻混凝土徐变系数的修正系数,可按表2-52取值;

n、a、b——计算参数,当加荷龄期为28d时,取$n=0.6$,$a=4.520$,$b=0.353$。

5)轻骨料混凝土的泊松比可取0.2。

6)轻骨料混凝土温度线膨胀系数,当温度为0~100℃范围时可取7×10^{-6}~10×10^{-6}/℃。低密度等级者可取下限值,高密度等级者可取上限值。

7)轻骨料混凝土在干燥条件下和在平衡含水率条件下的各种热物理系数应符合表2-54的要求。

表 2-54 轻骨料混凝土的各种热物理系数

密度等级	导热系数		比热容		导温系数		蓄热系数	
	λ_d	λ_c	c_d	c_c	a_d	a_c	S_{d24}	S_{c24}
	W/(m·K)		kJ/(kg·K)		m^2/h		$W/(m^2\cdot K)$	
600	0.18	0.25	0.84	0.92	1.28	1.63	2.56	3.01
700	0.20	0.27	0.84	0.92	1.25	1.50	2.91	3.38

续表

密度等级	导热系数		比热容		导温系数		蓄热系数	
	λ_d	λ_c	c_d	c_c	a_d	a_c	S_{d24}	S_{c24}
	W/(m·K)		kJ/(kg·K)		m^2/h		$W/(m^2·K)$	
800	0.23	0.30	0.84	0.92	1.23	1.38	3.37	4.17
900	0.26	0.33	0.84	0.92	1.22	1.33	3.73	4.55
1000	0.28	0.36	0.84	0.92	1.20	1.37	4.10	5.13
1100	0.31	0.41	0.84	0.92	1.23	1.36	4.57	5.62
1200	0.36	0.47	0.84	0.92	1.29	1.43	5.12	6.28
1300	0.42	0.52	0.84	0.92	1.38	1.48	5.73	6.93
1400	0.49	0.59	0.84	0.92	1.50	1.56	6.43	7.65
1500	0.57	0.67	0.84	0.92	1.63	1.66	7.19	8.44
1600	0.66	0.77	0.84	0.92	1.78	1.77	8.01	9.30
1700	0.76	0.87	0.84	0.92	1.91	1.89	8.81	10.20
1800	0.87	1.01	0.84	0.92	2.08	2.07	9.74	11.30
1900	1.01	1.15	0.84	0.92	2.26	2.23	10.70	12.40

注:1. 轻骨料混凝土的体积平衡含水率取6%。
2. 用膨胀矿渣珠作粗骨料的混凝土导热系数可按表列数值降低25%取用或经试验确定。

8)轻骨料混凝土不同使用条件的抗冻性应符合表2-55的要求。

表2-55 轻骨料混凝土不同使用条件的抗冻性

使用条件	抗冻标号
1. 非采暖地区	F15
2. 采暖地区	
相对湿度≤60%	F25
相对湿度>60%	F35
干湿交替部位和水位变化的部位	≥F50

注:非采暖地区系指最冷月份的平均气温高于-5℃的地区;
采暖地区系指最冷月份的平均气温低于或等于-5℃的地区。

9)结构用砂轻混凝土的抗碳化耐久性应按快速碳化标准试验方法检验,其28d的碳化深度值应符合表2-56的要求。

表2-56 砂轻混凝土的碳化深度值

等级	使用条件	碳化深度值,mm,不大于
1	正常湿度,室内	40
2	正常湿度,室外	35
3	潮湿,室外	30
4	干湿交替	25

注:1. 正常湿度系指相对湿度为55%~65%;
2. 潮湿系指相对湿度为65%~80%;
3. 碳化深度值相当于在正常大气条件下,即CO_2的体积浓度为0.03%、温度为20℃±3℃环境条件下,自然碳化50年时轻骨料混凝土的碳化深度。

10)结构用砂轻混凝土的抗渗性应满足工程设计抗渗等级和有关标准的要求。

11)次轻混凝土的强度标准值、弹性模量、收缩、徐变等有关性能,应通过试验确定。

3. 配合比设计

(1)一般要求

1)轻骨料混凝土的配合比设计主要应满足抗压强度、密度和稠度的要求,并以合理使用材料和节约水泥为原则。必要时尚应符合对混凝土性能(如弹性模量、碳化和抗冻性等)的特殊要求。

2)轻骨料混凝土的配合比应通过计算和试配确定。混凝土试配强度应按式(2-1)确定。

3)混凝土强度标准差应根据同品种、同强度等级轻骨料混凝土统计资料计算确定。计算时,强度试件组数不应少于25组。

当无统计资料时,强度标准差可按表2-57取值。

表2-57 强度标准差 σ MPa

混凝土强度等级	低于LC20	LC20~LC35	高于LC35
σ	4.0	5.0	6.0

4)轻骨料混凝土配合比中的轻粗骨料宜采用同一品种的轻骨料。结构保温轻骨料混凝土及其制品掺入煤(炉)渣轻粗骨料时,其掺量不应大于轻粗骨料总量的30%,煤(炉)渣含碳量不应大于10%。为改善某些性能而掺入另一品种粗骨料时,其合理掺量应通过试验确定。

5)在轻骨料混凝土配合比中加入化学外加剂或矿物掺合料时,其品种、掺量和对水泥的适应性,必须通过试验确定。

(2)设计参数选择

1)不同试配强度的轻骨料混凝土的水泥用量可按表2-58选用。

表2-58 轻骨料混凝土的水泥用量 kg/m^3

混凝土试配强度(MPa)	轻骨料密度等级						
	400	500	600	700	800	900	1000
<5.0	260~320	250~300	230~280				
5.0~7.5	280~360	260~340	240~320	220~300			
7.5~10		280~370	260~350	240~320			
10~15			280~350	260~340	240~330		
15~20			300~400	280~380	270~370	260~360	250~350
20~25				330~400	320~390	310~380	300~370
25~30				380~450	370~440	360~430	350~420
30~40				420~500	390~490	380~480	370~470
40~50					430~530	420~520	410~510
50~60					450~550	440~540	430~530

注:1. 表中横线以上为采用32.5级水泥时水泥用量值;横线以下为采用42.5级水泥时的水泥用量值;
2. 表中下限值适用于圆球型和普通型轻粗骨料,上限值适用于碎石型轻粗骨料和全轻混凝土;
3. 最高水泥用量不宜超过550kg/m^3。

2)轻骨料混凝土配合比中的水灰比应以净水灰比表示。配制全轻混凝土时,可采用总水灰比表示,但应加以说明。

轻骨料混凝土最大水灰比和最小水泥用量的限值应符合表2-59的规定。

表 2-59　轻骨料混凝土的最大水灰比和最小水泥用量

混凝土所处的环境条件	最大水灰比	最小水泥用量，kg/m³	
		配筋混凝土	素混凝土
不受风雪影响混凝土	不作规定	270	250
受风雪影响的露天混凝土；位于水中及水位升降范围内的混凝土和潮湿环境中的混凝土	0.50	325	300
寒冷地区位于水位升降范围内的混凝土和受水压或除冰盐作用的混凝土	0.45	375	350
严寒和寒冷地区位于水位升降范围内和受硫酸盐、除冰盐等腐蚀的混凝土	0.40	400	375

注：1. 严寒地区指最寒冷月份的月平均温度低于 -15℃者，寒冷地区指最寒冷月份的月平均温度处于 -5～-15℃者；
2. 水泥用量不包括掺合料；
3. 寒冷和严寒地区用的轻骨料混凝土应掺入引气剂，其含气量宜为5%～8%。

3）轻骨料混凝土的净用水量根据稠度（坍落度或维勃稠度）和施工要求，可按表 2-60 选用。

表 2-60　轻骨料混凝土的净用水量

轻骨料混凝土用途	稠　度		净用水量，kg/m³
	维勃稠度，s	坍落度，mm	
预制构件及制品：			
（1）振动加压成型	10～20	—	45～140
（2）振动台成型	5～10	0～10	140～180
（3）振捣棒或平板振动器振实	—	30～80	165～215
现浇混凝土：			
（1）机械振捣	—	50～100	180～225
（2）人工振捣或钢筋密集	—	≥80	200～230

注：1. 表中值适用于圆球型和普通型轻粗骨料，对碎石型轻粗骨料，宜增加 10kg 左右的用水量；
2. 掺加外加剂时，宜按其减水率适当减少用水量，并按施工稠度要求进行调整；
3. 表中值适用于砂轻混凝土；若采用轻砂时，宜取轻砂 1h 吸水率为附加水量；若无轻砂吸水率数据时，可适当增加用水量，并按施工稠度要求进行调整。

4）轻骨料混凝土的砂率可按表 2-61 选用。当采用松散体积法设计配合比时，表中数值为松散体积砂率；当采用绝对体积法设计配合比时，表中数值为绝对体积砂率。

表 2-61　轻骨料混凝土的砂率

轻骨料混凝土用途	细骨料品种	砂率，%
预制构件	轻　砂	35～50
	普通砂	30～40
现浇混凝土	轻　砂	—
	普通砂	35～45

注：1. 当混合使用普通砂和轻砂作细骨料时，砂率宜取中间值，宜按普通砂和轻砂的混合比例进行插入计算；
2. 当采用圆球型轻粗骨料时，砂率宜取表中值下限；采用碎石型时，则宜取上限。

5）当采用松散体积法设计配合比时，粗细骨料松散状态的总体积可按表 2-62 选用。

表 2-62 粗细骨料总体积

轻粗骨料粒型	细骨料品种	粗细骨料总体积，m^3
圆球型	轻 砂	1.25 ~ 1.50
	普通砂	1.10 ~ 1.40
普通型	轻 砂	1.30 ~ 1.60
	普通砂	1.10 ~ 1.50
碎石型	轻 砂	1.35 ~ 1.65
	普通砂	1.10 ~ 1.60

2.9 轻集料

1. 术语(表 2-63)

表 2-63 轻集料的相关术语

术 语	定 义
轻集料	堆积密度不大于 1100kg/m^3 的轻粗集料和堆积密度不大于 1200kg/m^3 的轻细集料的总称
黏土陶粒	由黏土和粉质黏土等为主要原料，经加工制粒、烧胀而成的一种人造轻集料
页岩陶粒	由黏土质页岩、板岩等为主要原料经破碎、筛分，或粉磨制粒，烧胀而成的一种人造轻集料
粉煤灰陶粒	以粉煤灰为主要原料，经加工成球，烧结或烧胀而成的一种工业废料轻集料
浮石	火山爆发形成的可浮于水的块状多孔岩石，经破碎、筛分而成的一种天然轻集料
火山渣	火山爆发形成的、状如煤渣的多孔岩石碎块，经破碎、筛分而成的一种天然轻集料
煤渣	煤在锅炉内燃烧后的多孔残渣，经破碎、筛分而成的一种工业废料轻集料
自燃煤矸石	采煤、选煤过程中排出的煤矸石，经堆积、自燃、破碎、筛分而成的一种工业废料轻集料
膨胀矿渣珠	以高炉熔融矿渣为原料，经专门工艺加工而成的一种工业废料轻集料
超轻集料	堆积密度不大于 500kg/m^3 的保温用或结构保温用的轻粗集料
普通轻集料	堆积密度大于 510kg/m^3 的轻粗集料
高强轻集料	强度标号不小于 25MPa 的结构用轻粗集料

2. 技术要求

(1) 颗粒级配

1) 各种轻集料的颗粒级配应符合表 2-64 的要求，但人造轻粗集料的最大粒径不宜大于 20.0mm。

表 2-64 轻集料的颗粒级配

轻集料种类	级配类别	公称粒级，mm	各号筛的累计筛余(按质量计)，% 筛孔尺寸，mm										
			40.0	31.5	20.0	16.0	10.0	5.00	2.50	1.25	0.630	0.315	0.160
细集料	—	0 ~ 5					0	0 ~ 10	0 ~ 35	20 ~ 60	30 ~ 80	65 ~ 90	75 ~ 100

续表

轻集料种类	级配类别	公称粒级，mm	各号筛的累计筛余(按质量计),%										
			筛孔尺寸,mm										
			40.0	31.5	20.0	16.0	10.0	5.00	2.50	1.25	0.630	0.315	0.160
粗集料	连续粒级	5~40	0~10	—	40~60	—	50~85	90~100	95~100				
		5~31.5	0~5	0~10	—	40~75	—	90~100	95~100				
		5~20	—	0~5	0~10	—	40~80	90~100	95~100				
		5~16	—	—	0~5	0~10	20~60	85~100	95~100				
		5~10	—	—	—	0	0~15	80~100	95~100				
	单粒级	10~16	—	—	0	0~15	85~100	90~100					

注:公称粒级的上限,为该粒级的最大粒径。

2)轻细集料的细度模数宜在2.3~4.0范围内。

(2)堆积密度

轻集料按堆积密度划分的密度等级应符合表2-65的要求。轻集料的匀质性指标,以堆积密度的变异系数计,不应大于0.10。

表2-65 轻集料的密度等级

密度等级		堆积密度范围,kg/m^3
轻粗集料	轻细集料	
200	—	110~200
300	—	210~300
400	—	310~400
500	500	410~500
600	600	510~600
700	700	610~700
800	800	710~800
900	900	810~900
1000	1000	910~1000
1100	1100	1010~1100
—	1200	1110~1200

(3)筒压强度与强度标号

1)不同密度等级超轻粗集料的筒压强度应不低于表2-66的规定。

表2-66 超轻粗集料筒压强度 MPa

超轻集料品种	密度等级	筒压强度		
		优等品	一等品	合格品
黏土陶粒 页岩陶粒 粉煤灰陶粒	200	0.3	0.2	
	300	0.7	0.5	
	400	1.3	1.0	
	500	2.0	1.5	
其他超轻粗集料	≤500	—		

2)不同密度等级的普通轻粗集料的筒压强度应不低于表2-67的规定。

表 2-67　普通轻粗集料筒压强度　MPa

轻集料品种	密度等级	筒压强度		
		优等品	一等品	合格品
黏土陶粒 页岩陶粒 粉煤灰陶粒	600	3.0	2.0	
	700	4.0	3.0	
	800	5.0	4.0	
	900	6.0	5.0	
浮石 火山渣 煤渣	600	—	1.0	0.8
	700	—	1.2	1.0
	800	—	1.5	1.2
	900	—	1.8	1.5
自燃煤矸石 膨胀矿渣珠	900	—	3.5	3.0
	1000	—	4.0	3.5
	1100	—	4.5	4.0

3）不同密度等级高强轻粗集料的筒压强度和强度标号均应不低于表 2-68 的规定。

表 2-68　高强轻粗集料的筒压强度和强度标号　MPa

密 度 等 级	筒 压 强 度	强 度 标 号
600	4.0	25
700	5.0	30
800	6.0	35
900	6.5	40

(4)吸水率与软化系数

1）不同密度等级轻粗集料的吸水率应不大于表 2-69 的规定。

表 2-69　轻粗集料的吸水率

类　别	轻集料品种	密度等级	吸水率,%
超轻集料	黏土陶粒 页岩陶粒 粉煤灰陶粒	200	30
		300	25
		400	20
		500	15
普通轻集料	黏土陶粒 页岩陶粒	600～900	10
	粉煤灰陶粒	600～900	22
	煤渣	600～900	10
	自燃煤矸石	600～900	10
	膨胀矿渣珠	900～1100	15
	天然轻集料	—	不作规定

续表

类　别	轻集料品种	密度等级	吸水率,%
高强轻集料	黏土陶粒 页岩陶粒	600 ~ 900	8
	粉煤灰陶粒	600 ~ 900	15

2)软化系数。人造轻粗集料和工业废料轻粗集料的软化系数应不小于0.8;天然轻粗集料的软化系数应不小于0.7。

3)轻细集料的吸水率和软化系数不作规定。

(5)粒型系数

不同粒型轻粗集料的粒型系数应符合表2-70的规定。

表 2-70　轻粗集料的粒型系数

轻集料粒型	平均粒型系数		
	优等品	一等品	合格品
圆球型≤	1.2	1.4	1.6
普通型≤	1.4	1.6	2.0
碎石型≤	—	2.0	2.5

注:轻集料粒型的分类及其定义见《轻骨料混凝土技术规程》(JGJ 51)。

(6)有害物质含量

轻集料有害物质含量应符合表2-71的规定。

表 2-71　轻集料有害物质含量

项　目　名　称		质　量　指　标	备　　注
煮沸质量损失,%	≤	5	
烧失量,%	≤	5	天然轻集料不作规定,用于无筋混凝土的煤渣允许达20
硫化物和硫酸盐含量(按 SO_3 计),%	≤	1.0	用于无筋混凝土的自燃煤矸石允许含量≤1.5
含泥量,%	≤	3	结构用轻集料≤2;不允许含有黏土块
有机物含量		不深于标准色	
放射性比活度		符合《建筑材料放射性核素限量》(GB 6566)规定	煤渣、自燃煤矸石应符合《建筑材料放射性核素限量》(GB 6566)的规定

3 砖瓦、砌块

3.1 烧结普通砖

1. 分类

(1)类别

按主要原料分为黏土砖(N)、页岩砖(Y)、煤矸石砖(M)和粉煤灰砖(F)。

(2)等级

1)根据抗压强度分为MU30、MU25、MU20、MU15、MU10五个强度等级。

2)强度、抗风化性能和放射性物质合格的砖,根据尺寸偏差、外观质量、泛霜和石灰爆裂分为优等品(A)、一等品(B)、合格品(C)三个质量等级。

优等品适用于清水墙和装饰墙,一等品、合格品可用于混水墙。中等泛霜的砖不能用于潮湿部位。

(3)规格

砖的外形为直角六面体,其公称尺寸为:长240mm、宽115mm、高53mm。

2. 技术要求

(1)尺寸偏差(表3-1)

表3-1 烧结普通砖的尺寸允许偏差 mm

公称尺寸	优等品		一等品		合格品	
	样本平均偏差	样本极差≤	样本平均偏差	样本极差≤	样本平均偏差	样本极差≤
240	±2.0	6	±2.5	7	±3.0	8
115	±1.5	5	±2.0	6	±2.5	7
53	±1.5	4	±1.6	5	±2.0	6

(2)外观质量(表3-2)

表3-2 烧结普通砖的外观质量 mm

项目		优等品	一等品	合格
两条面高度差	≤	2	3	4
弯曲	≤	2	3	4
杂质凸出高度	≤	2	3	4
缺棱掉角的三个破坏尺寸	不得同时大于	5	20	30

续表

项目		优等品	一等品	合格
裂纹长度≤	大面上宽度方向及其延伸至条面的长度	30	60	80
	大面上长度方向及其延伸至顶面的长度或条顶面上水平裂纹的长度	50	80	100
完整面①	不得少于	二条面和二顶面	一条面和一顶面	
颜色		基本一致		
注：为装饰而施加的色差，凹凸纹、拉毛、压花等不算作缺陷。				

① 凡有下列缺陷之一者，不得称为完整面。
1. 缺损在条面或顶面上造成的破坏面尺寸同时大于 10mm×10mm；
2. 条面或顶面上裂纹宽度大于 1mm，其长度超过 30mm；
3. 压陷、粘底、焦花在条面或顶面上的凹陷或凸出超过 2mm，区域尺寸同时大于 10mm×10mm。

(3)强度(表3-3)

表 3-3　烧结普通砖的强度　MPa

强度等级	抗压强度平均值 $\bar{f}$ ≥	变异系数 $\delta \leqslant 0.21$	变异系数 $\delta > 0.21$
		强度标准值 f_k ≥	单块最小抗压强度值 f_{min} ≥
MU30	30.0	22.0	25.0
MU25	25.0	18.0	22.0
MU20	20.0	14.0	16.0
MU15	15.0	10.0	12.0
MU10	10.0	6.5	7.5

(4)抗风化性能(表3-4)

表 3-4　烧结普通砖的抗风化性能

砖种类	严重风化区				非严重风化区			
	5h 沸煮吸水率，%≤		饱和系数≤		5h 沸煮吸水率，%≤		饱和系数≤	
	平均值	单块最大值	平均值	单块最大值	平均值	单块最大值	平均值	单块最大值
黏土砖	18	20	0.85	0.87	19	20	0.88	0.90
粉煤灰砖①	21	23			23	25		
页岩砖	16	18	0.74	0.77	18	20	0.78	0.80
煤矸石砖								

① 粉煤灰掺入量(体积比)小于30%时，按黏土砖规定判定。

冻融试验后，每块砖样不允许出现裂纹、分层、掉皮、缺棱、掉角等冻坏现象；质量损失不得大于2%。

(5)泛霜

1)优等品：无泛霜；

2)一等品：不允许出现中等泛霜；

3)合格品：不允许出现严重泛霜。

(6)石灰爆裂

1)优等品：不允许出现最大破坏尺寸大于 2mm 的爆裂区域。

2）一等品：

① 最大破坏尺寸大于 2mm 且小于等于 10mm 的爆裂区域，每组砖样不得多于 15 处。

② 不允许出现最大破坏尺寸大于 10mm 的爆裂区域。

3）合格品：

① 最大破坏尺寸大于 2mm 且小于等于 15mm 的爆裂区域，每组砖样不得多于 15 处。其中大于 10mm 的不得多于 7 处。

② 不允许出现最大破坏尺寸大于 15mm 的爆裂区域。

（7）欠火砖、酥砖和螺旋纹砖

产品中不允许有欠火砖、酥砖和螺旋纹砖。

3.2　烧结多孔砖

1. 分类

（1）分类

按主要原料砖分为黏土砖（N）、页岩砖（Y）、煤矸石砖（M）和粉煤灰砖（F）。

（2）规格

砖的外型为直角六面体，其长度、宽度、高度尺寸应符合下列要求：

290，240，190，180；

175，140，115，90。

其他规格尺寸由供需双方协商确定。

（3）孔洞尺寸（表 3-5）

表 3-5　烧结多孔砖的孔洞尺寸

项　　目	尺寸，mm
圆孔直径	≤22
非圆孔内切圆直径	≤15
手抓孔	（30～40）×（75～85）

（4）质量等级

1）根据抗压强度分为 MU30、MU25、MU20、MU15、MU10 五个强度等级。

2）强度和抗风化性能合格的砖，根据尺寸偏差、外观质量、孔型及孔洞排列、泛霜、石灰爆裂分为优等品（A）、一等品（B）和合格品（C）三个质量等级。

2. 技术要求

（1）尺寸允许偏差（表 3-6）

表 3-6　烧结多孔砖的尺寸允许偏差　　mm

尺寸	优等品		一等品		合格品	
	样本平均偏差	样本极差≤	样本平均偏差	样本极差≤	样本平均偏差	样本极差≤
290，240	±2.0	6	±2.5	7	±3.0	8

续表

尺寸	优等品		一等品		合格品	
	样本平均偏差	样本极差≤	样本平均偏差	样本极差≤	样本平均偏差	样本极差≤
190,180,175,140,115	±1.5	5	±2.0	6	±2.5	7
90	±1.5	4	±1.7	5	±2.0	6

(2)外观质量(表3-7)

表3-7 烧结多孔砖的外观质量

mm

项 目		优等品	一等品	合格品
1. 颜色(一条面和一顶面)		一致	基本一致	—
2. 完整面	不得少于	一条面和一顶面	一条面和一顶面	—
3. 缺棱掉角的三个破坏尺寸不得同时大于		15	20	30
4. 裂纹长度	不大于			
a. 大面上深入孔壁15mm以上宽度方向及其延伸到条面的长度		60	80	100
b. 大面上深入孔壁15mm以上长度方向及其延伸到顶面的长度		60	100	120
c. 条顶面上的水平裂纹		80	100	120
5. 杂质在砖面上造成的凸出高度	不大于	3	4	5

注:1. 为装饰而施加的色差、凹凸纹、拉毛、压花等不算缺陷。
2. 凡有下列缺陷之一者,不能称为完整面;
a)缺损在条面或顶面上造成的破坏面尺寸同时大于20mm×30mm;
b)条面或顶面上裂纹宽度大于1mm,其长度超过70mm;
c)压陷、焦花、粘底在条面或顶面上的凹陷或凸出超过2mm,区域尺寸同时大于20mm×30mm。

(3)强度等级(表3-8)

表3-8 烧结多孔砖的强度等级

MPa

强度等级	抗压强度平均值$\bar{f}$≥	变异系数δ≤0.21	变异系数δ>0.21
		强度标准值f_k≥	单块最小抗压强度值f_{min}≥
MU30	30.0	22.0	25.0
MU25	25.0	18.0	22.0
MU20	20.0	14.0	16.0
MU15	15.0	10.0	12.0
MU10	10.0	6.5	7.5

(4)孔型孔洞率及孔洞排列(表3-9)

表3-9 烧结多孔砖的孔型孔洞率及孔洞排列

产品等级	孔 型	孔洞率,%≥	孔洞排列
优等品	矩形条孔或矩形孔	25	交错排列,有序
一等品			
合格品	矩形孔或其他孔形		—

注:1. 所有孔宽b应相等,孔长L≤50mm;
2. 孔洞排列上下、左右应对称,分布均匀,手抓孔的长度方向尺寸必须平行于砖的条面;
3. 矩型孔的孔长L、孔宽b满足式L≥3b时,为矩形条孔。

(5)泛霜

1)优等品:无泛霜;

2)一等品:不允许出现中等泛霜;

3)合格品:不允许出现严重泛霜。

(6)石灰爆裂

1)优等品:不允许出现最大破坏尺寸大于2mm的爆裂区域。

2)一等品:

① 最大破坏尺寸大于2mm且小于等于10mm的爆裂区域,每组砖样不得多于15处。

② 不允许出现最大破坏尺寸大于10mm的爆裂区域。

3)合格品:

① 最大破坏尺寸大于2mm且小于等于15mm的爆裂区域,每组砖样不得多于15处。其中大于10mm的不得多于7处。

② 不允许出现最大破坏尺寸大于15mm的爆裂区域。

(7)抗风化性能(表3-10)

表3-10 烧结多孔砖的抗风化性能

项目 \ 砖种类	严重风化区				非严重风化区			
	5h沸煮吸水率,%≤		饱和系数≤		5h沸煮吸水率,%≤		饱和系数≤	
	平均值	单块最大值	平均值	单块最大值	平均值	单块最大值	平均值	单块最大值
黏土砖	21	23	0.85	0.87	23	25	0.88	0.90
粉煤灰砖	23	25			30	32		
页岩砖	16	18	0.74	0.77	18	20	0.78	0.80
煤矸石砖	19	21			21	23		

注:粉煤灰掺入量(体积比)小于30%时按黏土砖规定判定。

冻融试验后,每块砖样不允许出现裂纹、分层、掉皮、缺棱掉角等冻坏现象。

(8)产品中不允许有欠火砖、酥砖和螺旋纹砖。

3.3 非烧结垃圾尾矿砖

1. 产品分类及规格

(1)分类

本产品按抗压强度分为MU25、MU20、MU15三个等级。

(2)规格

本产品的外形为矩形体,砖的公称尺寸为:长240mm,宽115mm,厚53mm。其他规格尺寸由供需双方协商确定。

2. 技术要求

(1)尺寸偏差(表 3-11)

表 3-11 非烧结垃圾尾矿砖的尺寸偏差 mm

项目名称	合格品
长度	±2.0
宽度	±2.0
高度	±2.0

(2)外观质量(表 3-12)

表 3-12 非烧结垃圾尾矿砖的外观质量 mm

项目名称		合格品
弯曲		不大于 2.0
缺棱掉角	个数(个)	≤1
	三个方向投影尺寸的最小值	≤10
完整面		不少于一条面和一顶面
裂缝长度 a. 大面上宽度方向及其延伸到条面的长度 b. 大面上长度方向及其延伸到顶面上的长度或条、顶面水平裂纹的长度		 不大于 30 不大于 50
层裂		不允许
颜色		基本一致

(3)强度等级(表 3-13)

表 3-13 非烧结垃圾尾矿砖的强度等级 MPa

强度等级	抗压强度平均值 $\bar{f}$ ≥	变异系数 δ≤0.21	变异系数 δ>0.21
		强度标准值 f_k ≥	单块最小抗压强度 f_{min} ≥
MU25	25.0	19.0	20.0
MU20	20.0	14.0	16.0
MU15	15.0	10.0	12.0

(4)抗冻性(表 3-14)

表 3-14 非烧结垃圾尾矿砖的抗冻性

强度等级	冻后抗压强度平均值不小于(MPa)	单块砖的干质量损失不大于(%)
MU25	22.0	2.0
MU20	16.0	2.0
MU15	12.0	2.0

(5)碳化性能(表 3-15)

表 3-15 非烧结垃圾尾矿砖的碳化性能 MPa

强度等级	碳化后强度平均值不小于
MU25	22.0
MU20	16.0
MU15	12.0

(6)其他

1)非烧结垃圾尾矿砖的干燥收缩率平均值不应大于0.06%。

2)非烧结垃圾尾矿砖的吸水率单块值不大于18%。

3)非烧结垃圾尾矿砖的软化性能平均值 $K_f \geq 0.80$。

3.4 烧结空心砖和空心砌块

1. 产品规格和等级

(1)规格

砖和砌块的外型为直角六面体,其长度、宽度、高度尺寸应符合下列要求(单位为mm):

1)390,290,240,190,180(175),140,115,90。

2)其他规格尺寸由供需双方协商确定。

(2)等级

1)抗压强度分为MU10.0、MU7.5、MU5.0、MU3.5、MU2.5。

2)体积密度分为800级、900级、1000级、1100级。

3)强度、密度、抗风化性能和放射性物质合格的砖和砌块,根据尺寸偏差、外观质量、孔洞排列及其结构、泛霜、石灰爆裂、吸水率分为优等品(A)、一等品(B)和合格品(C)三个质量等级。

2. 技术要求

(1)尺寸偏差(表3-16)

表3-16 烧结空心砖和空心砌块的尺寸及允许偏差 mm

尺寸	优等品		一等品		合格品	
	样本平均偏差	样本极差≤	样本平均偏差	样本极差≤	样本平均偏差	样本极差≤
>300	±2.5	6.0	±3.0	7.0	±3.5	8.0
>200~300	±2.0	5.0	±2.5	6.0	±3.0	7.0
100~200	±1.5	4.0	±2.0	5.0	±2.5	6.0
<100	±1.5	3.0	±1.7	4.0	±2.0	5.0

(2)外观质量(表3-17)

表3-17 烧结空心砖和空心砌块外观质量要求 mm

项目		优等品	一等品	合格品
1. 弯曲	≤	3	4	5
2. 缺棱掉角的三个破坏尺寸不得	同时>	15	30	40
3. 垂直度差	≤	3	4	5
4. 未贯穿裂纹长度	≤			
① 大面上宽度方向及其延伸到条面的长度		不允许	100	120
② 大面上长度方向或条面上水平面方向的长度		不允许	120	140
5. 贯穿裂纹长度				

续表

项　　目		优等品	一等品	合格品
① 大面上宽度方向及其延伸到条面的长度		不允许	40	60
② 壁、肋沿长度方向、宽度方向及其水平方向的长度		不允许	40	60
6. 肋、壁内残缺长度	≤	不允许	40	60
7. 完整面①	不少于	一条面和一大面	一条面或一大面	—

① 凡有下列缺陷之一者,不能称为完整面;
ⓐ 缺损在大面、条面上造成的破坏面尺寸同时大于20mm×30mm;
ⓑ 大面、条面上裂纹宽度大于1mm,其长度超过70mm;
ⓒ 压陷、粘底、焦花在大面、条面上的凹陷或凸出超过2mm,区域尺寸同时大于20mm×30mm。

(3)强度等级(表3-18)

表3-18　烧结空心砖和空心砌块强度等级

强度等级	抗压强度,MPa			密度等级范围,kg/m^3
	抗压强度平均值$\bar{f}$≥	变异系数δ≤0.21 强度标准值f_k≥	变异系数δ>0.21 单块最小抗压强度值f_{min}≥	
MU10.0	10.0	7.0	8.0	≤1100
MU7.5	7.5	5.0	5.8	
MU5.0	5.0	3.5	4.0	
MU3.5	3.5	2.5	2.8	
MU2.5	2.5	1.6	1.8	≤800

(4)密度等级(表3-19)

表3-19　烧结空心砖和空心砌块密度等级　　kg/m^3

密度等级	5块密度平均值
800	≤800
900	801~900
1000	901~1000
1100	1001~1100

(5)孔洞排列及其结构(表3-20)

表3-20　孔洞排列及其结构

等级	孔洞排列	孔洞排数,排		孔洞率,%
		宽度方向	高度方向	
优等品	有序交错排列	b≥200mm　≥7 b<200mm　≥5	≥2	≥40
一等品	有序排列	b≥200mm　≥5 b<200mm　≥4	≥2	
合格品	有序排列	≥3	—	

注:b为宽度的尺寸。

(6)泛霜

1)优等品:无泛霜。

2)一等品:不允许出现中等泛霜。

3)合格品:不允许出现严重泛霜。

(7)石灰爆裂

1)优等品:不允许出现最大破坏尺寸大于2mm的爆裂区域。

2)一等品:

① 最大破坏尺寸大于2mm且小于等于10mm的爆裂区域,每组砖和砌块不得多于15处;

② 不允许出现最大破坏尺寸大于10mm的爆裂区域。

3)合格品:

① 最大破坏尺寸大于2mm且小于等于15mm的爆裂区域,每组砖和砌块不得多于15处。其中大于10mm的不得多于7处;

② 不允许出现最大破坏尺寸大于15mm的爆裂区域。

(8)吸水率(表3-21)

表3-21 烧结空心砖和空心砌块的吸水率 %

等级	吸水率 ≤	
	黏土砖和砌块、页岩砖和砌块、煤矸石砖和砌块	粉煤灰砖和砌块①
优等品	16.0	20.0
一等品	18.0	22.0
合格品	20.0	24.0

① 粉煤灰掺入量(体积比)小于30%时,按黏土砖和砌块规定判定。

(9)抗风化性能(表3-22)

表3-22 烧结空心砖和空心砌块的抗风化性能

分类	饱和系数≤			
	严重风化区		非严重风化区	
	平均值	单块最大值	平均值	单块最大值
黏土砖和砌块 粉煤灰砖和砌块	0.85	0.87	0.88	0.90
页岩砖和砌块 煤矸石砖和砌块	0.74	0.77	0.78	0.80

冻融试验后,每块砖或砌块不允许出现分层、掉皮、缺棱掉角等冻坏现象;冻后裂纹长度不大于表3-17中4、5项合格品的规定。

(10)欠火砖、酥砖

产品中不允许有欠火砖、酥砖。

(11)放射性物质

原材料中掺入煤矸石、粉煤灰及其他工业废渣的砖和砌块,应进行放射性物质检测,放射性物质应符合《建筑材料放射性核素限量》(GB 6566)的规定。

3.5 蒸压灰砂砖

1. 分类

根据灰砂砖的颜色分为:彩色的(Co)、本色的(N)。

2. 规格

(1)外形

砖的外形为直角六面体。

(2)公称尺寸

长度240mm,宽度115mm,高度53mm。生产其他规格尺寸产品,由用户与生产厂协商确定。

3. 等级

(1)强度级别

根据抗压强度和抗折强度分为MU25,MU20,MU15,MU10四级。

(2)质量等级

根据尺寸偏差和外观质量、强度及抗冻性分为:优等品(A);一等品(B);合格品(C)。

4. 用途

1)MU15、MU20、MU25的砖可用于基础及其他建筑;MU10的砖仅可用于防潮层以上的建筑。

2)灰砂砖不得用于长期受热200℃以上、受急冷急热和有酸性介质侵蚀的建筑部位。

5. 技术要求

(1)尺寸偏差和外观(表3-23)

表3-23 蒸压灰砂砖的尺寸偏差和外观

项目			指标		
			优等品	一等品	合格品
尺寸允许偏差,mm	长度	L	±2	±2	±3
	宽度	B	±2		
	高度	H	±1		
缺棱掉角	个数,不多于(个)		1	1	2
	最大尺寸不得大于,mm		10	15	20
	最小尺寸不得大于,mm		5	10	10
对应高度差不得大于,mm			1	2	3
裂纹	条数,不多于(条)		1	1	2
	大面上宽度方向及其延伸到条面的长度不得大于,mm		20	50	70
	大面上长度方向及其延伸到顶面上的长度或条、顶面水平裂纹的长度不得大于,mm		30	70	100

(2)颜色

颜色应基本一致,无明显色差,但对本色灰砂砖不作规定。

(3)抗压强度和抗折强度(表3-24)

表3-24　蒸压灰砂砖的抗压强度和抗折强度　MPa

强度级别	抗压强度		抗折强度	
	平均值不小于	单块值不小于	平均值不小于	单块值不小于
MU25	25.0	20.0	5.0	4.0
MU20	20.0	16.0	4.0	3.2
MU15	15.0	12.0	3.3	2.6
MU10	10.0	8.0	2.5	2.0

注:优等品的强度级别不得小于MU15。

(4)抗冻性(表3-25)

表3-25　蒸压灰砂砖的抗冻性

强度级别	冻后抗压强度,MPa 平均值不小于	单块砖的干质量损失,% 不大于
MU25	20.0	2.0
MU20	16.0	2.0
MU15	12.0	2.0
MU10	8.0	2.0

注:优等品的强度级别不得小于MU15。

3.6　蒸压灰砂空心砖

1. 分类

(1)产品规格

1)蒸压灰砂空心砖规格及公称尺寸列于表3-26。

表3-26　蒸压灰砂空心砖的规格及公称尺寸

规格代号	公称尺寸,mm		
	长	宽	高
NF	240	115	53
1.5NF	240	115	90
2NF	240	115	115
3NF	240	115	175

注:对于不符合本表尺寸的砖,不得用规格代号来表示,而用长×宽×高的尺寸来表示。

2)孔洞采用圆形或其他孔形。空洞应垂直于大面。

(2)产品等级

1)根据抗压强度将强度级别分为25,20,15,10,7.5五个等级。

2)根据强度级别、尺寸偏差和外观质量将产品分为:优等品(A)、一等品(B)、合格品(C)。

2. 技术要求

(1)尺寸允许偏差、外观质量和孔洞率(表3-27)

表3-27　蒸压灰砂空心砖的尺寸允许偏差、外观质量和孔洞率

项目		指标		
		优等品	一等品	合格品
尺寸允许偏差	长度,mm　≤	±2	±2	±3
	宽度,mm　≤	±1		
	高度,mm　≤	±1		
对应高度差,mm　≤		±1	±2	±3
孔洞率,%　≥		15		
外壁厚度,mm　≥		10		
肋厚度　≥		7		
尺寸缺棱掉角最小尺寸,mm　≤		15	20	25
完整面　不少于		1条面或顶面		
裂纹长度,mm　≤				
a. 条面上高度方向及其延伸到大面的长度		30	50	70
b. 条面上长度方向及其延伸到顶面上的水平裂纹长度		50	70	100

注:凡有以下缺陷者,均为非完整面:
1. 缺棱尺寸或掉角的最小尺寸大于8mm;
2. 灰球、黏土团,草根等杂物造成破坏面尺寸大于10mm×20mm;
3. 有气泡、麻面、龟裂等缺陷造成的凹陷与凸起分别超过2mm。

(2)抗压强度

抗压强度应符合表3-28的规定。优等品的强度级别应不低于15级,一等品的强度级别应不低于10级。

表3-28　蒸压灰砂空心砖的抗压强度　MPa

强度级别	抗压强度	
	五块平均值　≥	单块值　≥
25	25.0	20.0
20	20.0	16.0
15	15.0	12.0
10	10.0	8.0
7.5	7.5	6.0

(3)抗冻性(表3-29)

表3-29　蒸压灰砂空心砖的抗冻性

强度级别	冻后抗压强度,MPa 平均值≥	单块砖的干质量损失,% ≤
25	20.0	2.0
20	16.0	
15	12.0	
10	8.0	
7.5	6.0	

3.7 粉煤灰砖

1. 分类

(1)类别

砖的颜色分为本色(N)和彩色(Co)。

(2)规格

1)砖的外形为直角六面体。

2)砖的公称尺寸为:长240mm、宽115mm、高53mm。

(3)等级

1)强度等级分为MU30、MU25、MU20、MU15、MU10。

2)质量等级根据尺寸偏差、外观质量、强度等级、干燥收缩分为优等品(A)、一等品(B)、合格品(C)。

(4)用途

1)用于工业与民用建筑的墙体和基础,但用于基础或用于易受冻融和干湿交替作用的建筑部位必须使用MU15及以上强度等级的砖。

2)不得用于长期受热(200℃以上)、受急冷急热和有酸性介质侵蚀的建筑部位。

2. 技术要求

(1)尺寸偏差和外观(表3-30)

表3-30 粉煤灰砖尺寸偏差和外观 mm

项目		指标		
		优等品(A)	一等品(B)	合格品(C)
尺寸允许偏差: 长 宽 高		 ±2 ±2 ±1	 ±3 ±3 ±2	 ±4 ±4 ±3
对应高度差	≤	1	2	3
缺棱掉角的最小破坏尺寸	≤	10	15	20
完整面	不少于	二条面和一顶面或二顶面和一条面	一条面和一顶面	一条面和一顶面
裂纹长度 a. 大面上宽度方向的裂纹(包括延伸到条面上的长度) b. 其他裂纹	≤	 30 50	 50 70	 70 100
层裂		不允许		

注:在条面或顶面上破坏面的两个尺寸同时大于10mm和20mm者为非完整面。

(2)色差

色差应不显著。

(3)强度等级

强度等级应符合表3-31的规定,优等品砖的强度等级应不低于MU15。

表3-31　粉煤灰砖强度指标　　MPa

强度等级	抗压强度		抗折强度	
	10块平均值　≥	单块值　≥	10块平均值　≥	单块值　≥
MU30	30.0	24.0	6.2	5.0
MU25	25.0	20.0	5.0	4.0
MU20	20.0	16.0	4.0	3.2
MU15	15.0	12.0	3.3	2.6
MU10	10.0	8.0	2.5	2.0

(4)抗冻性(表3-32)

表3-32　粉煤灰砖的抗冻性

强度等级	抗压强度,MPa　平均值≥	砖的干质量损失,%　单块值≤
MU30	24.0	2.0
MU25	20.0	
MU20	16.0	
MU15	12.0	
MU10	8.0	

(5)干燥收缩

干燥收缩值:优等品和一等品应不大于0.65mm/m;合格品应不大于0.75mm/m。

(6)碳化性能

碳化系数K_c≥0.8。

3.8　炉渣砖

1. 产品分类及规格

(1)分类

本产品按抗压强度分为MU25、MU20、MU15三个等级。

(2)规格

1)砖的外形为直角六面体。

2)砖的公称尺寸为:长度240mm,宽度115mm,高度53mm。其他规格尺寸由供需双方协商确定。

2. 技术要求

(1)尺寸偏差(表3-33)

表3-33　炉渣砖的尺寸偏差　　mm

项目名称	合格品
长度	±2.0
宽度	±2.0
高度	±2.0

(2)外观质量(表3-34)

表3-34 炉渣砖的外观质量 mm

项目名称		合格品
弯曲		不大于2.0
缺棱掉角	个数(个)	≤1
	三个方向投影尺寸的最小值	≤10
完整面		不少于一条面和一顶面
裂缝长度 a. 大面上宽度方向及其延伸到条面的长度 b. 大面上长度方向及其延伸到顶面上的长度或条、顶面水平裂纹的长度		 不大于30 不大于50
层裂		不允许
颜色		基本一致

(3)强度等级(表3-35)

表3-35 炉渣砖的强度等级 MPa

强度等级	抗压强度平均值 $\bar{f}$ ≥	变异系数 δ≤0.21	变异系数 δ≥0.21
		强度标准值 f_k ≥	单块最小抗压强度 f_{min} ≥
MU25	25.0	19.0	20.0
MU20	20.0	14.0	16.0
MU15	15.0	10.0	12.0

(4)抗冻性(表3-36)

表3-36 炉渣砖的抗冻性

强度等级	冻后抗压强度,MPa 平均值不小于	单块砖的干质量损失,% 不大于
MU25	22.0	2.0
MU20	16.0	2.0
MU15	12.0	2.0

(5)碳化性能(表3-37)

表3-37 炉渣砖的碳化性能

强度等级	碳化后强度,MPa 平均值不小于
MU25	22.0
MU20	16.0
MU15	12.0

(6)抗渗性

用于清水墙的砖,其抗渗性应符合表3-38的规定。

表3-38 炉渣砖的抗渗性 mm

项目名称	指标
水面下降高度	三块中任一块不大于10

(7)其他

1)炉渣砖的干燥收缩率应不大于0.06%。

2)炉渣砖的耐火极限不小于2.0h。

3.9 耐酸砖

1. 术语(表3-39)

表3-39 耐酸砖的相关术语

术　语	定　　义
耐酸砖	由黏土或其他非金属原料,经成型、烧结等工艺处理,适用于耐酸腐蚀内衬及地面的砖或板状的耐酸制品。分为有釉砖和无釉砖
裂纹	不贯穿坯釉的细小缝隙
磕碰损伤	因冲击而造成的残缺
疵点	砖面所呈现的铁点、落砂、熔洞、气泡等异常瑕疵点
开裂	贯穿坯釉的裂缝
釉裂	釉面出现的裂纹
缺釉	有釉制品表面局部无釉
桔釉	似桔皮状,光泽较差的釉面
干釉	失去光泽的釉面
翘曲	砖的平整度误差
工作面	使用中与工作介质直接接触的表面
非工作面	使用中不与工作介质接触的表面

2. 品种和规格形状(表3-40)

表3-40 耐酸砖的规格形状 mm

砖的形状及名称	规　格			
	长(a)	宽(b)	厚(h)	厚(h_1)
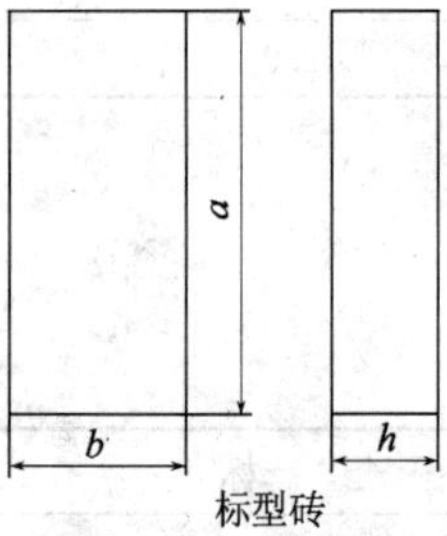 标型砖	230	113	65 40 30	

续表

砖的形状及名称	规格			
	长(a)	宽(b)	厚(h)	厚(h_1)
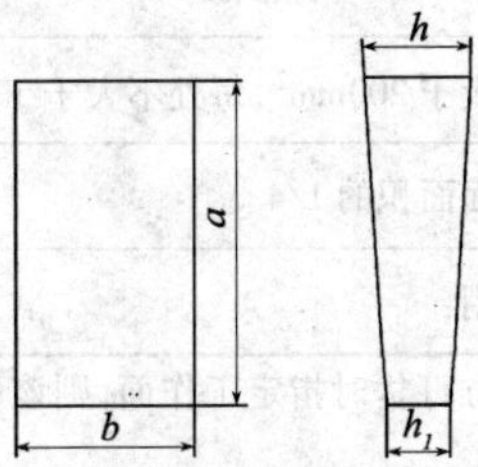 端面楔型砖	230	113	65 65 55 65	55 45 45 35
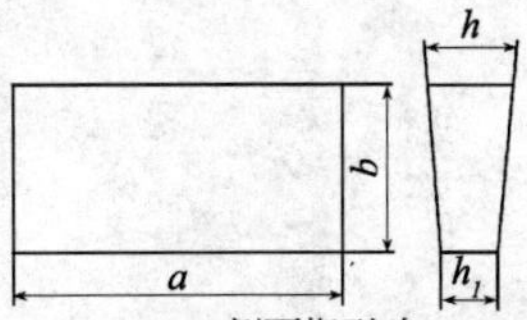 侧面楔型砖	230	113	65 65 55 65	55 45 45 35
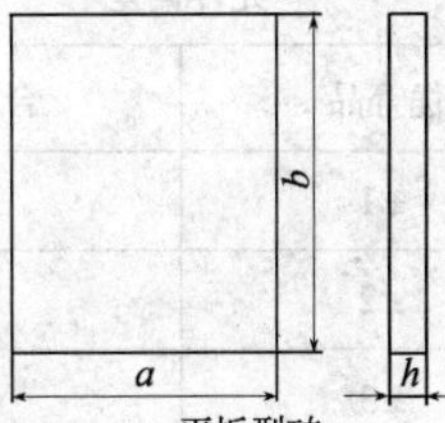 平板型砖	300 200 150 150 100 100 125	300 200 150 75 100 50 125	15~30 15~30 15~30 15~30 10~20 10~20 15	

注:其他规格形状的产品由供需双方协商。

3. 技术要求

(1)外观质量

1)砖的外观质量应符合表3-41的要求。

表3-41 耐酸砖的外观质量 mm

缺陷类别	质量要求	
	优等品	合格品
裂纹	工作面:不允许 非工作面:宽不大于0.25,长[1]5~15允许2条	工作面:宽不大于0.25,长5~15允许1条 非工作面:宽不大于0.5,长5~20允许2条
开裂	不允许	不允许
磕碰损伤	工作面:深入工作面1~2,砖厚小于20时,深不大于3;砖厚20~30,深不大于5;砖厚大于30时,深不大于10的磕碰2处;总长不大于35 非工作面:深2~4,长不大于35,允许3处	工作面:深入工作面1~4,砖厚小于20时,深不大于5;砖厚20~30时,深不大于8;砖厚大于30时,深不大于10的磕碰2处;总长不大于40 非工作面:深2~5,长不大于40,允许4处
疵点	工作面:最大尺寸1~2,允许3个 非工作面:最大尺寸1~3,每面允许3个	工作面:最大尺寸2~4,允许3个 非工作面:最大尺寸3~6,每面允许4个
釉裂	不允许	不允许

续表

缺陷类别	质量要求	
	优等品	合格品
缺釉	总面积不大于 $100mm^2$，每处不大于 $30mm^2$	总面积不大于 $200mm^2$，每处不大于 $50mm^2$
桔釉	不允许	不超过釉面面积的 1/4
干釉	不允许	不影响使用

注：标型砖应有一个大面（230mm×113mm）达到本表对于工作面的要求。如需方订货时指定工作面，则该面应符合本表的要求。
① 5 以下不考核。表中其他同样的表达方式，含义相同。

2）分层，用质量适当的金属锤轻轻敲击砖体，应发出清音。

3）背纹，平板形砖的背面应有深不小于 1mm 的背纹。

（2）尺寸偏差及变形（表 3-42）。

表 3-42 耐酸砖的尺寸偏差及变形 mm

项目		允许偏差	
		优等品	合格品
尺寸偏差	尺寸≤30	±1	±2
	30＜尺寸≤150	±2	±3
	150＜尺寸≤230	±3	±4
	尺寸＞230	供需双方协商	
变形：翘曲 大小头	尺寸≤150	≤2	≤2.5
	150＜尺寸≤230	≤2.5	≤3
	尺寸＞230	供需双方协商	

（3）物理化学性能（表 3-43）

表 3-43 耐酸砖的物理化学性能

项目	要求			
	Z-1	Z-2	Z-3	Z-4
吸水率，%	≤0.2	≤0.5	≤2.0	≤4.0
弯曲强度，MPa	≥58.8	≥39.2	≥29.4	≥19.6
耐酸度，%	≥99.8	≥99.8	≥99.8	≥99.7
耐急冷急热性，℃	温差 100℃	温差 100℃	温差 130℃	温差 150℃
	试验一次后，试样不得有裂纹、剥落等破损现象			

3.10 陶瓷砖

1. 术语和定义(表3-44)

表3-44 陶瓷砖的相关术语

术语	定　义
陶瓷砖	由黏土和其他无机非金属原料制造的用于覆盖墙面和地面的薄板制品,陶瓷砖是在室温下通过挤压或干压或其他方法成型,干燥后,在满足性能要求的温度下烧制而成。砖是有釉(GL)或无釉(UGL)的,而且是不可燃、不怕光的
釉	不透水的玻化覆盖层
底釉	覆盖在黏土坯表面的透水或不透水无光饰面 注:表面只有底釉的砖被当作无釉砖
抛光面	无釉陶瓷砖最后工序经机械研磨、抛光使砖所具有的光泽表面
挤压砖(A)	挤压砖是将可塑性坯料经过挤压机挤出成型,再将所成型的泥条按砖的预定尺寸进行切割 注:1. 这些产品分为精细的或普通的,主要是由它们的性能来决定的 2. 挤压砖的习惯术语是用来描述劈离砖和方砖的,通常分别是指双挤压砖和单挤压砖,方砖仅指吸水率不超过6%的挤压砖
干压砖(B)	干压砖是将混合好的粉料置于模具中于一定压力下压制成型的
其他方法成型的砖(C)	用挤或压以外方法成型的陶瓷砖 注:这类砖不包含在标准范围内
瓷质砖	吸水率不超过0.5%的陶瓷砖
炻瓷砖	吸水率大于0.5%,不超过3%的陶瓷砖
细炻砖	吸水率大于3%,不超过6%的陶瓷砖
炻质砖	吸水率大于6%,不超过10%的陶瓷砖
陶质砖	吸水率大于10%的陶瓷砖

2. 分类(表3-45)

表3-45 陶瓷砖的分类

<table>
<tr><th>分类方法</th><th colspan="3">类　别</th></tr>
<tr><td>按成型方法分</td><td colspan="3">(1)挤压砖
(2)干压砖
(3)其他方法成型的砖</td></tr>
<tr><td rowspan="4">按吸水率(E)分</td><td colspan="2">低吸水率砖(Ⅰ类),$E \leqslant 3\%$</td><td>(1)$E \leqslant 0.5\%$(BⅠa类)
(2)$0.5\% < E \leqslant 3\%$(BⅠb类)</td></tr>
<tr><td rowspan="2">中吸水率砖(Ⅱ类),$3\% < E \leqslant 10\%$</td><td>Ⅱ类挤压砖</td><td>(1)$3\% < E \leqslant 6\%$(AⅡa类,第1部分和第2部分)
(2)$6\% < E \leqslant 10\%$(AⅡb类,第1部分和第2部分)</td></tr>
<tr><td>Ⅱ类干压砖</td><td>(1)$3\% < E \leqslant 6\%$(BⅡa类)
(2)$6\% < E \leqslant 10\%$(BⅡb类)</td></tr>
<tr><td colspan="3">高吸水率砖(Ⅲ类),$E > 10\%$</td></tr>
</table>

3.11 水泥花砖

1. 术语(表3-46)

表3-46 水泥花砖的相关术语

术语	定义
裂纹	主要指水泥花砖表面那些肉眼可见的细小裂纹和龟裂
露底	主要指基层水泥直接暴露,或隐约可见的现象
麻面	主要指水泥花砖表现局部存在的针状气孔、凹坑
色差	主要指相同色调的颜色,在不同的水泥花砖表面上,或同一块水泥花砖表现的不同部位上所出现的浓淡差别
污迹	污迹又称杂色,是在图案规定的颜色区域中出现其他颜色的现象,呈点块状或云状
越线	在两种或两种以上颜色的交界处,一种颜色超出图案规定的线条侵入相邻颜色区的现象
图案偏差	指由两块以上的花砖组成图案时,每块砖之间线条不相吻合,即线条彼此偏离的程度,包括边角部分某种颜色料浆不足造成的缺浆现象
分层	就是在水泥花砖断面上,面层与基底、或者基层之间出现的明显的结构分离现象
起鼓	在水泥花砖面层上出现的小面积圆形鼓起,形似泡状

2. 产品分类、规格、等级

(1)分类

水泥花砖按使用部位不同,分为地面花砖(F)和墙面花砖(W)。

1)用于建筑物楼面与地面的水泥花砖为地面花砖,简称地砖。

2)用于建筑物内墙面踢脚部位的水泥花砖,称为墙面花砖,简称墙砖。

(2)规格(表3-47)

表3-47 水泥花砖的规格尺寸 mm

品种	规格		
	长	宽	厚
地砖(F)	200	200	12~16
	200	150	
	150	150	
墙砖(W)	200	150	10~14
	150	150	

注:生产其他规格尺寸的花砖,由生产厂与用户协商确定。

(3)等级

水泥花砖按其外观质量、尺寸偏差与物理力学性能分为一等品(B)和合格品(C)。

3. 技术要求

(1)外观质量

1)水泥花砖的缺棱、掉角、掉底、越线和图案偏差应符合表3-48的规定。

表 3-48 水泥花砖的缺棱、掉角、掉底、越线和图案偏差 mm

项目		一等品	合格品
正面	缺棱	长×宽>10×2,不允许	长×宽>20×2,不允许
	掉角	长×宽>2×2,不允许	长×宽>4×4,不允许
掉底		长×宽<20×20,深≤1/3 砖厚允许 1 处	长×宽<30×30,深≤1/3 砖厚允许 1 处
越线		越线距离<1.0,长度<10.0 允许 1 处	越线距离<2.0,长度<20.0 允许 1 处
图案偏差		≤1.0	≤3.0

2)水泥花砖不允许有裂纹,露底和起鼓。

3)水泥花砖不得有明显的色差、污迹和麻面。

(2)尺寸偏差

1)尺寸允许偏差应符合表 3-49 的规定。

表 3-49 水泥花砖的尺寸偏差 mm

品种	一等品			合格品		
	长	宽	厚	长	宽	厚
F W	±0.5		±1.0	±1.0		±1.5

2)平度、角度和厚度差不得大于表 3-50 的规定值。

表 3-50 水泥花砖平度、角度和厚度差 mm

品种	平度		角度		厚度差	
	一等品	合格品	一等品	合格品	一等品	合格品
F	0.7	1.0	0.4	0.8	0.5	1.0
W	0.7	1.0	0.5	1.0		

3)抗折破坏荷载不得小于表 3-51 中的规定值。

表 3-51 水泥花砖抗折破坏荷载 N

品种	规格,mm	一等品		合格品	
		平均值	单块最小值	平均值	单块最小值
F W	200×200	900 600	760 500	700 500	600 420
F W	200×150	680 460	580 380	520 380	440 320
F W	150×150	1080 720	920 610	840 600	720 500

(3)物理性能

1)耐磨性能不得大于表 3-52 的规定值。

表 3-52 水泥花砖的耐磨性能 g

品种	一等品		合格品	
	平均磨耗量	最大磨耗量	平均磨耗量	最大磨耗量
F	5.0	6.0	7.5	9.0

注:墙砖(W)不要求耐磨指标。

2)吸水率不得大于14%。

(4)结构性能

1)地面花砖面层厚度的最小值,一等品应不低于1.6mm,合格品应不低于1.3mm。墙面花砖的面层厚度的最小值不低于0.5mm。

2)水泥花砖的一等品不允许有分层现象,合格品只允许有不明显的分层现象。

3.12 烧结瓦

1. 术语(表3-53)

表3-53 烧结瓦的相关术语

术语	定义
烧结瓦	由黏土或其他无机非金属原料,经成型、烧结等工艺处理,用于建筑物屋面覆盖及装饰用的板状或块状烧结制品。通常根据形状、表面状态及吸水率不同来进行分类和具体产品命名 注:根据吸水率不同分为Ⅰ类瓦(≥6%)、Ⅱ类瓦(6%~10%)、Ⅲ类瓦(10%~18%)、青瓦(≤21%)
青瓦	在还原气氛中烧成的青灰色的烧结瓦
起包	出现在产品表面的鼓包和/或喷口
分层	坯体里有夹层或有上下分离的现象
图案缺陷	图案装饰方面明显的缺点
光泽差	单件产品或同批产品之间表面光泽不一致
石灰爆裂	原料中夹杂着石灰质,焙烧时被烧成生石灰,吸水后体积膨胀而发生的爆裂现象
欠火	因未达到烧结温度或保持温度时间不够而造成的缺陷

2. 分类

(1)品种

根据形状分为平瓦、脊瓦、三曲瓦、双筒瓦、鱼鳞瓦、牛舌瓦、板瓦、筒瓦、滴水瓦、沟头瓦、J形瓦、S形瓦、波形瓦和其他异形瓦及其配件、饰件。

根据表面状态可分为有釉(含表面经加工处理形成装饰薄膜层)瓦和无釉瓦。

根据吸水率不同分为Ⅰ类瓦、Ⅱ类瓦、Ⅲ类瓦、青瓦。

(2)规格

1)产品规格及结构尺寸由供需双方协定,规格以长和宽的外形尺寸表示。

2)通常规格及结构尺寸。

① 通常规格及主要结构尺寸见表3-54。

表3-54 烧结瓦通常规格及主要结构尺寸 mm

产品类别	规格	基本尺寸							
		厚度	瓦槽深度	边筋高度	搭接部分长度		瓦爪		
					头尾	内外槽	压制瓦	挤出瓦	后爪有效高度
平瓦	400×240 ~ 360×220	10~20	≥10	≥3	50~70	25~40	具有四个瓦爪	保证两个后爪	≥5
脊瓦	L≥300 b≥180	h	l_1				d		h_1
		10~20	25~35				>b/4		≥5

续表

产品类别	规格	基本尺寸	
三曲瓦、双筒瓦、鱼鳞瓦、牛舌瓦	300×200 ~ 150×150	8~12	同一品种、规格瓦的曲度或弧度应保持基本一致
板瓦、筒瓦、滴水瓦、沟头瓦	430×350 ~ 110×50	8~16	
J形瓦、S形瓦	320×320 ~ 250×250	12~20	谷深 $c \geqslant 35$，头尾搭接部分长度50~70，左右搭接部分长度30~50
波形瓦	420×330	12~20	瓦脊高度≤35，头尾搭接部分长度30~70，内外槽搭接部分长度25~40

注：L—（有效）长度；b—（有效）宽度；h—厚度；d—曲度或弧度；c—谷深；l_1—内外槽搭接部分长度；h_1—边筋高度。

② 瓦之间以及和配件、饰件搭配使用时应保证搭接合适。

③ 对以拉挂为主铺设的瓦，应有1~2个孔，能有效拉挂的孔1个以上，钉孔或钢丝孔铺设后不能漏水。

④ 瓦的正面或背面可以有以加固、挡水等为目的的加强筋、凹凸纹等。

⑤ 需要粘接的部位不得附着大量釉以致妨碍粘接。

(3) 等级

相同品种、物理性能合格的产品，根据尺寸偏差和外观质量分为优等品（A）和合格品（C）两个等级。

3. 技术要求

(1) 尺寸允许偏差（表3-55）

表3-55 烧结瓦尺寸允许偏差 mm

外形尺寸范围	优 等 品	合 格 品
$L(b) \geqslant 350$	±4	±6
$250 \leqslant L(b) < 350$	±3	±5
$200 \leqslant L(b) < 250$	±2	±4
$L(b) < 200$	±1	±3

(2) 外观质量

1) 表面质量应符合表3-56的规定。

表3-56 烧结瓦表面质量

缺陷项目		优等品	合格品
有釉类瓦	无釉类瓦		
缺釉、斑点、落脏、棕眼、熔洞、图案缺陷、烟熏、釉缕、釉泡、釉裂	斑点、起包、熔洞、麻面、图案缺陷、烟熏	距1m处目测不明显	距2m处目测不明显
色差、光泽差	色差	距2m处目测不明显	

2)最大允许变形应符合表3-57的规定。

表3-57　烧结瓦的最大允许变形　mm

产品类别			优等品	合格品
平瓦、波形瓦　≤			3	4
三曲瓦、双筒瓦、鱼鳞瓦、牛舌瓦　≤			2	3
脊瓦、板瓦、筒瓦、滴水瓦、沟头瓦、J形瓦、S形瓦　≤	最大外形尺寸	$L \geqslant 350$	5	7
		$250 < L < 350$	4	6
		$L \leqslant 250$	3	5

3)裂纹长度允许范围应符合表3-58的规定。

表3-58　烧结瓦的裂纹长度允许范围　mm

产品类别	裂纹分类	优等品	合格品
平瓦、波形瓦	未搭接部分的贯穿裂纹	不允许	
	边筋断裂	不允许	
	搭接部分的贯穿裂纹	不允许	不得延伸至搭接部分的1/2处
	非贯穿裂纹	不允许	≤30
脊瓦	未搭接部分的贯穿裂纹	不允许	
	搭接部分的贯穿裂纹	不允许	不得延伸至搭接部分的1/2处
	非贯穿裂纹	不允许	≤30
三曲瓦、双筒瓦、鱼鳞瓦、牛舌瓦	贯穿裂纹	不允许	
	非贯穿裂纹	不允许	不得超过对应边长的6%
板瓦、筒瓦、滴水瓦、沟头瓦、J形瓦、S形瓦	未搭接部分的贯穿裂纹	不允许	
	搭接部分的贯穿裂纹	不允许	
	非贯穿裂纹	不允许	≤30

4)磕碰、釉粘的允许范围应符合表3-59的规定。

表3-59　烧结瓦磕碰、釉粘的允许范围　mm

产品类别	破坏部位	优等品	合格品
平瓦、脊瓦、板瓦、筒瓦、滴水瓦、沟头瓦、J形瓦、S形瓦、波形瓦	可见面	不允许	破坏尺寸不得同时大于10×10
	隐蔽面	破坏尺寸不得同时大于12×12	破坏尺寸不得同时大于18×18
三曲瓦、双筒瓦、鱼鳞瓦、牛舌瓦	正面	不允许	
	背面	破坏尺寸不得同时大于5×5	破坏尺寸不得同时大于10×10
平瓦、波形瓦	边筋	不允许	
	后爪	不允许	

5)石灰爆裂的允许范围应符合表3-60的规定。

表3-60　石灰爆裂允许范围　mm

缺陷项目	优等品	合格品
石灰爆裂	不允许	破坏尺寸不大于5

6)各等级的瓦均不允许有欠火、分层缺陷存在。

(3)物理性能

1)抗弯曲性能。平瓦、脊瓦、板瓦、筒瓦、滴水瓦、沟头瓦类的弯曲破坏荷重不小于1200N，其中青瓦类的弯曲破坏荷重不小于850N;J形瓦、S形瓦、波形瓦类的弯曲破坏荷重不小于1600N;三曲瓦、双筒瓦、鱼鳞瓦、牛舌瓦类的弯曲强度不小于8.0MPa。

2)抗冻性能。经15次冻融循环不出现剥落、掉角、掉棱及裂纹增加现象。

3)耐急冷急热性。经10次急冷急热循环不出现炸裂、剥落及裂纹延长现象。

此项要求只适用于有釉瓦类。

4)吸水率。Ⅰ类瓦不大于6.0%，Ⅱ类瓦大于6.0%、不大于10.0%，Ⅲ类瓦大于10.0%、不大于18.0%，青瓦类不大于21.0%。

5)抗渗性能。经3h瓦背面无水滴产生。

此项要求只适用于无釉瓦类。若其吸水率不大于10.0%时，取消抗渗性能要求，否则必须进行抗渗试验并符合本条规定。

3.13 混凝土瓦

1. 分类和规格

(1)分类

混凝土瓦分为:混凝土屋面瓦和混凝土配件瓦。

混凝土屋面瓦又分为:波形屋面瓦和平板屋面瓦。

(2)规格

产品规格以长×宽的尺寸(mm)表示。

注:混凝土瓦外形正面投影非矩形者，规格应选择两条边乘积能代表其表面积者来表示。如正面投影为直角梯形者，以直角边长×腰中心线长表示。

2. 外形

1)混凝土瓦应瓦型清晰、边缘整齐。屋面瓦应瓦爪齐全。

2)混凝土瓦若有固定孔，其布置要确保屋面瓦或配件瓦与挂瓦条的连接安全可靠。固定孔的布置和结构应保证不影响混凝土瓦正常的使用功能。

3)在遮盖宽度范围内单色混凝土瓦应无明显色泽差别，多色混凝土瓦的色泽由供需双方商定。

3. 技术要求

(1)外观质量(表3-61)

表3-61 混凝土瓦的外观质量

项目	单位	指标
掉角:在瓦正表面的角两边的破坏尺寸均不得大于	mm	8
瓦爪残缺	—	允许一爪有缺，但小于爪高的1/3

续表

项　　目	单位	指　标
边筋残缺:边筋短缺、断裂	—	不允许
擦边长度不得超过(在瓦正表面上造成的破坏宽度小于5mm者不计)	mm	30
裂纹	—	不允许
分层	—	不允许
涂层	—	瓦表面涂层完好

(2)尺寸允许偏差(表3-62)

表3-62　混凝土瓦的尺寸允许偏差　　mm

项　目	指　标
长度偏差绝对值	≤4
宽度偏差绝对值	≤3
方正度	≤4
平面性	≤3

(3)物理力学性能

1)混凝土瓦的质量标准差应不大于180g。

2)承载力

① 混凝土屋面瓦的承载力不得小于承载力标准值,承载力标准值见表3-63。

表3-63　混凝土屋面瓦的承载力标准值　　N

项　目	波形屋面瓦						平板屋面瓦		
瓦脊高度 d/mm	$d>20$			$d\leqslant 20$			—		
遮盖宽度 b_1/mm	$b_1\geqslant 300$	$b_1\leqslant 200$	$200<b_1<300$	$b_1\geqslant 300$	$b_1\leqslant 200$	$200<b_1<300$	$b_1\geqslant 300$	$b_1\leqslant 200$	$200<b_1<300$
承载力标准值 F_c	1800	1200	$6b_1$	1200	900	$3b_1+300$	1000	800	$2b_1+400$

② 混凝土配件瓦的承载力不作具体要求。

3)耐热性能

混凝土彩色瓦经耐热性能检验后,其表面涂层应完好。

4)吸水率

混凝土瓦的吸水率应不大于10.0%。

5)抗渗性能

混凝土瓦经抗渗性能检验后,瓦的背面不得出现水滴现象。

6)抗冻性能

混凝土屋面瓦经抗冻性能检验后,其承载力仍不小于承载力标准值。同时,外观质量应符合表3-61的规定。

3.14　石棉水泥波瓦及其脊瓦

1. 分级与规格

(1)分级

石棉水泥大、中、小波瓦根据其抗折力、吸水率与外观质量分为三个等级:优等品(A)、一等品(B)和合格品(C)。

(2)规格

1)石棉水泥大、中、小波瓦的规格尺寸及允许偏差应符合表3-64规定。

表3-64 石棉水泥大、中、小波瓦的规格尺寸及允许偏差 mm

品种	规格尺寸及允许偏差								
	长	宽	厚	波距	波高	波数,个	边距		参考质量,kg
大波瓦	2800±10	994±10	7.5±0.5	167±3	≥48	6	95±5	64±5	45
中波瓦	2400±10 1800±10	745±10	$6.5^{+0.5}_{-0.3}$ $6.0^{+0.5}_{-0.3}$	131±3	≥31	5.7	45±5	45±5	22 15
小波瓦	1800±10	720±5	$6.0^{+0.5}_{-0.3}$ $5.0^{+0.5}_{-0.2}$	63.5±2	≥16	11.5	58±3	27±3	15 13

2)石棉水泥脊瓦的规格尺寸及允许偏差应符合表3-65规定。

表3-65 石棉水泥脊瓦的规格尺寸及允许偏差 mm

规格尺寸及允许偏差					
长度		宽度	厚度	角度,°	参考质量,kg
搭接长	总长				
70±10	850±10	(230×2)±10 (180×2)±10	$6.0^{+0.5}_{-0.3}$	125±5	4 3

注:表3-64、表3-65以外的其他规格的石棉水泥波瓦及其脊瓦可由供需双方协商生产。

2. 技术要求

(1)外观质量

1)优等品。石棉水泥波瓦及其脊瓦应边缘整齐、厚度均匀、四边方正、表面平整,不得有起层、断裂与夹杂物等缺陷。

2)一等品的外观质量应符合表3-66规定。合格品的外观质量应符合表3-67规定。

表3-66 石棉水泥波瓦及其脊瓦一等品的外观质量 mm

外观质量项目	允许范围			
	大波瓦	中波瓦	小波瓦	脊瓦
掉角	沿瓦边长不得超过100;宽度方向不得超过50	沿瓦边长不得超过50;宽度方向不得超过35	沿瓦边长不得超过50;宽度方向不得超过20	沿瓦边长和宽度方向均不得超过20
	一张瓦的掉角不得多于1个			
掉边	宽不得超过15	宽不得超过10	宽不得超过10	不允许
裂纹	因成型造成的下列之一裂纹: 正表面: 1)宽度不得超过1.2; 2)长度不得超过75 背　面: 1)宽度不得超过1.5; 2)长度不得超过150			
方正度	≤6			—
端部厚度	不得超过实测瓦厚的25%			—

表 3-67　石棉水泥波瓦及其脊瓦合格品的外观质量　mm

外观质量项目	允许范围			
	大波瓦	中波瓦	小波瓦	脊瓦
掉角	沿瓦边长不得超过 150；宽度方向不得超过 70	沿瓦边长不得超过 100；宽度方向不得超过 45	沿瓦边长不得超过 100；宽度方向不得超过 30	沿瓦边长和宽度方向均不得超过 20
	一张瓦的掉角不得多于 2 个			
掉边	宽不得超过 20	宽不得超过 15	宽不得超过 15	不允许
裂纹	因成型造成的下列之一裂纹： 正表面：　1）宽度不得超过 1.5； 　　　　　2）长度不得超过 100 背　面：　1）宽度不得超过 2； 　　　　　2）长度不得超过 300			

（2）物理力学性能

1）各种级别的石棉水泥波瓦物理力学性能应符合表 3-68 的规定。

表 3-68　石棉水泥波瓦物理力学性能

物理力学性能指标＼产品类别与级别			大波瓦			中波瓦			小波瓦		
			优等品	一等品	合格品	优等品	一等品	合格品	优等品	一等品	合格品
抗折力	横向	N/m	3800	3300	2900	3800	3400	3000	3000	2700	2400
	纵向	N	470	450	430	320	310	300	390	340	290
吸水率，%　≤			26	28	28	26	28	28	25	26	26
抗冻性			25 次冻融循环后不得有起层等破坏现象								
不透水性			浸水后瓦体背面允许出现洇斑，但不允许出现水滴								
抗冲击性			在相距 60cm 处进行观察，冲击一次后的被击处背面不得出现龟裂、剥落、贯通孔及裂纹								

注：大波瓦横向抗折力支距 1300mm，中、小波瓦横向抗折力支距 800mm。

2）石棉水泥大、中、小脊瓦的破坏荷载不得低于 590N，抗冻性经 25 次冻融循环后不得有起层等破坏现象。

3.15　玻璃纤维增强聚酯波纹板

1. 分类与标记

（1）产品分类

按成型方法可分为手糊型和机制型；按产品性能可分为普通型、透光型、阻燃型和阻燃透光型，阻燃型按阻燃性能可分为 2 级。

（2）产品标记

产品代号见表 3-69。

表 3-69 玻璃纤维增强聚酯波纹板的产品代号

类　型	成型方法		性能			截面形状		尺寸
	机制	手糊	普通型	透光型	阻燃型	正弦波	梯形波	
代号	J	S	CB	TB	F1,F2	z	t	波长-波高-公称厚度

2. 技术要求

(1)尺寸极限偏差(表 3-70)

表 3-70 波纹板尺寸极限偏差

mm

类型	长度	宽度	厚度	波高	波长	上底	下底
正弦波 极限偏差	+20 -5	+25 -5	+0.2 -0.1	+2 -2	+2 -2		
梯形波 极限偏差	+20 -5	+20 -5	+0.2 -0.1	+2 -2	+3 -2	+2 -2	+3 -3

(2)外观

波形圆滑,无明显皱纹。色泽基本均匀。板边齐、直。不得有直径大于 4mm 的气泡、穿透性针孔、露丝、断裂、分层等缺陷。

(3)树脂含量

波纹板的树脂含量应不低于表 3-71 的规定。

表 3-71 波纹板的树脂含量

类　型	树脂含量
J	60%
S	48%

(4)固化度

波纹板的固化度应不低于 82%。

(5)弯曲挠度

波纹板的挠度值应不大于表 3-72 的规定。

表 3-72 波纹板允许挠度

mm

公称厚度	允许挠度	
	J	S
0.5	50	32
0.7	40	28
0.8	36	24
0.9	34	22
1.0	30	20
1.2	24	16
1.5	22	14
1.6	18	12
2.0	15	10
2.5	12	8

(6)冲击强度

波纹板经冲击强度试验后,不应有断裂或贯穿的孔穴。

(7)透光率

透光型波纹板可见光透光率应不低于表3-73的规定。

表3-73 波纹板各等级透光率

公称厚度,mm	普通透光型,%	阻燃透光型,%
0.5	82	78
0.7		
0.8	80	76
0.9		
1.0		
1.2	77	73
1.5	75	70
1.6		
2.0	64	60
2.5	60	55

(8)阻燃性

阻燃型波纹板氧指数应不低于表3-74的规定。

表3-74 波纹板各等级氧指数

等　级	氧指数
F1	30%
F2	26%

3.16 蒸压加气混凝土板

1. 产品分类

(1)品种和规格

1)屋面板两侧应按设计要求,设置槽、预埋件等。槽的尺寸应符合表3-75规定。

表3-75 屋面板槽尺寸 mm

品种	代号	产品公称尺寸			产品制作尺寸			槽	
		长度 L	宽度 B	厚度 D	长度 L_1	宽度 B_1	厚度 D_1	高度 h	宽度 d
屋面板	JWB	1800~6000	500 600	150	L—20	B—2	D	40	15
				170					
				180					
				200					
				240					
				250					

2)墙板的规格见表3-76。

表3-76 墙板的规格 mm

<table>
<tr><th rowspan="3">品种</th><th rowspan="3">代号</th><th colspan="3">产品公称尺寸</th><th colspan="5">产品制作尺寸</th></tr>
<tr><th rowspan="2">长度 L</th><th rowspan="2">宽度 B</th><th rowspan="2">厚度 D</th><th rowspan="2">长度 L_1</th><th rowspan="2">宽度 B_1</th><th rowspan="2">厚度 D_1</th><th colspan="2">槽</th></tr>
<tr><th>高度 h</th><th>宽度 d</th></tr>
<tr><td rowspan="3">隔墙板</td><td rowspan="3">JGB</td><td rowspan="3">按设计要求</td><td rowspan="3">500
600</td><td>75</td><td rowspan="3">按设计要求</td><td rowspan="3">B—2</td><td rowspan="3">D</td><td rowspan="3">—</td><td rowspan="3">—</td></tr>
<tr><td>100</td></tr>
<tr><td>120</td></tr>
<tr><td rowspan="6">外墙板</td><td rowspan="6">JQB</td><td rowspan="6">1500~6000</td><td rowspan="6">500
600</td><td>150</td><td rowspan="6">竖向:L
横向:L—20</td><td rowspan="6">B—2</td><td rowspan="6">D</td><td rowspan="6">30</td><td rowspan="6">30</td></tr>
<tr><td>170</td></tr>
<tr><td>180</td></tr>
<tr><td>200</td></tr>
<tr><td>240</td></tr>
<tr><td>250</td></tr>
</table>

3)订货单位如需其他规格,可与生产厂协商确定。

(2)等级

1)板按加气混凝土干体积密度分05、06、07、08级。

2)板按尺寸允许偏差和外观分为:优等品(A)、一等品(B)和合格品(C)三个等级。

2. 技术要求

(1)板的尺寸允许偏差和外观(表3-77)

表3-77 板的尺寸允许偏差和外观 mm

<table>
<tr><th rowspan="2" colspan="2">项 目</th><th rowspan="2">基本尺寸</th><th colspan="3">允许偏差</th></tr>
<tr><th>优等品(A)</th><th>一等品(B)</th><th>合格品(C)</th></tr>
<tr><td rowspan="4">尺寸</td><td>长度 L</td><td>按制作尺寸</td><td>±4</td><td>±5</td><td>±7</td></tr>
<tr><td>宽度 B</td><td>按制作尺寸</td><td>+2
−4</td><td>+2
−5</td><td>+2
−6</td></tr>
<tr><td>厚度 D</td><td>按制作尺寸</td><td>±2</td><td>±3</td><td>±4</td></tr>
<tr><td>槽</td><td>按制作尺寸</td><td>−0
+5</td><td>−0
+5</td><td>−0
+5</td></tr>
<tr><td rowspan="4">外观</td><td colspan="2">侧向弯曲</td><td>L_1/1000</td><td>L_1/1000</td><td>L_1/750</td></tr>
<tr><td colspan="2">对角线差</td><td>L_1/600</td><td>L_1/600</td><td>L_1/500</td></tr>
<tr><td colspan="2">表面平整</td><td>5</td><td>5</td><td>5</td></tr>
<tr><td colspan="2">露筋、掉角、侧面损伤大面损伤、端部掉头</td><td>不允许</td><td>不允许</td><td>不允许</td></tr>
<tr><td rowspan="2">钢筋保护层</td><td>主筋</td><td>20</td><td>+5
−10</td><td>+5
−10</td><td>+5
−10</td></tr>
<tr><td>端部</td><td>0~15</td><td>—</td><td>—</td><td>—</td></tr>
</table>

(2)裂缝

优等品和一等品的板不得有裂缝。合格品屋面板不得有贯穿裂缝和其他影响结构性能的裂缝,不得有长度≥600mm、宽度≥0.2mm 的纵向裂缝,其他裂缝的数量不得多于 2 条;合格品墙板上不得有贯穿裂缝,其他的裂缝长度、宽度不做限定,数量不得多于 3 条。

(3)钢筋保护层

板的钢筋保护层从钢筋外缘算起,应符合表 3-77 的规定。

(4)修补

在符合下列情况时,板允许修补。对于 05、06 级板,修补料抗压强度≥5.0MPa,对于 07、08 级板,修补料抗压强度≥8.0MPa。修补完整后,板经检查合格,可作为合格品出厂。

1)掉角:板宽方向的尺寸 $a\leqslant150$mm,板长方向的尺寸 $b\leqslant300$mm 处。

2)侧面损伤:总长度 $b\leqslant500$mm,深度 a 不超过主筋保护层。

3)大面损伤:面积≤200cm²,深度 $a\leqslant10$mm,板长 $L\leqslant3300$mm 的板有 1 处,$L>3300$mm 的板少于或等于 2 处。

4)端部掉头(包括疏皮):宽度 $b\leqslant25$mm,1 处。

5)发气不够高的板宽度尺寸不足:宽度≥585mm,长度≤板长 2/3;宽度<585mm 时,符合侧面损伤的情况。

6)板槽尺寸不符合规定。

(5)屋面板的结构性能要求

1)材料强度、构造要求应符合设计图纸规定。

2)承载能力检验系数实测值:

$$\gamma_u^0 \geqslant \gamma_0[\gamma_u]\frac{1}{\gamma_R} \tag{3-1}$$

式中 γ_u^0——屋面板承载力检验系数实测值,即试验达到表 3-78 所列破坏的检验标志之一时的荷载实测值与荷载设计值(均包括自重)的比值;

γ_0——重要性系数,根据结构安全等级,由表 3-79 选用;

$[\gamma_u]$——屋面板承载力检验系数允许值,按表 3-78 选用;

表 3-78 屋面板承载力检验系数允许值

结构设计受力情况	破坏的检验标志	$[\gamma_0]$
受弯	在受拉主筋处的最大裂缝宽度达到 1.5mm,或挠度达到跨度的 1/50	1.20
	受压处加气混凝土破坏	1.25
	受拉主筋拉断	1.50
受弯构件的受剪	腹部斜裂缝达到 1.5mm,或斜裂缝末端受压区加气混凝土剪压破坏	1.35
	沿斜截面加气混凝土斜压破坏,或受拉主筋在端部滑脱,或其他锚固破坏	1.50

表 3-79 重要性系数

结构安全等级	一级	二级	三级
γ_0	1.1	1.0	0.9

γ_R——屋面板抗力分项系数，采用0.75。

注：荷载设计值指相应于承载能力极限状态效应组合下的荷载值。

3）短期挠度实测值：

$$\alpha_s \leqslant \frac{M_s}{M_{s1}(\theta-1)+M_s}[\alpha_f] \quad (3\text{-}2)$$

式中 α_s——在荷载的短期组合值作用下，屋面板的短期挠度实测值；

M_s——按荷载的短期组合值计算所得的弯矩值；

M_{s1}——按荷载的长期组合计算所得的弯矩值；

θ——考虑荷载长期组合对挠度增大的影响系数，采用2.0；

$[\alpha_f]$——屋面板的挠度允许值，采用1/200板的跨度(l_0)。

4）在短期作用的标准荷载下，不应出现新裂缝。

5）标准荷载由各地区设计单位提出，由有关主管部门确定。

3.17 预应力混凝土空心板

1. 规格尺寸

1）预应力混凝土空心板的主要规格尺寸，见表3-80。

表3-80 预应力混凝土空心板的主要规格尺寸

高度，mm	标志宽度，mm	标志长度，m
120	500、600、900、1200	2.1、2.4、2.7、3.0、3.3、3.6、3.9、4.2、4.5、4.8、5.1、5.4、5.7、6.0
150	600、900、1200	3.6、3.9、4.2、4.5、4.8、5.1、5.4、5.7、6.0、6.3、6.6、6.9、7.2、7.5
180 200	600、900、1200	4.8、5.1、5.4、5.7、6.0、6.3、6.6、6.9、7.2、7.5、7.8、8.1、8.4、8.7、9.0
240 250	900、1200	6.0、6.3、6.6、6.9、7.2、7.5、7.8、8.1、8.4、8.7、9.0、9.3、9.6、9.9、10.2、10.5、10.8、11.4、12.0
300	900、1200	7.5、7.8、8.1、8.4、8.7、9.0、9.3、9.6、9.9、10.2、10.5、10.8、11.4、12.0、12.6、13.2、13.8、14.4、15.0
360 380	900、1200	9.0、9.3、9.6、9.9、10.2、10.5、10.8、11.4、12.0、12.6、13.2、13.8、14.4、15.0、15.6、16.2、16.8、17.4

推荐的规格尺寸：

① 高度宜为120mm、180mm、240mm、300mm、360mm；

② 标志宽度宜为900mm、1200mm；

③ 标志长度不宜大于高度的40倍。

2）空心板截面各部位尺寸应符合表3-81的规定。

表3-81 预应力混凝土空心板截面各部位尺寸 mm

板高	边肋宽度	中肋宽度	板面厚度	板底厚度
120 150 180 200	≥25	≥25	≥20	≥20

续表

板高	边肋宽度	中肋宽度	板面厚度	板底厚度
240 250 300 360 380	≥30	≥30	≥25	≥25

2. 技术要求

(1)钢材

1)预应力筋宜采用强度标准值为1570MPa的螺旋肋钢丝,强度标准值为1860MPa的七股钢绞线,也可采用其他强度标准值不小于1470MPa的螺旋肋钢丝、钢绞线。其材质和性能应符合《预应力混凝土用钢丝》(GB/T 5223)、《预应力混凝土用钢绞线》(GB/T 5224)及其他相关国家标准的规定。

2)不同规格空心板的预应力筋种类可参见表3-82。

表3-82 不同规格空心板的预应力筋种类

板高,mm	预应力筋种类	公称直径,mm
120、150、180、200	1570MPa螺旋肋钢丝	5、7
	1470MPa螺旋肋钢丝	9
240、250、300、360、380	1860MPa七股钢绞线	9.5、11.1、12.7、15.2

3)非预应力筋宜采用热轧带肋钢筋及其焊接网片,其性能应符合GB1499及相关国家标准的规定,也可采用其他钢筋及其焊接网片,其性能应符合国家有关标准的规定。

4)吊环应采用未经冷加工的HPB235级热轧钢筋或Q235热轧盘条制作,预埋件应采用Q235钢制作。其材质应符合各标准相关规定。

5)钢筋、钢丝和预埋件钢材应有产品合格证、出厂检验报告和进厂复检报告,并应严格按钢号、规格堆存,不得混淆,同时应防止锈蚀和污染。进厂复检应符合《混凝土结构工程施工质量验收规范》(GB 50204)的有关规定。

(2)混凝土强度

1)混凝土强度等级不应低于C30。轻骨料混凝土强度等级不应低于LC30。

2)放张预应力筋时的混凝土强度必须符合设计要求;当设计无明确要求时,不得低于设计混凝土立方体抗压强度标准值的75%。

(3)构造要求

1)预应力筋的混凝土保护层应符合设计要求,且不应小于20mm。

2)预应力筋之间的净间距对螺旋肋钢丝不应小于15mm,对七股钢绞线不应小于25mm,且不应小于钢筋公称直径的1.5倍。

3)预应力筋与空心板内孔净间距不应小于钢筋公称直径,且不应小于10mm。

(4)施加预应力的技术要求

1)预应力筋的张拉控制应力应符合设计要求。预应力筋张拉锚固后实际建立的预应力总值与检验规定值的偏差不应超过±5%。

2)浇筑混凝土前发生断裂或滑脱的预应力筋应予以更换。

(5)外观质量

1)空心板的外观质量应符合表3-83的规定。

表3-83 空心板的外观质量

项号	项目		质量要求	检验方法
1	露筋	主筋	不应有	观察
		副筋	不宜有	
2	孔洞	任何部位	不应有	观察
3	蜂窝	支座预应力筋锚固部位 跨中板顶	不应有	观察
		其余部位	不宜有	观察
4	裂缝	板底裂缝 板面纵向裂缝 肋部裂缝	不应有	观察和用尺、刻度放大镜量测
		支座预应力筋挤压裂缝	不宜有	
		板面横向裂缝 板面不规则裂缝	裂缝宽度不应大于0.10mm	
5	板端部缺陷	混凝土疏松、夹渣或外伸主筋松动	不应有	观察、摇动外伸主筋
6	外表缺陷	板底表面	不应有	观察
		板顶、板侧表面	不宜有	
7	外形缺陷		不宜有	观察
8	外表沾污		不应有	观察

注:1. 露筋指板内钢筋未被混凝土包裹而外露的缺陷。
2. 孔洞指混凝土中深度和长度均超过保护层厚度的孔穴。
3. 蜂窝指板混凝土表面缺少水泥砂浆而形成石子外露的缺陷。
4. 裂缝指伸入混凝土内的缝隙。
5. 板端部缺陷指板端处混凝土疏松、夹渣或受力筋松动等缺陷。
6. 外表缺陷指板表面麻面、掉皮、起砂和漏抹等缺陷。
7. 外形缺陷指板端头不直、倾斜、缺棱掉角、棱角不直、翘曲不平、飞边、凸肋和疤瘤等缺陷。
8. 外表沾污指构件表面有油污或其他粘杂物。

2)对表3-83中不影响结构性能及安装使用性能的外观质量缺陷,允许采用提高一个强度等级的细石混凝土或水泥砂浆及时修补。

(6)尺寸允许偏差

空心板的尺寸允许偏差见表3-84。

表3-84 空心板的尺寸允许偏差

项号	项目	允许偏差,mm	检验方法
1	长度	+10,-5	用尺量测平行于板长度方向的任何部位
2	宽度	±5	用尺量测垂直于板长度方向底面的任何部位
3	高度	±5	用尺量测与长边竖向垂直的任何部位
4	侧向弯曲	L/750 且≤20	拉线用尺量测,侧向弯曲最大处
5	表面平整	5	用2m靠尺和塞尺,量测靠尺与板面两点间的最大缝隙

续表

项号	项　目		允许偏差,mm	检 验 方 法
6	主筋保护层厚度		+5，-3	用尺或用钢筋保护层厚度测定仪量测
7	预应力筋与空心板内孔净间距		+5,0	用尺量测板端面
8	对角线差		10	用尺量测板面两个对角线
9	预应力筋在板宽方向的中心位置与规定位置偏差		<10	用尺量测板端面
10	预埋件	中心位置偏移	10	用尺量测纵、横两个方向中心线，取其中较大值
		与混凝土面平整	<5	用平尺和钢板尺量测
11	板端预应力筋外伸长度		+10，-5	用尺在板端面量测
12	板端预应力筋内缩值		5	用尺在板端面量测
13	翘曲		L/750	用调平尺在板两端量测
14	板自重		+7%，-5%	用衡器称量

注：1. L 为板的标志长度。
2. 第 11 项适用于设计要求预应力筋外伸的构件。
3. 第 12 项适用于设计不要求预应力筋外伸的构件。
4. 第 13、14 项仅用于型式检验。

3.18　钢丝网水泥板

1. 产品分类

(1)分类

钢丝网水泥板按用途分为钢丝网水泥屋面板(代号:GSWB)和钢丝网水泥楼板(代号:GSLB)两类。

(2)级别

1)钢丝网水泥屋面板按可变荷载和永久荷载分为四个级别，见表 3-85。

表 3-85　钢丝网水泥屋面板级别　　kN/m²

级别	Ⅰ	Ⅱ	Ⅲ	Ⅳ
可变荷载	0.4	0.5	0.5	0.5
永久荷载	1.0	1.5	2.0	2.5

2)钢丝网水泥楼板按可变荷载分为四个级别。见表 3-86。

表 3-86　钢丝网水泥楼板级别　　kN/m²

级别	Ⅰ	Ⅱ	Ⅲ	Ⅳ
可变荷载	2.0	2.5	3.0	3.5

(3)规格尺寸

1)钢丝网水泥屋面板规格尺寸见表 3-87。

表 3-87 钢丝网水泥屋面板规格尺寸 mm

公称尺寸	长×宽($L\times B$)	高(h)	中肋高	肋宽		板厚
				边肋宽	中肋宽	
2000×2000	1980×1980	160、180	120、140	32~35	35~40	16、18
2121×2121	2101×2101	180、200	140、160	32~35	35~40	18、20
2500×2500	2480×2480	180、200	140、160	32~35	35~40	18、20
2828×2828	2808×2808	180、200	140、160	32~35	35~40	18、20
3000×3000	2980×2980	180、200	140、160	32~35	35~40	18、20
3500×3500	3480×3480	200、220	160、180	32~35	35~40	18、20
3536×3536	3516×3516	200、220	160、180	32~35	35~40	18、20
4000×4000	3980×3980	220、240	180、200	32~35	35~40	18、20

注:根据供需双方协议也可生产其他规格尺寸的屋面板。

2)钢丝网水泥楼板尺寸见表 3-88。

表 3-88 钢丝网水泥楼板规格尺寸 mm

公称尺寸	长×宽	高	中肋高	肋宽		板厚
				边肋宽	中肋宽	
3300×5000	3270×4970	250、300	160、200	32~35	35~40	18、20、22
3300×4800	3270×4770	250、300	160、200	32~35	35~40	18、20、22
3300×1240	3270×1210	200、250	140、180	32~35	35~40	18、20、22
3580×4450	3820×4420	250、300	160、200	32~35	35~40	18、20、22

注:根据供需双方协议也可生产其他规格尺寸的屋面板。

2. 技术要求

(1)原材料(表 3-89)

表 3-89 钢丝网水泥板的原材料要求

原材料	要　求
水泥	应采用符合 GB 175 的不低于 42.5 级的普通硅酸盐水泥和矿渣硅酸盐水泥
砂子	宜采用细度模数为 2.3~3.5 的天然砂或人工砂,最大粒径应不超过 4mm 砂子含泥量(按质量计)不应大于 1.0%,泥块含量(按质量计)应不大于 0.5%,其他质量要求应符合《建筑用砂》(GB/T 14684)中有关规定
拌合水	水泥砂浆拌合用水应符合《混凝土用水标准》JGJ 63 的要求
外加剂	宜采用低引气型高效减水剂,外加剂技术条件应符合《混凝土外加剂》GB 8076 中的有关规定,不得掺用氯盐作早强和防冻剂
钢筋、钢丝、钢丝网	肋部钢筋宜采用符合《钢筋混凝土用钢　第 2 部分:热轧带肋钢筋》(GB 1499.2)的 HRB335 钢筋和构造筋应采用《钢筋混凝土用钢　第 1 部分:热轧光圆钢筋》(GB 1499.1)的Ⅰ级钢筋 冷拔低碳钢丝的技术条件应符合《冷拔钢丝预应力混凝土构件设计与施工规程》(JGJ 19)中的有关规定 钢丝网一般宜采用直径为 0.9~1.0mm,网格尺寸为 10mm×10mm 的冷拔低碳钢丝编织网或焊接网,也可采用其他规格的钢丝网,但网丝直径不得大于 2mm,网格尺寸不得大于 50mm×50mm,钢丝的抗拉强度不得低于 450MPa

(2)砂浆强度

1)钢丝网水泥板用砂浆抗压强度标准值应符合设计要求,设计未提出要求时,应不低于40MPa。

2)钢丝网水泥板起吊、出厂时的砂浆强度应不低于砂浆抗压强度标准值的75%。

(3)构造要求

1)钢丝网水泥屋面板和楼板层面的砂浆保护层厚度不小于3mm,肋部砂浆保护层厚度不小于5mm。

2)钢丝网搭接长度光边不应少于50mm,毛边不应少于80mm。

3)钢丝网水泥板肋部受力钢筋布置不应超过两排钢筋。净距不应小于钢筋直径,且不小于10mm。

4)钢丝网水泥屋面板和楼板的面板配筋直径和肋部的箍筋直径应不小于2.6mm。间距应不小于200mm。

(4)外观质量(表3-90)

钢丝网水泥板的外观质量应符合表3-90的规定。

表3-90 外观质量

项 次	项 目	外观质量要求
1	露筋露网	任何部位不应有
2	孔洞	不应有
3	蜂窝	总面积不超过所在面积的1%,且每处不大于100cm^2
4	裂缝	任何部位均不应有宽度大于0.05mm的裂缝
5	连接部位缺陷	肋端疏松不应有;其他缺陷经整修不应有
6	外形缺陷	修整后无缺棱掉角
7	外表缺陷	麻面总面积不超过所在面积的5%,且每处不大于300cm^2
8	外表沾污	经处理后,表面无油污和杂物

(5)尺寸偏差(表3-91)

钢丝网水泥板的尺寸允许偏差应符合表3-91的规定。

表3-91 尺寸允许偏差 mm

项 次	项 目	尺寸允许偏差
1	长度	+10 -5
2	宽度	+10 -5
3	高度	+5 -3
4	肋高、肋宽	+5 -3
5	面板厚度	+3 -2
6	侧向弯曲	≤L/750
7	板面平整	5
8	主筋保护层厚度	+4 -2

续表

项　次	项　目		尺寸允许偏差
9	对角线差		10
10	翘曲		≤L/750
11	预埋件	中心位置偏差	5
		与砂浆面平整	5

(6)力学性能

1)钢丝网水泥板承载力。

① 要求按混凝土结构设计规范规定进行检验时,应符合公式(3-3)要求。

$$\gamma_u^0 \geqslant \gamma_0[\gamma_u] \tag{3-3}$$

式中 γ_u^0——钢丝网水泥板承载力检验系数实测值。即试件的承载力检验荷载实测值与承载力检验荷载设计值(均包括自重)的比值;

γ_0——结构重要性系数。设计未提出要求时取 $\gamma_0=1$;

$[\gamma_u]$——钢丝网水泥板检验系数允许值按表3-92取用。

表3-92　检验系数

钢丝网水泥板达到承载力极限的检验标志	$[\gamma_u]$
受拉主筋处的最大裂缝宽度达到1.5mm,或挠度达到跨度的1/50	1.20
受压区砂浆破坏,此时受拉主筋处的最大裂缝宽度小于1.5mm且挠度小于跨度的1/50	1.25
受拉主筋拉断	1.50
腹部斜裂缝达到1.5mm,或斜裂缝末端受压砂浆剪压破坏	1.35
沿斜截面砂浆斜压破坏,受拉主筋在端部滑脱,或其他锚固破坏	1.50

② 当按钢丝网水泥板实配钢筋进行承载力检验时,应符合公式(3-4)要求:

$$\gamma_u^0 \geqslant \gamma_0 \eta [\gamma_u] \tag{3-4}$$

式中 η——钢丝网水泥板承载力检验修正系数,根据《混凝土结构设计规范》(GB 50010)按实配钢筋的承载力计算确定。

2)钢丝网水泥板挠度应符合公式(3-5)和公式(3-6)要求:

$$a_s^0 \leqslant [a_s] \tag{3-5}$$

$$[a_s] = \frac{M_k}{M_q(\theta-1)+M_k}[a_f] \tag{3-6}$$

式中 a_s^0——在荷载标准值下,钢丝网水泥板跨中挠度实测值,mm;

$[a_s]$——挠度检验允许值。由设计的挠度允许值折算而得。设计未提出要求时,取 $[a_s]=L/300$,L 为钢丝网水泥板的跨度;

M_k——按荷载标准组合计算所得的弯矩值,kN·m;

M_q——按荷载准永久组合计算所得的弯矩值,kN·m;

θ——考虑荷载长期作用对挠度增大的影响系数,按 GB 50010 确定;

$[a_f]$——钢丝网水泥板的挠度限值,按 GB 50010 确定。

3)钢丝网水泥板裂缝应符合公式(3-7)的要求。

$$W_{smax}^{0} \leqslant [W_{smax}] \tag{3-7}$$

式中 W_{smax}^{0}——在荷载标准值下,最大裂缝宽度实测值,mm;

$[W_{smax}]$——钢丝网水泥板检验的最大裂缝宽度允许值。设计未提出要求时,取$[W_{smax}]$ = 0.05mm。

3.19 硅镁加气混凝土空心轻质隔墙板

1. 产品分类

(1)轻质隔墙板的产品分类

轻质隔墙板按板型分为普通板、门框板、窗框板、过梁板。其代号见表 3-93。

表 3-93 轻质隔墙板的产品分类

产品类型	代号
普通板	PB
门框板	MB
窗框板	CB
过梁板	GB

(2)规格尺寸

轻质隔墙板按板厚分为 60mm 和 90mm(简称 60 板、90 板)两种。其规格尺寸应符合表 3-94 的规定。

表 3-94 轻质隔墙板的规格尺寸 mm

类别	规格尺寸									
	L	B	H	ϕ	T	E	C	F	G	I
60 板	≤3000	600	60	38	10	12	18	28	20	30
90 板	≤3600	600	90	60	12	14	28	38	30	40

注:其他规格尺寸的轻质隔墙板,由供需双方协商组织生产。

2. 技术要求

(1)外观质量(表 3-95)

表 3-95 轻质隔墙板的外观质量

项目			指标
外露纤维，飞边毛刺，贯通裂纹			无
板面裂纹，mm		长度 10～30，宽度 0～1	4 处
蜂窝气孔，mm		长度 5～30，深度 2～5	3 处
缺棱掉角，mm	深度×宽度×长度	5×10×25～10×20×30	2 处

(2)尺寸允许偏差(表 3-96)

表 3-96 轻质隔墙板的尺寸允许偏差 mm

项目	允许偏差
长度	±5
宽度	±2
厚度	±1
板面平整度	2
对角线差	10
侧向弯曲	L/1000

(3)物理力学性能(表 3-97)

表 3-97 轻质隔墙板的物理力学性能

项目	规格	指标
面密度，kg/m^2	60 板	≤35
	90 板	≤50
干缩值，mm/m	60 板	≤0.8
	90 板	
隔声量，dB	60 板	≥30
	90 板	≥35
耐火极限，h	60 板	≥1
	90 板	
燃烧性能	60 板	不燃
	90 板	
抗折力，N	60 板	≥1000
	90 板	≥2000
抗冲击性，3 次	60 板	无贯穿裂缝
	90 板	
单点吊挂力，N	60 板	≥800
	90 板	

3.20 非对称截面石棉水泥半波板

1. 产品分类、等级与规格

(1)分类

按波高 h 分为3类,见表3-98。

表3-98 半波板的分类 mm

类 别	波高 h
小半波板(S)	≤25
中半波板(M)	26~45
大半波板(D)	46~60

(2)等级

按其外观质量、规格尺寸偏差分为优等品(A)、一等品(B)和合格品(C)。

(3)规格

半波板至少有3个完整波距,如图3-1所示。规格尺寸应符合表3-99的规定。

表3-99 半波板的规格 mm

长度 l	宽度 b	厚度 e	波距 a	波高 h	边距(参考尺寸)	
					c_1	c_2
1800,2000,2100, 2400,2800,3000	745,965, 1200,1260	5,6,6,5	199,266,300	25,37,40, 45,50,60	35 60	30 60

注:1. h_1 的尺寸小于 h,其尺寸由企业确定;
2. 经供需双方协商可生产其他规格尺寸的半波板。

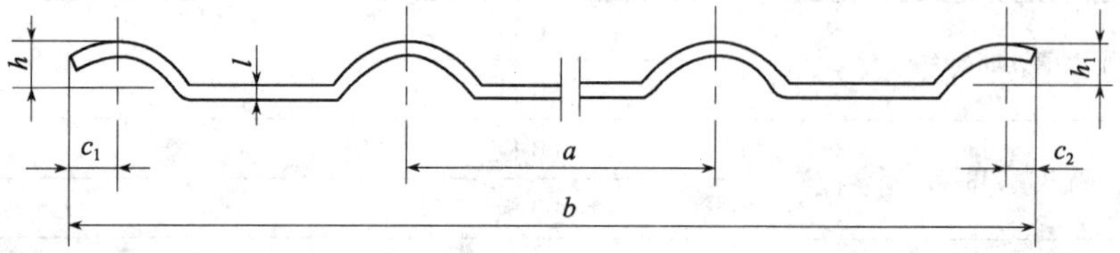

图3-1 半波板

2. 技术要求

(1)规格尺寸的允许偏差(表3-100)

表3-100 半波板的尺寸允许偏差 mm

项 目	优等品(A)	一等品(B)	合格品(C)
长度 l	±5	±5	±10
宽度 b	±5	±5	+10 −5
厚度 e	+0.5 −0.3	+0.5 −0.3	±0.1e

续表

项目		优等品(A)	一等品(B)	合格品(C)
波距 a	S	±1.5	±1.5	±2.0
	M	±2.0	±2.0	±2.5
	D	±2.0	±2.0	±2.5
波高 h	S	±2.0	±2.0	±2.5
	M	±2.0	±2.0	±2.5
	D	±3.0	±3.0	±3.5

(2)外观质量

1)优等品。正面应平整光滑、边缘整齐、四边方正,不应有裂纹、分层、掉角(用户要求带斜接角者除外)等缺陷。

2)一等品和合格品。外观质量应符合表3-101的规定。

表3-101 半波板一等品和合格品的外观质量 mm

项目	允许范围	
	一等品(B)	合格品(C)
掉角	长度方向≤50	长度方向≤100
	宽度方向≤35	宽度方向≤45
	单张板掉角不得多于1个	单张板掉角不得多于2个
掉边	≤10	≤15
裂纹	正表面:宽度≤1.2 长度≤75 背面:宽度≤1.5 长度≤150	正表面:宽度≤1.5 长度≤100 背面:宽度≤2.0 长度≤200
方正度	≤6	≤8

(3)半波板的物理力学性能(表3-102)

表3-102 半波板的物理力学性能

项目	大半波板			中半波板			小半波板		
	优等品	一等品	合格品	优等品	一等品	合格品	优等品	一等品	合格品
吸水率	≤26%	≤28%		≤26%	≤28%		≤26%	≤28%	
横向抗折力	3000N/m			2500N/m			1250N/m		
抗冲击性	在相距60cm处观察,冲击一次后被击处不得出现龟裂、剥落、贯通孔及裂纹								
抗冻性	25次冻融循环后不得有起层等破坏现象								
不透水性	浸水后半波板背后允许出现洇斑,但不允许出现水滴								

3.21 维纶纤维增强水泥平板

1. 分类、规格

(1)分类

维纶纤维增强水泥平板(VFRC)按密度分为维纶纤维增强水泥板(A型板)和维纶纤维增强水泥轻板(B型板),A型板主要用于非承重墙体、吊顶、通风道等,B型板主要用于非承重内隔墙、吊顶等。

(2)规格(表3-103)

表3-103 维纶纤维增强水泥平板的规格尺寸与尺寸允许偏差

项　目	公称尺寸	尺寸允许偏差
长度,mm	1800,2400,3000	±5
宽度,mm	900,1200	±5
厚度,mm	e=4,5,6时	±0.5
	e=8,10,12,15,20,25时	±0.1e
厚度不均匀度,%		<10

注:1. 其他规格平板可由供需双方协商生产;
2. 厚度不均匀度是指同块板最大厚度与最小厚度之差除以公称厚度;
3. e为平板的公称厚度。

2. 技术要求

(1)原材料(表3-104)

表3-104 维纶纤维增强水泥平板的原材料要求

原材料	要　求
水泥	水泥应符合GB 175的规定。不得使用掺有煤、碳粉作助磨剂及页岩、煤矸石作混合材的普通硅酸盐水泥
维纶纤维	改性维纶纤维的抗拉强度不小于800MPa,弹性模量不小于12GPa;高弹模维纶纤维的抗拉强度不小于1100MPa,弹性模量不小于25GPa
辅助材料	掺入适量非石棉且具有一定吸附水泥粒子能力的纤维质材料
轻集料	生产B型板时,掺入适量轻质集料,如小颗粒珍珠岩等
水	水应符合JGJ 63的规定

(2)外观质量

1)板的正表面应平整,边缘整齐,不得有裂纹、缺角等缺陷。

2)边缘平直度,长度、宽度的偏差均不应大于2mm/m。

3)边缘垂直度的偏差不应大于3mm/m。

4)板厚度$e \leqslant 20$mm时,表面平整度不应超过4mm;板厚度e在$20mm < e \leqslant 25$mm时,表面平整度不应超过3mm。

(3)物理力学性能(表3-105)

表3-105 维纶纤维增强水泥平板的物理力学性能

项 目		A型板	B型板
密度,g/cm³		1.6~1.9	0.9~1.2
抗折强度,MPa	≥	13.0	8.0
抗冲击强度,kJ/m²	≥	2.5	2.7
吸水率,%	≤	20.0	—
含水率,%	≤	—	12.0
不透水性		经24h试验,允许板底面有洇斑,但不得出现水滴	—
抗冻性		经25次冻融循环,不得有分层等破坏现象	—
干缩率,%	≤	—	0.25
燃烧性		不燃	不燃

注:1. 试验时,试件的龄期不小于7d;
2. 测定B型板的抗折强度、抗冲击强度时,采用气干状态的试件。

3.22 纤维增强低碱度水泥建筑平板

1. 分类、等级、规格及代号

(1)分类

按石棉掺入量分为:掺石棉与无石棉纤维增强低碱度水泥建筑平板。

(2)等级

按尺寸偏差和物理力学性能分为:优等品(A)、一等品(B)、合格品(C)。

(3)规格(表3-106)

表3-106 纤维增强低碱度水泥建筑平板的规格尺寸 mm

规 格	公称尺寸
长度	1200,1800,2400,2800
宽度	800,900,1200
厚度	4,5,6

注:如需其他规格或边缘未经切割的板材,可由供需双方协商确定。

(4)代号

1)掺石棉纤维增强低碱度水泥建筑平板代号为TK。

2)无石棉纤维增强低碱度水泥建筑平板代号为NTK。

2. 原材料要求(表 3-107)

表 3-107　纤维增强低碱度水泥建筑平板的原材料要求

原材料	要　　求
石棉	应符合《温石棉》(GB/T 8071)规定的五级和五级以上的温石棉
水泥	应采用符合标准《硫铝酸盐水泥》(GB 20472—2006)要求,强度等级不低于42.5 的低碱度硫铝酸盐水泥
玻璃纤维	宜选用直径为 15μm 左右、长度为 15～25mm 的短切中碱玻璃纤维或抗碱玻璃纤维。NTK 板必须采用抗碱玻璃纤维
水	应符合《混凝土用水标准》(JGJ 63)的技术要求

3. 技术要求

(1)外观质量

1)板的下面应平整、光滑、边缘整齐,不应有裂缝、孔洞。
2)板的缺角(长×宽)不能大于 30mm×20mm,且一张板缺角不能多于一个。
3)经加工的板的边缘平直度、长或宽的偏差不应大于 2mm/m。
4)经加工的板的边缘垂直度的偏差不应大于 3mm/m。
5)板的平整度不应超过 5mm。
(2)尺寸允许偏差(表 3-108)

表 3-108　纤维增强低碱度水泥建筑平板的尺寸允许偏差

规　　格	尺寸允许偏差		
	优等品	一等品	合格品
长度,mm 宽度,mm	±2	±5	±8
厚度,mm	±0.2	±0.5	±0.6
厚度不均匀度,%　≤	8	10	12

注:厚度不均匀度系指同块板厚度的极差除以公称厚度。

(3)物理力学性能(表 3-109)

表 3-109　平板的物理力学性能

项　　目	TK			NTK	
	优等品	一等品	合格品	一等品	合格品
抗折强度,MPa　≥	18	13	7.0	13.5	7.0
抗冲击强度,kJ/m^2　≥	2.8	2.4	1.9	1.9	1.5
吸水率,%　≤	25	28	32	30	32
密度,g/cm^3　<	1.8	1.8	1.6	1.8	1.6

3.23　农房用预应力混凝土矩形檩条

1. 分类

(1)级别

檩条按常用屋面习惯做法分为三个荷载级别,见表3-110。

表3-110　不同屋面做法的荷载级别　N/m^2

荷载级别	Ⅰ	Ⅱ	Ⅲ
相应的最大永久荷载	700~1000	1100~1500	1600~1900

注:1. 相应的最大永久荷载不包括檩条自重。
2. 所谓常用屋面的三种习惯做法,指冷摊机平瓦或机平瓦卧草泥(Ⅰ级),小青瓦卧草泥或其中再加望砖(Ⅱ级)以及其他组合做法(Ⅲ级)。

(2)截面尺寸、公称长度

檩条截面尺寸及其相应的公称长度L(檩条的实际长度L加上20mm)应符合表3-111的规定。

表3-111　檩条截面尺寸、公称长度　mm

截面	级别	公称长度											
60×120	Ⅰ	3000	3300	3400									
60×140	Ⅰ	3000	3300	3400	3600	3800							
	Ⅱ	3000	3300										
60×160	Ⅰ	3000	3300	3400	3600	3800	4000	4200	4500				
	Ⅱ	3000	3300	3400	3600	3800	4000	4200					
70×180	Ⅰ,Ⅱ	3000	3300	3400	3600	3800	4000	4200	4500	4700	4800	5000	
	Ⅲ	3000	3300	3400	3600	3800							
80×200	Ⅰ,Ⅱ			3400	3600	3800	4000	4200	4500	4700	4800	5000	6000
	Ⅲ			3400	3600	3800	4000	4200	4500				
80×250	Ⅰ,Ⅱ,Ⅲ				3600	3800	4000	4200	4500	4700	4800	5000	6000
100×300	Ⅰ,Ⅱ,Ⅲ							4200	4500	4700	4800	5000	6000

(3)等级

檩条按混凝土强度、尺寸偏差、外观质量和力学性能分为一等品(B)和合格品(C)。

2. 原材料要求

1)水泥宜采用42.5及该等级以上的硅酸盐水泥、普通硅酸盐水泥、矿渣硅酸盐水泥、火山灰质硅酸盐水泥及粉煤灰硅酸盐水泥或复合硅酸盐水泥。

2)粗骨料采用碎石或卵石,石子最大颗粒粒径不应超过钢筋最小净距离的3/4。

3)掺用的外加剂应符合规定,不得掺用加气剂和引气型外加剂。

4)檩条中的预应力筋应采用甲级冷拔低碳钢丝或冷拔低合金钢丝以及冷轧带肋钢筋,也可用碳素钢丝和刻痕钢丝;非预应力筋宜采用乙级冷拔低碳钢丝。

3. 技术要求

1)混凝土设计强度等级不得低于C30。

2)标准养护条件下28d混凝土抗压强度应满足《混凝土强度检验评定标准》(GBJ 107)的要求。

3)预应力筋放张时与构件同条件养护的混凝土抗压强度不得低于混凝土设计强度等级的75%。

4)檩条出厂时,与构件同条件养护的混凝土抗压强度不得低于混凝土设计强度等级。

5)檩条的外观质量和尺寸允许偏差应符合表3-112的规定。

表3-112 檩条的外观质量和尺寸允许偏差 mm

类别	项目		尺寸允许偏差	
			一等品	合格品
外观质量	露筋		不允许	不允许
	裂缝		不允许	不允许
	孔洞		不允许	不允许
	缺角掉边	数量	每件不超过1处	每件不超过1处
		长度	不允许	不允许
		宽度	不允许	不允许
	蜂窝麻面		不大于同一面面积的1%	不大于同一面面积的2%
尺寸	长度		+8	+10
			-4	-5
	宽度		±4	±5
	高度		±4	±5
	主筋保护层厚度		±5	±10,-5
	侧向弯曲		≤L/1000	≤L/750
	表面平整度		2m长度内不大于5	2m长度内不大于7
	预应力筋中心位移		±2	±3
	预留孔中心位移		≤5	≤7
	端部垂直倾斜值		±5	±8

3.24 普通混凝土小型空心砌块

1. 等级

1)按其尺寸偏差、外观质量分为:优等品(A)、一等品(B)及合格品(C)。

2)按其强度等级分为:MU3.5、MU5.0、MU7.5、MU10.0、MU15.0、MU20.0。

2. 技术要求

(1)规格

1)规格尺寸:主规格尺寸为390mm×190mm×190mm,其他规格尺寸可由供需双方协商。

2)最小外壁厚应不小于30mm,最小肋厚应不小于25mm。

3)空心率应不小于25%。

4)尺寸允许偏差见表3-113。

表3-113 普通混凝土小型空心砌块尺寸允许偏差 mm

项目名称	优等品(A)	一等品(B)	合格品(C)
长度	±2	±3	±3
宽度	±2	±3	±3
高度	±2	±3	+3 -4

(2)外观质量(表3-114)

表3-114 普通混凝土小型空心砌块外观质量

项目名称		优等品(A)	一等品(B)	合格品(C)
弯曲,mm ≤		2	2	3
掉角缺棱	个数,个 不多于	0	2	2
	三个方向投影尺寸的最小值,mm ≤	0	20	30
裂纹延伸的投影尺寸累计,mm ≤		0	20	30

(3)强度等级(表3-115)

表3-115 普通混凝土小型空心砌块的强度等级 MPa

强度等级	砌块抗压强度	
	平均值不小于	单块最小值不小于
MU3.5	3.5	2.8
MU5.0	5.0	4.0
MU7.5	7.5	6.0
MU10.0	10.0	8.0
MU15.0	15.0	12.0
MU20.0	20.0	16.0

(4)抗渗性(表3-116)

表3-116 普通混凝土小型空心砌块的抗渗性 mm

项 目 名 称	指 标
水面下降高度	三块中任一块不大于10

(5)抗冻性(表3-117)

表3-117 普通混凝土小型空心砌块的抗冻性

使用环境条件		抗冻标号	指 标
非采暖地区		不规定	—
采暖地区	一般环境	D15	强度损失≤25% 质量损失≤5%
	干湿交替环境	D25	

注:1. 非采暖地区指最冷月份平均气温高于-5℃的地区;

2. 采暖地区指最冷月份平均气温低于或等于-5℃的地区。

(6)相对含水率(表3-118)

表3-118 普通混凝土小型空心砌块相对含水率 %

使用地区	潮湿	中等	干燥
相对含水率不大于	45	40	35

注:1. 潮湿:系指年平均相对湿度大于75%的地区;
2. 中等:系指年平均相对湿度50%~75%的地区;
3. 干燥:系指年平均相对湿度小于50%的地区。

3.25 轻集料混凝土小型空心砌块

1. 分类

(1)类别

按砌块孔的排数分为五类:实心(0)、单排孔(1)、双排孔(2)、三排孔(3)和四排孔(4)。

(2)等级

1)按砌块密度等级分为八级:500、600、700、800、900、1000、1200、1400。

注:实心砌块的密度等级不应大于800。

2)按砌块强度等级分为六级:1.5、2.5、3.5、5.0、7.5、10.0。

3)按砌块尺寸允许偏差和外观质量,分为两个等级:一等品(B)、合格品(C)。

2. 轻集料的要求

1)最大粒径不宜大于10mm。

2)粉煤灰陶粒、黏土陶粒、页岩陶粒,天然轻集料、超轻陶粒、自燃煤矸石轻集料和煤渣应符合《轻集料及其试验方法 第1部分:轻集料》(GB/T 17431.1)的要求;其中,煤渣的含碳量不大于10%;煤渣在陶粒混凝土中的掺量,不应大于轻粗集料总量的30%。

3)膨胀珍珠岩符合《膨胀珍珠岩》(JC/T 209),但膨胀珍珠岩的堆积密度不宜低于80kg/m^3。

4)非煅烧粉煤灰轻集料除符合《轻集料及其试验方法 第1部分:轻集料》(GB/T 17431.1)的要求外,SO_3含量应小于1%,烧失量小于15%。

3. 技术要求

(1)规格尺寸

1)主规格尺寸为390mm×190mm×190mm。其他规格尺寸可由供需双方商定。

2)尺寸允许偏差应符合表3-119要求。

表3-119 轻集料混凝土小型空心砌块的规格尺寸偏差 mm

项目名称	一等品	合格品
长度	±2	±3
宽度	±2	±3
高度	±2	±3

注:1. 承重砌块最小外壁厚不应小于30mm,肋厚不应小于25mm;
2. 保温砌块最小外壁厚和肋厚不宜小于20mm。

(2)外观质量(表 3-120)

表 3-120　轻集料混凝土小型空心砌块的外观质量

项目名称	一等品	合格品
缺棱掉角个数不多于	0	2
三个方向投影的最小尺寸,mm　≤	0	30
裂缝延伸投影的累计尺寸,mm　≤	0	30

(3)密度等级(表 3-121)

表 3-121　轻集料混凝土小型空心砌块的密度等级　kg/m³

密度等级	砌块干燥表观密度的范围
500	≤500
600	510～600
700	610～700
800	710～800
900	810～900
1000	910～1000
1200	1010～1200
1400	1210～1400

(4)强度等级

强度等级符合表 3-122 要求者为一等品;密度等级范围不满足要求者为合格品。

表 3-122　轻集料混凝土小型空心砌块的强度等级　MPa

强度等级	砌块抗压强度		密度等级范围
	平均值	最小值	
1.5	≥1.5	1.2	≤600
2.5	≥2.5	2.0	≤800
3.5	≥3.5	2.8	≤1200
5.0	≥5.0	4.0	
7.5	≥7.5	6.0	≤1400
10.0	≥10.0	8.0	

(5)吸水率、相对含水率和干缩率

1)吸水率不应大于 20%。

2)干缩率和相对含水率应符合表 3-123 的要求。

表 3-123　轻集料混凝土小型空心砌块的干缩率和相对含水率

干缩率,%	相对含水率,%		
	潮湿	中等	干燥
<0.03	45	40	35
0.03 ~ 0.045	40	35	30
>0.045 ~ 0.065	35	30	25

注:1. 相对含水率即砌块出厂含水率与吸水率之比

$$W = \frac{\omega_1}{\omega_2} \times 100$$

式中　W——砌块的相对含水率,%;

ω_1——砌块出厂时的含水率,%;

ω_2——砌块的吸水率,%;

2. 使用地区的湿度条件

潮湿:系指年平均相对湿度大于75%的地区;

中等:系指年平均相对湿度50% ~75%的地区;

干燥:系指年平均相对湿度小于50%的地区。

(6)碳化系数和软化系数

加入粉煤灰等火山灰质掺合料的小砌块,其碳化系数不应小于0.8;软化系数不应小于0.75。

(7)抗冻性(表3-124)

表 3-124　轻集料混凝土小型空心砌块的抗冻性

使用条件	抗冻等级	质量损失,%	强度损失,%
非采暖地区	F15	≤5	≤25
采暖地区: 相对湿度≤60% 相对湿度>60%	 F25 F35		
水位变化、干湿循环或 粉煤灰掺量≥取代水泥量50%时	≥F50		

注:非采暖地区指最冷月份平均气温高于-5℃的地区;采暖地区系指最冷月份平均气温低于或等于-5℃的地区。

3.26　蒸压加气混凝土砌块

1. 产品分类

(1)规格(表3-125)

表 3-125　蒸压加气混凝土砌块的规格尺寸　　mm

长度 L	宽度 B	高度 H
600	100、120、125 150、180、200 240、250、300	200、240、250、300

注:如需要其他规格,可由供需双方协商。

(2)分级

1)强度级别有:A1.0、A2.0、A2.5、A3.5、A5.0、A7.5、A10 七个级别。

2)干密度级别有:B03、B04、B05、B06、B07、B08 六个级别。

(3) 等级

砌块按尺寸偏差与外观质量、干密度、抗压强度和抗冻性分为优等品(A)、合格品(B)两个等级。

2. 技术要求

(1) 尺寸偏差和外观质量(表3-126)

表3-126　蒸压加气混凝土砌块的尺寸偏差和外观质量

项目			指标 优等品(A)	指标 合格品(B)
尺寸允许偏差,mm	长度	L	±3	±4
尺寸允许偏差,mm	宽度	B	±1	±2
尺寸允许偏差,mm	高度	H	±1	±2
缺棱掉角	最小尺寸不得大于,mm		0	30
缺棱掉角	最大尺寸不得大于,mm		0	70
缺棱掉角	大于以上尺寸的缺棱掉角个数,不多于,个		0	2
裂纹长度	贯穿一棱二面的裂纹长度不得大于裂纹所在面的裂纹方向尺寸总和的		0	1/3
裂纹长度	任一面上的裂纹长度不得大于裂纹方向尺寸的		0	1/2
裂纹长度	大于以上尺寸的裂纹条数,不多于,条		0	2
爆裂,粘模和损坏深度不得大于,mm			10	30
平面弯曲			不允许	
表面疏松、层裂			不允许	
表面油污			不允许	

(2) 抗压强度(表3-127)

表3-127　蒸压加气混凝土砌块的立方体抗压强度　MPa

强度级别	立方体抗压强度 平均值不小于	立方体抗压强度 单组最小值不小于
A1.0	1.0	0.8
A2.0	2.0	1.6
A2.5	2.5	2.0
A3.5	3.5	2.8
A5.0	5.0	4.0
A7.5	7.5	6.0
A10.0	10.0	8.0

(3) 干密度(表3-128)

表3-128　蒸压加气混凝土砌块的干密度　kg/m^3

干密度级别		B03	B04	B05	B06	B07	B08
干密度	优等品(A)≤	300	400	500	600	700	800
干密度	合格品(B)≤	325	425	525	625	725	825

(4)强度级别(表3-129)

表3-129　蒸压加气混凝土砌块的强度级别

干密度级别		B03	B04	B05	B06	B07	B08
强度级别	优等品(A)	A1.0	A2.0	A3.5	A5.0	A7.5	A10.0
	合格品(B)			A2.5	A3.5	A5.0	A7.5

(5)干燥收缩、抗冻性和导热系数(表3-130)

表3-130　蒸压加气混凝土砌块的干燥收缩、抗冻性和导热系数

干密度级别			B03	B04	B05	B06	B07	B08
干燥收缩值①	标准法,mm/m　≤		0.50					
	快速法,mm/m　≤		0.80					
抗冻性	质量损失,%　≤		5.0					
	冻后强度,MPa　≥	优等品(A)	0.8	1.6	2.8	4.0	6.0	8.0
		合格品(B)			2.0	2.8	4.0	6.0
导热系数(干态),W/(m·K)　≤			0.10	0.12	0.14	0.16	0.18	0.20

① 规定采用标准法、快速法测定砌块干燥收缩值,若测定结果发生矛盾不能判定时,则以标准法测定的结果为准。

3.27　粉煤灰砌块

1. 规格

砌块的主规格外形尺寸为880mm×380mm×240mm,880mm×430mm×240mm。

砌块端面应加灌浆槽,坐浆面宜设抗剪槽。

注:生产其他规格砌块,可由供需双方协商确定。

2. 等级

1)砌块的强度等级按其立方体试件的抗压强度分为10级和13级。

2)砌块按其外观质量、尺寸偏差和干缩性能分为一等品(B)和合格品(C)。

3. 技术要求

(1)砌块的外观质量和尺寸偏差(表3-131)

表3-131　粉煤灰砌块的外观质量和尺寸偏差　　mm

项　目		指标 一等品(B)	指标 合格品(C)
外观质量	表面疏松	不允许	
	贯穿面棱的裂缝	不允许	
	任一面上的裂缝长度,不得大于裂缝方向砌块尺寸的	1/3	
	石灰团、石膏团	直径大于5的,不允许	

续表

项目			指标	
			一等品(B)	合格品(C)
外观质量	粉煤灰团、空洞和爆裂		直径大于30的不允许	直径大于50的不允许
	局部突起高度 ≤		10	15
	翘曲 ≤		6	8
	缺棱掉角在长、宽、高三个方向上投影的最大值 ≤		30	50
	高低差	长度方向	6	8
		宽度方向	4	6
尺寸允许偏差	长度		+4，-6	+5，-10
	高度		+4，-6	+5，-10
	宽度		±3	±6

(2)砌块的立方体抗压强度、碳化后强度、抗冻性能和密度(表3-132)

表3-132 粉煤灰砌块的立方体抗压强度、碳化后强度、抗冻性能和密度

项目	指标	
	10级	13级
抗压强度,MPa	3块试件平均值不小于10.0,单块最小值8.0	3块试件平均值不小于13.0,单块最小值10.5
人工碳化后强度,MPa	不小于6.0	不小于7.5
抗冻性	冻融循环结束后,外观无明显疏松、剥落或裂缝;强度损失不大于20%	
密度,kg/m^3	不超过设计密度的10%	

(3)砌块的干缩值(表3-133)

表3-133 砌块的干缩值 mm/m

一等品(B)	合格品(C)
≤0.75	≤0.90

3.28 装饰混凝土砌块

1. 术语和定义(表3-134)

表3-134 装饰混凝土砌块的相关术语

术语	定义
彩色砌块	用彩色混凝土制成的装饰砌块
劈裂砌块	具有一定强度的砌块,用劈裂机沿特定的面劈开为两部分,劈裂面带有纹理并呈凹凸形貌的装饰砌块
凿毛砌块	用高速喷砂或机械冲击砌块表面,使水泥砂浆脱落成露出一个个小坑的装饰砌块
条纹砌块	通过特制模箱制成,或在具有一定强度的砌块表面用机械方式加工出横的、竖的或交叉装饰线条的砌块

续表

术　语	定　义
磨光砌块	经研磨加工使表面平整光滑并露出集料的装饰砌块
鼓形砌块	刚成型好的砌块,在自重或适当垂直压力作用下产生变形,外形呈鼓胀状的装饰砌块
模塑砌块	用带沟、槽、肋、块、弧形和角形等特制模箱制成的装饰砌块。这些砌块及其组合将构成不同图案和外形
露集料砌块	表面裸露集料的装饰砌块
仿旧砌块	将具有一定强度的砌块,采用特定工艺加工制作,使砌块呈现缺棱掉角、类似天然石材、旧建筑制品的装饰砌块

2. 分类、等级、规格

(1)分类

按装饰效果分为彩色砌块、劈裂砌块、凿毛砌块、条纹砌块、磨光砌块、鼓形砌块、模塑砌块、露集料砌块、仿旧砌块。

按用途分为砌体装饰砌块(代号 M_q)和贴面装饰砌块(代号 F_q)。

(2)等级

1)砌体装饰砌块按抗压强度分为 MU10、MU15、MU20、MU25、MU30、MU35、MU40 七个等级。

2)装饰砌块按抗渗性分为普通型(P)和防水型(F)。

(3)规格

装饰砌块的基本尺寸见表 3-135。

表 3-135　基本尺寸　　mm

项目		尺寸
长度 *L*		390,290,190
宽度 *B*	砌体装饰砌块 M_q	290,240,190,140,90
	贴面装饰砌块 F_q	30 ~ 90
高度 *H*		190,90

注:其他规格尺寸可由供需双方商定。

3. 技术要求

(1)外观质量(表 3-136)

表 3-136　装饰砌块外观质量

项　目			指　标
弯曲,不大于/mm			2
裂纹	装饰面		无
	其他面	裂纹延伸的投影长度累计不超过长度尺寸的百分数/%	5.0
		条数,不多于/条	1

续表

项　目			指　标
缺棱掉角	装饰面	长度不超过边长的百分数/%	1.5
		棱个数,不多于/个	1
		相邻两边长度不超过边长百分数/%	0.77
		角个数,不多于/个	1
	其他面	长度不超过边长的百分数/%	5.0
		棱角个数,不多于/个	2

注:经两次饰面加工和有特殊要求的装饰砌块,不受此规定限制。

(2)尺寸允许偏差(表3-137)

表3-137　装饰砌块的尺寸允许偏差　mm

项　目	指　标
长度、高度和宽度	±2.0

注:经两次饰面加工和有特殊要求的装饰砌块,不受此规定限制。

(3)颜色、花纹

1)单色装饰砌块的装饰面颜色应基本一致,无明显色差。

2)双色或多色装饰砌块装饰面的颜色、花纹,应满足供需双方预先约定的要求。色质饱和度、混色程度等,应基本一致。

(4)抗压强度(表3-138)

表3-138　装饰砌块的抗压强度　MPa

强　度　等　级	抗　压　强　度	
	平均值不小于	单块最小值不小于
MU10	10.0	8.0
MU15	15.0	12.0
MU20	20.0	16.0
MU25	25.0	20.0
MU30	30.0	24.0
MU35	35.0	28.0
MU40	40.0	32.0

(5)干燥收缩率

干燥收缩率应不大于0.045%。

(6)相对含水率(表3-139)

表 3-139 装饰砌块的相对含水率

使用地区	潮 湿	中 等	干 燥
相对含水率不大于/%	40	35	30

注:1. 相对含水率即装饰砌块含水率与吸水率之比：

$$W = 100 \times \frac{w_1}{w_2}$$

式中 W——装饰砌块的相对含水率,%；

w_1——装饰砌块的含水率,%；

w_2——装饰砌块的吸水率,%。

2. 使用地区的湿度条件：

潮湿——指年平均相对湿度大于75%的地区；

中等——指年平均相对湿度50%～75%的地区；

干燥——指年平均相对湿度小于50%的地区。

(7)抗渗性(表3-140)

表 3-140 装饰砌块的抗渗性 mm

项 目	指 标	
	普通型(P)	防水型(F)
水面下降高度	—	≤10

(8)抗冻性(表3-141)

表 3-141 装饰砌块的抗冻性 %

使用条件	抗冻指标	质量损失率	强度损失率
夏热冬暖地区	F_{15}	≤5	≤20
夏热冬冷地区	F_{35}		
寒冷地区	F_{50}		
严寒地区	F_{75}		

(9)软化系数

软化系数不应小于0.80。

(10)放射性

放射性应符合《建筑材料放射性核素限量》(GB 6566)的规定。

4 木　　材

4.1 直接用原木、坑木

1. 树种

松科树种、杨木及其他硬阔叶树种。

2. 尺寸(表4-1)

表4-1　直接用原木、坑木的尺寸

项　　目	尺　　寸
检尺长	2.2~3.2m,4m,5.6m
检尺径	12~24cm,按2cm进级
长级公差	允许$^{+6}_{-2}$cm

注:对地方矿井,经供需双方商定可供应检尺长自1.4m起,检尺径8~10cm的坑木。

3. 材质指标(表4-2)

表4-2　直接用原木、坑木的材质指标

缺　陷　名　称	检量方法及允许限度
漏节	在全材长范围内不许有
边材腐朽	在全材长范围内不许有
心材腐朽	在检尺长范围内不许有
虫眼	在检尺长范围内不许有
弯曲	最大拱高不得超过该弯曲内曲水平长的: 检尺长自3.2m以下　3% 连二4、5、6m　5%
外伤、偏枯	深度不得超过检尺径的10%
炸裂、风折木	在检尺长范围内不许有

注:上表未列的缺陷不计。

4.2 小径原木

1. 技术要求(表4-3)

表4-3 小径原木的技术要求

树种	用途	尺寸	
		检尺长,m	检尺径,cm
针叶、阔叶	农业、轻工业、手工业木制品及民需其他用料	2~6m,按0.2m进级,长级公差允许$^{+6}_{-2}$cm	东北、内蒙古地区6~16cm,其他地区4~12cm;检尺径自12cm以上按2cm进级,不足12cm按1cm进级,不足1cm的舍去

2. 缺陷限度(表4-4)

表4-4 小径原木的缺陷限度

缺陷名称	检量方法		限度
漏节	全材长范围内		1个
边材腐朽	厚度不得超过检尺径的		10%
心材腐朽	面积不得超过检尺径断面面积	小头	不许有
		大头	4%
虫眼	任意材长1m范围内的个数		10个
弯曲	最大拱高不得超过该弯曲内曲水平长		6%

注:1. 表内未列缺陷不计。
2. 用于造纸的小径原木,除弯曲、虫眼不予限制外,其他缺陷按本表执行。

4.3 锯切用原木

1. 技术要求

(1)树种

针阔叶树种。

(2)尺寸

1)检尺长:针叶2~8m,阔叶2~6m,按0.2m进级。长级公差:允许$^{+6}_{-2}$cm。

2)检尺径:东北、内蒙古、新疆产区自18cm以上,其他产区自14cm以上,按2cm进级。

(3)材质指标(表4-5)

表 4-5 锯切用原木的材质指标

缺陷名称	检量方法	树种	允许限度		
			一等	二等	三等
活节(仅计针叶，阔叶不限)、死节	节子直径不得超过检尺径的	针叶	15%	40%	不限
		阔叶	20%		
	任意材长 1m 范围内的个数不得超过	针叶	5 个	10 个	不限
		阔叶	2 个	4 个	
漏节	全材长范围内的个数不得超过	针阔	不允许	1 个	2 个
边材腐朽	腐朽厚度不得超过检尺径的	针阔	不允许	10%	20%
心材腐朽	腐朽直径不得超过检尺径的	针阔	小头不允许，大头 15%	40%	60%
虫眼	虫眼最多的 1m 范围内的个数不得超过	针叶	不允许	25 个	不限
		阔叶		5 个	
纵裂、外夹皮	长度不得超过检尺长的	针阔	阔叶、杉木 20%，其他针叶 10%	40%	不限
环裂、弧裂	环裂最大半径(或弧裂拱高)不得超过检尺径的	针阔	20%	40%	不限
弯曲	最大弯曲拱高不得超过内曲水平长的	针阔	1.5%	3%	6%
扭转纹	小头 1m 长范围内的纹理倾斜高度不得超过检尺径的	针阔	20%	50%	不限
偏枯	径向深度不得超过检尺径的	针阔	20%	40%	不限
外伤	径向深度不得超过检尺径的	针阔	20%	40%	60%
风折木	检尺长范围内的个数不得超过	针叶	不允许	2 个	不限

注:本表未列缺陷不予计算。

2. 常用树种的主要用途

(1)针叶树种主要用途(表 4-6)

表 4-6 针叶树种主要用途

树种	用途
落叶松	建筑、纺织机械部件、机台木、木枕、船舶、车辆维修
樟子松	建筑、罐道木、家具、模具、船舶、车辆维修
马尾松	建筑、造纸、火柴、木枕、车辆维修
海南五针松、广东松	建筑、体育器具、家具、模具、罐道木、船舶、车辆维修
红松、华山松	建筑、乐器、家具、模具、工艺美术、罐道木、船舶、车辆维修、纺织机械部件、桥梁木枕
云南松、思茅松、高山松	建筑、木枕、罐道木、机台木、家具、船舶、车辆维修
鸡毛松	建筑、家具、铅笔、船舶维修、车辆维修
云杉	建筑、乐器、罐道木、跳板、木枕、车辆维修、家具
冷杉、铁杉	建筑、木枕、车辆维修、家具
杉木、柳杉、水杉	建筑、船舶、跳板、家具
柏木	装饰、工艺美术、雕刻制品、模具、家具

(2)阔叶树种主要用途(表4-7)

表4-7 阔叶树种主要用途

树种	用途
樟木、楠木	高级装饰、家具、工艺雕刻
黄檀	高级装饰、家具、纺织木梭、体育器具
檫木	船舶维修、建筑、装饰、家具、文教用具
麻栎、柞木	船舶维修、体育器具、装饰、家具、纺织机械部件、木枕、机台木
红锥、栲木、槠木	纺织机械部件、船舶维修、体育器具、木枕、机台木、高级装饰、家具、模具、包装
荷木	文教用具、家具、体育器具、乐器
水曲柳	高级装饰、家具、体育器具
核桃楸、黄波罗	高级装饰、家具、体育器具、家具
榆木、榉木	装饰、家具、木枕、机台木
红青冈、白青冈	纺织木梭、体育器具、机台木、文教用具
槭木(色木)	纺织木梭、乐器、家具、体育器具、文教用具
栗木	纺织机械部件、家具、船舶、车辆维修
山枣、桉木	船舶、车辆维修,家具、文教用具
椴木	铅笔、火柴、工艺雕刻
拟赤杨	火柴、铅笔、包装
枫香	家具、木枕、包装
枫杨	火柴、包装、木枕
杨木	火柴、民用建筑
桦木	家具、木枕、机台木、文教用具
泡桐	装饰、乐器、体育器具、家具

注:以上未列树种及主要用途由各省(区)林业主管部门另行规定。

4.4 原木材积表

1)检尺径自4~12cm的小径原木材积由下式确定:

$$V=0.7854L(D+0.45L+0.2)^2/10000 \quad (4\text{-}1)$$

2)检尺径自14cm以上的原木材积由下式确定:

$$V=0.7854L[D+0.5L+0.005L^2+0.000125L\times(14-L)^2\times(D-10)]^2/10000 \quad (4\text{-}2)$$

式中 V——材积,m^3;

L——检尺长,m;

D——检尺径,cm。

3)检尺径4~6cm的原木材积数字保留四位小数,检尺径自8cm以上的原木材积数字,保留三位小数。

表 4-8 原木材积表(一)

检尺径,cm	检尺长,m								
	2.0	2.2	2.4	2.5	2.6	2.8	3.0	3.2	3.4
	材积,m^3								
4	0.0041	0.0047	0.0053	0.0056	0.0059	0.0066	0.0073	0.0080	0.0088
6	0.0079	0.0089	0.0100	0.0105	0.0111	0.0122	0.0134	0.0147	0.0160
8	0.013	0.015	0.016	0.017	0.018	0.020	0.021	0.023	0.025
10	0.019	0.022	0.024	0.025	0.026	0.029	0.031	0.034	0.037
12	0.027	0.030	0.033	0.035	0.037	0.040	0.043	0.047	0.050
14	0.036	0.040	0.045	0.047	0.049	0.054	0.058	0.063	0.068
16	0.047	0.052	0.058	0.060	0.063	0.069	0.075	0.081	0.087
18	0.059	0.065	0.072	0.076	0.079	0.086	0.093	0.101	0.108
20	0.072	0.080	0.088	0.092	0.097	0.105	0.114	0.123	0.132
22	0.086	0.096	0.106	0.111	0.116	0.126	0.137	0.147	0.158
24	0.102	0.114	0.125	0.131	0.137	0.149	0.161	0.174	0.186
26	0.120	0.133	0.146	0.153	0.160	0.174	0.188	0.203	0.217
28	0.138	0.154	0.169	0.177	0.185	0.201	0.217	0.234	0.250
30	0.158	0.176	0.193	0.202	0.211	0.230	0.248	0.267	0.286
32	0.180	0.199	0.219	0.230	0.240	0.260	0.281	0.302	0.324
34	0.202	0.224	0.247	0.258	0.270	0.293	0.316	0.340	0.364
36	0.226	0.251	0.276	0.289	0.302	0.327	0.353	0.380	0.406
38	0.252	0.279	0.307	0.321	0.335	0.364	0.393	0.422	0.451
40	0.278	0.309	0.340	0.355	0.371	0.402	0.434	0.466	0.498
42	0.306	0.340	0.374	0.391	0.408	0.442	0.477	0.512	0.548
44	0.336	0.372	0.409	0.428	0.447	0.484	0.522	0.561	0.599
46	0.367	0.406	0.447	0.467	0.487	0.528	0.570	0.612	0.654
48	0.399	0.442	0.486	0.508	0.530	0.574	0.619	0.665	0.710
50	0.432	0.479	0.526	0.550	0.574	0.622	0.671	0.720	0.769
52	0.467	0.518	0.569	0.594	0.620	0.672	0.724	0.777	0.830
54	0.503	0.558	0.613	0.640	0.668	0.724	0.780	0.837	0.894
56	0.541	0.599	0.658	0.688	0.718	0.777	0.838	0.899	0.960
58	0.580	0.642	0.705	0.737	0.769	0.833	0.898	0.963	1.028
60	0.620	0.687	0.754	0.788	0.822	0.890	0.959	1.029	1.099
62	0.661	0.733	0.804	0.841	0.877	0.950	1.023	1.097	1.172
64	0.704	0.780	0.857	0.895	0.934	1.011	1.089	1.168	1.247
66	0.749	0.829	0.910	0.951	0.992	1.074	1.157	1.241	1.325
68	0.794	0.880	0.966	1.009	1.052	1.140	1.227	1.316	1.405
70	0.841	0.931	1.022	1.068	1.114	1.207	1.300	1.393	1.487
72	0.890	0.985	1.081	1.129	1.178	1.276	1.374	1.473	1.572
74	0.939	1.040	1.141	1.192	1.244	1.347	1.450	1.554	1.659
76	0.990	1.096	1.203	1.257	1.311	1.419	1.528	1.638	1.748
78	1.043	1.154	1.267	1.323	1.380	1.494	1.609	1.724	1.840
80	1.096	1.214	1.332	1.391	1.451	1.571	1.691	1.812	1.934
82	1.151	1.274	1.399	1.461	1.523	1.649	1.776	1.903	2.030
84	1.208	1.337	1.467	1.532	1.598	1.730	1.862	1.995	2.129
86	1.265	1.401	1.537	1.605	1.674	1.812	1.951	2.090	2.230
88	1.325	1.466	1.609	1.680	1.752	1.896	2.042	2.187	2.334
90	1.385	1.533	1.682	1.757	1.832	1.983	2.134	2.287	2.439
92	1.447	1.601	1.757	1.835	1.913	2.071	2.229	2.388	2.548
94	1.510	1.671	1.833	1.915	1.997	2.161	2.326	2.492	2.658
96	1.574	1.742	1.911	1.996	2.082	2.253	2.425	2.598	2.771
98	1.640	1.815	1.991	2.080	2.169	2.347	2.526	2.706	2.886
100	1.707	1.889	2.073	2.165	2.257	2.443	2.629	2.816	3.004
102	1.776	1.965	2.156	2.252	2.348	2.540	2.734	2.928	3.123
104	1.846	2.042	2.240	2.340	2.440	2.640	2.841	3.043	3.246
106	1.917	2.121	2.327	2.430	2.534	2.742	2.950	3.160	3.370
108	1.990	2.202	2.415	2.522	2.629	2.845	3.062	3.279	3.497
110	2.064	2.283	2.504	2.615	2.727	2.950	3.175	3.400	3.626
112	2.139	2.367	2.596	2.711	2.826	3.058	3.290	3.524	3.758
114	2.216	2.451	2.688	2.808	2.927	3.167	3.408	3.650	3.892
116	2.294	2.537	2.783	2.906	3.030	3.278	3.527	3.777	4.028
118	2.373	2.625	2.879	3.007	3.135	3.391	3.649	3.908	4.167
120	2.454	2.714	2.977	3.109	3.241	3.506	3.773	4.040	4.308

表 4-9　原木材积表(二)

检尺径,cm	检尺长,m								
	3.6	3.8	4.0	4.2	4.4	4.6	4.8	5.0	5.2
	材积,m^3								
4	0.0096	0.0104	0.0113	0.0122	0.0132	0.0142	0.0152	0.0163	0.0175
6	0.0173	0.0187	0.0201	0.0216	0.0231	0.0247	0.0263	0.0280	0.0298
8	0.027	0.029	0.031	0.034	0.036	0.038	0.040	0.043	0.045
10	0.040	0.042	0.045	0.048	0.051	0.054	0.058	0.061	0.064
12	0.054	0.058	0.062	0.065	0.069	0.074	0.078	0.082	0.086
14	0.073	0.078	0.083	0.089	0.094	0.100	0.105	0.111	0.117
16	0.093	0.100	0.106	0.113	0.120	0.126	0.134	0.141	0.148
18	0.116	0.124	0.132	0.140	0.148	0.156	0.165	0.174	0.182
20	0.141	0.151	0.160	1.170	0.180	0.190	0.200	0.210	0.221
22	0.169	0.180	0.191	0.203	0.214	0.226	0.238	0.250	0.262
24	0.199	0.212	0.225	0.239	0.252	0.266	0.279	0.293	0.308
26	0.232	0.247	0.262	0.277	0.293	0.308	0.324	0.340	0.356
28	0.267	0.284	0.302	0.319	0.337	0.354	0.372	0.391	0.409
30	0.305	0.324	0.344	0.364	0.383	0.404	0.424	0.444	0.465
32	0.345	0.367	0.389	0.411	0.433	0.456	0.479	0.502	0.525
34	0.388	0.412	0.437	0.461	0.486	0.511	0.537	0.562	0.588
36	0.433	0.460	0.487	0.515	0.542	0.570	0.598	0.626	0.655
38	0.481	0.510	0.541	0.571	0.601	0.632	0.663	0.694	0.725
40	0.531	0.564	0.597	0.630	0.663	0.697	0.731	0.765	0.800
42	0.583	0.619	0.656	0.692	0.729	0.766	0.803	0.840	0.877
44	0.638	0.678	0.717	0.757	0.797	0.837	0.877	0.918	0.959
46	0.696	0.739	0.782	0.825	0.868	0.912	0.955	0.999	1.043
48	0.756	0.802	0.849	0.896	0.942	0.990	1.037	1.084	1.132
50	0.819	0.869	0.919	0.969	1.020	1.071	1.122	1.173	1.224
52	0.884	0.938	0.992	1.046	1.100	1.155	1.210	1.265	1.320
54	0.951	1.009	1.067	1.125	1.184	1.242	1.301	1.360	1.419
56	1.021	1.083	1.145	1.208	1.270	1.333	1.396	1.459	1.522
58	1.094	1.160	1.226	1.293	1.360	1.427	1.494	1.561	1.629
60	1.169	1.239	1.310	1.381	1.452	1.524	1.595	1.667	1.739
62	1.246	1.321	1.397	1.472	1.548	1.624	1.700	1.776	1.853
64	1.326	1.406	1.486	1.566	1.647	1.728	1.808	1.889	1.970
66	1.409	1.493	1.578	1.663	1.749	1.834	1.920	2.005	2.091
68	1.494	1.583	1.673	1.763	1.854	1.944	2.034	2.125	2.216
70	1.581	1.676	1.771	1.866	1.961	2.057	2.152	2.248	2.344
72	1.671	1.771	1.871	1.972	2.072	2.173	2.274	2.375	2.476
74	1.764	1.869	1.975	2.080	2.186	2.292	2.399	2.505	2.611
76	1.859	1.969	2.081	2.192	2.303	2.415	2.527	2.638	2.750
78	1.956	2.073	2.189	2.306	2.424	2.541	2.658	2.775	2.893
80	2.056	2.178	2.301	2.424	2.547	2.670	2.793	2.916	3.039
82	2.158	2.287	2.415	2.544	2.673	2.802	2.931	3.060	3.189
84	2.263	2.398	2.532	2.667	2.802	2.937	3.072	3.207	3.342
86	2.371	2.511	2.652	2.793	2.934	3.076	3.217	3.358	3.499
88	2.480	2.627	2.775	2.992	3.070	3.217	3.365	3.512	3.660
90	2.593	2.746	2.900	3.054	3.208	3.362	3.516	3.670	3.824
92	2.707	2.868	3.028	3.189	3.350	3.510	3.671	3.831	3.992
94	2.825	2.992	3.159	3.327	3.494	3.662	3.829	3.996	4.163
96	2.945	3.119	3.293	3.467	3.642	3.816	3.990	4.164	4.338
98	3.067	3.248	3.429	3.611	3.792	3.974	4.155	4.336	4.517
100	3.192	3.380	3.569	3.757	3.946	4.135	4.323	4.511	4.699
102	3.319	3.515	3.711	3.907	4.103	4.299	4.494	4.690	4.885
104	3.449	3.652	3.855	4.059	4.263	4.466	4.669	4.872	5.074
106	3.581	3.792	4.003	4.214	4.425	4.636	4.847	5.058	5.267
108	3.716	3.934	4.153	4.372	4.591	4.810	5.028	5.247	5.464
110	3.853	4.080	4.306	4.533	4.760	4.987	5.213	5.439	5.664
112	3.992	4.227	4.462	4.697	4.932	5.167	5.401	5.635	5.868
114	4.135	4.378	4.621	4.864	5.107	5.350	5.592	5.834	6.076
116	4.279	4.531	4.782	5.034	5.285	5.536	5.787	6.037	6.287
118	4.426	4.686	4.947	5.207	5.466	5.726	5.985	6.244	6.502
120	4.576	4.845	5.113	5.382	5.651	5.919	6.186	6.453	6.720

表 4-10 原木材积表(三)

检尺径,cm	检尺长,m								
	5.4	5.6	5.8	6.0	6.2	6.4	6.6	6.8	7.0
	材积,m^3								
4	0.0186	0.0199	0.0211	0.0224	0.0238	0.0252	0.0266	0.0281	0.0297
6	0.0316	0.0334	0.0354	0.0373	0.0394	0.0414	0.0436	0.0458	0.0481
8	0.048	0.051	0.053	0.056	0.059	0.062	0.065	0.068	0.071
10	0.068	0.071	0.075	0.078	0.082	0.086	0.090	0.094	0.098
12	0.091	0.095	0.100	0.105	0.109	0.114	0.119	0.124	0.130
14	0.123	0.129	0.136	0.142	0.149	0.156	0.162	0.169	0.176
16	0.155	0.163	0.171	0.179	0.187	0.195	0.203	0.211	0.220
18	0.191	0.201	0.210	0.219	0.229	0.238	0.248	0.258	0.268
20	0.231	0.242	0.253	0.264	0.275	0.286	0.298	0.309	0.321
22	0.275	0.287	0.300	0.313	0.326	0.339	0.352	0.365	0.379
24	0.322	0.336	0.351	0.366	0.380	0.396	0.411	0.426	0.442
26	0.373	0.389	0.406	0.423	0.440	0.457	0.474	0.491	0.509
28	0.427	0.446	0.465	0.484	0.503	0.522	0.542	0.561	0.581
30	0.486	0.507	0.528	0.549	0.571	0.592	0.614	0.636	0.658
32	0.548	0.571	0.595	0.619	0.643	0.667	0.691	0.715	0.740
34	0.614	0.640	0.666	0.692	0.719	0.746	0.772	0.799	0.827
36	0.683	0.712	0.741	0.770	0.799	0.829	0.858	0.888	0.918
38	0.757	0.788	0.820	0.852	0.884	0.916	0.949	0.981	1.014
40	0.834	0.869	0.903	0.938	0.973	1.008	1.044	1.079	1.115
42	0.915	0.953	0.990	1.028	1.067	1.105	1.143	1.182	1.221
44	0.999	1.040	1.082	1.123	1.164	1.206	1.247	1.289	1.331
46	1.088	1.132	1.177	1.221	1.266	1.311	1.356	1.401	1.446
48	1.180	1.228	1.276	1.324	1.372	1.421	1.469	1.518	1.566
50	1.276	1.327	1.379	1.431	1.483	1.535	1.587	1.639	1.691
52	1.375	1.431	1.486	1.542	1.597	1.653	1.709	1.765	1.821
54	1.478	1.538	1.597	1.657	1.716	1.776	1.835	1.895	1.955
56	1.586	1.649	1.712	1.776	1.839	1.903	1.967	2.030	2.094
58	1.696	1.764	1.832	1.899	1.967	2.035	2.102	2.170	2.238
60	1.811	1.883	1.955	2.027	2.099	2.171	2.243	2.315	2.387
62	1.929	2.005	2.082						
64	2.051	2.132	2.213						
66	2.177	2.263	2.348						
68	2.306	2.397	2.487						
70	2.439	2.535	2.631						
72	2.576	2.677	2.778						
74	2.717	2.823	2.929						
76	2.862	2.973	3.084						
78	3.010	3.127	3.244						
80	3.162	3.284	3.407						
82	3.317	3.446	3.574						
84	3.477	3.611	3.745						
86	3.640	3.780	3.921						
88	3.807	3.953	4.100						
90	3.977	4.130	4.283						
92	4.152	4.311	4.471						
94	4.330	4.496	4.662						
96	4.512	4.685	4.857						
98	4.697	4.877	5.057						
100	4.887	5.073	5.260						
102	5.080	5.274	5.467						
104	5.276	5.478	5.679						
106	5.477	5.686	5.894						
108	5.681	5.898	6.113						
110	5.889	6.113	6.337						
112	6.101	6.333	6.564						
114	6.316	6.556	6.795						
116	6.536	6.784	7.031						
118	6.759	7.015	7.270						
120	6.985	7.250	7.514						

表 4-11 原木材积表(四)

检尺径,cm	检尺长,m								
	7.2	7.4	7.6	7.8	8.0	8.5	9.0	9.5	10.0
	材积,m^3								
4	0.0313	0.0330	0.0347	0.0364	0.0382	0.0430	0.0481	0.0536	0.0594
6	0.0504	0.0528	0.0552	0.0578	0.0603	0.0671	0.0743	0.0819	0.0899
8	0.074	0.077	0.081	0.084	0.087	0.097	0.106	0.116	0.127
10	0.102	0.106	0.111	0.115	0.120	0.131	0.144	0.156	0.170
12	0.135	0.140	0.146	0.151	0.157	0.171	0.187	0.203	0.219
14	0.184	0.191	0.199	0.206	0.214	0.234	0.256	0.278	0.301
16	0.229	0.238	0.247	0.256	0.265	0.289	0.314	0.340	0.367
18	0.278	0.289	0.300	0.310	0.321	0.349	0.378	0.408	0.440
20	0.333	0.345	0.358	0.370	0.383	0.415	0.448	0.483	0.519
22	0.393	0.407	0.421	0.435	0.450	0.487	0.525	0.564	0.604
24	0.457	0.473	0.489	0.506	0.522	0.564	0.607	0.651	0.697
26	0.527	0.545	0.563	0.581	0.600	0.647	0.695	0.744	0.795
28	0.601	0.621	0.642	0.662	0.683	0.735	0.789	0.844	0.900
30	0.681	0.703	0.726	0.748	0.771	0.830	0.889	0.950	1.012
32	0.765	0.790	0.815	0.840	0.865	0.930	0.995	1.062	1.131
34	0.854	0.881	0.909	0.937	0.965	1.035	1.107	1.181	1.255
36	0.948	0.978	1.008	1.039	1.069	1.147	1.225	1.305	1.387
38	1.047	1.080	1.113	1.146	1.180	1.264	1.349	1.436	1.525
40	1.151	1.186	1.223	1.259	1.295	1.387	1.479	1.574	1.669
42	1.259	1.298	1.337	1.377					
44	1.373	1.415	1.457	1.500					
46	1.492	1.537	1.583	1.628					
48	1.615	1.664	1.713	1.762					
50	1.743	1.796	1.848	1.901					
52	1.877	1.933	1.989	2.045					
54	2.015	2.075	2.135	2.195					
56	2.158	2.222	2.286	2.349					
58	2.306	2.374	2.442	2.510					
60	2.459	2.531	2.603	2.675					

4.5 杉原条材积表

1)检尺径自10cm以上的杉原条材积由下式确定:

$$V = 0.39(3.50 + D)^2(0.48 + L)/10000 \tag{4-3}$$

式中 V——材积,m^3;

L——检尺长,m;

D——检尺径,cm。

2)检尺径为8cm的杉原条材积由下式确定:

$$V = 0.4902 \times L/100 \tag{4-4}$$

3)原条材积数字都保留三位小数。

表 4-12　杉原条材积表(一)

检尺径,cm	检尺长,m						
	5	6	7	8	9	10	11
	材积,m^3						
8	0.025	0.029	0.034	0.039	0.044	0.049	
10	0.039	0.046	0.053	0.060	0.067	0.074	0.082
12	0.051	0.061	0.070	0.079	0.089	0.098	0.108
14	0.065	0.077	0.089	0.101	0.113	0.125	0.137
16	0.081	0.096	0.111	0.126	0.141	0.155	0.170
18	0.099	0.117	0.135	0.153	0.171	0.189	0.207
20		0.140	0.161	0.183	0.204	0.226	0.247
22		0.164	0.190	0.215	0.240	0.266	0.291
24		0.191	0.221	0.250	0.280	0.309	0.339
26		0.220	0.254	0.288	0.322	0.356	0.390
28			0.289	0.328	0.367	0.406	0.444
30			0.327	0.371	0.415	0.459	0.502
32				0.417	0.466	0.515	0.564
34				0.465	0.520	0.575	0.630
36					0.577	0.638	0.699
38					0.637	0.704	0.771
40						0.773	0.847
42						0.846	0.927
44							
46							
48							
50							
52							
54							
56							
58							
60							

表 4-13　杉原条材积表(二)

检尺径,cm	检尺长,m					
	12	13	14	15	16	17
	材积,m^3					
10	0.089	0.096	0.103	0.110	0.117	0.124
12	0.117	0.126	0.136	0.145	0.154	0.164
14	0.149	0.161	0.173	0.185	0.197	0.209
16	0.185	0.200	0.215	0.230	0.244	0.259
18	0.225	0.243	0.261	0.279	0.297	0.315
20	0.269	0.290	0.312	0.333	0.355	0.376
22	0.316	0.342	0.367	0.393	0.418	0.443
24	0.368	0.398	0.427	0.457	0.486	0.516
26	0.424	0.458	0.491	0.525	0.559	0.593
28	0.483	0.522	0.560	0.599	0.638	0.676
30	0.546	0.590	0.634	0.678	0.721	0.765

续表

检尺径,cm	检尺长,m					
	12	13	14	15	16	17
	材积,m³					
32	0.613	0.663	0.712	0.761	0.810	0.859
34	0.684	0.739	0.794	0.849	0.904	0.959
36	0.759	0.820	0.881	0.942	1.003	1.064
38	0.838	0.905	0.973	1.040	1.107	1.174
40	0.921	0.995	1.069	1.142	1.216	1.290
42	1.008	1.088	1.169	1.250	1.331	1.411
44		1.186	1.274	1.362	1.450	1.538
46		1.288	1.384	1.479	1.575	1.670
48		1.394	1.498	1.601	1.705	1.808
50		1.505	1.616	1.728	1.840	1.951
52			1.739	1.860	1.980	2.100
54			1.867	1.996	2.125	2.254
56				2.137	2.275	2.413
58				2.283	2.431	2.578
60				2.434	2.592	2.749

表 4-14　杉原条材积表(三)

检尺径,cm	检尺长,m						
	18	19	20	21	22	23	24
	材积,m³						
10	0.131	0.138	0.146	0.153	0.160	0.167	0.174
12	0.173	0.183	0.192	0.201	0.211	0.220	0.229
14	0.221	0.233	0.245	0.257	0.268	0.280	0.292
16	0.274	0.289	0.304	0.319	0.333	0.348	0.363
18	0.333	0.351	0.369	0.387	0.405	0.423	0.441
20	0.398	0.420	0.441	0.463	0.484	0.506	0.527
22	0.469	0.494	0.519	0.545	0.570	0.595	0.621
24	0.545	0.575	0.604	0.634	0.663	0.693	0.722
26	0.627	0.661	0.695	0.729	0.763	0.797	0.831
28	0.715	0.754	0.793	0.831	0.870	0.909	0.947
30	0.809	0.853	0.896	0.940	0.984	1.028	1.071
32	0.908	0.957	1.007	1.056	1.105	1.154	1.203
34	1.014	1.068	1.123	1.178	1.233	1.288	1.343
36	1.125	1.185	1.246	1.307	1.368	1.429	1.490
38	1.241	1.308	1.376	1.443	1.510	1.577	1.644
40	1.364	1.438	1.511	1.585	1.659	1.733	1.807
42	1.492	1.573	1.654	1.734	1.815	1.896	1.977
44	1.626	1.714	1.802	1.890	1.978	2.066	2.154
46	1.766	1.862	1.957	2.053	2.148	2.244	2.339
48	1.912	2.015	2.118	2.222	2.325	2.429	2.532
50	2.063	2.175	2.286	2.398	2.509	2.621	2.733
52	2.220	2.340	2.460	2.580	2.701	2.821	2.941
54	2.383	2.512	2.641	2.770	2.899	3.028	3.157
56	2.552	2.690	2.828	2.966	3.104	3.242	3.380
58	2.726	2.873	3.021	3.168	3.316	3.463	3.611
60	2.906	3.063	3.221	3.378	3.535	3.692	3.850

表 4-15 杉原条材积表(四)

检尺径,cm	检尺长,m 25	26	27	28	29	30
	材积,m^3					
10	0.181	0.188	0.195	0.202	0.210	0.217
12	0.239	0.248	0.257	0.267	0.276	0.286
14	0.304	0.316	0.328	0.340	0.352	0.364
16	0.378	0.393	0.408	0.422	0.437	0.452
18	0.459	0.477	0.495	0.513	0.531	0.549
20	0.549	0.570	0.592	0.613	0.635	0.656
22	0.646	0.672	0.697	0.722	0.748	0.773
24	0.752	0.781	0.810	0.840	0.869	0.899
26	0.865	0.899	0.933	0.967	1.001	1.034
28	0.986	1.025	1.063	1.102	1.141	1.180
30	1.115	1.159	1.203	1.247	1.290	1.334
32	1.252	1.301	1.351	1.400	1.449	1.498
34	1.397	1.452	1.507	1.562	1.617	1.672
36	1.550	1.611	1.672	1.733	1.794	1.855
38	1.711	1.779	1.846	1.913	1.980	2.047
40	1.880	1.954	2.028	2.102	2.176	2.249
42	2.057	2.138	2.219	2.299	2.380	2.461
44	2.242	2.330	2.418	2.506	2.594	2.682
46	2.435	2.530	2.626	2.722	2.817	2.913
48	2.636	2.739	2.842	2.946	3.049	3.153
50	2.844	2.956	3.068	3.179	3.291	3.402
52	3.061	3.181	3.301	3.421	3.541	3.662
54	3.285	3.414	3.543	3.672	3.801	3.930
56	3.518	3.656	3.794	3.932	4.070	4.208
58	3.758	3.906	4.054	4.201	4.349	4.496
60	4.007	4.164	4.321	4.479	4.636	4.793

4.6 杉原条

1. 尺寸及尺寸进级与分级(表 4-16)

表 4-16 杉原条的尺寸及尺寸进级与分级

项目		尺寸
梢径		6~12cm(6cm 系实足尺寸)
检尺长		自 5m 以上
检尺径		自 8cm 以上
尺寸进级		检尺长以 1m 进级,检尺径以 2cm 进级
尺寸分级	小径	8~12cm
	中径	14~18cm
	大径	20cm 以上

2. 分等(表4-17)

表4-17　杉原条分等

缺陷名称	检量方法	
	一等	二等
漏节	在全材长范围内不许有	在全材长范围内允许2个
边材腐朽	在检尺长范围内不许有	在检尺长范围内腐朽厚度不得超过检尺径的15%
心材腐朽	在全材长范围内不许有	在全材长范围心腐面积不得超过检尺径断面面积的16%
虫眼	在检尺长范围内不许有	在检尺长范围内不限
弯曲	最大拱高不得超过该弯曲内曲水平长的3%	最大拱高不得超过该弯曲内曲水平长的6%
外夹皮、外伤、偏枯	深度不得超过检尺径的15%	深度不得超过检尺径的40%

注:本表未列缺陷不计。

4.7　刨切单板

1. 术语(表4-18)

表4-18　刨切单板的相关术语

术语	定义
刨切单板、刨切薄木	用刨切方法生产的薄片状木质材料
调色单板	选用普通树种单板或花纹与珍贵树种相似的单板,经调色处理制成的具有某种色彩或仿珍贵树种的单板
集成单板	使用珍贵树种的小规格方材,按设计的图案拼接胶合成木方,经刨切制成的单板
重组装饰单板	使用调色处理的单板和根据需要添加的其他材料,涂布着色或未着色的胶粘剂,按设计的花纹和图案要求组坯胶合成木方,再经刨切制成的仿真装饰材料
特种旋切单板	采用半圆旋切或偏心旋切的方法制成的单板
径向单板	板面年轮呈近似平行线状排列的单板
弦向单板	板面年轮呈V形或曲线状排列的单板
材色不匀	木材的心、边材和伪心材等的颜色差异,以及木材在贮存、加工过程中发生的不均匀变色,在刨切单板表面呈现的颜色差异。不包括木材本身的早、晚材色差和天然花纹自然过渡的材色差异

2. 分类(表4-19)

表4-19　刨切单板的分类

分类方式	类别
按单板表面花纹分	(1)径向单板 (2)弦向单板

续表

分类方式	类别
按板边加工状况分	(1)毛边单板 (2)齐边单板
按加工方式分	(1)横向刨切单板 (2)纵向刨切单板

3. 要求

(1)刨切单板用材树种

生产刨切单板宜选用材质细致均匀、花纹美观的树种,并根据不同用途合理选用。

阔叶树材常用树种:水曲柳、柞木、核桃楸,刺楸、黄波罗、榆木、锥木、核桃木,酸枣木、梓木、檫木、柚木、泡桐、椴木、桦木、槭木、水青冈、楠木、樟木、樱桃木、黑核桃、筒状非洲楝、桃花心木、紫檀,花梨等。

针叶树材常用树种,陆均松、红松、云杉、冷杉及福建柏等。

(2)刨切单板规格尺寸及其偏差

1)刨切单板的基本尺寸及其偏差应符合表4-20规定。

表4-20 刨切单板的基本尺寸及其偏差 mm

名称	基本尺寸	偏差
厚度	<0.20 0.20~0.50 0.51~1.00 1.01~2.00 >2.00	±0.02 ±0.03 ±0.04 ±0.06 ±0.08
宽度	自60起	+5 0
长度	1930 2235 2540	±10

注:经供需双方商定可以生产其他规格的产品。

2)齐边单板每千毫米板长上的两端边宽度之差≤1.0mm。

(3)刨切单板含水率

产品出厂时含水率为8%~16%,湿贴用刨切单板含水率不限。

(4)刨切单板外观质量

刨切单板根据外观质量分为优等品、一等品和合格品,各等级外观质量的要求应符合表4-21规定。

表4-21 刨切单板外观质量

检量项目		各等级允许缺陷		
		优等品	一等品	合格品
装饰性	美感	材色和花纹美观		
	花纹一致性(仅限于有要求时)	花纹排列一致或基本一致		

续表

<table>
<tr><th colspan="4" rowspan="2">检　量　项　目</th><th colspan="6">各等级允许缺陷</th></tr>
<tr><th colspan="2">优等品</th><th colspan="2">一等品</th><th colspan="2">合格品</th></tr>
<tr><td rowspan="2">活节</td><td>阔叶树材</td><td colspan="2" rowspan="2">最大单个长径,mm</td><td colspan="2">10</td><td colspan="2">20</td><td colspan="2">不限</td></tr>
<tr><td>针叶树材</td><td colspan="2">5</td><td colspan="2">10</td><td colspan="2">20</td></tr>
<tr><td rowspan="6">死节、孔洞、夹皮、树脂道等</td><td rowspan="2">死节,孔洞、夹皮、树脂道等</td><td rowspan="2">每米长板面上总个数</td><td>板宽≤120mm</td><td colspan="2">0</td><td colspan="2">1</td><td colspan="2">2</td></tr>
<tr><td>板宽>120mm</td><td colspan="2">0</td><td colspan="2">2</td><td colspan="2">3</td></tr>
<tr><td>半活节</td><td colspan="2">最大单个长径,mm</td><td colspan="2">不允许</td><td colspan="2">10(小于5不计)</td><td colspan="2">20(小于5不计)</td></tr>
<tr><td>死节、虫孔、孔洞</td><td colspan="2">最大单个长径,mm</td><td colspan="2">不允许</td><td colspan="2">不允许</td><td colspan="2">4(小于2不计)</td></tr>
<tr><td>夹皮</td><td colspan="2" rowspan="2">最大单个长度,mm</td><td colspan="2" rowspan="2">不允许</td><td colspan="2">不允许</td><td colspan="2">20(小于10不计)</td></tr>
<tr><td>树胶道、树脂道</td><td colspan="2">15(小于5不计)</td><td colspan="2">30(小于10不计)</td></tr>
<tr><td colspan="2">材色不匀、变色、褪色</td><td colspan="2">色差</td><td colspan="2">不易分辨</td><td colspan="2">不明显</td><td colspan="2">明显</td></tr>
<tr><td colspan="2">腐朽</td><td colspan="2">观察,程度</td><td colspan="2">不允许</td><td colspan="2">不允许</td><td colspan="2">不允许</td></tr>
<tr><td colspan="2" rowspan="2">裂缝</td><td colspan="2">最大单个宽度,mm</td><td>闭合</td><td>开口</td><td>闭合</td><td>0.2以下</td><td>闭合</td><td>0.5以下</td></tr>
<tr><td colspan="2">长度不超过板长的百分比,%</td><td>5</td><td>不允许</td><td>10</td><td>5</td><td>15</td><td>10</td></tr>
<tr><td colspan="2">毛刺沟痕、刀痕、划痕</td><td colspan="2">目测、手感、程度</td><td colspan="2">不允许</td><td colspan="2">不明显</td><td colspan="2">轻微</td></tr>
<tr><td colspan="4">边、角缺损</td><td colspan="6">不允许有尺寸公差范围以内的缺损</td></tr>
</table>

注:装饰面的材色色差,服从贸易双方的确认,需要仲裁时应使用测色仪器检测,“不易分辨”为总色差小于1.5;“不明显”为总色差1.5~3.0;“明显”为总色差3.0~6.0。

4.8　刨切单板用原木

1. 适用树种

(1)阔叶树材

水曲柳、柞木、核桃木、桦木、椴木、榆木、黄波罗、锥木、水青冈、檫木、苦槠、泡桐、荷木、樟木、楠木、润楠、榉木、柚木、山龙眼、枫香、桃花心木、黑核桃、古夷苏木等。

(2)针叶树材

软木松(红松)、落叶松、陆均松、云杉、冷杉、红豆杉、福建柏等。

2. 尺寸要求

1)检尺长:2m,2.6m,4m,5.2m,6m。

材长公差:允许偏差为+6cm,-2cm。

2)检尺径:自20cm以上,以2cm为一个增进单位。实际尺寸不足2cm时,足1cm增进,不足1cm舍去。

3. 材质指标(表 4-22)

表 4-22 刨切单板用原木的材质指标及检量表

缺陷名称	允许限度	
	阔叶树材	针叶树材
活节	节子直径不超过检尺径的 15%,任意材长 1m 范围内允许 5 个	节子直径不超过检尺径的 10%,数量不限
死节、腐朽节	节子直径尺寸不超过检尺径的 10%,任意材长 1m 范围内允许	
	1 个	2 个
漏节	全材长范围内不允许	
心材腐朽	大头腐朽直径不超过检尺径的(小头不允许)	
	5%	2%
边材腐朽	大头最大腐朽厚度不超过检尺径的(小头不允许)5%	
蛀孔(虫眼)	检尺长范围内不允许	
径裂、环裂、弧裂	不允许	
纵裂	长度不得超过检尺长的 10%	
弯曲	弯曲最大拱高不得超过检尺径的 15%	
大兜	圆兜允许,凹兜不允许	
树瘤、树包	不允许	
扭转纹	小头 1m 长范围内的纹理倾斜高不得超过检尺径的 10%	
双心	不允许	
外夹皮	长度不得超过检尺长的 10%	
偏枯、外伤	深度小于检尺径的 5%	
异物侵入	不允许	
枯立木	不允许	
抽心	不超过检尺径的 4%	

4.9 旋切单板用原木

1. 树种

(1)针叶树

马尾松、云杉、云南松、樟子松、落叶松等。

(2)阔叶树

椴木、水曲柳、山枣、桦木、枫香、杨木、槭木、荷木、拟赤杨等。

2. 尺寸

1)检尺长:2m、2.6m、4m、5.2m、6m。长级公差,允许$^{+6}_{-2}$cm。
2)检尺径:自20cm以上,按2cm进级。

3. 材质指标(表4-23)

表4-23 旋切单板用原木的材质指标

缺陷名称	允许限度	
	针叶树	阔叶树
活节、死节	节子直径不得超过检尺径的30%	
	节子断面不允许有腐朽	
	任意材长1m范围内的节子个数不得超过	
	8个	4个
漏节	全材长范围内不允许	
边材腐朽	全材长范围内不允许	
心材腐朽、抽心	心材腐朽直径、抽心直径不得超过检尺径的20%	
虫眼	虫眼最多1m材长范围内的个数不得超过	
	10个	5个
纵裂、外夹皮	纵裂、外夹皮长度不得超过检尺长的30%	
弯曲	最大弯曲拱高不得超过内曲水平长的2%	
偏枯、外伤	深度不得超过检尺径的20%	
双丫材、炸裂	全材长范围内不允许	
环裂、弧裂	在同一断面上的25cm^{2}正方形中,环裂、弧裂不得超过3条	
	环裂半径、弧裂拱高不得超过检尺径的10%	

注:1. 需对树种、材质及尺寸有特殊要求的,可由双方协议商定。
2. 本表未列缺陷不予计算。

4.10 针叶树锯材

1. 树种

红松、马尾松、樟子松、落叶松、云杉、冷杉、铁杉、杉木、柏木、云南松、华山松及其他针叶树种。

2. 尺寸

1)长度:1~8m。
2)长度进级:自2m以上按0.2m进级,不足2m的按0.1m进级。
3)板材宽度、厚度规定见表4-24。

表 4-24 针叶树锯材的宽度、厚度 mm

分类	厚度	宽度	
		尺寸范围	进级
薄板 中板 厚板	12,15,18,21 25,30,35 40,45,50,60	60～300	10

4）允许生产方材。

注：1. 特等锯材是用于各种特殊需要的优质锯材，其长度自2m以上，宽、厚度和树种按需要供应。

2. 普通锯材如需要表4-24以外规格，由供需双方商定。

3. 方材具体规格按供需双方商定，尺寸允许偏差按表4-25相应的长、宽、厚度尺寸偏差执行。

3. 尺寸偏差（表4-25）

表 4-25 针叶树锯材的尺寸偏差

种类	尺寸范围	偏差
长度，m	不足2.0	+3，-1cm
	自2.0以上	+6，-2cm
宽、厚度，mm	自25以下	±1
	25～100	±2
	100以上	±3

4. 分等

1）普通锯材分一、二、三等。

2）材质指标允许限度见表4-26。

表 4-26 针叶树锯材的材质指标允许限度

缺陷名称	检量与计算方法	允许限度			
		特等锯材	普通锯材		
			一等	二等	三等
活节与死节	最大尺寸不得超过材宽的	15%	25%	40%	不限
	任意材长1m范围内个数不得超过	4	6	10	
腐朽	面积不得超过所在材面面积的	不许有	2%	10%	30%
裂纹夹皮	长度不得超过材长的	5%	10%	30%	不限
虫眼	任意材长1m范围内的个数不得超过	1	4	15	不限
钝棱	最严重缺角尺寸不得超过材宽的	5%	20%	40%	60%
弯曲	横弯最大拱高不得超过水平长的	0.3%	0.5%	2%	3%
	顺弯最大拱高不得超过水平长的	1%	2%	3%	不限
斜纹	斜纹倾斜程度不得超过	5%	10%	20%	不限

注：长度不足2m的锯材不分等级，其缺陷允许限度不低于三等材。

4.11 阔叶树锯材

1. 树种

柞木、麻栎、榆木、杨木、槭木(色木)、桦木、泡桐、青冈、荷木、枫香、楮木及其他阔叶树种。

2. 尺寸

1)长度:1 ~6m。
2)长度进级:自2m以上按0.2m进级,不足2m的按0.1m进级。
3)板材宽度、厚度规定见表4-27。

表4-27 阔叶树锯材的宽度、厚度 mm

分类	厚度	宽度	
		尺寸范围	进级
薄板	12,15,18,21	60 ~ 300	10
中板	25,30,35		
厚板	40,45,50,60		

4)允许生产方材。

注:1. 特等锯材是用于各种特殊需要的优质锯材,其长度自2m以上,宽、厚度和树种按需要供应。
2. 普通锯材如需要表4-27以外规格,由供需双方商定。
3. 方材具体规格按供需双方商定,尺寸允许偏差按表4-28相应的长、宽、厚度尺寸偏差执行。

3. 尺寸偏差(表4-28)

表4-28 阔叶树锯材的尺寸偏差

种类	尺寸范围	偏差
长度,m	不足2.0	+3,-1cm
	自2.0以上	+6,-2cm
宽、厚度,mm	自25以下	±1
	25 ~ 100	±2
	100以上	±3

4. 分等

1)普通锯材分一、二、三等。
2)缺陷允许限度见表4-29。

表 4-29 阔叶树锯材的材质指标允许限度

缺陷名称	检量与计算方法	允许限度			
		特等锯材	普通锯材		
			一等	二等	三等
死节	最大尺寸不得超过材宽的	15%	25%	40%	不限
	任意材长 1m 范围内个数不得超过	3	5	6	
腐朽	面积不得超过所在材面面积的	不许有	5%	10%	30%
裂纹夹皮	长度不得超过材长的	10%	15%	40%	不限
虫眼	任意材长 1m 范围内的个数不得超过	1	2	8	不限
钝棱	最严重缺角尺寸不得超过材宽的	10%	20%	40%	60%
弯曲	横弯最大拱高不得超过水平长的	0.5%	1%	2%	4%
	顺弯最大拱高不得超过水平长的	1%	2%	3%	不限
斜纹	斜纹倾斜程度不得超过	5%	10%	20%	不限

注:1. 长度不足 2m 的锯材不分等级,其缺陷允许限度不低于三等材。
2. 南方裂纹在本表允许限度基础上,各等均放宽 5 个百分点。

4.12 抗静电木质活动地板

1. 术语(表 4-30)

表 4-30 抗静电木质活动地板的相关术语

术语	定义
抗静电木质活动地板	以木质材料为基材,并与其他材料相配合而组成的可拆装的一种结构地板
系统电阻	结构地板的板面与支架接地处的电阻值
系统高度	地板上表面到房间地面的距离
翘曲度	产品(部件)一平面上整体的平面度
邻边垂直度	指产品矩形面(部件)的不矩程度
集中载荷	地板所受的载荷,其作用力集中在一定的面积(5cm×5cm)上
额定集中载荷	地板在规定变形量的条件下,所承受的最低集中载荷值

2. 技术要求

产品分为优等品和一等品。

(1)抗静电木质活动地板幅面尺寸及偏差(表 4-31)

表 4-31 抗静电木质活动地板幅面尺寸及偏差

等级＼名称	幅面尺寸,mm	极限偏差,mm	翘曲度,%	邻边垂直度,mm
优等	600×600	±0.2	≤1	0.5
一等	500×500	±0.3		0.8

注:经供需双方协商,可生产其他幅面尺寸的抗静电木质活动地板。

(2)公称厚度

抗静电木质活动地板的公称厚度为 20mm,25mm,30mm,35mm,40mm 等。

注:经供、需双方协商,可生产其他厚度的抗静电木质活动地板。

(3)厚度偏差(表 4-32)

表 4-32 抗静电木质活动地板任意点厚度偏差 mm

等级＼偏差＼公称厚度	≤25	>25
优等	±0.2	±0.3
一等	±0.3	±0.5

(4)物理力学性能(表 4-33)

表 4-33 抗静电木质活动地板的物理力学性能

等级＼名称	集中载荷,N	变形,mm	破坏载荷,N
优等	>3000	≤2	$\geqslant 10^4$
一等	>2000	≤2	$\geqslant 0.8\times 10^4$

(5)系统电阻

在相对湿度(50±5)%,温度(20±2)℃条件下,抗静电木质活动地板的系统电阻应为 $1.0\times 10^5 \sim 1.0\times 10^9\Omega$。

(6)系统高度(表 4-34)

表 4-34 抗静电木质活动地板的系统高度 mm

系统高度	可调范围
200	+20
300	

(7)外观质量

抗静电木质活动地板外观质量,要求四周封边严密,表面平整,不得有鼓泡、压痕、开胶、边角缺损的现象。表面材料应为柔光耐污染,其质量应符合相应表面材料的标准要求。

(8)配件要求

1)横梁:要求平直表面进行防锈处理。

2)垫条:厚度要求均匀一致,体积电阻值应不大于 $1.0\times 10^5\Omega$。

3）支架：要求承载能力大于10000N，表面光滑，不得有毛刺、砂眼等缺陷，其中心线应与底面垂直，底面应平整，不得外凸。

4.13 胶合板

1. 分类（表4-35）

表4-35 胶合板的分类

<table>
<tr><th>分类方式</th><th colspan="3">类别</th></tr>
<tr><td rowspan="4">按总体外观分</td><td rowspan="3">按构成分</td><td colspan="2">单板胶合板</td></tr>
<tr><td>木芯胶合板</td><td>（1）细木工板
（2）层积板</td></tr>
<tr><td colspan="2">复合胶合板</td></tr>
<tr><td>按外形和形状分</td><td colspan="2">（1）平面的
（2）成型的</td></tr>
<tr><td rowspan="4">按主要特征分</td><td>按耐久性分</td><td colspan="2">（1）干燥条件下使用
（2）潮湿条件下使用
（3）室外条件下使用</td></tr>
<tr><td colspan="3">按力学性能分</td></tr>
<tr><td colspan="3">按表面外观分</td></tr>
<tr><td>按表面加工状况分</td><td colspan="2">（1）未砂光板
（2）砂光板
（3）预饰面板
（4）贴面板（装饰单板、薄膜、浸渍纸等）</td></tr>
<tr><td>按最终使用者要求分</td><td colspan="3">略</td></tr>
<tr><td>按用途分</td><td colspan="3">（1）普通胶合板
（2）特种胶合板</td></tr>
</table>

2. 尺寸公差

（1）幅面尺寸（表4-36）

表4-36 胶合板的幅面尺寸 mm

宽度	长度				
	915	1220	1830	2135	2440
915	915	1220	1830	2135	—
1220	—	1220	1830	2135	2440

注：特殊尺寸由供需双方协议。

（2）公差要求

1）胶合板长度和宽度公差为±2.5mm。

2）胶合板厚度公差应符合表4-37的规定。

表 4-37　胶合板的厚度公差　　mm

公称厚度(t)	未砂光板		砂光板(单面)	
	每张板内的厚度允差	厚度的允差	每张板内的厚度允差	厚度的允差
2.7,3	0.5	+0.4 -0.2	0.3	±0.2
$3<t<5$	0.7	+0.5 -0.3	0.5	±0.3
$5\leqslant t\leqslant 12$	1.0	+(0.8+0.03t) -(0.4+0.03t)	0.6	+(0.2+0.03t) -(0.4+0.03t)
$12<t\leqslant 25$	1.5			

注:有特殊要求由供需双方协议。

3)胶合板边缘直度公差为 1mm/m。

4)胶合板垂直度公差为 1mm/m。

5)公称厚度自 6mm 以上的胶合板翘曲度:优等品不超过 0.5%,一等品不超过 1%,合格品不超过 2%。

3. 普通胶合板通用技术条件

(1)板的结构

1)通常相邻两层单板的木纹应互相垂直。

2)中心层两侧对称层的单板应为同一厚度,同一树种或物理性能相似的树种,同一生产方法(即都是旋切或是刨切的),而且木纹配置方向也应相同。

3)木纹方向平行的两层单板允许合为一层作中心层。测试胶合强度时,该两层单板看作一层。

4)同一层表板应为同一树种,表板应紧面朝外。

5)无孔胶纸带不得用于胶合板内部。如用其拼接优等品和一等品面板或修补一等品面板的裂缝,除不修饰外,事后应除去胶纸带且不留有明显胶纸痕。

6)在正常的干燥条件下,阔叶树材胶合板表板厚度不得大于 3.5mm,内层单板厚度不得大于 5mm;针叶树材胶合板的内层和表层单板的厚度均不得大于 6.5mm。所有表板厚度均不得小于 0.55mm。

7)胶合板的各层单板不允许采用未经斜面胶接或指形拼接的端接。

8)胶合板中不得留有影响使用的夹杂物,即不影响板面平整,不影响饰面处理及不影响胶合质量。

(2)表板的特征

根据外观等级,表板可以是整幅单板,也可以由几片等宽或不等宽的单板沿边缘拼接在一起。

(3)内层单板的特征

1)胶合板的内层单板包括任意宽度的拼接或不拼接的单板。

2)内层单板允许含有材质缺陷和加工缺陷,但应符合 GB/T 9846.4 的规定。

(4)种类

1)胶合板面板的树种为该胶合板的树种。

2)普通胶合板分为三类,见表 4-38。

表 4-38 普通胶合板的分类

类别	用途
Ⅰ类胶合板	即耐气候胶合板,供室外条件下使用,能通过煮沸试验
Ⅱ类胶合板	即耐水胶合板,供潮湿条件下使用,能通过63℃ ±3℃热水浸渍试验
Ⅲ类胶合板	即不耐潮胶合板,供干燥条件下使用,能通过干状试验

(5)物理力学性能

1)胶合板出厂时的含水率应符合表 4-39 的规定。

表 4-39 胶合板的含水率 %

<table>
<tr><th>胶合板材种类</th><th>Ⅰ、Ⅱ类</th><th>Ⅲ类</th></tr>
<tr><td>阔叶树材(含热带阔叶树材)</td><td rowspan="2">6 ~ 14</td><td rowspan="2">6 ~ 16</td></tr>
<tr><td>针叶树材</td></tr>
</table>

当测试试件的平均含水率符合表 4-39 要求时,判该批胶合板的含水率为合格;如不符,允许重新抽样对其复检再判其合格与否。

2)各类胶合板的胶合强度指标值应符合表 4-40 的规定。

表 4-40 胶合强度指标值 MPa

<table>
<tr><th rowspan="2">树种名称或木材名称或国外商品材名称</th><th colspan="2">类别</th></tr>
<tr><th>Ⅰ、Ⅱ类</th><th>Ⅲ类</th></tr>
<tr><td>椴木、杨木、拟赤杨、泡桐、橡胶木、柳安、奥克榄、白梧桐、异翅香、海棠木</td><td>≥0.70</td><td rowspan="4">≥0.70</td></tr>
<tr><td>水曲柳、荷木、枫香、槭木、榆木、柞木、阿必东、克隆、山樟</td><td>≥0.80</td></tr>
<tr><td>桦木</td><td>≥1.00</td></tr>
<tr><td>马尾松、云南松、落叶松、云杉、辐射松</td><td>≥0.80</td></tr>
</table>

① 对用不同树种搭配制成的胶合板的胶合强度指标值,应取各树种中胶合强度指标值要求最小的指标值。

② 确定厚芯单板结构的胶合强度换算系数时,应根据单板的公称厚度。

③ 其他国产阔叶树材或针叶树材制成的胶合板,其胶合强度指标值可根据其密度分别比照表 4-40 所规定的椴木、水曲柳或马尾松的指标值;其他热带阔叶树材制成的胶合板,其胶合强度指标值可根据树种的密度比照表 4-40 的规定,密度自 0.60g/cm^3 以下的采用柳安的指标值,超过的则采用阿必东的指标值。

④ 如测定胶合强度试件的平均木材破坏率超过 80% 时,则其胶合强度指标值可比表 4-40 所规定的指标值低 0.20MPa。

⑤ 测试结果的判断,应按以下规定进行:

符合胶合强度指标值规定的试件数等于或大于有效试件总数的 80% 时,该批胶合板的胶合强度判为合格。小于 60%,则判为不合格。如符合胶合强度指标值要求的试件数等于或大于有效试件总数的 60%,但小于 80% 时,允许重新抽样进行复检,其结果符合该项性能指标值要求的试件数等于或大于有效试件总数的 80% 时,判其为合格;小于 80% 时,则判其为不合格。

(6)甲醛释放(表 4-41)

表 4-41　胶合板的甲醛释放限量　mg/L

级别标志	限量值	备注
E_0	≤0.5	可直接用于室内
E_1	≤1.5	可直接用于室内
E_2	≤5.0	必须饰面处理后可允许用于室内

4. 普通胶合板外观分等技术条件

(1)分等

1)普通胶合板按成品板上可见的材质缺陷和加工缺陷的数量和范围分成三个等级,即优等品、一等品和合格品。这三个等级的面板均应砂(刮)光,特殊需要的可不砂(刮)光或两面砂(刮)光。

2)普通胶合板的各个等级主要按面板上的允许缺陷进行确定,并对背板、内层单板的允许缺陷及胶合板的加工缺陷加以限定。

3)除规定的各等级普通胶合板的面板组合外,还可按用户需要,生产两个表面各为某一等级面板所组合的胶合板。

4)一般通过目测胶合板上的允许缺陷来判定其等级。

(2)允许缺陷

1)以阔叶树材单板为表板的各等级普通胶合板的允许缺陷见表 4-42。

表 4-42　阔叶树材胶合板外观分等的允许缺陷

缺陷种类		检量项目	面板			背板
			胶合板等级			
			优等品	一等品	合格品	
(1)针节			允许			
(2)活节		最大单个直径,mm	10	20	不限	
(3)	半活节、死节、夹皮	每平方米板面上总个数	不允许	4	6	不限
	半活节	最大单个直径,mm	不允许	15 (自5以下不计)	不限	
	死节	最大单个直径,mm	不允许	4 (自2以下不计)	15	不限
	夹皮	单个最大长度,mm	不允许	20 (自5以下不计)	不限	
(4)木材异常结构		—	允许			
(5)裂缝		单个最大宽度,mm	不允许	1.5 椴木 0.5	3 椴木 1.5 南方材 4	6
		单个最大长度,mm		200 南方材 250	400 南方材 450	800 南方材 1000
(6)虫孔、排钉孔、孔洞		最大单个直径,mm	不允许	4	8	15
		每平方米板面上个数		4	不呈筛状不限	

续表

缺陷种类	检量项目	面板			背板
		胶合板等级			
		优等品	一等品	合格品	
(7)变色	不超过板面积,%	不允许	30	不限	
		注:1. 浅色斑条按变色计; 2. 一等品板深色斑条宽度不得超过2mm,长度不得超过20mm; 3. 桦木除优等品板外,允许有伪心材,但一等品板的色泽应调和; 4. 桦木一等品板不允许有密集的褐色或黑色髓斑; 5. 优等品和一等品板的异色边心材按变色计			
(8)腐朽	—	不允许		允许有不影响强度的初腐象征,但面积不超过板面的1%	允许有初腐
(9)表板拼接离缝	单个最大宽度,mm	不允许	0.5	1	2
	单个最大长度为板长,%		10	30	50
	每米板宽内条数		1	2	不限
(10)表板叠层	单个最大宽度,mm	不允许		8	10
	单个最大长度为板长,%			20	不限
(11)芯板叠离	紧贴表板的芯板叠离 单个最大宽度,mm	不允许	2	8	10
	紧贴表板的芯板叠离 每米板宽内条数		2	不限	
	其他各层离缝的最大宽度,mm		10		—
(12)长中板叠离	单个最大宽度,mm	不允许	10		—
(13)鼓泡、分层	—	不允许			—
(14)凹陷、压痕、鼓包	单个最大面积,mm^2	不允许	50	400	不限
	每平方米板面上个数		1	4	
(15)毛刺沟痕	不超过板面积,%	不允许	1	20	不限
	深度不得超过,mm		0.2	不允许穿透	
(16)表板砂透	每平方米板面上,mm^2	不允许		400	不限
(17)透胶及其他人为污染	不超过板面积,%	不允许	0.5	30	不限
(18)补片、补条	允许制作适当且填补牢固的,每平方米板面上的数	不允许	3	不限	不限
	累计面积不超过板面积,%		0.5	3	
	缝隙不得超过,mm		0.5	1	2
(19)内含铝质书钉	—	不允许			
(20)板边缺损	自公称幅面内不得超过,mm	不允许		10	
(21)其他缺陷	—	不允许	按最类似缺陷考虑		

2)以针叶树材单板为表板的各等级普通胶合板的允许缺陷见表4-43。

表4-43 针叶树材胶合板外观分等的允许缺陷

缺陷种类	检量项目	面板 胶合板等级 优等品	面板 胶合板等级 一等品	面板 胶合板等级 合格品	背板
(1)针节	—	允许			
(2) 活节、半活节、死节	每平方米板面上总个数	5	8	10	不限
(2) 活节	最大单个直径,mm	20	30 (自10以下不计)	不限	
(2) 半活节、死节	最大单个直径,mm	不允许	5	30 (自10以下不计)	不限
(3)木材异常结构	—	允许			
(4)夹皮、树脂道	每平方米板面上个数	3	4 (自10以下不计)	10 (自15以下不计)	不限
	单个最大长度,mm	15	30	不限	
(5)裂缝	单个最大宽度,mm	不允许	1	2	6
	单个最大长度,mm		200	400	1000
(6)虫孔、排钉孔、孔洞	最大单个直径,mm	不允许	2	6	15
	每平方米板面上个数		4	10(自3mm以下不计)	不呈筛孔状不限
(7)变色	不超过板面积,%	不允许	浅色10	不限	
(8)腐朽	—	不允许		允许有不影响强度的初腐象征,但面积不超过板面积的1%	允许有初腐
(9)树脂漏(树脂条)	单个最大长度,mm	不允许	150	不限	
	单个最大宽度,mm		10		
	每平方米板面上个数		4		
(10)表板拼接离缝	单个最大宽度,mm	不允许	0.5	1	2
	单个最大长度为板长,%		10	30	50
	每米板宽内条数		1	2	不限
(11)表板叠层	单个最大宽度,mm	不允许		2	10
	单个最大长度为板长,%			20	不限
(12)芯板叠离	紧贴表板的芯板叠离 单个最大宽度 mm	不允许	2	4	10
	紧贴表板的芯板叠离 每米板宽内条数		2	不限	
	其他各层离缝的最大宽度,mm		10		—
(13)长中板叠离	单个最大宽度,mm	不允许	10		—
(14)鼓泡、分层	—	不允许			—
(15)凹陷、压痕、鼓包	单个最大面积,mm^2	不允许	50	400	不限
	每平方米板面上个数		2	6	
(16)毛刺沟痕	不超过板面积,%	不允许	5	20	不限
	深度不得超过,mm		0.5	不允许穿透	

续表

<table>
<tr><th rowspan="3">缺陷种类</th><th rowspan="3">检量项目</th><th colspan="3">面板</th><th rowspan="3">背板</th></tr>
<tr><th colspan="3">胶合板等级</th></tr>
<tr><th>优等品</th><th>一等品</th><th>合格品</th></tr>
<tr><td>(17)表板砂透</td><td>每平方米板面上,mm^2</td><td colspan="2">不允许</td><td>400</td><td>不限</td></tr>
<tr><td>(18)透胶及其他人为污染</td><td>不超过板面积,%</td><td>不允许</td><td>1</td><td colspan="2">不限</td></tr>
<tr><td rowspan="3">(19)补片、补条</td><td>允许制作适当且填补牢固的,每平方米板面上个数</td><td rowspan="3">不允许</td><td>6</td><td colspan="2">不限</td></tr>
<tr><td>累计面积不超过板面积,%</td><td>1</td><td>5</td><td>不限</td></tr>
<tr><td>缝隙不得超过,mm</td><td>0.5</td><td>1</td><td>2</td></tr>
<tr><td>(20)内含铝质书钉</td><td>—</td><td colspan="3">不允许</td><td>—</td></tr>
<tr><td>(21)板边缺损</td><td>自公称幅面内不得超过,mm</td><td colspan="2">不允许</td><td colspan="2">10</td></tr>
<tr><td>(22)其他缺陷</td><td></td><td>不允许</td><td colspan="3">按最类似缺陷考虑</td></tr>
</table>

3)以热带阔叶树材(指橡胶木、柳安、奥克榄、白梧桐、异翅香、海棠木、阿必东、克隆、山樟等)单板为表板的各等级普通胶合板的允许缺陷见表4-44。

表4-44 热带阔叶树材胶合板外观分等的允许缺陷

<table>
<tr><th rowspan="3" colspan="2">缺陷种类</th><th rowspan="3">检量项目</th><th colspan="3">面板</th><th rowspan="3">背板</th></tr>
<tr><th colspan="3">胶合板等级</th></tr>
<tr><th>优等品</th><th>一等品</th><th>合格品</th></tr>
<tr><td colspan="2">(1)针节</td><td>—</td><td colspan="4">允许</td></tr>
<tr><td colspan="2">(2)活节</td><td>最大单个直径,mm</td><td>10</td><td>20</td><td colspan="2">不限</td></tr>
<tr><td rowspan="3">(3)</td><td>半活节、死节</td><td>每平方米板面上个数</td><td rowspan="3">不允许</td><td>3</td><td>5</td><td>不限</td></tr>
<tr><td>半活节</td><td>最大单个直径,mm</td><td>10
(自5以下不计)</td><td colspan="2">不限</td></tr>
<tr><td>死节</td><td>最大单个直径,mm</td><td>4
(自2以下不计)</td><td>15</td><td>不限</td></tr>
<tr><td colspan="2">(4)木材异常结构</td><td>—</td><td colspan="4">允许</td></tr>
<tr><td colspan="2" rowspan="2">(5)裂缝</td><td>单个最大宽度,mm</td><td rowspan="2">不允许</td><td>1.5</td><td>2</td><td>6</td></tr>
<tr><td>单个最大长度,mm</td><td>250</td><td>350</td><td>800</td></tr>
<tr><td colspan="2" rowspan="2">(6)夹皮</td><td>每平方米板面上总个数</td><td rowspan="2">不允许</td><td>2</td><td>4</td><td>不限</td></tr>
<tr><td>单个最大长度,mm</td><td>10
(自5以下不计)</td><td colspan="2">不限</td></tr>
<tr><td rowspan="4">(7)蛀虫造成的缺陷</td><td rowspan="2">虫孔</td><td>每平方米板面上个数</td><td rowspan="4">不允许</td><td>8(自1.5mm以下不计)</td><td colspan="2" rowspan="4">不允许呈筛孔状</td></tr>
<tr><td>单个最大直径,mm</td><td>2</td></tr>
<tr><td rowspan="2">虫道</td><td>每平方米板面上个数</td><td>2</td></tr>
<tr><td>单个最大长度,mm</td><td>10</td></tr>
<tr><td colspan="2" rowspan="2">(8)排钉孔、孔洞</td><td>单个最大直径,mm</td><td rowspan="2">不允许</td><td>2</td><td>8</td><td>15</td></tr>
<tr><td>每平方米板面上个数</td><td>1</td><td colspan="2">不限</td></tr>
<tr><td colspan="2">(9)变色</td><td>不超过板面积,%</td><td>不允许</td><td>5</td><td colspan="2">不限</td></tr>
</table>

续表

缺陷种类	检量项目		面板 胶合板等级 优等品	一等品	合格品	背板
(10)腐朽	—		不允许		允许有不影响强度的初腐象征,但面积不超过板面积的1%	允许有初腐
(11)表板拼接离缝	单个最大宽度,mm		不允许		1	2
	单个最大长度,相对于板长的百分比,%				30	50
	每米板宽内条数				2	不限
(12)表板叠层	单个最大宽度,mm		不允许		2	10
	单个最大长度,相对于板的百分比,%				10	不限
(13)芯板叠离	紧贴表板的芯板叠离	单个最大宽度,mm	不允许	2	4	10
		每米板宽内条数		2	不限	
	其他各层离缝的最大宽度,mm			10		—
(14)长中板叠离	单个最大宽度,mm		不允许	10		—
(15)鼓泡、分层	—		不允许			—
(16)凹陷、压痕、鼓包	单个最大面积,mm²		不允许	50	400	不限
	每平方米板面上个数			1	4	
(17)毛刺沟痕	不超过板面积,%		不允许	1	25	不限
	最大深度,mm			0.4	不允许穿透	
(18)表板砂透	每平方米板面上,mm²		不允许		400	不限
(19)透胶及其他人为污染	不超过板面积,%		不允许	0.5	30	不限
(20)补片、补条	允许制作适当且填补牢固的,每平方米板面上个数		不允许	3	不限	不限
	累计面积不超过板面积,%			0.5	3	
	最大缝隙,mm			0.5	1	2
(21)内含铝质书钉	—		不允许			—
(22)板边缺损	自公称幅面内不得超过,mm		不允许		10	
(23)其他缺陷	—		不允许	按最类似缺陷考虑,不影响使用		

注:1. 髓斑和斑条按变色计;
2. 优等品和一等品板的异色边心材按变色计。

4)限制缺陷的数量,累积尺寸或范围应按整张板面积的平均每平方米上的数量进行计算,板宽度(或长度)上缺陷应按最严重一端的平均每米内的数量进行计算,其结果应取最接近相邻整数中大数。

5)从表板上可以看到的内层单板的各种缺陷不得超过每个等级表板的允许限度。紧贴面板的芯板孔洞直径不得超过20mm,因芯板孔洞使一等品胶合板面板产生凹陷时,凹陷面积不得超过 50mm²。孔洞在板边形成的缺陷，其深度不得超过孔洞尺寸的 1/2，超过者按芯板离缝计。

6) 普通胶合板的节子或孔洞直径系指最大直径和最小直径的平均值。节子或孔洞直径，按节子或孔洞轮廓线切线间的垂直距离测定。

7) 公称幅面尺寸以外的各种缺陷均不计。

(3) 拼接要求

1) 优等品的面板应使用旋切光洁的单板，板宽在 1220mm 以内的，其面板应为整张板或用两张单板在大致位于板的正中进行拼接，拼缝应严密。优等品的面板拼接时应适当配色且纹理相似。

2) 一等品的面板拼接应密缝，木色相近且纹理相似，拼接单板的条数不限。

3) 合格品的面板及各等级品的背板，其拼接单板条数不限。

4) 各等级品的面板的拼缝均应大致平行于板边。

(4) 修补

1) 对死节、孔洞和裂缝等缺陷，应用腻子填平后砂光进行修补。

2) 补片和补条应采用与制造胶合板相近的胶粘剂进行胶粘。补片和补条的颜色和纹理，以及填料的颜色应与四周木材适当相配。

4.14 刨花板

1. 对所有板型的共同要求

(1) 术语（表 4-45）

表 4-45 刨花板的相关术语

术 语	定 义
刨花板	由木材碎料（木刨花、锯末或类似材料）或非木材植物碎料（亚麻屑、甘蔗渣、麦秸、稻草或类似材料）与胶粘剂一起热压而成的板材
在干燥状态下使用的普通用板	在干燥的室内，并在不承重场合使用的刨花板，如展览会的临时展板、隔板等
在干燥状态下使用的家具及室内装修用板	在干燥的室内，作为家具或内装修用的刨花板，不能用于受水浸渍或高湿度的场合刨花板通常进行饰面加工
在干燥状态下使用的结构用板	在受短时间水浸或高湿度作用下，仍可承受一定载荷的室内建筑用刨花板，如在厨房、卫生间等环境中使用
在潮湿状态下使用的结构用板	具有经受室外气候条件的老化作用和水浸泡能力，仍可承受一定载荷的室外建筑用刨花板
在干燥状态下使用的增强结构用板	在受短时间水浸或高湿度作用下，仍可承受较大载荷的室内建筑用刨花板，如在厨房、卫生间等环境中使用
在潮湿状态下使用的增强结构用板	具有经受室外气候条件的老化作用和水浸泡能力，仍可承受较大载荷的室外建筑用刨花板
干燥状态	一年中连续三个星期内，保持周围空气温度 20℃，空气中的相对湿度（RH）65% 以内时的状态
潮湿状态	一年中连续三个星期内，保持周围空气温度 20℃，空气中的相对湿度（RH）85% 以内时的状态

(2)分类(表4-46)

表4-46 刨花板的分类

分类方式	类别
按制造方法分	(1)平压法刨花板 (2)辊压法刨花板
按表面状态分	(1)未砂光板 (2)砂光板 (3)涂饰板 (4)装饰材料饰面板(装饰材料如装饰单板、浸渍胶膜纸、装饰层压板、薄膜等)
按表面形状分	(1)平压板 (2)模压板
按刨花尺寸和形状分	(1)刨花板 (2)定向刨花板
按板的构成分	(1)单层结构刨花板 (2)三层结构刨花板 (3)多层结构刨花板 (4)渐变结构刨花板
按所使用的原料分	(1)木材刨花板 (2)甘蔗渣刨花板 (3)亚麻屑刨花板 (4)麦秸刨花板 (5)竹材刨花板 (6)其他
按用途分	(1)在干燥状态下使用的普通用板 (2)在干燥状态下使用的家具及室内装修用板 (3)在干燥状态下使用的结构用板 (4)在潮湿状态下使用的结构用板 (5)在干燥状态下使用的增强结构用板 (6)在潮湿状态下使用的增强结构用板

(3)技术要求

1)规格见表4-47。

表4-47 刨花板的规格

项目	尺寸,mm
公称厚度	4、6、8、10、12、14、16、19、22、25、30等
幅面	1220×2440

2)对角线之差允许值,见表4-48。

表4-48 刨花板对角线之差允许值 mm

板长度	允许值
≤1220	≤3
>1220~1830	≤4
>1830~2440	≤5
>2440	≤6

3)外观质量见表4-49。

表4-49 刨花板的外观质量

缺陷名称	允许值
断痕、透裂	不允许
单个面积>40mm² 的胶斑、石蜡斑、油污斑等污染点	不允许
边角残损	在公称尺寸内不允许

4)刨花板出厂时的共同指标应符合表4-50规定。

表4-50 刨花板在出厂时的共同指标

项目		单位	指标
公称尺寸偏差	板内和板间厚度(砂光板) 板内和板间厚度(未砂光板) 长度和宽度	mm	±0.3① -0.1, +1.9 0~5
板边缘不直度偏差		mm/m	1.0
翘曲度②		%	≤1.0
含水率		%	4~13
密度		g/cm³	0.4~0.9
板内平均密度偏差		%	±8.0
甲醛释放量(穿孔值)③	E_1 E_2	mg/100g	≤9.0 >9.0~30

① 板内和板间厚度(砂光板)偏差要求更小者,由供需双方商定。
② 刨花板厚度≤10mm的不测。
③ 甲醛释放量(穿孔值)为试样含水率在6.5%时测得的值. 在测定时如试件含水率(H)在$3\% \leqslant H \leqslant 10\%$范围内,则乘以系数$F$,$F=-0.133H+1.86$;如试件含水率>10%,则乘以系数$F$,$F=-0.636+3.12e^{(-0.346H)}$。

2. 在干燥状态下使用的普通用板的理化性能指标(表4-51)

表4-51 在干燥状态下使用的普通用板的理化性能指标

性能	单位	公称厚度范围,mm						
		>3~6	>6~13	>13~20	>20~25	>25~32	>32~40	>40
静曲强度	MPa	≥14	≥12.5	≥11.5	≥10	≥8.5	≥7	≥5.5
内结合强度	MPa	≥0.31	≥0.28	≥0.24	≥0.20	≥0.17	≥0.14	≥0.14
表面结合强度	MPa	≥0.7						
2h吸水厚度膨胀率	%	≤8.0						

3. 在干燥状态下使用的家具及室内装修用板要求

1)家具及室内装修用板必须砂光,砂光后的板面外观质量应符合表4-52规定。

表 4-52　在干燥状态下使用的家具及室内装修用板的板面外观质量

缺陷名称		允许值
压痕		不允许
漏砂		不允许
在任意 400cm² 板面上各种刨花尺寸的允许个数	≥20mm²	不允许
	≥5mm² ~ <20mm²	3

2）理化性能指标见表 4-53。

表 4-53　在干燥状态下使用的家具及室内装修用板的理化性能指标

性能	单位	公称厚度范围，mm							
		>3~4	>4~6	>6~13	>13~20	>20~25	>25~32	>32~40	>40
静曲强度	MPa	≥13	≥15	≥14	≥13	≥11.5	≥10	≥8.5	≥7
弯曲弹性模量	MPa	≥1800	≥1950	≥1800	≥1600	≥1500	≥1350	≥1200	≥1050
内结合强度	MPa	≥0.45		≥0.40	≥0.35	≥0.30	≥0.25	≥0.20	
表面结合强度	MPa	≥0.8							
2h 吸水厚度膨胀率	%	≤8.0							

3）握螺钉力。厚度≥16mm 的板测定握螺钉力。板面握螺钉力≥1100N；板边握螺钉力≥700N。

4. 在干燥状态下使用的结构用板要求

（1）理化性能指标（表 4-54）

表 4-54　在干燥状态下使用的结构用板的理化性能指标

性能	单位	公称厚度范围，mm							
		3~4	>4~6	>6~13	>13~20	>20~25	>25~32	>32~40	>40
静曲强度	MPa	≥15	≥17		≥15	≥13	≥11	≥9	≥7
弯曲弹性模量	MPa	≥1950	≥2200	≥2300	≥2150	≥1900	≥1700	≥1500	≥1200
内结合强度	MPa	≥0.45		≥0.40	≥0.35	≥0.30	≥0.25	≥0.20	
表面结合强度	MPa	≥0.9							
24h 吸水厚度膨胀率	%	≤23	≤19	≤16	≤15			≤14	

（2）握螺钉力

厚度≥16mm 的板测定握螺钉力。板面握螺钉力≥1100N；板边握螺钉力≥700N。

5. 在潮湿状态下使用的结构用板要求

（1）理化性能指标（表 4-55）

表 4-55 在潮湿状态下使用的结构用板的理化性能指标

性 能	单位	公称厚度范围,mm							
		3~4	>4~6	>6~13	>13~20	>20~25	>25~32	>32~40	>40
静曲强度	MPa	≥20	≥19	≥18	≥16	≥14	≥12	≥10	≥9
弯曲弹性模量	MPa	≥2550	≥2550	≥2550	≥2400	≥2150	≥1900	≥1700	≥1550
内结合强度	MPa	≥0.50		≥0.45		≥0.40	≥0.35	≥0.30	≥0.25
表面结合强度	MPa	≥0.9							
2h 沸水煮后内结合强度	MPa	≥0.15	≥0.15	≥0.15	≥0.14	≥0.12	≥0.11	≥0.10	≥0.09
24h 吸水厚度膨胀率	%	≤13	≤12	≤11	≤10			≤9	

(2)握螺钉力

厚度≥16mm 的板测定握螺钉力。板面握螺钉力≥1100N;板边握螺钉力≥700N。

6. 在干燥状态下使用的增强结构用板要求

(1)理化性能指标(表 4-56)

表 4-56 在干燥状态下使用的增强结构用板的理化性能指标

性 能	单位	公称厚度范围,mm					
		6~13	>13~20	>20~25	>25~32	>32~40	>40
静曲强度	MPa	≥20	≥18	≥16	≥15	≥14	≥12
弯曲弹性模量	MPa	≥3150	≥3000	≥2550	≥2400	≥2200	≥2050
内结合强度	MPa	≥0.60	≥0.50	≥0.40	≥0.35	≥0.30	≥0.25
表面结合强度	MPa	≥0.9					
24h 吸水厚度膨胀率	%	≤15	≤14			≤13	

(2)握螺钉力

厚度≥16mm 的板测定握螺钉力。板面握螺钉力≥1100N;板边握螺钉力≥800N。

7. 在潮湿状态下使用的增强结构用板要求

(1)理化性能指标(表 4-57)

表 4-57 在潮湿状态下使用的增强结构用板的理化性能指标

性 能	单位	公称厚度范围,mm					
		6~13	>13~20	>20~25	>25~32	>32~40	>40
静曲强度	MPa	≥22	≥20	≥18.5	≥17	≥16	≥15
弯曲弹性模量	MPa	≥3350	≥3100	≥2900	≥2800	≥2600	≥2400
内结合强度	MPa	≥0.75	≥0.70	≥0.65	≥0.60	≥0.55	≥0.50
表面结合强度	MPa	≥0.9					
2h 沸水煮后内结合强度	MPa	≥0.25	≥0.23	≥0.20	≥0.18	≥0.17	≥0.15
24h 吸水厚度膨胀率	%	≤9	≤8			≤7	

(2)握螺钉力

厚度≥16mm的板测定握螺钉力。板面握螺钉力≥1100N;板边握螺钉力≥800N。

4.15 细木工板

1. 术语(表4-58)

表4-58 细木工板的相关术语

术语	定义
细木工板	具有实木板芯的胶合板
表板	细木工板的表面层,分为面板和背板
板芯	由木条组成的拼板或木格结构板
实体板芯	木条在长度和宽度方向上拼接或不拼接而成的板状材料
方格板芯	用木条组成的方格状板芯
芯条	用作实木板芯或方格板芯的木条
实心细木工板	以实体板芯制作的细木工板
空心细木工板	以方格板芯制作的细木工板
胶拼细木工板	板芯材料之间的连接采用胶粘剂粘接的细木工板
不胶拼细木工板	板芯材料之间的连接不采用胶粘剂粘接的细木工板
芯条侧面缝隙	实体板芯在宽度方向上相邻二芯条间的缝隙
芯条端面缝隙	实体板芯在长度方向上相邻二芯条间的缝隙
波纹	板面上呈现出的有规律的凹凸不平

2. 分类(表4-59)

表4-59 细木工板的分类

分类方式	类别
按板芯结构分	(1)实心细木工板 (2)空心细木工板
按板芯拼接状况分	(1)胶拼细木工板 (2)不胶拼细木工板
按表面加工状况分	(1)单面砂光细木工板 (2)双面砂光细木工板 (3)不砂光细木工板
按使用环境分	(1)室内用细木工板 (2)室外用细木工板
按层数分	(1)三层细木工板 (2)五层细木工板 (3)多层细木工板
按用途分	(1)普通用细木工板 (2)建筑用细木工板

3. 要求

(1)分等

按外观质量和翘曲度分为优等品、一等品和合格品。

(2)材料

1)对称层单板应为同一厚度、同一树种或材性相似的树种,同一生产方法(即都是旋切或是刨切的),而且木纹配置方向也应相同。对称层单板可以是整幅单板,也可以由等宽或不等宽的单板沿边缘侧拼而成。

2)表板应紧面朝外。

3)同一张细木工板的芯条应为同一厚度、同一树种或材性相近的树种。

4)拼缝用的无孔胶纸带不允许用于细木工板内部。

5)三层细木工板的表板厚度不应小于1.0mm,纹理方向与板芯木条方向垂直。

(3)外观质量

主要根据面板的板质缺陷和加工缺陷判定等级。

1)以阔叶树材单板为表板的各等级细木工板允许缺陷见表4-60。

表4-60 阔叶树材细木工板外观分等的允许缺陷

<table>
<tr><th rowspan="3">检量缺陷名称</th><th rowspan="3" colspan="2">检量项目</th><th colspan="3">面板</th><th rowspan="3">背板</th></tr>
<tr><th colspan="3">细木工板等级</th></tr>
<tr><th>优等品</th><th>一等品</th><th>合格品</th></tr>
<tr><td>(1)针节</td><td colspan="2">—</td><td colspan="4">允许</td></tr>
<tr><td>(2)活节</td><td colspan="2">最大单个直径,mm</td><td>10</td><td>20</td><td colspan="2">不限</td></tr>
<tr><td rowspan="4">(3)半活节、死节、夹皮</td><td colspan="2">每平方米板面上总个数</td><td rowspan="4">不允许</td><td>4</td><td>6</td><td>不限</td></tr>
<tr><td>半活节</td><td>最大单个直径,mm</td><td>15
(自5以下不计)</td><td colspan="2">不限</td></tr>
<tr><td>死节</td><td>最大单个直径,mm</td><td>4
(自2以下不计)</td><td>15</td><td>不限</td></tr>
<tr><td>夹皮</td><td>最大单个长度,mm</td><td>20
(自5以下不计)</td><td colspan="2">不限</td></tr>
<tr><td>(4)木材异常结构</td><td colspan="2">—</td><td colspan="4">允许</td></tr>
<tr><td rowspan="3">(5)裂缝</td><td colspan="2">每米板宽内条数</td><td rowspan="3">不允许</td><td>1</td><td>2</td><td>不限</td></tr>
<tr><td colspan="2">最大单个宽度,mm</td><td>1.5</td><td>3</td><td>6</td></tr>
<tr><td colspan="2">最大单个长度为板长的百分比,%</td><td>10</td><td>15</td><td>30</td></tr>
<tr><td rowspan="2">(6)虫孔、排钉孔、孔洞</td><td colspan="2">最大单个直径,mm</td><td rowspan="2">不允许</td><td>4</td><td>8</td><td>15</td></tr>
<tr><td colspan="2">每平方米板面上个数</td><td>4</td><td colspan="2">不呈筛孔状不限</td></tr>
<tr><td>(7)变色①</td><td colspan="2">不超过板面积的百分比,%</td><td>不允许</td><td>30</td><td colspan="2">不限</td></tr>
<tr><td>(8)腐朽</td><td colspan="2">—</td><td colspan="2">不允许</td><td>允许初腐,但面积不超过板面积的1%</td><td>允许初腐</td></tr>
</table>

续表

<table>
<tr><th rowspan="3">检量缺陷名称</th><th rowspan="3" colspan="2">检量项目</th><th colspan="3">面板</th><th rowspan="3">背板</th></tr>
<tr><th colspan="3">细木工板等级</th></tr>
<tr><th>优等品</th><th>一等品</th><th>合格品</th></tr>
<tr><td rowspan="3">(9)表板拼接离缝</td><td colspan="2">最大单个宽度,mm</td><td rowspan="3">不允许</td><td>0.5</td><td>1</td><td>2</td></tr>
<tr><td colspan="2">最大单个长度为板长的百分比,%</td><td>10</td><td>30</td><td>50</td></tr>
<tr><td colspan="2">每米板宽内条数</td><td>1</td><td>2</td><td>不限</td></tr>
<tr><td rowspan="2">(10)表板叠层</td><td colspan="2">最大单个宽度,mm</td><td rowspan="2" colspan="2">不允许</td><td>8</td><td>10</td></tr>
<tr><td colspan="2">最大单个长度为板长的百分比,%</td><td>20</td><td>不限</td></tr>
<tr><td rowspan="3">(11)芯板叠离</td><td rowspan="2">紧贴表板的芯板叠离</td><td>最大单个宽度,mm</td><td rowspan="3">不允许</td><td>2</td><td>8</td><td>10</td></tr>
<tr><td>每米板长内条数</td><td>2</td><td colspan="2">不限</td></tr>
<tr><td colspan="2">其他各层离缝的最大宽度,mm</td><td colspan="2">10</td><td>—</td></tr>
<tr><td>(12)鼓泡、分层</td><td colspan="2">—</td><td colspan="4">不允许</td></tr>
<tr><td rowspan="2">(13)凹陷、压痕、鼓包</td><td colspan="2">最大单个面积,mm^2</td><td rowspan="2">不允许</td><td>50</td><td>400</td><td rowspan="2">不限</td></tr>
<tr><td colspan="2">每平方米板面上个数</td><td>1</td><td>4</td></tr>
<tr><td rowspan="2">(14)毛刺沟痕</td><td colspan="2">不超过板面积的百分比,%</td><td rowspan="2">不允许</td><td>1</td><td>20</td><td>不限</td></tr>
<tr><td colspan="2">深度</td><td colspan="3">不允许穿透</td></tr>
<tr><td>(15)表板砂透</td><td colspan="2">每平方米板面上不超过,mm^2</td><td colspan="2">不允许</td><td>400</td><td>10000</td></tr>
<tr><td>(16)透胶及其他人为污染</td><td colspan="2">不超过板面积的百分比,%</td><td>不允许</td><td>0.5</td><td>10</td><td>30</td></tr>
<tr><td rowspan="3">(17)补片、补条</td><td colspan="2">允许制作适当且填补牢固的,每平方米板面上的数</td><td rowspan="3">不允许</td><td>3</td><td>不限</td><td rowspan="2">不限</td></tr>
<tr><td colspan="2">不超过板面积的百分比,%</td><td>0.5</td><td>3</td></tr>
<tr><td colspan="2">缝隙不超过,mm</td><td>0.5</td><td>1</td><td>2</td></tr>
<tr><td>(18)内含铝质书钉</td><td colspan="2">—</td><td colspan="4">不允许</td></tr>
<tr><td>(19)板边缺损</td><td colspan="2">自基本幅面内不超过,mm</td><td colspan="2">不允许</td><td colspan="2">10</td></tr>
<tr><td>(20)其他缺陷</td><td colspan="2">—</td><td>不允许</td><td colspan="3">按最类似缺陷考虑</td></tr>
</table>

① 浅色斑条按变色计;一等品板深色斑条宽度不允许超过2mm,长度不允许超过20mm;桦木除优等品板外,允许有伪心材,但一等品板的色泽应调和;桦木一等品板不允许有密集的褐色或黑色髓斑;优等品和一等品板的异色边心材按变色计。

2)以针叶树材单板为表板的各等级细木工板允许缺陷见表4-61。

表4-61 针叶树材细木工板外观分等的允许缺陷

<table>
<tr><th rowspan="3">检量缺陷名称</th><th rowspan="3" colspan="2">检量项目</th><th colspan="3">面板</th><th rowspan="3">背板</th></tr>
<tr><th colspan="3">细木工板等级</th></tr>
<tr><th>优等品</th><th>一等品</th><th>合格品</th></tr>
<tr><td>(1)针节</td><td colspan="2">—</td><td colspan="4">允许</td></tr>
<tr><td rowspan="3">(2)活节、半活节、死节</td><td colspan="2">每平方米板面上总个数</td><td>5</td><td>8</td><td>10</td><td>不限</td></tr>
<tr><td>活节</td><td>最大单个直径,mm</td><td>20</td><td>30
(自10以下不计)</td><td colspan="2">不限</td></tr>
<tr><td>半活节、死节</td><td>最大单个直径,mm</td><td>不允许</td><td>5</td><td>30
(自10以下不计)</td><td>不限</td></tr>
</table>

续表

检量缺陷名称	检量项目	面板 细木工板等级 优等品	面板 细木工板等级 一等品	面板 细木工板等级 合格品	背板
(3)木材异常结构	—	允许			
(4)夹皮、树脂道	每平方米板面上总个数	3	4(自10mm以下不计)	10(自15mm以下不计)	不限
	最大单个长度	15	30	不限	
(5)裂缝	每米板宽内条数	不允许	1	2	不限
	最大单个宽度,mm		1.5	3	6
	最大单个长度为板长的百分比,%		10	15	30
(6)虫孔、排钉孔、孔洞	最大单个直径,mm	不允许	2	6	15
	每平方米板面上个数		4	10(自3mm以下不计)	不呈筛孔状不限
(7)变色	不超过板面积的百分比,%	不允许	浅色10	不限	
(8)腐朽	—	不允许		允许初腐,但面积不超过板面积的1%	允许初腐
(9)树脂漏(树脂条)	最大单个长度,mm	不允许	150	不限	
	最大单个宽度,mm		10		
	每平方米板面上的个数		4		
(10)表板拼接离缝	最大单个宽度,mm	不允许	0.5	1	2
	最大单个长度为板长的百分比,%		10	30	50
	每米板宽内条数		1	2	不限
(11)表板叠层	最大单个宽度,mm	不允许		2	10
	最大单个长度为板长的百分比,%			20	不限
(12)芯板叠离	紧贴表板的芯板叠离 最大单个宽度,mm	不允许	2	4	10
	紧贴表板的芯板叠离 每米板长内条数		2	不限	
	其他各层离缝的最大宽度,mm		10		—
(13)鼓泡、分层	—	不允许			
(14)凹陷、压痕、鼓包	最大单个面积,mm^2	不允许	50	400	不限
	每平方米板面上个数		2	6	
(15)毛刺沟痕	不超过板面积的百分比,%	不允许	5	20	不限
	深度		不允许穿透		
(16)表板砂透	每平方米板面上不超过 mm^2	不允许		400	10000
(17)透胶及其他人为污染	不超过板面积的百分比,%	不允许	1	10	30

续表

检量缺陷名称	检量项目	面板 细木工板等级 优等品	面板 细木工板等级 一等品	面板 细木工板等级 合格品	背板
(18)补片、补条	允许制作适当且填补牢固的，每平方米板面上个数	不允许	6	不限	
	不超过板面积的百分比,%		1	5	不限
	缝隙不超过,mm		0.5	1	2
(19)内含铝质书钉	—	不允许			
(20)板边缺损	自基本幅面内不超过,mm	不允许		10	
(21)其他缺陷	—	不允许	按最类似缺陷考虑		

3)以热带阔叶树材单板为表板的各等级细木工板允许缺陷见表4-62。

表4-62　热带阔叶树材细木工板外观分等的允许缺陷

检量缺陷名称	检量项目		面板 细木工板等级 优等品	面板 细木工板等级 一等品	面板 细木工板等级 合格品	背板
(1)针节	—		允许			
(2)活节	最大单个直径,mm		10	20	不限	
(3)半活节、死节	每平方米板面上个数		不允许	3	5	不限
	半活节	最大单个直径,mm		10 (自5以下不计)	不限	
	死节	最大单个直径,mm		4 (自2以下不计)	15	不限
(4)木材异常结构	—		允许			
(5)裂缝	每米板宽内条数		不允许	1	2	不限
	最大单个宽度,mm			1.5	2	6
	最大单个长度为板长的百分比,%			10	15	30
(6)夹皮	每平方米板面上总个数		不允许	2	4	不限
	最大单个长度,mm			10 (自5以下不计)	不限	
(7)蛀虫造成的缺陷	虫孔	每平方米板面上个数	不允许	8(自1.5mm以下不计)	不呈筛孔状不限	
		最大单个直径,mm		2		
	虫道	每平方米板面上个数	不允许	2	不呈筛孔状不限	
		最大单个长度,mm		10		
(8)排钉孔、孔洞	最大单个直径,mm		不允许	2	8	15
	每平方米板面上个数			1	不限	
(9)变色	不超过板面积,%		不允许	5	不限	
(10)腐朽	—		不允许		允许初腐,但面积不超过板面积的1%	允许初腐

续表

检量缺陷名称	检量项目		面板			背板
			细木工板等级			
			优等品	一等品	合格品	
(11)表板拼接离缝	最大单个宽度,mm		不允许		1	2
	最大单个长度为板长的百分比,%				30	50
	每米板宽内条数				2	不限
(12)表板叠层	最大单个宽度,mm		不允许		2	10
	最大单个长度为板长的百分比,%				10	不限
(13)芯板叠离	紧贴表板的芯板叠离	最大单个宽度,mm	不允许	2	4	10
		每米板长内条数		2	不限	
	其他各层离缝的最大宽度,mm			10		—
(14)鼓泡、分层	—		不允许			
(15)凹陷、压痕、鼓包	最大单个面积,mm^2		不允许	50	400	不限
	每平方米板面上个数			1	4	
(16)毛刺沟痕	不超过板面积的百分比,%		不允许	1	25	不限
	深度			不允许穿透		
(17)表板砂透	每平方米板面上不超过,mm^2		不允许		400	10000
(18)透胶及其他人为污染	不超过板面积的百分比,%		不允许	0.5	10	30
(19)补片、补条	允许制作适当且填补牢固的,每平方米板面上个数		不允许	3	不限	不限
	不超过板面积的百分比,%			0.5	3	
	缝隙不超过,mm			0.5	1	2
(20)内含铝质书钉	—		不允许			
(21)板边缺损	自基本幅面内不超过,mm		不允许		10	
(22)其他缺陷	—		不允许	按最类似缺陷考虑		

注:1. 髓斑和斑条按变色计。
2. 优等品和一等品板的异色边心材按变色计。

4.16 硬质纤维板

1. 术语和分类

(1)术语(表4-63)

表4-63 硬质纤维板的相关术语

术语	定义
硬质纤维板	以植物纤维为原料,加工成密度大于0.80g/m^3 的纤维板
木材硬质纤维板	以木材为原料制成的硬质纤维板

续表

术　　语	定　　　　义
非木材硬质纤维板	以非木材植物纤维为原料制成的硬质纤维板
一面光硬质纤维板	一面光滑,另一面有网痕的硬质纤维板
二面光硬质纤维板	正背面均为光滑面的硬质纤维板

(2)分类(表4-64)

表4-64　硬质纤维板的分类

分类方式	类　　别
按原料分	(1)木材硬质纤维板 (2)非木材硬质纤维板
按板面分	(1)一面光硬质纤维板 (2)二面光硬质纤维板

2. 技术要求

(1)硬质纤维板名义尺寸与极限偏差

1)名义尺寸与极限偏差应符合表4-65的规定。

表4-65　硬质纤维板的名义尺寸与极限偏差　　mm

幅面尺寸	厚　度	极限偏差		
		长　度	宽　度	厚　度
610×1220 915×1830 1000×2000 915×2135 1220×1830 1220×2440	2.50、3.00、 3.20、4.00、5.00	±5	±3	0.30

2)硬质纤维板板面对角线长度之差每米板长不大于2.5mm,对边长度之差每米不大于2.5mm。

3)板边不直度每米不超过1.5mm。

4)缺角破边的程度以长宽度极限偏差为限。

(2)硬质纤维板各级物理力学性能和外观质量

1)产品按物理力学性能和外观质量分为特级、一级、二级、三级四个等级。

2)各级硬质纤维板物理力学性能应符合表4-66规定。

表4-66　各级硬质纤维板物理力学性能

指标项目		单位	特级	一级	二级	三级
密度	大于	g/cm^3	0.80			
静曲强度	不小于	MPa	49.0	39.0	29.0	20.0
吸水率	不大于	%	15.0	20.0	30.0	35.0
含水率		%	3.0~10.0			

3)各级硬质纤维板的外观质量应符合表4-67规定。

表4-67 各级硬质纤维板的外观质量

缺陷名称	计量方法	允许限度			
		特级	一级	二级	三级
水渍	占板面积百分比,%	不许有	≤2	≤20	≤40
污点	直径,mm	不许有		≤15	≤30,<15不计
	每平方米个数,个/m²			≤2	≤2
斑纹	占板面积百分比,%	不许有			≤5
粘痕	占板面积百分比,%	不许有			≤1
压痕	深度或高度,mm	不许有		≤0.4	≤0.6
	每个压痕面积,mm²			≤20	≤400
	任意每平方米个数,个/m²			≤2	≤2
分层、鼓泡、裂痕、水湿、炭化、边角松软	—	不许有			

4.17 薄型硬质纤维板

1. 定义

薄型硬质纤维板是以木材或其他植物纤维为原料加工成的密度大于0.80g/cm³,厚度小于2.5mm,大于等于1.8mm的无特殊加工处理的硬质纤维板。

2. 分等

薄型硬质纤维板按外观质量和物理力学性能分为优等品、一等品和合格品三个等别。

3. 技术要求

(1)外形尺寸

1)规格尺寸和极限偏差应符合表4-68的规定。

表4-68 规格尺寸和极限偏差 mm

幅面尺寸	厚度	极限偏差		
		长度	宽度	厚度
610×1220 915×1830 1000×2000 1220×1830 1220×2440	小于2.5,大于等于1.8	±5	±3	±0.20

注:名义厚度以合同值为准,可以生产其他规格。

2)板面两对角线长度之差每米板长不大于2.5mm,对边长度之差每米不大于2.5mm。

3)板边不直度每米板长不超过1.5mm。

4)边角破损的程度不得超过长度和宽度的极限偏差。

(2)外观质量

各等级的薄型硬质纤维板的外观质量应符合表4-69的规定。

表4-69 各等级的薄型硬质纤维板的外观质量

缺陷名称	计量方法	允许限度		
		优等品	一等品	合格品
水渍	占板面面积的百分比,%	不许有	≤2	≤20
污点	直径,mm	不许有		≤15
	每平方米个数,个/m^2			≤2
斑纹	占板面面积的百分比,%	不许有		≤3
粘痕	占板面面积的百分比,%	不许有		≤1
压痕	深度或高度,mm	不许有		≤0.3
	每个压痕的面积,mm^2			≤20
	任意每平方米个数,个/m^2			≤2
分层、鼓泡、裂痕、水湿、炭化,边角松软	—	不许有		

(3)物理力学性能(表4-70)

表4-70 薄型硬质纤维板的物理力学性能

指标项目	名义厚度	单位	优等品	一等品	合格品
密度	—	g/cm^3	>0.80		
静曲强度	—	MPa	≥40.0	≥30.0	≥20.0
吸水率	小于2.0mm	%	≤25.0	≤35.0	≤45.0
	大于等于2.0mm,小于2.5mm	%	≤20.0	≤30.0	≤40.0
含水率	—	%	3.0~10.0		

4.18 硬质木纤维瓦楞板

1. 术语(表4-71)

表4-71 硬质木纤维瓦楞板的相关术语

术语	定义
硬质木纤维瓦楞板	以木材为原料采用硬质纤维板生产工艺制成的波形板材
波峰	波形上凸圆弧的最高点
波谷	波形下凹圆弧的最低点

2. 技术要求

1)硬质木纤维瓦楞板按外观质量和物理力学性能分为优等品、一等品和合格品三个等级。

2)外形尺寸与极限偏差应符合表4-72的规定。

表 4-72 硬质木纤维瓦楞板的外形尺寸与极限偏差要求 mm

项目	外形尺寸	极限偏差
长度	2100	±10
宽度	950	±5
厚度	6	±1.0
波形高度	40	±1.0
相邻两波峰(谷)的距离	170	±1.0

3)外观质量应符合表 4-73 的规定。

表 4-73 硬质木纤维瓦楞板的外观质量要求

缺陷名称	允许限度		
	优等品	一等品	合格品
斑 纹	不许有	总长度不大于 500mm	总长度不大于 1000mm
炭 化	不许有	不超过总面积的 0.5%	不超过总面积的 1%
水 渍	不超过总面积的 2%	不超过总面积的 10%	不超过总面积的 30%
缺 角	不许有	长宽之和不超过 40mm	长宽之和不超过 60mm
粘 痕	总长度不超过 30mm	总长度不超过 50mm	总长度不超过 70mm
鼓泡、分层、边角松软、裂缝	不许有	不许有	不许有

4)物理力学性能应符合表 4-74 的规定。

表 4-74 硬质木纤维瓦楞板的物理力学性能

指标项目	单位	优等品	一等品	合格品
密度	g/cm^3	≥0.90	≥0.80	≥0.80
吸水率	%	≤20.0	≤25.0	≤30.0
横向抗折力	N	≥4000	≥3000	≥2000

4.19 浮雕纤维板

1. 定义

浮雕纤维板是热压时在一个表面上形成的有立体装饰图案的硬质纤维板。

2. 分等

浮雕纤维板按外观质量、厚度极限偏差和物理力学性能分为优等品、一等品和合格品三个等级。

3. 技术要求

(1)外形尺寸

1)规格尺寸和极限偏差应符合表4-75的规定。

表4-75 浮雕纤维板的规格尺寸和极限偏差 mm

幅面尺寸	厚度	极限偏差				
		长度	宽度	厚度		
				优等品	一等品	合格品
300×300 500×500 600×600	3.0,3.5,4.0	+1 0	+1 0	±0.20	±0.30	±0.30
915×2135 1000×2000 1000×2135 1220×2440		+5 0	+3 0			

2)板面两对角线长度之差每米板长不大于2.0mm,对边长度之差每米不大于2.0mm。

3)板边不直度,每米板长不超过1.0mm。

4)板长超过1m时,边角破损的程度不得超过长度和宽度的极限偏差。板长小于1m时,不得有边角破损。

(2)外观质量

1)各等级的浮雕纤维板的外观质量应符合表4-76的规定。

表4-76 浮雕纤维板的外观质量

缺陷名称	计量方法	允许限度		
		优等品	一等品	合格品
水渍	占板面面积百分比,%	不许有	≤5	≤40
污点	直径,mm	不许有		≤30,小于15不计
	每平方米个数,个/m^2			≤2
斑纹	占板面面积百分比,%	不许有		≤5
粘痕	占板面面积百分比,%	不许有		
压痕	—	不许有		
分层、鼓泡、裂痕、水湿、炭化,边角松软	—	不许有		

2)浮雕纤维板板面花纹清晰、光洁,图案轮廓完整。

(3)物理力学性能(表4-77)

表4-77 各等级浮雕纤维板的物理力学性能

指标项目	单位	优等品	一等品	合格品
密度	g/cm^3	>0.80		
静曲载荷	N	≥200	≥150	≥100
吸水率	%	≤20.0	≤30.0	≤35.0
含水率	%	3.0~10.0		

4.20 装饰单板贴面人造板

1. 术语(表4-78)

表4-78 装饰单板贴面人造板的相关术语

术语	定义
装饰单板贴面人造板	利用普通单板、调色单板、集成单板和重组装饰单板等胶贴在各种人造板表面制成的板材
单板、薄木	用刨切、旋切或锯切方法制成的木质薄片状材料
调色单板、调色薄木	单板用漂白和染色等加工方法制成的着色单板
集成单板、集成薄木	将板材或小方材等按纤维方向相互平行拼接胶合成木方,经刨切制成的单板
重组装饰单板、重组装饰薄木	以旋切或刨切单板为主要原料,采用单板调色、层积、胶合成型制成木方,经刨切、旋切或锯切制成的单板
材色色差	装饰单板表面的颜色与目标色或样板色之间的差异,或整体颜色不均匀 不包括木材本身早晚材的颜色差异和天然花纹自然过渡的颜色差异
Ⅰ类装饰单板贴面人造板	耐气候装饰单板贴面人造板,可在室外条件下使用,能通过Ⅰ类浸渍剥离试验
Ⅱ类装饰单板贴面人造板	耐潮装饰单板贴面人造板,可在潮湿条件下使用,能通过Ⅱ类浸渍剥离试验
Ⅲ类装饰单板贴面人造板	不耐潮装饰单板贴面人造板,只能在干燥条件下使用,能通过Ⅲ类浸渍剥离试验

2. 分类(表4-79)

表4-79 装饰单板贴面人造板的分类

分类方式	类别
按人造板基材品种分	(1)装饰单板贴面胶合板 (2)装饰单板贴面细木工板 (3)装饰单板贴面刨花板 (4)装饰单板贴面中密度纤维板
按装饰单板品种分	(1)普通单板贴面人造板 (2)调色单板贴面人造板 (3)集成单板贴面人造板 (4)重组装饰单板贴面人造板
按装饰面分	(1)单面装饰单板贴面人造板 (2)双面装饰单板贴面人造板
按耐水性能分	(1)Ⅰ类装饰单板贴面人造板 (2)Ⅱ类装饰单板贴面人造板 (3)Ⅲ类装饰单板贴面人造板

3. 装饰单板贴面人造板的基材和装饰单板

(1)基材分类

基材分为胶合板、细木工板、刨花板、中密度纤维板等。

(2)装饰单板

1)装饰单板品种。装饰单板品种分为普通单板、调色单板、集成单板和重组装饰单板。

2)单板的常用木材树种。

① 阔叶树材:水曲柳、柞木、核桃楸、刺楸、黄波罗、榆木、锥木、核桃木、酸枣木、梓木、檫木、柚木、泡桐、椴木、桦木、槭木、水青冈、楠木、樟木、樱桃木、黑核桃、筒状非洲楝、桃花心木、紫檀、花梨等。

② 针叶树材:陆均松、红松、云杉、冷杉、福建柏等。

4. 规格尺寸及其偏差

(1)幅面尺寸及其偏差

1)装饰单板贴面人造板的幅面尺寸应符合表4-80规定。

表4-80　装饰单板贴面人造板的幅面尺寸　mm

宽　度	长		度		
915	915	1220	1830	2135	—
1220	—	1220	1830	2135	2440

注:经供需双方协议可生产其他幅面尺寸的产品。

2)不同基材的装饰单板贴面人造板长度和宽度偏差应符合表4-81。

表4-81　装饰单板贴面人造板长度和宽度偏差

基材长度(宽度)	允许偏差/mm
装饰单板贴面胶合板	±2.5
装饰单板贴面细木工板	+5 0
装饰单板贴面刨花板	+5 0
装饰单板贴面中密度纤维板	±3

(2)厚度尺寸及其偏差

1)装饰单板贴面人造板厚度是指产品在出厂时标明的基本厚度。

2)厚度偏差。装饰单板贴面人造板的每一厚度测量点的偏差均应符合表4-82的规定。

表4-82　装饰单板贴面人造板厚度偏差　mm

基　本　厚　度 t	允　许　偏　差
$t<4$	±0.20
$4\leq t<7$	±0.30
$7\leq t<20$	±0.40
$t\geq 20$	±0.50

(3)相邻边垂直度

在表4-80规定的幅面规格内,相邻边垂直度偏差应分别符合基材产品标准规定的要求。其他幅面产品,由供需双方协议确定。

(4)边缘直度

装饰单板贴面人造板边缘直度偏差应分别符合基材产品标准规定的要求。

(5)翘曲度

板厚6mm以上的装饰单板贴面人造板翘曲度≤1.0%。

5. 外观质量要求

1)装饰单板贴面人造板根据外观质量分为优等品、一等品和合格品三个等级。各等级装饰面外观质量要求应符合表4-83规定。

表4-83 装饰面外观质量要求

<table>
<tr><th colspan="3" rowspan="2">检量项目</th><th colspan="3">装饰单板贴面人造板等级</th></tr>
<tr><th>优等</th><th>一等</th><th>合格</th></tr>
<tr><td colspan="2" rowspan="2">(1)装饰性</td><td>视觉</td><td colspan="3">材色和花纹美观</td></tr>
<tr><td>花纹一致性
(仅限于有要求时)</td><td colspan="3">花纹一致或基本一致</td></tr>
<tr><td colspan="2">(2)材色不匀、变褪色</td><td>色差</td><td>不易分辨</td><td>不明显</td><td>明显</td></tr>
<tr><td rowspan="2">(3)活节</td><td>阔叶树材</td><td rowspan="2">最大单个长径,mm</td><td>10</td><td>20</td><td>不限</td></tr>
<tr><td>针叶树材</td><td>5</td><td>10</td><td>20</td></tr>
<tr><td rowspan="5">(4)死节、孔洞、夹皮、树脂道等</td><td>半活节、死节、孔洞、夹皮和树脂道、树胶道</td><td>每平方米板面上缺陷总个数</td><td>不允许</td><td>4</td><td>4</td></tr>
<tr><td>半活节</td><td>最大单个长径,mm</td><td>不允许</td><td>10,小于5不计,脱落需填补</td><td>20,小于5不计,脱落需填补</td></tr>
<tr><td>死节、虫孔、孔洞</td><td>最大单个长径,mm</td><td colspan="2">不允许</td><td>5,小于3不计,脱落需填补</td></tr>
<tr><td>夹皮</td><td>最大单个长度,mm</td><td>不允许</td><td>10,小于5不计</td><td>30,小于10不计</td></tr>
<tr><td>树脂道、树胶道</td><td>最大单个长度,mm</td><td>不允许</td><td>15,小于5不计</td><td>30,小于10不计</td></tr>
<tr><td colspan="3">(5)腐朽</td><td colspan="3">不允许</td></tr>
<tr><td colspan="2" rowspan="2">(6)裂缝、条状缺损(缺丝)</td><td>最大单个宽度,mm</td><td rowspan="2">不允许</td><td>0.5</td><td>1</td></tr>
<tr><td>最大单个长度,mm</td><td>100</td><td>200</td></tr>
<tr><td colspan="2" rowspan="2">(7)拼接离缝</td><td>最大单个宽度,mm</td><td rowspan="2">不允许</td><td>0.3</td><td>0.5</td></tr>
<tr><td>最大单个长度,mm</td><td>200</td><td>300</td></tr>
<tr><td colspan="2">(8)叠层</td><td>最大单个宽度,mm</td><td colspan="2">不允许</td><td>0.5</td></tr>
<tr><td colspan="3">(9)鼓泡、分层</td><td colspan="3">不允许</td></tr>
<tr><td colspan="2" rowspan="2">(10)凹陷、压痕、鼓包</td><td>最大单个面积,mm²</td><td colspan="2" rowspan="2">不允许</td><td>100</td></tr>
<tr><td>每平方米板面上的个数</td><td>1</td></tr>
</table>

续表

检　量　项　目		装饰单板贴面人造板等级		
		优等	一等	合格
(11)补条、补片	材色、花纹与板面的一致性	不允许	不易分辨	不明显
(12)毛刺沟痕、刀痕、划痕		不允许	不明显	不明显
(13)透胶、板面污染		不允许		不明显
(14)透砂	最大透砂宽度,mm	不允许	3,仅允许在板边部位	8,仅允许在板边部位
(15)边角缺损	基本幅面尺寸内	不允许		
(16)其他缺损		不影响装饰效果		

注:装饰面的材色色差,服从贸易双方的确认,需要仲裁时应使用测色仪器检测,“不易分辨”为总色差小于1.5;“不明显”为总色差1.5~3.0;“明显”为总色差大于3.0。

2)双面装饰单板贴面人造板应有一面的外观质量符合所标明的等级要求,另一面的外观质量不低于合格品的要求。

注:对背面质量另有要求时,由供需双方商定。

3)单面装饰单板贴面人造板的装饰面外观质量应符合所标明的等级要求,背面应符合相应基材的外观质量要求。

6. 理化性能

(1)物理力学性能

双面装饰单板贴面人造板两面的浸渍剥离试验、表面胶合强度和冷热循环试验均应符合表4-84中规定的指标要求。

表4-84　装饰单板贴面人造板物理力学性能要求

检　验　项　目	各项性能指标值的要求	
	装饰单板贴面胶合板、装饰单板贴面细木工板等	装饰单板贴面刨花板、装饰单板贴面中密度纤维板等
含水率,%	6.0~14.0	4.0~13.0
浸渍剥离试验	试件贴面胶层与胶合板或细木工板每个胶层上的每一边剥离长度均不超过25mm	试件贴面胶层上的每一边剥离长度均不超过25mm
表面胶合强度,MPa	≥0.40	
冷热循环试验	试件表面不允许有开裂、鼓泡、起皱、变色、枯燥,且尺寸稳定	

(2)甲醛释放量(表4-85)

表4-85　装饰单板贴面人造板的甲醛释放限量

级别标志	限　量　值		备　　注
	装饰单板贴面胶合板,装饰单板贴面细木工板等	装饰单板贴面刨花板、装饰单板贴面中密度纤维板等	
E_0	≤0.5mg/L	—	可直接用于室内
E_1	≤1.5mg/L	≤9.0mg/100g	可直接用于室内
E_2	≤5.0mg/L	≤30.0mg/100g	经处理并达到 E_1 级后允许用于室内

4.21 浸渍胶膜纸饰面人造板

1. 术语(表4-86)

表4-86 浸渍胶膜纸饰面人造板的相关术语

术 语	定 义
浸渍胶膜纸饰面人造板	以刨花板、纤维板等人造板为基材,以浸渍胶膜纸为饰面材料的装饰板材
颜色不匹配	某一图案的颜色与给定标样的颜色视觉上不相同
纸板错位	由于胶膜纸与基材对位不准而造成的产品板材缺纸,包括装饰纸印花白边、裂纹也计入纸板错位
纸张撕裂	由于胶膜纸部分折断而造成产品表面断裂痕迹
干花、白花	产品表面存在的不透明白色花斑
湿花	湿花也称水迹,是产品表面存在的雾状痕迹
表面孔隙	产品表面针孔状缺陷
污斑	原纸中的尘埃、印刷时出现的油墨迹,以及加工过程中杂物等造成的装饰缺陷
局部缺纸	由于胶膜纸破损造成基材显露的缺陷
透底	由于装饰胶膜纸覆盖能力不够造成基材在板面上显现的缺陷
崩边	产品在齐边加工过程中造成装饰面板边锯齿状缺陷
鼓泡	产品表面内含气体引起的异常凸起
鼓包	产品表面内含固体实物引起的异常凸起
分层	基材自身、胶膜纸自身或胶膜纸与基材之间的分离现象
耐光色牢度	产品表面的颜色对日光或人造光照射作用的抵抗力

2. 分类(表4-87)

表4-87 浸渍胶膜纸饰面人造板的分类

分 类 方 式	类 别
按人造板基材分	(1)浸渍胶膜纸饰面刨花板 (2)浸渍胶膜纸饰面纤维板
按装饰面分	(1)浸渍胶膜纸单饰面人造板 (2)浸渍胶膜纸双饰面人造板
按表面状态分	(1)平面浸渍胶膜纸饰面人造板 (2)浮雕浸渍胶膜纸饰面人造板

3. 要求

(1)分等

根据产品的外观质量分优等品、一等品、合格品。

(2)外观质量

浸渍胶膜纸双饰面人造板外观质量应符合表4-88的要求。浸渍胶膜纸单饰面人造板的装饰面外观质量应符合表4-88中正面要求,其背面不应有影响使用的缺陷。

表 4-88　浸渍胶膜纸饰面人造板外观质量要求

<table>
<tr><th rowspan="2">缺陷名称</th><th colspan="2">优等品</th><th colspan="2">一等品</th><th colspan="2">合格品</th></tr>
<tr><th>正面</th><th>背面</th><th>正面</th><th>背面</th><th>正面</th><th>背面</th></tr>
<tr><td>干花</td><td colspan="2" rowspan="3">不允许</td><td rowspan="2">不允许</td><td rowspan="2">总面积不超过板面的3%,允许</td><td rowspan="2">距板边5mm内,允许</td><td rowspan="2">总面积不超过板面的5%,允许</td></tr>
<tr><td>湿花</td></tr>
<tr><td>污斑</td><td>任意1m² 板面内≤3mm² 允许1处</td><td colspan="2">任意1m² 板面内3mm² ~30mm² 允许1处</td><td>任意1m² 板面内5mm² ~30mm² 允许3处</td></tr>
<tr><td>表面划痕</td><td colspan="3">不允许</td><td colspan="2">任1m² 板面内长度≤100mm允许2处;影响装饰层的不允许</td><td>任意1m² 板面内长度≤200mm允许4处;影响装饰层的不允许</td></tr>
<tr><td>表面压痕</td><td colspan="5">不允许</td><td>任意1m² 板面内20mm² ~50mm² 允许1处</td></tr>
<tr><td>透底</td><td colspan="3" rowspan="3">不允许</td><td colspan="3">明显的不允许</td></tr>
<tr><td>纸板错位</td><td colspan="3">宽度不得超过10mm,只允许一边有</td></tr>
<tr><td>表面孔隙</td><td colspan="3">表面孔隙总面积不超过板面的3%允许</td></tr>
<tr><td>颜色不匹配</td><td colspan="6">明显的不允许</td></tr>
<tr><td>光泽不均</td><td colspan="6">明显的不允许</td></tr>
<tr><td>鼓泡</td><td colspan="5">不允许</td><td>任意1m² 内≤10mm² 的允许1个</td></tr>
<tr><td>纸张撕裂</td><td colspan="3">不允许</td><td colspan="3">≤100mm,允许1处/张</td></tr>
<tr><td>局部缺纸</td><td colspan="5" rowspan="2">不允许</td><td>≤10mm²,允许1处/张</td></tr>
<tr><td>崩边</td><td>≤3mm</td></tr>
</table>

注:表中未列入影响使用和装饰效果的严重缺陷,如表面龟裂、分层、边角缺损(在基本尺寸内)等,各等级产品均不允许。

(3)规格尺寸及偏差

1)幅面尺寸及偏差应符合表4-89 规定,经供需双方协议可生产其他幅面尺寸的产品。

2)其他项目偏差见表4-90。

表 4-89　浸渍胶膜纸饰面人造板幅面尺寸及其偏差

<table>
<tr><th>长度,mm</th><th>宽度,mm</th><th>允许偏差,mm/m</th></tr>
<tr><td>2440</td><td>1220</td><td rowspan="5">±2.0</td></tr>
<tr><td>2440</td><td>1525</td></tr>
<tr><td>2440</td><td>1830</td></tr>
<tr><td>2610</td><td>2070</td></tr>
<tr><td>2700</td><td>2070</td></tr>
</table>

表 4-90　浸渍胶膜纸饰面人造板其他项目尺寸偏差

项　　目	允　许　偏　差
厚度	不得超过±0.3mm
垂直度	不得超过1mm/m
边缘直度	不得超过1mm/m
翘曲度	厚度为6~12mm 的翘曲度不得超过0.5%,厚度大于12mm 的翘曲度不得超过0.3%

(4)理化性能

1)浸渍胶膜纸饰面纤维板应符合表4-91规定。

表4-91 浸渍胶膜纸饰面纤维板理化性能表

检验项目	单位	密度0.6~0.8g/cm³				密度大于0.8g/cm³
		基本厚度,mm				
		≤13.0	>13.0~20.0	>20.0~25.0	>25.0	
静曲强度	MPa	≥22.0	≥20.0	≥18.0	≥17.0	≥30.0
内结合强度	MPa	≥0.55	≥0.45	≥0.45	≥0.45	≥0.8
含水率	%	3.0~10.0				
吸水厚度膨胀率	%	≤8.0				
握螺钉力 板面	N	≥1000				
握螺钉力 板边	N	≥700				
表面胶合强度	MPa	≥0.60				≥1.00
表面耐冷热循环	—	无裂缝、无鼓泡				
表面耐划痕	—	≥1.5N表面无整圈连续划痕				
尺寸稳定性	%	≤0.30				≤0.60
表面耐磨 磨耗值	mg/100r	≤80				
表面耐磨 表面情况 图案	—	磨100r后应保留50%以上花纹				
表面耐磨 表面情况 素色	—	磨350r以后应无露底现象				
表面耐香烟灼烧	—	黑斑、裂纹、鼓泡不允许				
表面耐干热	—	无龟裂、无鼓泡				
表面耐污染腐蚀	—	无污染、无腐蚀				
表面耐龟裂	—	0~1级				
表面耐水蒸气	—	不允许有凸起、变色和龟裂				
耐光色牢度(灰色样卡)	级	≥4				

注:1. 两类不同密度的浸渍胶膜纸双饰面纤维板的表面性能两面均应符合本表指标要求。
2. 经供需双方协议,可生产其他耐光色牢度级别的产品。

2)浸渍胶膜纸饰面刨花板理化性能应符合表4-92规定。

表4-92 浸渍胶膜纸饰面刨花板理化性能表

检验项目	单位	基本厚度,mm				
		≤13.0	>13.0~20.0	>20.0~25.0	>25.0~32.0	>32.0
静曲强度	MPa	≥16.0	≥15.0	≥14.0	≥12.0	≥10.0
内结合强度	MPa	≥0.40	≥0.35	≥0.30	≥0.25	≥0.20
含水率	%	3.0~13.0				
密度	g/cm³	0.60~0.90				
吸水厚度膨胀率	%	≤8.0				
握螺钉力 板面	N	≥1100				
握螺钉力 板边	N	≥700				

续表

检验项目			单位	基本厚度,mm				
				≤13.0	>13.0~20.0	>20.0~25.0	>25.0~32.0	>32.0
表面胶合强度			MPa	≥0.60				
表面耐冷热循环			—	无裂缝、无鼓泡				
表面耐划痕			—	≥1.5N 表面无整圈连续划痕				
尺寸稳定性			%	≤0.60				
表面耐磨	磨耗值		mg/100r	≤80				
	表面情况	图案	—	磨 100r 后应保留 50% 以上花纹				
		素色	—	磨 350r 以后应无露底现象				
表面耐香烟灼烧			—	黑斑、裂纹,鼓泡不允许				
表面耐干热			—	无龟裂、无鼓泡				
表面耐污染腐蚀			—	无污染、无腐蚀				
表面耐龟裂			—	0~1 级				
表面耐水蒸气			—	不允许有凸起、变色和龟裂				
耐光色牢度(灰色样卡)			级	≥4				

注:1. 浸渍胶膜纸双饰面刨花板的表面性能两面均应符合指标要求。
2. 经供需双方协议,可生产其他耐光色牢度级别的产品。

5 钢 材

5.1 碳素结构钢

1. 牌号和化学成分

1)钢的牌号和化学成分(熔炼分析)应符合表5-1的规定。

表5-1 碳素结构钢的牌号和化学成分

牌号	统一数字代号①	等级	厚度(或直径),mm	脱氧方法	化学成分(质量分数),%,不大于				
					C	Si	Mn	P	S
Q195	U11952	—	—	F、Z	0.12	0.30	0.50	0.035	0.040
Q215	U12152	A	—	F、Z	0.15	0.35	1.20	0.045	0.050
	U12155	B							0.045
Q235	U12352	A	—	F、Z	0.22	0.35	1.40	0.045	0.050
	U12355	B			0.20②				0.045
	U12358	C		Z	0.17			0.040	0.040
	U12359	D		TZ				0.035	0.035
Q275	U12752	A	—	F、Z	0.24	0.35	1.50	0.045	0.050
	U12755	B	≤40	Z	0.21			0.045	0.045
			>40		0.22				
	U12758	C	—	Z	0.20			0.040	0.040
	U12759	D		TZ				0.035	0.035

① 表中为镇静钢、特殊镇静钢牌号的统一数字,沸腾钢牌号的统一数字代号如下:
Q195F——U11950;
Q215AF——U12150,Q215BF——U12153;
Q235AF——U12350,Q235BF——U12353;
Q275AF——U12750。
② 经需方同意,Q235B的碳含量可不大于0.22%。

① D级钢应有足够细化晶粒的元素,并在质量证明书中注明细化晶粒元素的含量。当采用铝脱氧时,钢中酸溶铝含量应不小于0.015%,或总铝含量应不小于0.020%。

② 钢中残余元素铬、镍、铜含量应各不大于0.30%,氮含量应不大于0.008%。如供方能保证,均可不做分析。

a. 氮含量允许超过“②”的规定值,但氮含量每增加0.001%,磷的最大含量应减少0.005%,熔炼分析氮的最大含量应不大于0.012%;如果钢中的酸溶铝含量不小于0.015%或总铝含量不小于0.020%,氮含量的上限值可以不受限制。固定氮的元素应在质量证明书中注明。

b. 经需方同意,A 级钢的铜含量可不大于 0.35%。此时,供方应做铜含量的分析,并在质量证明书中注明其含量。

③ 钢中砷的含量应不大于 0.080%。用含砷矿冶炼生铁所冶炼的钢,砷含量由供需双方协议规定。如原料中不含砷,可不做砷的分析。

④ 在保证钢材力学性能符合标准规定的情况下,各牌号 A 级钢的碳、锰、硅含量可以不作为交货条件,但其含量应在质量证明书中注明。

⑤ 在供应商品连铸坯、钢锭和钢坯时,为了保证轧制钢材各项性能达到标准要求,可以根据需方要求规定各牌号的碳、锰含量下限。

2)成品钢材、连铸坯、钢坯的化学成分允许偏差应符合《钢的成品化学成分允许偏差》(GB/T 222)中的规定。

氮含量允许超过规定值,但必须符合“1)中②a.”的要求,成品分析氮含量的最大值应不大于 0.014%;如果钢中的铝含量达到“1)中②a.”规定的含量,并在质量证明书中注明,氮含量上限值可不受限制。

沸腾钢成品钢材和钢坯的化学成分偏差不作保证。

2. 冶炼方法

钢由氧气转炉或电炉冶炼。除非需方有特殊要求并在合同中注明,冶炼方法一般由供方自行选择。

3. 力学性能

1)钢材的拉伸和冲击试验结果应符合表 5-2 的规定,弯曲试验结果应符合表 5-3 的规定。

表 5-2 碳素结构钢材的拉伸和冲击试验结果

牌号	等级	屈服强度① R_{eH},N/mm²,不小于						抗拉强度②,R_m,N/mm²	断后伸长率 A,%,不小于					冲击试验(V 型缺口)	
		厚度(或直径),mm							厚度(或直径),mm					温度,℃	冲击吸收功(纵向),J 不小于
		≤16	>16~40	>40~60	>60~100	>100~150	>150~200		≤40	>40~60	>60~100	>100~150	>150~200		
Q195	—	195	185	—	—	—	—	315~430	33	—	—	—	—	—	—
Q215	A	215	205	195	185	175	165	335~450	31	30	29	27	26	—	—
	B													+20	27
Q235	A	235	225	215	215	195	185	370~500	26	25	24	22	21	—	—
	B													+20	27③
	C													0	
	D													−20	
Q275	A	275	265	255	245	225	215	410~540	22	21	20	18	17	—	—
	B													+20	27
	C													0	
	D													−20	

① Q195 的屈服强度值仅供参考,不作交货条件;
② 厚度大于 100mm 的钢材,抗拉强度下限允许降低 20N/mm²。宽带钢(包括剪切钢板)抗拉强度上限不作交货条件;
③ 厚度小于 25mm 的 Q235B 级钢材,如供方能保证冲击吸收功值合格,经需方同意,可不作检验。

表 5-3 碳素结构钢材的弯曲试验结果

牌 号	试样方向	冷弯试验 180° $B=2a$[①]	
		钢材厚度(或直径)[②],mm	
		≤60	>60~100
		弯心直径 d	
Q195	纵	0	—
	横	0.5a	
Q215	纵	0.5a	1.5a
	横	a	2a
Q235	纵	a	2a
	横	1.5a	2.5a
Q275	纵	1.5a	2.5a
	横	2a	3a

① B 为试样宽度,a 为试样厚度(或直径)。
② 钢材厚度(或直径)大于 100mm 时,弯曲试验由双方协商确定。

2)用 Q195 和 Q235B 级沸腾钢轧制的钢材,其厚度(或直径)不大于 25mm。

3)做拉伸和冷弯试验时,型钢和钢棒取纵向试样;钢板、钢带取横向试样,断后伸长率允许比表 5-2 降低 2%(绝对值)。窄钢带取横向试样如果受宽度限制时,可以取纵向试样。

4)厚度不小于 12mm 或直径不小于 16mm 的钢材应做冲击试验,试样尺寸为 10mm × 10mm × 55mm。经供需双方协议,厚度为 6~12mm 或直径为 12~16mm 的钢材可以做冲击试验,试样尺寸为 10mm × 7.5mm × 55mm 或 10mm × 5mm × 55mm 或 10mm × 产品厚度 × 55mm。

5.2 优质碳素结构钢

1. 牌号、代号及化学成分

1)优质碳素结构钢的牌号、统一数字代号及化学成分(熔炼分析)应符合表 5-4 的规定。

表 5-4 优质碳素结构钢的牌号和化学成分

序 号	统一数字代号	牌 号	化学成分,%					
			C	Si	Mn	Cr	Ni	Cu
						≤		
1	U20080	08F	0.05~0.11	≤0.03	0.25~0.50	0.10	0.30	0.25
2	U20100	10F	0.07~0.13	≤0.07	0.25~0.50	0.15	0.30	0.25
3	U20150	15F	0.12~0.18	≤0.07	0.25~0.50	0.25	0.30	0.25

续表

序　号	统一数字代号	牌　号	化学成分,%					
			C	Si	Mn	Cr	Ni	Cu
						≤		
4	U20082	08	0.05～0.11	0.17～0.37	0.35～0.65	0.10	0.30	0.25
5	U20102	10	0.07～0.13	0.17～0.37	0.35～0.65	0.15	0.30	0.25
6	U20152	15	0.12～0.18	0.17～0.37	0.35～0.65	0.25	0.30	0.25
7	U20202	20	0.17～0.23	0.17～0.37	0.35～0.65	0.25	0.30	0.25
8	U20252	25	0.22～0.29	0.17～0.37	0.50～0.80	0.25	0.30	0.25
9	U20302	30	0.27～0.34	0.17～0.37	0.50～0.80	0.25	0.30	0.25
10	U20352	35	0.32～0.39	0.17～0.37	0.50～0.80	0.25	0.30	0.25
11	U20402	40	0.37～0.44	0.17～0.37	0.50～0.80	0.25	0.30	0.25
12	U20452	45	0.42～0.50	0.17～0.37	0.50～0.80	0.25	0.30	0.25
13	U20502	50	0.47～0.55	0.17～0.37	0.50～0.80	0.25	0.30	0.25
14	U20552	55	0.52～0.60	0.17～0.37	0.50～0.80	0.25	0.30	0.25
15	U20602	60	0.57～0.65	0.17～0.37	0.50～0.80	0.25	0.30	0.25
16	U20652	65	0.62～0.70	0.17～0.37	0.50～0.80	0.25	0.30	0.25
17	U20702	70	0.67～0.75	0.17～0.37	0.50～0.80	0.25	0.30	0.25
18	U20752	75	0.72～0.80	0.17～0.37	0.50～0.80	0.25	0.30	0.25
19	U20802	80	0.77～0.85	0.17～0.37	0.50～0.80	0.25	0.30	0.25
20	U20852	85	0.82～0.90	0.17～0.37	0.50～0.80	0.25	0.30	0.25
21	U21152	15Mn	0.12～0.18	0.17～0.37	0.70～1.00	0.25	0.30	0.25
22	U21202	20Mn	0.17～0.23	0.17～0.37	0.70～1.00	0.25	0.30	0.25
23	U21252	25Mn	0.22～0.29	0.17～0.37	0.70～1.00	0.25	0.30	0.25
24	U21302	30Mn	0.27～0.34	0.17～0.37	0.70～1.00	0.25	0.30	0.25
25	U21352	35Mn	0.32～0.39	0.17～0.37	0.70～1.00	0.25	0.30	0.25
26	U21402	40Mn	0.37～0.44	0.17～0.37	0.70～1.00	0.25	0.30	0.25
27	U21452	45Mn	0.42～0.50	0.17～0.37	0.70～1.00	0.25	0.30	0.25
28	U21502	50Mn	0.48～0.56	0.17～0.37	0.70～1.00	0.25	0.30	0.25
29	U21602	60Mn	0.57～0.65	0.17～0.37	0.70～1.00	0.25	0.30	0.25
30	U21652	65Mn	0.62～0.70	0.17～0.37	0.90～1.20	0.25	0.30	0.25
31	U21702	70Mn	0.67～0.75	0.17～0.37	0.90～1.20	0.25	0.30	0.25

注:表中所列牌号为优质钢。如果是高级优质钢,在牌号后面加“A”(统一数字代号最后一位数字改为“3”);如果是特级优质钢,在牌号后面加“E”(统一数字代号最后一位数字改为“6”);对于沸腾钢,牌号后面为“F”(统一数字代号最后一位数字为“0”);对于半镇静钢,牌号后面为“b”(统一数字代号最后一位数字为“1”)。

2)使用废钢冶炼的钢允许含铜量不大于0.30%。

3)热压力加工用钢的铜含量应不大于0.20%。

4)铅浴淬火(派登脱)钢丝用的35~85钢的锰含量为0.30%~0.60%;65Mn和70Mn钢的锰含量为0.70%~1.00%,铬含量不大于0.10%,镍含量不大于0.15%,铜含量不大于0.20%;硫、磷含量应符合钢丝标准要求。

5)08钢用铝脱氧冶炼镇静钢,锰含量下限为0.25%,硅含量不大于0.03%,铝含量为0.02%~0.07%。此时钢的牌号为08Al。

6)冷冲压用沸腾钢含硅量不大于0.03%。

7)氧气转炉冶炼的钢其含氮量应不大于0.008%。供方能保证合格时,可不做分析。

8)经供需双方协议,08~25钢可供应硅含量不大于0.17%的半镇静钢,其牌号为08b~25b。

9)钢材(或坯)的化学成分允许偏差应符合表5-5。

表5-5 优质碳素结构钢材的化学成分允许偏差

组别	P	S
	≤,%	
优质钢	0.035	0.035
高级优质钢	0.030	0.030
特级优质钢	0.025	0.020

2. 力学性能

1)用热处理(正火)毛坯制成的试样测定钢材的纵向力学性能(不包括冲击吸收功)应符合表5-6的规定。以热轧或热锻状态交货的钢材,如供方能保证力学性能合格时,可不进行试验。

表5-6 优质碳素结构钢的力学性能

牌号	试样毛坯尺寸,mm	推荐热处理,℃			力学性能					钢材交货状态硬度 HBS10/3000 ≤	
		正火	淬火	回火	σ_b,MPa	σ_s,MPa	δ_5,%	ψ,%	A_{KU2},J		
					≥					未热处理钢	退火钢
08F	25	930			295	175	35	60		131	
10F	25	930			315	185	33	55		137	
15F	25	920			355	205	29	55		143	
08	25	930			325	195	33	60		131	
10	25	930			335	205	31	55		137	
15	25	920			375	225	27	55		143	
20	25	910			410	245	25	55		156	
25	25	900	870	600	450	275	23	50	71	170	
30	25	880	860	600	490	295	21	50	63	179	

续表

牌号	试样毛坯尺寸，mm	推荐热处理，℃			力学性能					钢材交货状态硬度 HBS10/3000 ≤	
		正火	淬火	回火	σ_b，MPa	σ_s，MPa	δ_5，%	ψ，%	A_{KU2}，J		
					≥					未热处理钢	退火钢
35	25	870	850	600	530	315	20	45	55	197	
40	25	860	840	600	570	335	19	45	47	217	187
45	25	850	840	600	600	355	16	40	39	229	197
50	25	830	830	600	630	375	14	40	31	241	207
55	25	820	820	600	645	380	13	35		255	217
60	25	810			675	400	12	35		255	229
65	25	810			695	410	10	30		255	229
70	25	790			715	420	9	30		269	229
75	试样		820	480	1080	880	7	30		285	241
80	试样		820	480	1080	930	6	30		285	241
85	试样		820	480	1130	980	6	30		302	255
15Mn	25	920			410	245	26	55		163	
20Mn	25	910			450	275	24	50		197	
25Mn	25	900	870	600	490	295	22	50	71	207	
30Mn	25	880	860	600	540	315	20	45	63	217	187
35Mn	25	870	850	600	560	335	18	45	55	229	197
40Mn	25	860	840	600	590	355	17	45	47	229	207
45Mn	25	850	840	600	620	375	15	40	39	241	217
50Mn	25	830	830	600	645	390	13	40	31	255	217
60Mn	25	810			695	410	11	35		269	229
65Mn	25	830			735	430	9	30		285	229
70Mn	25	790			785	450	8	30		285	229

注：1. 对于直径或厚度小于25mm的钢材，热处理是在与成品截面尺寸相同的试样毛坯上进行。
2. 表中所列正火推荐保温时间不少于30min，空冷；淬火推荐保温时间不少于30min，70、80和85钢油冷，其余钢水冷；回火推荐保温时间不少于1h。

根据需方要求，用热处理（淬火＋回火）毛坯制成试样测定25～50、25Mn～50Mn钢的冲击吸收功应符合表5-6的规定。

直径小于16mm的圆钢和厚度不大于12mm的方钢、扁钢，不作冲击试验。

2）表5-6所列的力学性能仅适用于截面尺寸不大于80mm的钢材。对大于80mm的钢材，允许其断后伸长率、断面收缩率比表5-6的规定分别降低2%（绝对值）及5%（绝对值）。

用尺寸大于80～120mm的钢材改锻（轧）成70～80mm的试料取样检验时，其试验结果应符合表5-6规定。

用尺寸大于120～250mm的钢材改锻（轧）成90～100mm的试料取样检验时，其试验结果应符合表5-6规定。

3）切削加工用钢材或冷拔坯料用钢材交货状态硬度应符合表5-6规定。不退火钢的硬度，供方若能保证合格时，可不作检验。高温回火或正火后的硬度指标，由供需双方协商确定。

3. 表面质量

1）压力加工用钢材的表面不得有目视可见的裂纹、结疤、折叠及夹杂。如有上述缺陷必须清除，清除深度从钢材实际尺寸算起应符合表5-7的规定。清除宽度不小于深度的5倍。对直径或边长大于140mm的钢材，在同一截面的最大清除深度不得多于两处。允许有从实际尺寸算起不超过尺寸公差之半的个别细小划痕、压痕、麻点及深度不超过0.2mm的小裂纹存在。

表5-7 优质碳素结构钢的缺陷清除深度 mm

钢材公称尺寸（直径或厚度）	允许缺陷清除深度	钢材公称尺寸（直径或厚度）	允许缺陷清除深度
<80	钢材公称尺寸公差的1/2	>140～200	钢材公称尺寸的5%
80～140	钢材公称尺寸公差	>200	钢材公称尺寸的6%

2）切削加工用钢材的表面允许有从钢材公称尺寸算起深度不超过表5-8规定的局部缺陷。

表5-8 优质碳素结构钢的允许缺陷 mm

钢材公称尺寸（直径或厚度）	局部缺陷允许深度不大于	钢材公称尺寸（直径或厚度）	局部缺陷允许深度不大于
<100	钢材公称尺寸的负偏差	≥100	钢材公称尺寸的公差

5.3 合金结构钢

1. 牌号及化学成分

1）钢的牌号、统一数字代号及化学成分（熔炼分析）应符合表5-9的规定。

表 5-9　合金结构钢的牌号和化学成分

钢组	序号	统一数字代号	牌号	化学成分，%										
				C	Si	Mn	Cr	Mo	Ni	W	B	Al	Ti	V
Mn	1	A00202	20Mn2	0.17~0.24	0.17~0.37	1.40~1.80								
	2	A00302	30Mn2	0.27~0.34	0.17~0.37	1.40~1.80								
	3	A00352	35Mn2	0.32~0.39	0.17~0.37	1.40~1.80								
	4	A00402	40Mn2	0.37~0.44	0.17~0.37	1.40~1.80								
	5	A00452	45Mn2	0.42~0.49	0.17~0.37	1.40~1.80								
	6	A00502	50Mn2	0.47~0.55	0.17~0.37	1.40~1.80								
MnV	7	A01202	20MnV	0.17~0.24	0.17~0.37	1.30~1.60								0.07~0.12
SiMn	8	A10272	27SiMn	0.24~0.32	1.10~1.40	1.10~1.40								
	9	A10352	35SiMn	0.32~0.40	1.10~1.40	1.10~1.40								
	10	A10422	42SiMn	0.39~0.45	1.10~1.40	1.10~1.40								
SiMnMoV	11	A14202	20SiMn2MoV	0.17~0.23	0.90~1.20	2.20~2.60		0.30~0.40						0.05~0.12
	12	A14262	25SiMn2MoV	0.22~0.28	0.90~1.20	2.20~2.60		0.30~0.40						0.05~0.12
	13	A14372	37SiMn2MoV	0.33~0.39	0.60~0.90	1.60~1.90		0.40~0.50						0.05~0.12
B	14	A70402	40B	0.37~0.44	0.17~0.37	0.60~0.90					0.0005~0.0035			
	15	A70452	45B	0.42~0.49	0.17~0.37	0.60~0.90					0.0005~0.0035			
	16	A70502	50B	0.47~0.55	0.17~0.37	0.60~0.90					0.0005~0.0035			
MnB	17	A71402	40MnB	0.37~0.44	0.17~0.37	1.10~1.40					0.0005~0.0035			
	18	A71452	45MnB	0.42~0.49	0.17~0.37	1.10~1.40					0.0005~0.0035			
MnMoB	19	A72202	20MnMoB	0.16~0.22	0.17~0.37	0.90~1.20		0.20~0.30			0.0005~0.0035			
MnVB	20	A73152	15MnVB	0.12~0.18	0.17~0.37	1.20~1.60					0.0005~0.0035			0.07~0.12
	21	A73202	20MnVB	0.17~0.23	0.17~0.37	1.20~1.60					0.0005~0.0035			0.07~0.12
	22	A73402	40MnVB	0.37~0.44	0.17~0.37	1.10~1.40					0.0005~0.0035			0.05~0.10

续表

钢组	序号	统一数字代号	牌号	化学成分，%										
				C	Si	Mn	Cr	Mo	Ni	W	B	Al	Ti	V
MnTiB	23	A74202	20MnTiB	0.17~0.24	0.17~0.37	1.30~1.60					0.0005~0.0035		0.04~0.10	
	24	A74252	25MnTiBRE	0.22~0.28	0.20~0.45	1.30~1.60					0.0005~0.0035		0.04~0.10	
Cr	25	A20152	15Cr	0.12~0.18	0.17~0.37	0.40~0.70	0.70~1.00							
	26	A20153	15CrA	0.12~0.17	0.17~0.37	0.40~0.70	0.70~1.00							
	27	A20202	20Cr	0.18~0.24	0.17~0.37	0.50~0.80	0.70~1.00							
	28	A20302	30Cr	0.27~0.34	0.17~0.37	0.50~0.80	0.80~1.10							
	29	A20352	35Cr	0.32~0.39	0.17~0.37	0.50~0.80	0.80~1.10							
	30	A20402	40Cr	0.37~0.44	0.17~0.37	0.50~0.80	0.80~1.10							
	31	A20452	45Cr	0.42~0.49	0.17~0.37	0.50~0.80	0.80~1.10							
	32	A20502	50Cr	0.47~0.54	0.17~0.37	0.50~0.80	0.80~1.10							
CrSi	33	A21382	38CrSi	0.35~0.43	1.00~1.30	0.30~0.60	1.30~1.60							
CrMo	34	A30122	12CrMo	0.08~0.15	0.17~0.37	0.40~0.70	0.40~0.70	0.40~0.55						
	35	A30152	15CrMo	0.12~0.18	0.17~0.37	0.40~0.70	0.80~1.10	0.40~0.55						
	36	A30202	20CrMo	0.17~0.24	0.17~0.37	0.40~0.70	0.80~1.10	0.15~0.25						
	37	A30302	30CrMo	0.26~0.34	0.17~0.37	0.40~0.70	0.80~1.10	0.15~0.25						
	38	A30303	30CrMoA	0.26~0.33	0.17~0.37	0.40~0.70	0.80~1.10	0.15~0.25						
	39	A30352	35CrMo	0.32~0.40	0.17~0.37	0.40~0.70	0.80~1.10	0.15~0.25						
	40	A30422	42CrMo	0.38~0.45	0.17~0.37	0.50~0.80	0.90~1.20	0.15~0.25						
CrMoV	41	A31122	12CrMoV	0.08~0.15	0.17~0.37	0.40~0.70	0.30~0.60	0.25~0.35						0.15~0.30
	42	A31352	35CrMoV	0.30~0.38	0.17~0.37	0.40~0.70	1.00~1.30	0.20~0.30						0.10~0.20
	43	A31132	12Cr1MoV	0.08~0.15	0.17~0.37	0.40~0.70	0.90~1.20	0.25~0.35						0.15~0.30
	44	A31253	25Cr2MoVA	0.22~0.29	0.17~0.37	0.40~0.70	1.50~1.80	0.25~0.35						0.15~0.30
	45	A31263	25Cr2Mo1VA	0.22~0.29	0.17~0.37	0.50~0.80	2.10~2.50	0.90~1.10						0.30~0.50

续表

钢组	序号	统一数字代号	牌号	化学成分，%										
				C	Si	Mn	Cr	Mo	Ni	W	B	Al	Ti	V
CrMoAl	46	A33382	38CrMoAl	0.35～0.42	0.20～0.45	0.30～0.60	1.35～1.65	0.15～0.25				0.70～1.10		
CrV	47	A23402	40CrV	0.37～0.44	0.17～0.37	0.50～0.80	0.80～1.10							0.10～0.20
	48	A23503	50CrVA	0.47～0.54	0.17～0.37	0.50～0.80	0.80～1.10							0.10～0.20
CrMn	49	A22152	15CrMn	0.12～0.18	0.17～0.37	1.10～1.40	0.40～0.70							
	50	A22202	20CrMn	0.17～0.23	0.17～0.37	0.90～1.20	0.90～1.20							
	51	A22402	40CrMn	0.37～0.45	0.17～0.37	0.90～1.20	0.90～1.20							
CrMnSi	52	A24202	20CrMnSi	0.17～0.23	0.90～1.20	0.80～1.10	0.80～1.10							
	53	A24252	25CrMnSi	0.22～0.28	0.90～1.20	0.80～1.10	0.80～1.10							
	54	A24302	30CrMnSi	0.27～0.34	0.90～1.20	0.80～1.10	0.80～1.10							
	55	A24303	30CrMnSiA	0.28～0.34	0.90～1.20	0.80～1.10	0.80～1.10							
	56	A24353	35CrMnSiA	0.32～0.39	1.10～1.40	0.80～1.10	1.10～1.40							
CrMnMo	57	A34202	20CrMnMo	0.17～0.23	0.17～0.37	0.90～1.20	1.10～1.40	0.20～0.30						
	58	A34402	40CrMnMo	0.37～0.45	0.17～0.37	0.90～1.20	0.90～1.20	0.20～0.30						
CrMnTi	59	A26202	20CrMnTi	0.17～0.23	0.17～0.37	0.80～1.10	1.00～1.30						0.04～0.10	
	60	A26302	30CrMnTi	0.24～0.32	0.17～0.37	0.80～1.10	1.00～1.30						0.04～0.10	
CrNi	61	A40202	20CrNi	0.17～0.23	0.17～0.37	0.40～0.70	0.45～0.75		1.00～1.40					
	62	A40402	40CrNi	0.37～0.44	0.17～0.37	0.50～0.80	0.45～0.75		1.00～1.40					
	63	A40452	45CrNi	0.42～0.49	0.17～0.37	0.50～0.80	0.45～0.75		1.00～1.40					
	64	A40502	50CrNi	0.47～0.54	0.17～0.37	0.50～0.80	0.45～0.75		1.00～1.40					
	65	A41122	12CrNi2	0.10～0.17	0.17～0.37	0.30～0.60	0.60～0.90		1.50～1.90					
	66	A42122	12CrNi3	0.10～0.17	0.17～0.37	0.30～0.60	0.60～0.90		2.75～3.15					

续表

钢组	序号	统一数字代号	牌号	化学成分，%										
				C	Si	Mn	Cr	Mo	Ni	W	B	Al	Ti	V
CrNi	67	A42202	20CrNi3	0.17~0.24	0.17~0.37	0.30~0.60	0.60~0.90		2.75~3.15					
	68	A42302	30CrNi3	0.27~0.33	0.17~0.37	0.30~0.60	0.60~0.90		2.75~3.15					
	69	A42372	37CrNi3	0.34~0.41	0.17~0.37	0.30~0.60	1.20~1.60		3.00~3.50					
	70	A43122	12Cr2Ni4	0.10~0.16	0.17~0.37	0.30~0.60	1.25~1.65		3.25~3.65					
	71	A43202	20Cr2Ni4	0.17~0.23	0.17~0.37	0.30~0.60	1.25~1.65		3.25~3.65					
CrNiMo	72	A50202	20CrNiMo	0.17~0.23	0.17~0.37	0.60~0.95	0.40~0.70	0.20~0.30	0.35~0.75					
	73	A50403	40CrNiMoA	0.37~0.44	0.17~0.37	0.50~0.80	0.60~0.90	0.15~0.25	1.25~1.65					
CrMnNiMo	74	A50183	18CrNiMnMoA	0.15~0.21	0.17~0.37	1.10~1.40	1.00~1.30	0.20~0.30	1.00~1.30					
CrNiMoV	75	A51453	45CrNiMoVA	0.42~0.49	0.17~0.37	0.50~0.80	0.80~1.10	0.20~0.30	1.30~1.80					0.10~0.20
CrNiW	76	A52183	18Cr2Ni4WA	0.13~0.19	0.17~0.37	0.30~0.60	1.35~1.65		4.00~4.50	0.80~1.20				
	77	A52253	25Cr2Ni4WA	0.21~0.28	0.17~0.37	0.30~0.60	1.35~1.65		4.00~4.50	0.80~1.20				

注：1. 本标准中规定带“A”字标志的牌号仅能作为高级优质钢订货，其他牌号按优质钢订货；

2. 根据需方要求，可对表中各牌号按高级优质钢（指不带“A”）或特级优质钢（全部牌号）订货，只需在所订牌号后加“A”或“B”字标志（对有“A”字牌号应先去掉“A”），需方对表中牌号化学成分提出其他要求可按特殊要求订货；

3. 统一数字代号系根据 GB/T 17616 规定列入，优质钢尾部数字为“2”，高级优质钢（带“A”钢）尾部数字为“3”，特级优质钢（带“E”钢）尾部数字为“6”；

4. 稀土成分按 0.05% 计算量加入，成品分析结果供参考。

2)钢中硫、磷及残余铜、铬、镍、钼含量应符合表5-10的规定。

表5-10　合金结构钢的化学成分　%

钢　类	P	S	Cu	Cr	Ni	Mo
	不 大 于					
优质钢	0.035	0.035	0.30	0.30	0.30	0.15
高级优质钢	0.025	0.025	0.25	0.30	0.30	0.10
特级优质钢	0.025	0.015	0.25	0.30	0.30	0.10

3)钢中残余钨、钒、钛含量应作分析,结果记入质量证明书中,根据要求,可对残余钨、钒、钛含量加以限制。

2. 力学性能

1)用热处理毛坯制成试样测定钢材的纵向力学性能和退火或高温回火状态的硬度,检验结果应符合表5-11的规定。

钢材尺寸小于试样毛坯尺寸时,用原尺寸钢材进行热处理。直径小于16mm的圆钢和厚度不大于12mm的方钢、扁钢,不作冲击试验。

2)表5-11所列力学性能适用于截面尺寸不大于80mm的钢材。尺寸大于80～100mm的钢材,允许其断后伸长率、断面收缩率及冲击吸收功较表5-11的规定分别降低1%(绝对值)、5%(绝对值)及5%;尺寸大于100～150mm的钢材,允许其断后伸长率、断面收缩率及冲击吸收功分别降低2%(绝对值)、10%(绝对值)及10%;尺寸大于150～250mm的钢材,允许其断后伸长率、断面收缩率及冲击吸收功分别降低3%(绝对值)、15%(绝对值)及15%。

3)尺寸大于80mm的钢材允许将取样用坯改锻(轧)成截面70～80mm后取样。检验结果应符合表5-11规定。

4)根据需方要求,供应以淬火和回火状态交货的钢材,其测定力学性能用试样不再进行热处理,力学性能指标由供需双方协议确定。

3. 表面质量

1)压力加工用钢材的表面不得有裂纹、结疤、折叠及夹杂。如有上述缺陷必须清除,清除深度从钢材实际尺寸算起符合表5-12的规定。清除宽度不小于深度的5倍,同一截面达到最大清除深度不应多于1处。允许有从实际尺寸算起不超过尺寸公差之半的个别细小划痕、压痕、麻点及深度不超过0.2mm的小裂纹存在。

表 5-11 合金结构钢的力学性能

钢组	序号	牌号	试样毛坯尺寸，mm	热处理：淬火 加热温度，℃ 第一次淬火	热处理：淬火 加热温度，℃ 第二次淬火	热处理：淬火 冷却剂	热处理：回火 加热温度，℃	热处理：回火 冷却剂	力学性能（不小于）：抗拉强度 σ_b，MPa	屈服点 σ_s MPa	断后伸长率 δ_5 %	断面收缩率 ψ %	冲击吸收功 A_{KU2} J	钢材退火或高温回火供应状态布氏硬度 HB100/3000 不大于
Mn	1	20Mn2	15	850	—	水、油	200	水、空	785	590	10	40	47	187
				880	—	水、油	440	水、空						
	2	30Mn2	25	840	—	水	500	水	785	635	12	45	63	207
	3	35Mn2	25	840	—	水	500	水	835	685	12	45	55	207
	4	40Mn2	25	840	—	水、油	540	水	885	735	12	45	55	217
	5	45Mn2	25	840	—	油	550	水、油	885	735	10	45	47	217
	6	50Mn2	25	820	—	油	550	水、油	930	785	9	40	39	229
MnV	7	20MnV	15	880	—	水、油	200	水、空	785	590	10	40	55	187
SiMn	8	27SiMn	25	920	—	水	450	水、油	980	835	12	40	39	217
	9	35SiMn	25	900	—	水	570	水、油	885	735	15	45	47	229
	10	42SiMn	25	880	—	水	590	水	885	735	15	40	47	229
SiMnMoV	11	20SiMn2MoV	试样	900	—	油	200	水、空	1380	—	10	45	55	269
	12	25SiMn2MoV	试样	900	—	油	200	水、空	1470	—	10	40	47	269
	13	37SiMn2MoV	25	870	—	水、油	650	水、空	980	835	12	50	63	269
B	14	40B	25	840	—	水	550	水	785	635	12	45	55	207
	15	45B	25	840	—	水	550	水	835	685	12	45	47	217
	16	50B	20	840	—	油	600	空	785	540	10	45	39	207
MnB	17	40MnB	25	850	—	油	500	水、油	980	785	10	45	47	207
	18	45MnB	25	840	—	油	500	水、油	1030	835	9	40	39	217
MnMoB	19	20MnMoB	15	880	—	油	2000	油、空	1080	885	10	50	55	207

续表

钢组	序号	牌号	试样毛坯尺寸，mm	热处理 淬火 加热温度，℃ 第一次淬火	第二次淬火	淬火 冷却剂	回火 加热温度，℃	回火 冷却剂	力学性能（不小于） 抗拉强度 σ_b，MPa	屈服点 σ_s MPa	断后伸长率 δ_5 %	断面收缩率 ψ %	冲击吸收功 A_{KU2} J	钢材退火或高温回火供应状态布氏硬度 HB100/3000 不大于
	20	15MnVB	15	860	—	油	200	水、空	885	635	10	45	55	207
MnVB	21	20MnVB	15	860	—	油	200	水、空	1080	885	10	45	55	207
	22	40MnVB	25	850	—	油	520	水、油	980	785	10	45	47	207
MnTiB	23	20MnTiB	15	860	—	油	200	水、空	1130	930	10	45	55	187
	24	25MnTiBRE	试样	860	—	油	200	水、空	1380	—	10	40	47	229
	25	15Cr	15	880	780～820	水、油	200	水、空	735	490	11	45	55	179
	26	15CrA	15	880	770～820	水、油	180	油、空	685	490	12	45	55	179
	27	20Cr	15	880	780～820	水、油	200	水、空	835	540	10	40	47	179
Cr	28	30Cr	25	860	—	油	500	水、油	885	685	11	45	47	187
	29	35Cr	25	860	—	油	500	水、油	930	735	11	45	47	207
	30	40Cr	25	850	—	油	520	水、油	980	785	9	45	47	207
	31	45Cr	25	840	—	油	520	水、油	1030	835	9	40	39	217
	32	50Cr	25	830	—	油	520	水、油	1080	930	9	40	39	229
CrSi	33	38CrSi	25	900	—	油	600	水、油	980	835	12	50	55	255
	34	12CrMo	30	900	—	空	650	空	410	265	24	60	110	179
	35	15CrMo	30	900	—	空	650	空	440	295	22	60	94	179
	36	20CrMo	15	880	—	水、油	500	水、油	885	685	12	50	78	197
CrMo	37	30CrMo	25	880	—	水、油	540	水、油	930	785	12	50	63	229
	38	30CrMoA	15	880	—	油	540	水、油	930	735	12	50	71	229
	39	35CrMo	25	850	—	油	550	水、油	980	835	12	45	63	229
	40	42CrMo	25	850	—	油	560	水、油	1080	930	12	45	63	217

续表

钢组	序号	牌号	试样毛坯尺寸，mm	热处理 淬火 加热温度，℃ 第一次淬火	第二次淬火	淬火 冷却剂	回火 加热温度，℃	回火 冷却剂	力学性能 抗拉强度 σ_b，MPa	屈服点 σ_s MPa	断后伸长率 δ_5 %	断面收缩率 ψ %	冲击吸收功 A_{KU2} J	钢材退火或高温回火供应状态布氏硬度 HB100/3000 不大于
									不小于					
CrMoV	41	12CrMoV	30	970	—	空	750	空	440	225	22	50	78	241
	42	35CrMoV	25	900	—	油	630	水、油	1080	930	10	50	71	241
	43	12Cr1MoV	30	970	—	空	750	空	490	245	22	50	71	179
	44	25Cr2MoVA	25	900	—	油	640	空	930	785	14	55	63	241
	45	25Cr2Mo1VA	25	1040	—	空	700	空	735	590	16	50	47	241
CrMoAl	46	38CrMoAl	30	940	—	水、油	640	水、油	980	835	14	50	71	229
CrV	47	40CrV	25	880	—	油	650	水、油	885	735	10	50	71	241
	48	50CrVA	25	860	—	油	500	水、油	1280	1130	10	40	—	255
CrMn	49	15CrMn	15	880	—	油	200	水、空	785	590	12	50	47	179
	50	20CrMn	15	850	—	油	200	水、空	930	735	10	45	47	187
	51	40CrMn	25	840	—	油	550	水、油	980	835	9	45	47	229
CrMnSi	52	20CrMnSi	25	880	—	油	480	水、油	785	635	12	45	55	207
	53	25CrMnSi	25	880	—	油	480	水、油	1080	885	10	40	39	217
	54	30CrMnSi	25	880	—	油	520	水、油	1080	885	10	45	39	229
	55	30CrMnSiA	25	880	—	油	540	水、油	1080	835	10	45	39	229
	56	35CrMnSiA	试样	加热到 880℃，于 280～310℃ 等温淬火					1620	1280	9	40	31	241
			试样	950	890	油	230	空、油						
CrMnMo	57	20CrMnMo	15	850	—	油	200	水、空	1180	885	10	45	55	217
	58	40CrMnMo	25	850	—	油	600	水、油	980	785	10	45	63	217
CrMnTi	59	20CrMnTi	15	880	870	油	200	水、空	1080	850	10	45	55	217
	60	30CrMnTi	试样	880	850	油	200	水、空	1470	—	9	40	47	229

续表

钢组	序号	牌号	试样毛坯尺寸，mm	热处理					力学性能					钢材退火或高温回火供应状态布氏硬度HB100/3000不大于
				淬火		回火			抗拉强度 σ_b，MPa	屈服点 σ_s MPa	断后伸长率 δ_5 %	断面收缩率 ψ %	冲击吸收功 A_{KU2} J	
				加热温度，℃		冷却剂	加热温度，℃	冷却剂	不小于					
				第一次淬火	第二次淬火									
CrNi	61	20CrNi	25	850	—	水、油	460	水、油	785	590	10	50	63	197
	62	40CrNi	25	820	—	油	500	水、油	980	785	10	45	55	241
	63	45CrNi	25	820	—	油	530	水、油	980	785	10	45	55	255
	64	50CrNi	25	820	—	油	500	水、油	1080	835	8	40	39	255
	65	12CrNi2	15	860	780	水、油	200	水、空	785	590	12	50	63	207
	66	12CrNi3	15	860	780	油	200	水、空	930	685	11	50	71	217
	67	20CrNi3	25	830	—	水、油	480	水、油	930	735	11	55	78	241
	68	30CrNi3	25	820	—	油	500	水、油	980	785	9	45	63	241
	69	37CrNi3	25	820	—	油	500	水、油	1130	980	10	50	47	269
	70	12Cr2Ni4	15	860	780	油	200	水、空	1080	835	10	50	71	269
	71	20Cr2Ni4	15	880	780	油	200	水、空	1180	1080	10	45	63	269
CrNiMo	72	20CrNiMo	15	850	—	油	200	空	980	785	9	40	47	197
	73	40CrNiMoA	25	850	—	油	600	水、油	980	835	12	55	78	269
CrMnNiMo	74	18CrMnNiMoA	15	830	—	油	200	空	1180	885	10	45	71	269
CrNiMoV	75	45CrNiMoVA	试样	860	—	油	460	油	1470	1330	7	35	31	269
CrNiW	76	18Cr2Ni4WA	15	950	850	空	200	水、空	1180	835	10	45	78	269
	77	25Cr2Ni4WA	25	850	—	油	550	水、油	1080	930	11	45	71	269

注：1. 表中所列热处理温度允许调整范围：淬火 ±15℃，低温回火 ±20℃，高温回火 ±50℃。

2. 硼钢在淬火前可先经正火，正火温度应不高于其淬火温度，铬锰钛钢第一次淬火可用正火代替。

3. 拉伸试验时试样钢上不能发现屈服，无法测定屈服点 σ_s 情况下，可以测规定残余伸长应力 $\sigma_{r0.2}$。

表 5-12 压力加工用钢材缺陷清除深度 mm

钢材尺寸直径或厚度	允许清除深度	
	优质钢和高级优质钢	特级优质钢
<80	钢材尺寸公差的 1/2	
≥80~140	钢材尺寸公差	钢材尺寸公差的 1/2
≥140~200	钢材尺寸的 5%	钢材尺寸的 3%
>200	钢材尺寸的 6%	

2)切削加工用钢材的表面允许有从钢材公称尺寸算起不超过表 5-13 的规定的局部缺陷。

表 5-13 切削加工用钢材的缺陷清除深度 mm

钢材尺寸直径或厚度	允许清除深度	
	优质钢和高级优质钢	特级优质钢
<100	钢材尺寸负偏差	
≥100	钢材尺寸公差	钢材尺寸负偏差

5.4 低合金高强度结构钢

1. 牌号及化学成分

1)钢的牌号及化学成分(熔炼分析)应符合表 5-14 的规定。

表 5-14 钢的牌号及化学成分(熔炼分析)

牌号	质量等级	化学成分[a,b](质量分数),%														
		C	Si	Mn	P	S	Nb	V	Ti	Cr	Ni	Cu	N	Mo	B	Als
					不大于											不小于
Q345	A	≤0.20	≤0.50	≤1.70	0.035	0.035	0.07	0.15	0.20	0.30	0.50	0.30	0.012	0.10	—	—
	B				0.035	0.035										
	C				0.030	0.030										
	D	≤0.18			0.030	0.025										0.015
	E				0.025	0.020										
Q390	A	≤0.20	≤0.50	≤1.70	0.035	0.035	0.07	0.20	0.20	0.30	0.50	0.30	0.015	0.10	—	—
	B				0.035	0.035										
	C				0.030	0.030										
	D				0.030	0.025										0.015
	E				0.025	0.020										
Q420	A	≤0.20	≤0.50	≤1.70	0.035	0.035	0.70	0.20	0.20	0.30	0.80	0.30	0.015	0.20	—	—
	B				0.035	0.035										
	C				0.030	0.030										
	D				0.030	0.025										0.015
	E				0.025	0.020										

续表

牌号	质量等级	化学成分[a,b]（质量分数）,%														
		C	Si	Mn	P	S	Nb	V	Ti	Cr	Ni	Cu	N	Mo	B	Als
					不大于											不小于
Q460	C	≤0.20	≤0.60	≤1.80	0.030	0.030	0.11	0.20	0.20	0.30	0.80	0.55	0.015	0.20	0.004	0.015
	D				0.030	0.025										
	E				0.025	0.020										
Q500	C	≤0.18	≤0.60	≤1.80	0.030	0.030	0.11	0.12	0.20	0.60	0.80	0.55	0.015	0.20	0.004	0.015
	D				0.030	0.025										
	E				0.025	0.020										
Q550	C	≤0.18	≤0.60	≤2.00	0.030	0.030	0.11	0.12	0.20	0.80	0.80	0.80	0.015	0.30	0.004	0.015
	D				0.030	0.025										
	E				0.025	0.020										
Q620	C	≤0.18	≤0.60	≤2.00	0.030	0.030	0.11	0.12	0.20	1.00	0.80	0.80	0.015	0.30	0.004	0.015
	D				0.030	0.025										
	E				0.025	0.020										
Q690	C	≤0.18	≤0.60	≤2.00	0.030	0.030	0.11	0.12	0.20	1.00	0.80	0.80	0.015	0.30	0.004	0.015
	D				0.030	0.025										
	E				0.025	0.020										

a. 型材及棒材 P、S 含量可提高 0.005%，其中 A 级钢上限可为 0.045%。

b. 当细化晶粒元素组合加入时，20(Nb + V + Ti) ≤0.22%，20(Mo + Cr) ≤0.30%。

2）当需要加入细化晶粒元素时，钢中应至少含有 Al、Nb、V、Ti 中的一种。加入的细化晶粒元素应在质量证明书中注明含量。

3）当采用全铝(Al_t)含量表示时，Al_t 应不小于 0.020%。

4）钢中氮元素含量应符合表 5-14 的规定，如供方保证，可不进行氮元素含量分析。如果钢中加入 Al、Nb、V、Ti 等具有固氮作用的合金元素，氮元素含量不作限制，固氮元素含量应在质量证明书中注明。

5）各牌号的 Cr、Ni、Cu 作为残余元素时，其含量各不大于 0.30%，如供方保证，可不作分析；当需要加入时，其含量应符合表 5-14 的规定或由供需双方协议规定。

6）为改善钢的性能，可加入 RE 元素时，其加入量按钢水重量的 0.02% ~0.20% 计算。

7）在保证钢材力学性能符合标准规定的情况下，各牌号 A 级钢的 C、Si、Mn 化学成分可不作交货条件。

8）各牌号除 A 级钢以外的钢材，当以热轧、控轧状态交货时，其最大碳当量值应符合表 5-15的规定；当以正火、正火轧制、正火加回火状态交货时，其最大碳当量值应符合表 5-16 的规定；当以热机械轧制(TMCP)或热机械轧制加回火状态交货时，其最大碳当量值应符合表 5-17的规定。碳当量(CEV)应由熔炼分析成分并采用公式(5-1)计算。

$$CEV = C + Mn/6 + (Cr + Mo + V)/5 + (Ni + Cu)/15 \tag{5-1}$$

表 5-15 热轧、控轧状态交货钢材的碳当量

牌号	碳当量(CEV),%		
	公称厚度或直径≤63mm	公称厚度或直径>63~250mm	公称厚度>250mm
Q345	≤0.44	≤0.47	≤0.47
Q390	≤0.45	≤0.48	≤0.48
Q420	≤0.45	≤0.48	≤0.48
Q460	≤0.46	≤0.49	—

表 5-16 正火、正火轧制、正火加回火状态交货钢材的碳当量

牌号	碳当量(CEV),%		
	公称厚度≤63mm	公称厚度>63~120mm	公称厚度>120~250mm
Q345	≤0.45	≤0.48	≤0.48
Q390	≤0.46	≤0.48	≤0.49
Q420	≤0.48	≤0.50	≤0.52
Q450	≤0.53	≤0.54	≤0.55

表 5-17 热机械轧制(TMCP)或热机械轧制加回火状态交货钢材的碳当量

牌号	碳当量(CEV),%		
	公称厚度≤63mm	公称厚度>63~120mm	公称厚度>120~150mm
Q345	≤0.44	≤0.45	≤0.45
Q390	≤0.46	≤0.47	≤0.47
Q420	≤0.46	≤0.47	≤0.47
Q460	≤0.47	≤0.48	≤0.48
Q500	≤0.47	≤0.48	≤0.48
Q550	≤0.47	≤0.48	≤0.48
Q620	≤0.48	≤0.49	≤0.49
Q690	≤0.49	≤0.49	≤0.49

9)热机械轧制(TMCP)或热机械轧制加回火状态交货钢材的碳含量不大于0.12%时,可采用焊接裂纹敏感性指数(Pcm)代替碳当量评估钢材的可焊性。Pcm应由熔炼分析成分并采用公式(5-2)计算,其值应符合表5-18的规定。

$$Pcm = C + Si/30 + Mn/20 + Cu/20 + Ni/60 + Cr/20 + Mo/15 + V/10 + 5B \tag{5-2}$$

经供需双方协商,可指定采用碳当量或焊接裂纹敏感性指数作为衡量可焊性的指标,当未指定时,供方可任选其一。

表 5-18 热机械轧制(TMCP)或热机械轧制加回火状态交货钢材 Pcm 值

牌号	Pcm,%	牌号	Pcm,%
Q345	≤0.20	Q500	≤0.25
Q390	≤0.20	Q550	≤0.25
Q420	≤0.20	Q620	≤0.25
Q460	≤0.20	Q690	≤0.25

10)钢材、钢坯的化学成分允许偏差应符合 GB/T 222 的规定。

11)当需方要求保证厚度方向性能钢材时,其化学成分应符合 GB/T 5313 的规定。

2. 冶炼方法

钢由转炉或电炉冶炼,必要时加炉外精炼。

3. 交货状态

钢材以热轧、控轧、正火、正火轧制或正火加回火、热机械轧制(TMCP)或热机械轧制加回火状态交货。

4. 力学性能及工艺性能

(1)拉伸试验

钢材拉伸试验的性能应符合表 5-19 的规定。

(2)夏比(V 型)冲击试验

1)钢材的夏比(V 型)冲击试验的试验温度和冲击吸收能量应符合表 5-20 的规定。

2)厚度不小于 6mm 或直径不小于 12mm 的钢材应做冲击试验,冲击试样尺寸取 10mm × 10mm × 55mm 的标准试样;当钢材不足以制取标准试样时,应采用 10mm × 7.5mm × 55mm 或 10mm × 5mm × 55mm 小尺寸试样,冲击吸收能量应分别不小于表 5-20 规定值的 75% 或 50%,优先采用较大尺寸试样。

3)钢材的冲击试验结果按一组 3 个试样的算术平均值进行计算,允许其中有 1 个试验值低于规定值,但不应低于规定值的 70%,否则,应从同一抽样产品上再取 3 个试样进行试验,先后 6 个试样试验结果的算术平均值不得低于规定值,允许有 2 个试样的试验结果低于规定值,但其中低于规定值 70% 的试样只允许有一个。

(3)Z 向钢厚度方向断面收缩率应符合 GB/T 5313 的规定。

(4)当需方要求做弯曲试验时,弯曲试验应符合表 5-21 的规定。当供方保证弯曲合格时,可不做弯曲试验。

表 5-19 钢材的拉伸性能

牌号	质量等级	拉伸试验[a,b,c]																					
		以下公称厚度（直径，边长）下屈服强度（R_{eL}）/MPa									以下公称厚度（直径，边长）抗拉强度（R_m），MPa							断后伸长率（A），% 公称厚度（直径，边长）					
		≤16mm	>16mm ~40mm	>40mm ~63mm	>63mm ~80mm	>80mm ~100mm	>100mm ~150mm	>150mm ~200mm	>200mm ~250mm	>250mm ~400mm	≤40mm	>40mm ~63mm	>63mm ~80mm	>80mm ~100mm	>100mm ~150mm	>150mm ~250mm	>250mm ~400mm	≤40mm	40mm ~63mm	>63mm ~100mm	>100mm ~150mm	>150mm ~250mm	>250mm ~400mm
Q345	A									—							—	≥20	≥19	≥19	≥18	≥17	—
	B																						
	C	≥345	≥335	≥325	≥315	≥305	≥285	≥275	≥265		470 ~ 630	470 ~ 630	470 ~ 630	470 ~ 630	450 ~ 600	450 ~ 600		≥21	≥20	≥20	≥19	≥19	
	D									≥265							450 ~ 600						≥17
	E																						
Q390	A																						
	B																						
	C	≥390	≥370	≥350	≥330	≥330	≥310	—	—	—	490 ~ 650	490 ~ 650	490 ~ 650	490 ~ 650	470 ~ 620	—	—	≥20	≥19	≥19	≥18	—	—
	D																						
	E																						
Q420	A																						
	B																						
	C	≥420	≥400	≥380	≥360	≥360	≥340	—	—	—	520 ~ 680	520 ~ 680	520 ~ 680	520 ~ 680	500 ~ 650	—	—	≥19	≥18	≥18	≥18	—	—
	D																						
	E																						
Q460	C																						
	D	≥460	≥440	≥420	≥400	≥400	≥380	—	—	—	550 ~ 720	550 ~ 720	550 ~ 720	550 ~ 720	530 ~ 700	—	—	≥17	≥16	≥16	≥16	—	—
	E																						
Q500	C																						
	D	≥500	≥480	≥470	≥450	≥440	—	—	—	—	610 ~ 770	600 ~ 760	590 ~ 750	540 ~ 730	—	—	—	≥17	≥17	≥17	—	—	—
	E																						

续表

牌号	质量等级	拉伸试验[a,b,c]																					
		以下公称厚度（直径，边长）下屈服强度（R_{eL}）/MPa									以下公称厚度（直径，边长）抗拉强度（R_m），MPa							断后伸长率（A），% 公称厚度（直径，边长）					
		≤16mm	>16mm ~40mm	>40mm ~63mm	>63mm ~80mm	>80mm ~100mm	>100mm ~150mm	>150mm ~200mm	>200mm ~250mm	>250mm ~400mm	≤40mm	>40mm ~63mm	>63mm ~80mm	>80mm ~100mm	>100mm ~150mm	>150mm ~250mm	>250mm ~400mm	≤40mm	40mm ~63mm	>63mm ~100mm	>100mm ~150mm	>150mm ~250mm	>250mm ~400mm
Q550	C																						
	D	≥550	≥530	≥520	≥500	≥490	—	—	—	—	670 ~ 830	620 ~ 810	600 ~ 790	590 ~ 780	—	—	—	≥16	≥16	≥16	—	—	—
	E																						
Q620	C																						
	D	≥620	≥600	≥590	≥570	—	—	—	—	—	710 ~ 880	690 ~ 880	670 ~ 860	—	—	—	—	≥15	≥15	≥15	—	—	—
	E																						
Q690	C																						
	D	≥690	≥670	≥660	≥640	—	—	—	—	—	770 ~ 940	750 ~ 920	730 ~ 900	—	—	—	—	≥14	≥14	≥14	—	—	—
	E																						

a. 当屈服不明显时，可测量 $R_{P0.2}$ 代替下屈服强度。
b. 宽度不小于 600mm 扁平材，拉伸试验取横向试样，宽度小于 600mm 的扁平材、型材及棒材取纵向试样，断后伸长率最小值相应提高 1%（绝对值）。
c. 厚度 >250mm ~400mm 的数值适用于扁平材。

表 5-20 夏比(V 型)冲击试验的试验温度和冲击吸收能量

牌 号	质量等级	试验温度,℃	冲击吸收能量(KV_2)[a]/J		
			公称厚度(直径、边长)		
			12 ~ 150mm	>150 ~ 250mm	>250 ~ 400mm
Q345	B	20	≥34	≥27	—
	C	0			
	D	−20			27
	E	−40			
Q390	B	20	≥34	—	—
	C	0			
	D	−20			
	E	−40			
Q420	B	20	≥34	—	—
	C	0			
	D	−20			
	E	−40			
Q460	C	0	≥34	—	—
	D	−20		—	—
	E	−40		—	—
Q500、Q550、Q620、Q690	C	0	≥55	—	—
	D	−20	≥47	—	—
	E	−40	≥31	—	—

a. 冲击试验取纵向试样。

表 5-21 弯曲试验

牌 号	试 样 方 向	180°弯曲试验 [d = 弯心直径,a = 试样厚度(直径)]	
		钢材厚度(直径,边长)	
		≤16mm	>16 ~ 100mm
Q345 Q390 Q420 Q460	宽度不小于 600mm 扁平材,拉伸试验取横向试样,宽度小于 600mm 的扁平材、型材及棒材取纵向试样	$2a$	$3a$

5. 表面质量

钢材的表面质量应符合相关产品标准的规定。

6. 特殊要求

1)根据供需双方协议,钢材可进行无损检验,其检验标准和级别应在协议或合同中明确。

2)根据供需双方协议,可按标准订购具有厚度方向性能要求的钢材。

3)根据供需双方协议,钢材也可进行其他项目的检验。

5.5 耐候结构钢

1. 术语和定义

通过添加少量的合金元素如 Cu、P、Cr、Ni 等，使其在金属基体表面上形成保护层，以提高耐大气腐蚀性能的钢。

2. 分类

各牌号的分类及用途见表 5-22。

表 5-22 各牌号的分类及用途

类别	牌号	生产方式	用途
高耐候钢	Q295GNH、Q355GNH	热轧	车辆、集装箱、建筑、塔架或其他结构件等结构用，与焊接耐候钢相比，具有较好的耐大气腐蚀性能
	Q265GNH、Q310GNH	冷轧	
焊接耐候钢	Q235NH、Q295NH、Q355NH、Q415NH、Q460NH、Q500NH、Q550NH	热轧	车辆、桥梁、集装箱、建筑或其他结构件等结构用，与高耐候钢相比，具有较好的焊接性能

3. 尺寸

不同牌号的供货尺寸范围见表 5-23。经供需双方协商，可以供表 5-23 以外的规格。

表 5-23 不同牌号的供货尺寸范围 mm

牌号	厚度或直径	
	钢板和钢带	型钢
Q235NH	≤100	≤100
Q295NH	≤100	≤100
Q295GNH	≤20	≤40
Q355NH	≤100	≤100
Q355GNH	≤20	≤40
Q415NH	≤60	—
Q460NH	≤60	—
Q500NH	≤60	—
Q550NH	≤60	—
Q265GNH	≤3.5	—
Q310GNH	≤3.5	—

4. 技术要求

(1) 钢的牌号和化学成分

钢的牌号和化学成分（熔炼分析）应符合表 5-24 的规定。

表 5-24 钢的牌号和化学成分(熔炼分析)

牌 号	化学成分(质量分数),%								
	C	Si	Mn	P	S	Cu	Cr	Ni	其他元素
Q265GNH	≤0.12	0.10~0.40	0.20~0.50	0.07~0.12	≤0.020	0.20~0.45	0.30~0.65	0.25~0.50⑤	①,②
Q295GNH	≤0.12	0.10~0.40	0.20~0.50	0.07~0.12	≤0.020	0.25~0.45	0.30~0.65	0.25~0.50⑤	①,②
Q310GNH	≤0.12	0.25~0.75	0.20~0.50	0.07~0.12	≤0.020	0.20~0.50	0.30~1.25	≤0.65	①,②
Q355GNH	≤0.12	0.20~0.75	≤1.00	0.07~0.15	≤0.020	0.25~0.55	0.30~1.25	≤0.65	①,②
Q235NH	≤0.13⑥	0.10~0.40	0.20~0.60	≤0.030	≤0.030	0.25~0.55	0.40~0.80	≤0.65	①,②
Q295NH	≤0.15	0.10~0.50	0.30~1.00	≤0.030	≤0.030	0.25~0.55	0.40~0.80	≤0.65	①,②
Q355NH	≤0.16	≤0.50	0.50~1.50	≤0.030	≤0.030	0.25~0.55	0.40~0.80	≤0.65	①,②
Q415NH	≤0.12	≤0.65	≤1.10	≤0.025	≤0.030④	0.20~0.55	0.30~1.25	0.12~0.65⑤	①,②,③
Q460NH	≤0.12	≤0.65	≤1.50	≤0.025	≤0.030④	0.20~0.55	0.30~1.25	0.12~0.65⑤	①,②,③
Q500NH	≤0.12	≤0.65	≤2.0	≤0.025	≤0.030④	0.20~0.55	0.30~1.25	0.12~0.65⑤	①,②,③
Q550NH	≤0.16	≤0.65	≤2.0	≤0.025	≤0.030④	0.20~0.55	0.30~1.25	0.12~0.65⑤	①,②,③

① 为了改善钢的性能,可以添加一种或一种以上的微量合金元素:Nb 0.015%~0.060%,V 0.02%~0.12%,Ti 0.02%~0.10%,Al≥0.020%。若上述元素组合使用时,应至少保证其中一种元素含量达到上述化学成分的下限规定。

② 可以添加下列合金元素:Mo≤0.30%,Zr≤0.15%。

③ Nb、V、Ti 等三种合金元素的添加总量不应超过 0.22%。

④ 供需双方协商,S 的含量可以不大于 0.008%。

⑤ 供需双方协商,Ni 含量的下限可不做要求。

⑥ 供需双方协商,C 的含量可以不大于 0.15%。

(2)冶炼方法

钢采用转炉或电炉冶炼,且为镇静钢。除非需方有特殊要求,冶炼方法由供方选择。

(3)交货状态

热轧钢材以热轧、控轧或正火状态交货,牌号为 Q460NH、Q500NH、Q550NH 的钢材可以淬火加回火状态交货,冷轧钢材一般以退火状态交货。

(4)力学性能和工艺性能

1)钢材的力学性能和工艺性能应符合表 5-25 的规定。

表 5-25 钢材的力学性能和工艺性能

牌 号	拉伸试验①									180°弯曲试验 弯心直径		
	下屈服强度 R_{eL},N/mm² 不小于				抗拉强度 R_m,N/mm²	断后伸长率 A,% 不小于						
	≤16	>16~40	>40~60	>60		≤16	>16~40	>40~60	>60	≤6	>6~16	>4~16
Q235NH	235	225	215	215	360~510	25	25	24	23	a	a	$2a$
Q295NH	295	285	275	255	430~560	24	24	23	22	a	$2a$	$3a$
Q295GNH	295	285	—	—	430~560	24	24	—	—	a	$2a$	$3a$
Q355NH	355	345	335	325	490~630	22	22	21	20	a	$2a$	$3a$
Q355GNH	355	345	—	—	490~630	22	22	—	—	a	$2a$	$3a$
Q415NH	415	405	395	—	520~680	22	22	20	—	a	$2a$	$3a$
Q460NH	460	450	440	—	570~730	20	20	19	—	a	$2a$	$3a$

续表

牌　号	拉伸试验①									180°弯曲试验弯心直径		
	下屈服强度 R_{eL},N/mm² 不小于				抗拉强度 R_m,N/mm²	断后伸长率 A,% 不小于						
	≤16	>16~40	>40~60	>60		≤16	>16~40	>40~60	>60	≤6	>6~16	>4~16
Q500NH	500	490	480	—	600~760	18	16	15	—	a	$2a$	$3a$
Q550NH	550	540	530	—	650~780	16	16	15	—	a	$2a$	$3a$
Q265GNH	265	—	—	—	≥410	27	—	—	—	a	—	—
Q310GNH	310	—	—	—	≥450	26	—	—	—	a	—	—

① 当屈服现象不明显时,可以采用 $R_{r0.2}$。

注:a 为钢材厚度。

2)钢材的冲击性能应符合表 5-26 的规定。

表 5-26　钢材的冲击性能

质　量　等　级	V 型缺口冲击试验①		
	试　样　方　向	温度,℃	冲击吸收能量 KV_2,J
A	纵向	—	—
B		+20	≥47
C		0	≥34
D		−20	≥34
E		−40	≥27②

① 冲击试样尺寸为 10mm×10mm×55mm。

② 经供需双方协商,平均冲击功值可以≥60J。

3)经供需双方协商,高耐候钢可以不作冲击试验。

4)冲击试验结果按三个试样的平均值计算,允许其中一个试样的冲击吸收能量小于规定值,但不得低于规定值的 70%。

5)厚度不小于 6mm 或直径不小于 12mm 的钢材应做冲击试验。对于厚度≥6mm~<12mm 或直径≥12mm~<16mm 的钢材做冲击试验时,应采用 10mm×5mm×55mm 或 10mm×7.5mm×55mm 小尺寸试样,其试验结果应不小于表 5-26 规定值的 50% 或 75%。应尽可能取较大尺寸的冲击试样。

(5)其他要求

根据需方要求,经供需双方协商,并在合同中注明,可增加以下检验项目。

1)晶粒度。钢材的晶粒度应不小于 7 级,晶粒度不均匀性应在三个相邻级别范围内。

2)非金属夹杂物。钢材的非金属夹杂物应按 GB/T 10561 的 A 法进行检验,其结果应符合表 5-27 的规定。

表 5-27

A	B	C	D	DS
≤2.5	≤2.0	≤2.5	≤2.0	≤2.0

(6)表面质量

1)钢材表面不得有裂纹、结疤、折叠、气泡、夹杂和分层等对使用有害的缺陷。如有上述缺陷,允许清除,清除的深度不得超过钢材厚度公差之半。清除处应圆滑无棱角。型钢表面缺陷不得横向铲除。

2)热轧钢材表面允许存在其他不影响使用的缺陷,但应保证钢材的最小厚度。

3)冷轧钢板和钢带表面允许有轻微的擦伤、氧化色、酸洗后浅黄色薄膜、折印、深度或高度不大于公差之半的局部麻点、划伤和压痕。

4)钢带允许带缺陷交货,但有缺陷的部分不得超过钢带总长度的8%。

5.6 冷轧带肋钢筋

1. 术语与分类

(1)术语(表5-28)

表5-28 冷轧带肋钢筋的相关术语

术 语	定 义
冷轧带肋钢筋	热轧圆盘条经冷轧后,在其表面带有沿长度方向均匀分布的三面或二面横肋的钢筋
公称直径	相当于横截面积相等的光圆钢筋的公称直径
相对投影肋面积	横肋在与钢筋轴线垂直平面上的投影面积与公称周长和横肋间距的乘积之比
横肋间隙	钢筋周圈上横肋不连续部分在垂直于钢筋轴线平面上投影的弦长

(2)分类、牌号

冷轧带肋钢筋的牌号由CRB和钢筋的抗拉强度最小值构成。C、R、B分别为冷轧(cold rolled)、带肋(Ribbed)、钢筋(Bar)三个词的英文首位字母。冷轧带肋钢筋分为CRB550、CRB650、CRB800、CRB970四个牌号。CRB550为普通钢筋混凝土用钢筋,其他牌号为预应力混凝土用钢筋。

2. 尺寸、外形、重量及允许偏差

(1)公称直径范围

CRB550钢筋的公称直径范围为4~12mm。CRB650及以上牌号钢筋的公称直径为4mm、5mm、6mm。

(2)外形要求

1)横肋呈月牙形。

2)横肋沿钢筋横截面周圈上均匀分布,其中三面肋钢筋有一面肋的倾角必须与另两面反向,二面肋钢筋一面肋的倾角必须与另一面反向。

3)横肋中心线和钢筋纵轴线夹角β为40°~60°。

4)横肋两侧面和钢筋表面斜角α不得小于45°,横肋与钢筋表面呈弧形相交。

5)横肋间隙的总和应不大于公称周长的20%($\sum f_i \leqslant 0.2\pi d$)。

6)相对肋面积

相对肋面积f_r按式(5-3)确定:

$$f_r = \frac{K \times F_R \times \sin\beta}{\pi \times d \times l} \tag{5-3}$$

式中 $K = 3$ 或 2(三面或二面有肋)；

F_R——一个肋的纵向截面积；

β——横肋与钢筋轴线的夹角；

d——钢筋公称直径；

l——横肋间距。

已知钢筋的几何参数，相对肋面积也可用下面的近似式(5-4)计算。

$$f_r = \frac{(d \times \pi - \sum f_i) \times (h + 4h_{1/4})}{6 \times d \times \pi \times l} \tag{5-4}$$

式中 $\sum f_i$——钢筋周圈上各排横肋间隙之和；

h——横肋中点高；

$h_{1/4}$——横肋长度四分之一处高。

(3)尺寸、重量及允许偏差

三面肋和二面肋钢筋的尺寸、重量及允许偏差见表5-29。

表5-29　三面肋和二面肋钢筋的尺寸、重量及允许偏差

公称直径 d, mm	公称横截面积, mm^2	重量		横肋中点高		横肋1/4处高 $h_{1/4}$, mm	横肋顶宽 b, mm	横肋间隙		相对肋面积 f_r 不小于
		理论重量, kg/m	允许偏差, %	h, mm	允许偏差, mm			l, mm	允许偏差, %	
4	12.6	0.099		0.30		0.24		4.0		0.036
4.5	15.9	0.125		0.32		0.26		4.0		0.039
5	19.6	0.154		0.32		0.26		4.0		0.039
5.5	23.7	0.186		0.40		0.32		5.0		0.039
6	28.3	0.222		0.40		0.32		5.0		0.039
6.5	33.2	0.261	±4	0.46	+0.10	0.37	~0.2d	5.0	±15	0.045
7	38.5	0.302		0.46	−0.05	0.37		5.0		0.045
7.5	44.2	0.347		0.55		0.44		6.0		0.045
8	50.3	0.395		0.55		0.44		6.0		0.045
8.5	56.7	0.445		0.55		0.44		7.0		0.045
9	63.6	0.499		0.75		0.60		7.0		0.052
9.5	70.8	0.556		0.75	±0.10	0.60		7.0		0.052
10	78.5	0.617		0.75		0.60		7.0		0.052
10.5	86.5	0.679		0.75		0.60		7.4		0.052
11	95.0	0.746		0.85		0.68		7.4		0.056
11.5	103.8	0.815		0.95		0.76		8.4		0.056
12	113.1	0.888		0.95		0.76		8.4		0.056

注：1. 横肋1/4处高、横肋顶宽供孔型设计用；
2. 二面肋钢筋允许有高度不大于0.5h的纵肋。

(4)弯曲度

直条钢筋的每米弯曲度不大于4mm，总弯曲度不大于钢筋全长的0.4%。

(5)重量

盘卷钢筋的重量不小于100kg，每盘应由一根钢筋组成，CRB650及以上牌号钢筋不得有焊接接头。

直条钢筋按同一牌号、同一规格、同一长度成捆交货，捆重由供需双方协商确定。

3. 技术要求

(1)牌号和化学成分

CRB500、CRB650、CRB800、CRB970 钢筋用盘条的参考牌号及化学成分(熔炼分析)见表 5-30，60 钢的 Ni、Cr、Cu 含量(质量分数)各不大于 0.25%。

表 5-30 冷轧带肋钢筋用盘条的参考牌号和化学成分

钢筋牌号	盘条牌号	化学成分，%					
		C	Si	Mn	V、Ti	S	P
CRB550	Q215	0.09~0.15	≤0.30	0.25~0.55	—	≤0.050	≤0.045
CRB650	Q235	0.14~0.22	≤0.30	0.30~0.65	—	≤0.050	≤0.045
CRB800	24MnTi	0.19~0.27	0.17~0.37	1.20~1.60	Ti:0.01~0.05	≤0.045	≤0.045
	20MnSi	0.17~0.25	0.40~0.80	1.20~1.60	—	≤0.045	≤0.045
CRB970	41MnSiV	0.37~0.45	0.60~1.10	1.00~1.40	V:0.05~0.12	≤0.045	≤0.045
	60	0.57~0.65	0.17~0.37	0.50~0.80	—	≤0.035	≤0.035

(2)力学性能和工艺性能

1)钢筋的力学性能和工艺性能应符合表 5-31 的规定。当进行弯曲试验时，受弯曲部位表面不得产生裂纹。反复弯曲试验的弯曲半径应符合表 5-32 的规定。

表 5-31 冷轧带肋钢筋力学性能和工艺性能

牌 号	$R_{P0.2}$/MPa 不小于	R_m/MPa 不小于	伸长率/% 不小于		弯曲试验 180°	反复弯曲次数	应力松弛初始应力应相当于公称抗拉强度的 70%
			$A_{11.3}$	A_{100}			1000h 松弛率/% 不大于
CRB550	500	550	8.0	—	$D=3d$	—	—
CRB650	585	650	—	4.0	—	3	8
CRB800	720	800	—	4.0	—	3	8
CRB970	875	970	—	4.0	—	3	8

注：表中 D 为弯心直径，d 为钢筋公称直径。

表 5-32 冷轧带肋钢筋反复弯曲试验的弯曲半径 mm

钢筋公称直径	弯曲半径	钢筋公称直径	弯曲半径
4	10	6	15
5	15		

2)钢筋的强屈比 $R_m/R_{p0.2}$ 比值应不小于 1.03。经供需双方协议可用 $A_{gt} \geq 2.0\%$ 代替 A。

3)供方在保证 1000h 松弛率合格基础上，允许使用推算法确定 1000h 松弛。

(3)表面质量

1)钢筋表面不得有裂纹、折叠、结疤、油污及其他影响使用的缺陷。

2)钢筋表面可有浮锈，但不得有锈皮及目视可见的麻坑等腐蚀现象。

5.7 热轧带肋钢筋

1. 分类和牌号

1）钢筋按屈服强度特征值分为335、400、500级。

2）钢筋牌号的构成及含义见表5-33。

表5-33 热轧带肋钢筋牌号的构成及含义

类别	牌号	牌号构成	英文字母含义
普通热轧钢筋	HRB335	由HRB+屈服强度特征值构成	HRB—热轧带肋钢筋的英文(Hot rolled Ribbed Bars)缩写。
	HRB400		
	HRB500		
细晶粒热轧钢筋	HRBF335	由HRBF+屈服强度特征值构成	HRBF—在热轧带肋钢筋的英文缩写后加"细"的英文(Fine)首位字母。
	HRBF400		
	HRBF500		

2. 尺寸、外形、重量及允许偏差

（1）公称直径范围及推荐直径

钢筋的公称直径范围为6mm~50mm，标准推荐的钢筋公称直径为6mm、8mm、10mm、12mm、16mm、20mm、25mm、32mm、40mm、50mm。

（2）公称横截面面积与理论重量

钢筋的公称横截面面积与理论重量列于表5-34。

表5-34 热轧带肋钢筋的公称横截面面积与理论重量

公称直径/mm	公称横截面面积，mm^2	理论重量，(kg/m)
6	28.27	0.222
8	50.27	0.395
10	78.54	0.617
12	113.1	0.888
14	153.9	1.21
16	201.1	1.58
18	254.5	2.00
20	314.2	2.47
22	380.1	2.98
25	490.9	3.85
28	615.8	4.83
32	804.2	6.31
36	1018	7.99
40	1257	9.87
50	1964	15.42

注：表中理论重量按密度为7.85g/cm^3计算。

(3) 带肋钢筋的表面形状及尺寸允许偏差

1) 带肋钢筋横肋设计原则应符合下列规定:

① 横肋与钢筋轴线的夹角不应小于45°,当该夹角不大于70°时,钢筋相对两面上横肋的方向应相反。

② 横肋公称间距不得大于钢筋公称直径的0.7倍。

③ 横肋侧面与钢筋表面的夹角不得小于45°。

④ 钢筋相邻两面上横肋末端之间的间隙(包括纵肋宽度)总和不应大于钢筋公称周长的20%。

⑤ 当钢筋公称直径不大于12mm时,相对肋面积不应小于0.055,公称直径为14mm和16mm时,相对肋面积不应小于0.060;公称直径大于16mm时,相对肋面积不应小于0.065。

2) 带肋钢筋通常带有纵肋,也可不带纵肋。

3) 带有纵肋的月牙肋钢筋,尺寸及允许偏差应符合表5-35的规定。钢筋实际重量与理论重量的偏差符合表5-36规定时,钢筋内径偏差不做交货条件。

表5-35 月牙肋钢筋的尺寸及允许偏差 mm

公称直径 d	内径 d_1		横肋高 h		纵肋高 h_1(不大于)	横肋宽 b	纵肋宽 a	间距 l		横肋末端最大间隙(公称周长的10%弦长)
	公称尺寸	允许偏差	公称尺寸	允许偏差				公称尺寸	允许偏差	
6	5.8	±0.3	0.6	±0.3	0.8	0.4	1.0	4.0		1.8
8	7.7		0.8	+0.4 −0.3	1.1	0.5	1.5	5.5		2.5
10	9.6		1.0	±0.4	1.3	0.6	1.5	7.0		3.1
12	11.5	±0.4	1.2		1.6	0.7	1.5	8.0	±0.5	3.7
14	13.4		1.4	+0.4 −0.5	1.8	0.8	1.8	9.0		4.3
16	15.4		1.5		1.9	0.9	1.8	10.0		5.0
18	17.3		1.6		2.0	1.0	2.0	10.0		5.6
20	19.3		1.7	±0.5	2.1	1.2	2.0	10.0		6.2
22	21.3	±0.5	1.9		2.4	1.3	2.5	10.5	±0.8	6.8
25	24.2		2.1	±0.6	2.6	1.5	2.5	12.5		7.7
28	27.2		2.2		2.7	1.7	3.0	12.5		8.6
32	31.0	±0.6	2.4	+0.8 −0.7	3.0	1.9	3.0	14.0		9.9
36	35.0		2.6	+1.0 −0.8	3.2	2.1	3.5	15.0	±1.0	11.1
40	38.7	±0.7	2.9	±1.1	3.5	2.2	3.5	15.0		12.4
50	48.5	±0.8	3.2	±1.2	3.8	2.5	4.0	16.0		15.5

注:1. 纵肋斜角 θ 为0°~30°;

2. 尺寸 a、b 为参考数据。

(4)长度及允许偏差

1)长度

① 钢筋通常按定尺长度交货,具体交货长度应在合同中注明。

② 钢筋可以盘卷交货,每盘应是一条钢筋,允许每批有5%的盘数(不足两盘时可有两盘)由两条钢筋组成。其盘重及盘径由供需双方协商确定。

2)长度允许偏差

钢筋按定尺交货时的长度允许偏差为±25mm。

当要求最小长度时,其偏差为+50mm。

当要求最大长度时,其偏差为-50mm。

(5)弯曲度和端部

直条钢筋的弯曲度应不影响正常使用,总弯曲度不大于钢筋总长度的0.4%。

钢筋端部应剪切正直,局部变形应不影响使用。

(6)重量及允许偏差

1)钢筋可按理论重量交货,也可按实际重量交货。按理论重量交货时。理论重量为钢筋长度乘以表5-34中钢筋的每米理论重量。

2)钢筋实际重量与理论重量的允许偏差应符合表5-36的规定。

表5-36 热轧带肋钢筋重量的允许偏差

公称直径/mm	实际重量与理论重量的偏差,%	公称直径,mm	实际重量与理论重量的偏差,%
6~12	±7	22~50	±4
14~20	±5		

3. 技术要求

(1)牌号和化学成分

1)钢筋牌号及化学成分和碳当量(熔炼分析)应符合表5-37的规定。根据需要,钢中还可加入V、Nb、Ti等元素。

表5-37 热轧带肋钢筋的牌号及化学成分和碳当量

牌号	化学成分(质量分数),%,不大于					
	C	Si	Mn	P	S	Ceq
HRB335 HRBF335	0.25	0.80	1.60	0.045	0.045	0.52
HRB400 HRBF400						0.54
HRB500 HRBF500						0.55

2)碳当量Ceq(百分比)值可按下式计算:

$$Ceq = C + Mn/6 + (Cr + V + Mo)/5 + (Cu + Ni)/15$$

3)钢的氮含量应不大于0.012%。供方如能保证可不作分析。钢中如有足够数量的氮结合元素,含氮量的限制可适当放宽。

4)钢筋的成品化学成分允许偏差应符合《钢的成品化学成分允许偏差》(GB/T 222)的规定,碳当量 Ceq 的允许偏差为 +0.03%。

(2)交货型式

钢筋通常按直条交货,直径不大于 12mm 的钢筋也可按盘卷交货。

(3)力学性能

1)钢筋的屈服强度 R_{eL}、抗拉强度 R_m、断后伸长率 A、最大力总伸长率 A_{gt} 等力学性能特征值应符合表 5-38 的规定。表 5-38 所列各力学性能特征值,可作为交货检验的最小保证值。

表 5-38 热轧带肋钢筋的力学性能

牌号	R_{eL},MPa	R_m,MPa	A,%	A_{gt},%
	不小于			
HRB335 HRBF335	335	455	17	7.5
HRB400 HRBF400	400	540	16	
HRB500 HRBF500	500	630	15	

2)直径 28~40mm 各牌号钢筋的断后伸长率 A 可降低 1%;直径大于 40mm 各牌号钢筋的断后伸长率 A 可降低 2%。

3)有较高要求的抗震结构适用牌号为:在表 5-33 中已有牌号后加 E(例如:HRB400E、HRBF400E)的钢筋。该类钢筋除应满足以下①、②、③的要求外,其他要求与相对应的已有牌号钢筋相同。

① 钢筋实测抗拉强度与实测屈服强度之比 $R°_m/R°_{eL}$ 不小于 1.25。

② 钢筋实测屈服强度与表 5-38 规定的屈服强度特征值之比 $R°_{eL}/R_{eL}$ 不大于 1.30。

③ 钢筋的最大力总伸长率 A_{gt} 不小于 9%。

注:$R°_m$ 为钢筋实测抗拉强度;$R°_{eL}$ 为钢筋实测屈服强度。

4)对于没有明显屈服强度的钢。屈服强度特征值 R_{eL} 应采用规定非比例延伸强度 $R_{p0.2}$。

5)根据供需双方协议,伸长率类型可从 A 或 A_{gt} 中选定。如伸长率类型未经协议确定,则伸长率采用 A,仲裁检验时采用 A_{gt}。

(4)工艺性能

1)弯曲性能

按表 5-39 规定的弯心直径弯曲 180°后,钢筋受弯曲部位表面不得产生裂纹。

表 5-39 热轧带肋钢筋的弯曲性能 mm

牌号	公称直径 d	弯心直径
HRB335 HRBF335	6~25	3d
	28~40	4d
	>40~50	5d
HRB400 HRBF400	6~25	4d
	28~40	5d
	>40~50	6d

续表

牌　　号	公称直径 d	弯心直径
HRB500 HRBF500	6～25	$6d$
	28～40	$7d$
	>40～50	$8d$

2)反向弯曲性能

根据需方要求,钢筋可进行反向弯曲性能试验。

① 反向弯曲试验的弯心直径比弯曲试验相应增加一个钢筋公称直径。

② 反向弯曲试验:先正向弯曲90°后再反向弯曲20°。两个弯曲角度均应在去载之前测量。经反向弯曲试验后,钢筋受弯曲部位表面不得产生裂纹。

(5)疲劳性能

如需方要求,经供需双方协议,可进行疲劳性能试验。疲劳试验的技术要求和试验方法由供需双方协商确定。

(6)焊接性能

1)钢筋的焊接工艺及接头的质量检验与验收应符合相关行业标准的规定。

2)普通热轧钢筋在生产工艺、设备有重大变化及新产品生产时进行型式检验。

3)细晶粒热轧钢筋的焊接工艺应经试验确定。

(7)晶粒度

细晶粒热轧钢筋应做晶粒度检验。其晶粒度不粗于9级。如供方能保证可不做晶粒度检验。

(8)表面质量

1)钢筋应无有害的表面缺陷。

2)只要经钢丝刷刷过的试样的重量、尺寸、横截面积和拉伸性能不低于本部分的要求,锈皮、表面不平整或氧化铁皮不作为拒收的理由。

3)当带有2)条规定的缺陷以外的表面缺陷的试样不符合拉伸性能或弯曲性能要求时,则认为这些缺陷是有害的。

5.8 热轧光圆钢筋

1. 分级、牌号

1)钢筋按屈服强度特征值分为235、300级。

2)钢筋牌号的构成及其含义见表5-40。

表5-40　热轧光圆钢筋牌号的构成及其含义

产品名称	牌号	牌号构成	英文字母含义
热轧光圆钢筋	HPB235	由HPB+屈服强度特征值构成	HPB—热轧光圆钢筋的英文(Hot rolled Plain Bars)缩写
	HPB300		

2. 尺寸、外形、重量及允许偏差

(1)公称直径范围及推荐直径

钢筋的公称直径范围为6mm～22mm，标准推荐的钢筋公称直径为6mm、8mm、10mm、12mm、16mm、20mm。

(2)公称横截面面积与理论重量

钢筋的公称横截面面积与理论重量列于表5-41。

表5-41 热轧光圆钢筋的公称横截面面积与理论重量

公称直径，mm	公称横截面面积，mm^2	理论重量，(kg/m)
6(6.5)	28.27(33.18)	0.222(0.260)
8	50.27	0.395
10	78.54	0.617
12	113.1	0.888
14	153.9	1.21
16	201.1	1.58
18	254.5	2.00
20	314.2	2.47
22	380.1	2.98

注：表中理论重量按密度为7.85g/cm^3 计算。公称直径6.5mm的产品为过渡性产品。

(3)光圆钢筋的尺寸允许偏差

光圆钢筋的直径允许偏差和不圆度应符合表5-42的规定。钢筋实际重量与理论重量的偏差符合表5-43规定时，钢筋直径允许偏差不作交货条件。

表5-42 热轧光圆钢筋的尺寸允许偏差

公称直径，mm	允许偏差，mm	不圆度，mm
6(6.5) 8 10 12	±0.3	≤0.4
14 16 18 20 22	±0.4	

(4)长度允许偏差

按定尺长度交货的直条钢筋其长度允许偏差范围为0～+50mm。

(5)弯曲度和端部

1)直条钢筋的弯曲度应不影响正常使用，总弯曲度不大于钢筋总长度的0.4%。

2)钢筋端部应剪切正直，局部变形应不影响使用。

(6)重量允许偏差

1)直条钢筋实际重量与理论重量的允许偏差应符合表5-43的规定。

表 5-43　热轧光圆钢筋的重量允许偏差

公称直径,mm	实际重量与理论重量的偏差,%	公称直径,mm	实际重量与理论重量的偏差,%
6～12	±7	14～22	±5

2)按盘卷交货的钢筋,每根盘条重量应不小于500kg,每盘重量应不小于1000kg。

3. 技术要求

(1)牌号和化学成分

1)钢筋牌号及化学成分(熔炼分析)应符合表5-44的规定。

表 5-44　热轧光圆钢筋的牌号和化学成分

牌　　号	化学成分(质量分数),%,不大于				
	C	Si	Mn	P	S
HPB235	0.22	0.30	0.65	0.045	0.050
HPB300	0.25	0.55	1.50		

2)钢中残余元素铬、镍、铜含量应各不大于0.30%,供方如能保证可不作分析。

3)钢筋的成品化学成分允许偏差应符合《钢的成品化学成分允许偏差》(GB/T 222)的规定。

(2)力学性能、工艺性能

1)钢筋的屈服强度 R_{eL}、抗拉强度 R_m、断后伸长率 A、最大力总伸长率 A_{gt} 等力学性能特征值应符合表5-45的规定。表5-45所列各力学性能特征值,可作为交货检验的最小保证值。

表 5-45　热轧光圆钢筋的力学性能

牌　　号	R_{eL},MPa	R_m,MPa	A,%	A_{gt},%	冷弯试验180° d—弯心直径 a—钢筋公称直径
	不　小　于				
HPB235	235	370	25.0	10.0	$d=a$
HPB300	300	420			

2)根据供需双方协议,伸长率类型可从 A 或 A_{gt} 中选定。如伸长率类型未经协议确定,则伸长率采用 A,仲裁检验时采用 A_{gt}。

3)弯曲性能

按表5-45规定的弯心直径弯曲180°后,钢筋受弯曲部位表面不得产生裂纹。

(3)表面质量

1)钢筋应无有害的表面缺陷,按盘卷交货的钢筋应将头尾有害缺陷部分切除。

2)试样可使用钢丝刷清理,清理后的重量、尺寸、横截面积和拉伸性能满足本部分的要求,锈皮、表面不平整或氧化铁皮不作为拒收的理由。

3)当带有2)规定的缺陷以外的表面缺陷的试样不符合拉伸性能或弯曲性能要求时,则认为这些缺陷是有害的。

5.9 碳素结构钢和低合金结构钢热轧钢带

1. 分类、代号

按钢带边缘状态分为：
1）不切边钢带，EM；
2）切边钢带，EC。

2. 尺寸、外形、重量及允许偏差

1）钢带厚度允许偏差应符合表5-46的规定。

表5-46 热轧钢带厚度允许偏差 mm

钢带宽度	允许偏差							
	≤1.5	>1.5~2.0	>2.0~4.0	>4.0~5.0	>5.0~6.0	>6.0~8.0	>8.0~10.0	>10.0~12.0
<50~100	0.13	0.15	0.17	0.18	0.19	0.20	0.21	—
≥100~600	0.15	0.18	0.19	0.20	0.21	0.22	0.24	0.30

注：表中规定的数值不适用于卷带两端7m之内没有切头尾的钢带。

2）钢带宽度允许偏差应符合表5-47的规定。

表5-47 热轧钢带宽度允许偏差 mm

<table>
<tr><th rowspan="4">钢带宽度</th><th colspan="3">允许偏差</th></tr>
<tr><th rowspan="3">不切边</th><th colspan="2">切边</th></tr>
<tr><th colspan="2">厚度</th></tr>
<tr><th>≤3</th><th>>3</th></tr>
<tr><td>≤200</td><td>+2.00
-1.00</td><td>±0.5</td><td>±0.6</td></tr>
<tr><td>>200~300</td><td>+2.50
-1.00</td><td rowspan="3">±0.7</td><td rowspan="3">±0.8</td></tr>
<tr><td>>300~350</td><td>+3.00
-2.00</td></tr>
<tr><td>>350~450</td><td>±4.00</td></tr>
<tr><td>>450~600</td><td>±5.00</td><td>±0.9</td><td>±1.1</td></tr>
</table>

注：1. 表中规定的数值不适用于卷带两端7m以内没有切头的钢带。
2. 经协商同意，钢带可以只按正偏差定货，在这种情况下，表中正偏差数值应增加一倍。

3）钢带的厚度应均匀，在同一横截面的中间部分和两边部分测量三点厚度，其最大差值（三点差）应符合表5-48的规定。

4）供冷轧的钢带，应在合同中注明。轧制方向的厚度，在同一直线上任意测定三点厚度，其最大差值（同条差）应不大于0.17mm。

表 5-48 钢带三点差 mm

钢带宽度	三点差不大于	钢带宽度	三点差不大于
≤100	0.10	>200~350	0.15
>100~150	0.12	>350~600	0.17
>150~200	0.14		

5)钢带长度不小于 50m。允许交付长度 30~50m 的钢带,其重量不得大于该批交货总重量的 3%。

6)钢带的镰刀弯每米不大于 4mm。

3. 力学性能

1)钢带的拉伸和冷弯试验应符合表 5-49 的规定。

表 5-49 热轧钢带拉伸和冷弯试验

牌号	下屈服强度 R_{eL},N/mm² 不小于	抗拉强度 R_m,N/mm²	断后伸长率 A,% 不小于	180°冷弯试验 a—试样厚度 d—弯心直径
Q195	(195)①	315~430	33	$d=0$
Q215	215	335~450	31	$d=0.5a$
Q235	235	375~500	26	$d=a$
Q255	255	410~550	24	
Q275	275	490~630	20	
Q295	295	390~570	23	$d=2a$
Q345	345	470~630	21	$d=2a$

① 牌号 Q195 的屈服点仅供参考,不作交货条件。

2)进行拉伸和弯曲试验时,钢带应取纵向试样。

3)钢带采用碳素结构钢和低合金结构钢的 A 级钢轧制时,冷弯试验合格,抗拉强度上限可不作交货条件;采用 B 级钢轧制的钢带抗拉强度可以超过表 5-49 规定的上限 50N/mm²。

4. 表面质量

1)钢带表面不得有气泡、结疤、裂纹、折叠和夹杂。钢带不得有分层。其他表面缺陷允许存在,但深度和高度不大于厚度偏差之半。轻微的红色氧化铁皮允许存在。

2)表面缺陷允许清理,但清理后应保证钢带的最小厚度和宽度。清理处应平滑、无棱角。

3)在钢带连续生产的过程中,局部的表面缺陷不易发现并去除,因此允许带缺陷交货,但有缺陷部分不得超过每卷钢带总长度的 8%。

5.10 碳素结构钢冷轧钢带

1. 分类、代号

碳素结构钢冷轧钢带的分类和代号，见表5-50。

表5-50 碳素结构钢冷轧钢带的分类和代号

分类方式	类别	代号
按尺寸精度分	(1)普通精度钢带 (2)宽度较高精度钢带 (3)厚度较高精度钢带 (4)宽度、厚度较高精度钢带	P K H KH
按表面精度分	(1)普通精度钢带 (2)较高精度钢带	Ⅰ Ⅱ
按边缘状态分	(1)切边钢带 (2)不切边钢带	Q BQ
按力学性质分	(1)软钢带 (2)半软钢带 (3)硬钢带	R BR Y

2. 尺寸、外形

1)钢带厚度和宽度应符合表5-51的规定。

表5-51 冷轧钢带的厚度和宽度

厚度,mm	宽度,mm
0.10~3.00	10~250

2)钢带厚度允许偏差应符合表5-52的规定。

表5-52 冷轧钢带的厚度允许偏差 mm

厚度	允许偏差		厚度	允许偏差	
	普通精度	较高精度		普通精度	较高精度
≤0.15	0 -0.020	0 -0.015	>0.70~1.00	0 -0.07	0 -0.05
>0.15~0.25	0 -0.03	0 -0.02	>1.00~1.50	0 -0.09	0 -0.07
>0.25~0.40	0 -0.04	0 -0.03	>1.50~2.50	0 -0.12	0 -0.09
>0.40~0.70	0 -0.05	0 -0.04	>2.50~3.00	0 -0.15	0 -0.12

成卷交货的钢带焊缝处1000mm范围内厚度偏差允许比表5-52数值增加100%。

3)切边钢带的宽度允许偏差应符合表5-53的规定。

表 5-53　冷轧切边钢带的宽度允许偏差　mm

厚　度	允许偏差			
	宽度≤120		宽度>120	
	普通精度	较高精度	普通精度	较高精度
≤0.50	0 -0.25	0 -0.15	0 -0.45	0 -0.25
>0.50~1.00	0 -0.35	0 -0.25	0 -0.55	0 -0.35
>1.00~3.00	0 -0.50	0 -0.40	0 -0.70	0 -0.50

4)不切边钢带的宽度允许偏差应符合表 5-54 的规定。

表 5-54　冷轧不切边钢带的宽度允许偏差　mm

宽　度	允许偏差	
	普通精度	较高精度
≤120	±1.50	±1.00
>120	±2.50	±2.00

5)钢带的不平度和镰刀弯应符合表 5-55 的规定。

表 5-55　冷轧钢带的不平度和镰刀弯　mm

厚　度	不平度,mm/m				镰刀弯,mm/m	
	宽度				切边	不切边
	≤50	>50~100	>100~150	>150		
	不大于					
≤0.50	4	5	6	7	2	3
>0.50	3	4	5	6	3	4

6)钢带分切头尾和不切头尾两种,其有效长度应符合表 5-56 的规定。

表 5-56　冷轧钢带的有效长度　mm

厚　度	有效长度不小于
≤1.50	11000
>1.50~2.00	7000
>2.00~3.00	5000

3. 技术要求

(1)抗拉强度和伸长率(表 5-57)

表 5-57　冷轧钢带的抗拉强度和伸长率

类　别	抗拉强度 σ_b,MPa	伸长率 δ,%,不小于	维氏硬度 HV
软钢带	275~440	23	≤130
半软钢带	370~490	10	105~145
硬钢带	490~785	—	140~230

(2)边缘裂边

在不切边钢带的边缘上允许有深度不大于表5-58的规定。

表5-58 冷轧钢带的边缘裂边的深度 mm

厚 度	裂 边	
	用热带直接轧制的	用热带纵剪后轧制的
≤0.50	3	5
>0.50~1.00	2	4
>1.00~3.00	1	3

5.11 优质碳素结构钢热轧薄钢板和钢带

1. 分类与代号

优质碳素结构钢热轧薄钢板和钢带的分类与代号见表5-59。

表5-59 优质碳素结构钢热轧薄钢板和钢带的分类与代号

分类方式	类 别	代 号
按拉延级别分	(1)最深拉延级 (2)深拉延级 (3)普通拉延级	Z S P

2. 尺寸、外形及允许偏差

钢板的不平度应符合表5-60的规定,其他尺寸、外形及允许偏差应符合GB/T 709的规定,45、50牌号的钢板和钢带厚度允许偏差可增加10%。

表5-60 钢板的不平度 mm

公称厚度	公称厚度	下列牌号钢板的不平度,不大于		
		08、08Al、10	15、20、25、30、35	40、45、50
≤2	≤1200	21	26	32
	>1200~1500	25	31	36
	>1500	30	38	45
>2	≤1200	18	22	27
	>1200~1500	23	29	34
	>1500	28	35	42

3. 技术要求

(1)钢的牌号和化学成分

1)钢的牌号

08、08Al、10、15、20、25、30、35、40、45、50。

经供需双方协商可供应其他牌号。

2)化学成分(熔炼分析)

各牌号化学成分应符合 GB/T 699 的规定。在保证性能的前提下,08、08Al 牌号的热轧钢板和钢带的碳、锰含量下限不限,08Al 酸溶铝含量为 0.015% ~0.060%。

3)钢的成品化学成分允许偏差应按 GB/T 222 的规定。

(2)力学性能

热轧状态下钢板和钢带的力学性能按表 5-61 规定。经供需双方协商,可对表 5-60 中的性能指标进行调整。

表 5-61　拉伸性能

牌　　号	拉延级别				
	Z	S 和 P	Z	S	P
	抗拉强度,MPa		伸长率 δ_{10},% ≥		
08、08Al	275 ~410	≥300	36	35	34
10	280 ~410	≥335	36	34	32
15	300 ~430	≥370	34	32	30
20	340 ~480	≥410	30	28	26
25	—	≥450	—	26	24
30	—	≥490	—	24	22
35	—	≥530	—	22	20
40	—	≥570	—	—	19
45	—	≥600	—	—	17
50	—	≥610	—	—	16

(3)弯曲试验

用 08、08Al、10、15、20、25、30、35 号钢轧制的钢板和钢带,在交货状态下应进行 180°横向弯曲试验,弯心直径符合表 5-62 规定。弯曲处不得有裂纹、裂口和分层。

表 5-62　弯曲试验

牌　　号	弯心直径 d	
	板厚 a≤2mm	板厚 a>2mm
08、08Al	0	$0.5a$
10	$0.5a$	a
15	a	$1.5a$
20	$2a$	$2.5a$
25、30、35	$2.5a$	$3a$

(4)特殊要求

1)杯突试验

用 08、08Al 钢轧制厚度不大于 2mm 的钢板和钢带可进行杯突试验,每个测量点的杯突值应符合表5-63的规定。

表5-63 杯突试验 mm

厚度	冲压深度,不小于
≤1.0	9.5
>1.0~1.5	10.5
>1.5~2.0	11.5

2)金相组织

① 晶粒度

用08、08Al、10、15、20号钢轧制的钢板和钢带晶粒度应符合表5-64的规定。

表5-64 晶粒度

拉延级别	Z		S
牌号	08	08Al、10、15、20	08Al、10、15、20
晶粒度级别	6~9	6~10	6~11

② 带状组织

钢板和钢带的带状组织按GB/T 13299第二评级图评级,15、20牌号的Z级带状组织级别范围为1级、2级、3级。

③ 胶碳层

根据需方要求,35、40、45和50号钢的钢板和钢带应检验表面脱碳层、全脱碳层(铁素体)深度(从实际尺寸算起),单面不得大于钢板和钢带实际厚度的2.5%,双面不得大于4%。

(5)*表面质量*

1)钢板和钢带表面不应有裂纹、气泡、折叠、夹杂、结疤和压入氧化铁皮,钢板不允许有分层。

2)钢板和钢带不允许有妨碍检查表面缺陷的薄层氧化铁皮或铁锈及凹凸度不大于钢板和钢带厚度公差之半的麻点、凹面、划痕及其他局部缺陷,且应保证钢板和钢带允许最小厚度。

3)钢板和钢带表面局部缺陷允许清理,清理处应归平滑无棱角,并应保证钢板和钢带允许最小厚度。

4)在钢带连续生产的过程中,局部的表面缺陷不易发现并去除,因此允许带缺陷交货,但有缺陷部分不得超过每卷钢带总长度的6%。

5)根据需方要求,经供需双方协商,可供应表面经酸洗处理或其他方法处理的钢带,表面质量要求由双方协商。

5.12 碳素结构钢和低合金结构钢热轧薄钢板及钢带

1. 力学性能和工艺性能

1)钢板和钢带的抗拉强度和伸长率应符合GB/T 700、GB/T 1591的规定。但伸长率允许比GB/T 700或GB/T 1591的规定降低5%(绝对值)。

2)根据需方要求,钢板和钢带的屈服强度可按 GB/T 700、GB/T 1591 的规定。

3)钢板和钢带应做 180°弯曲试验,试样弯心直径应符合 GB/T 700、GB/T 1591 的规定。

4)根据需方要求,对冷冲压用低合金钢或 Q235 碳素结构钢,可做弯心直径等于试样厚度的弯曲试验。

2. 表面质量

1)钢板和钢带表面不应有结疤、裂纹、折叠、夹杂、气泡和氧化铁皮压入等对使用有害的缺陷。钢板和钢带不得有分层。

2)钢板和钢带表面允许有不影响使用的薄层氧化铁皮、铁锈和轻微的麻点、划痕等局部缺陷,其凹凸度不得超过钢板和钢带厚度公差之半,并应保证钢板和钢带的允许最小厚度。

3)钢板表面缺陷允许清理。清理处应平缓无棱角,并应保证钢板的允许最小厚度。

4)对于钢带,由于没有机会切除有缺陷部分,允许带缺陷交货,但带缺陷部分不应超过每卷钢带总长度的8%。

5.13 焊接用钢盘条

1. 牌号和化学成分

1)表 5-65 中给出了焊接用钢的牌号及其化学成分(成品分析)。

表 5-65 焊接用钢盘条的牌号及其化学成分

序号	牌号	化学成分(质量分数),%									
		C	Mn	Si	Cr	Ni	Cu	Mo	V,Ti,Zr,Al	S	P
										不大于	
非合金钢											
1	H04E	≤0.04	0.30~0.60	≤0.10	—	—	—	—	—	0.010	0.015
2	H08A	≤0.10	0.35~0.60	≤0.03	≤0.20	≤0.30	≤0.20	—	—	0.030	0.030
3	H08E	≤0.10	0.35~0.60	≤0.03	≤0.20	≤0.30	≤0.20	—	—	0.020	0.020
4	H08C	≤0.10	0.35~0.60	≤0.03	≤0.10	≤0.10	≤0.10	—	—	0.015	0.015
5	H08MnA	≤0.10	0.80~1.10	≤0.07	≤0.20	≤0.30	≤0.20	—	—	0.030	0.030
6[a]	H10MnSiA	0.06~0.15	0.90~1.40	0.45~0.75	—	—	≤0.20	—	—	0.030	0.025
7	H15A	0.11~0.18	0.35~0.65	≤0.03	≤0.20	≤0.30	≤0.20	—	—	0.030	0.030

续表

序号	牌号	化学成分(质量分数),%									
		C	Mn	Si	Cr	Ni	Cu	Mo	V,Ti,Zr,Al	S	P
										不大于	
8	H15Mn	0.11 ~ 0.18	0.80 ~ 1.10	≤0.03	≤0.20	≤0.30	≤0.20	—	—	0.035	0.035
低合金钢											
9[a]	H05MnSiTiZrAlA	≤0.07	0.90 ~ 1.40	0.40 ~ 0.70	—	—	≤0.20	—	Ti:0.05 ~ 0.15 Zr:0.02 ~ 0.12 Al:0.05 ~ 0.15	0.025	0.035
10	H08MnSi	≤0.11	1.20 ~ 1.50	0.40 ~ 0.70	≤0.20	≤0.30	≤0.20	—	—	0.035	0.035
11	H10MnSi	≤0.14	0.80 ~ 1.10	0.60 ~ 0.90	≤0.20	≤0.30	≤0.20	—	—	0.035	0.035
12[a]	H11MnSi	0.07 ~ 0.15	1.00 ~ 1.50	0.65 ~ 0.85	—	—	≤0.20	—	—	0.035	0.025
13	H11MnSiA	0.07 ~ 0.15	1.00 ~ 1.50	0.65 ~ 0.95	≤0.20	≤0.30	≤0.20	—	—	0.025	0.035
合金钢											
14[a]	H05SiCrMoA	≤0.05	0.40 ~ 0.70	0.40 ~ 0.70	1.20 ~ 1.50	≤0.02	≤0.20	0.40 ~ 0.65	—	0.025	0.025
15[a]	H05SiCr2MoA	≤0.05	0.40 ~ 0.70	0.40 ~ 0.70	2.30 ~ 2.70	≤0.02	≤0.20	0.90 ~ 1.20	—	0.025	0.025
16[a]	H05Mn2Ni2MoA	≤0.08	1.25 ~ 1.80	0.20 ~ 0.50	≤0.30	1.40 ~ 2.10	≤0.02	0.25 ~ 0.55	V≤0.05 Ti≤0.10 Zr≤0.10 Al≤0.10	0.010	0.010
17[a]	H08Mn2Ni2MoA	≤0.09	1.40 ~ 1.80	0.20 ~ 0.55	≤0.50	1.90 ~ 2.60	≤0.20	0.25 ~ 0.55	V≤0.04 Ti≤0.10 Zr≤0.10 Al≤0.10	0.010	0.010
18	H08CrMoA	≤0.10	0.40 ~ 0.70	0.15 ~ 0.35	0.80 ~ 1.10	≤0.30	≤0.20	0.40 ~ 0.60	—	0.030	0.030
19	H08MnMoA	≤0.10	1.20 ~ 1.60	≤0.25	≤0.20	≤0.30	≤0.20	0.30 ~ 0.50	Ti:0.15 (加入量)	0.030	0.030
20	H08CrMoVA	≤0.10	0.40 ~ 0.70	0.15 ~ 0.35	1.00 ~ 1.30	≤0.30	≤0.20	0.50 ~ 0.70	V:0.15 ~ 0.35	0.030	0.030
21	H08Mn2Ni3MoA	≤0.10	1.40 ~ 1.80	0.25 ~ 0.60	≤0.60	2.00 ~ 2.80	≤0.20	0.30 ~ 0.65	V≤0.03 Ti≤0.10 Zr≤0.10 Al≤0.10	0.010	0.010
22	H08CrNi2MoA	0.05 ~ 0.10	0.50 ~ 0.85	0.10 ~ 0.30	0.70 ~ 1.00	1.40 ~ 1.80	≤0.20	0.20 ~ 0.40	—	0.025	0.030
23[a]	H08MnSiCrMoVA	0.06 ~ 0.10	1.20 ~ 1.60	0.60 ~ 0.90	1.00 ~ 1.30	≤0.25	≤0.20	0.50 ~ 0.70	V:0.20 ~ 0.40	0.025	0.030
24[a]	H08MnSiCrMoA	0.06 ~ 0.10	1.20 ~ 1.70	0.60 ~ 0.90	0.90 ~ 1.20	≤0.25	≤0.20	0.45 ~ 0.65	—	0.025	0.030
25	H08Mn2Si	≤0.11	1.70 ~ 2.10	0.65 ~ 0.95	≤0.20	≤0.30	≤0.20	—	—	0.035	0.035

续表

序号	牌　号	化学成分(质量分数),%									
		C	Mn	Si	Cr	Ni	Cu	Mo	V,Ti,Zr,Al	S	P
										不大于	
26	H08Mn2SiA	≤0.11	1.80 ~ 2.10	0.65 ~ 0.95	≤0.20	≤0.30	≤0.20	—	—	0.030	0.030
27	H08Mn2MoA	0.06 ~ 0.11	1.60 ~ 1.90	≤0.25	≤0.20	≤0.30	≤0.20	0.50 ~ 0.70	Ti:0.15（加入量）	0.030	0.030
28	H08Mn2MoVA	0.06 ~ 0.11	1.60 ~ 1.90	≤0.25	≤0.20	≤0.30	≤0.20	0.50 ~ 0.70	V:0.06 ~0.12 Ti:0.15（加入量）	0.030	0.030
29	H10MoCrA	≤0.12	0.40 ~ 0.70	0.15 ~ 0.35	0.45 ~ 0.65	≤0.30	≤0.20	0.40 ~ 0.60	—	0.030	0.030
30	H10Mn2	≤0.12	1.50 ~ 1.90	≤0.07	≤0.20	≤0.30	≤0.20	—	—	0.035	0.035
31[a]	H10MnSiNiA	≤0.12	≤1.25	0.40 ~ 0.80	≤0.15	0.80 ~ 1.10	≤0.20	≤0.35	V≤0.05	0.025	0.025
32[a]	H10MnSiNi2A	≤0.12	≤1.25	0.40 ~ 0.80	—	2.00 ~ 2.75	≤0.20	—	—	0.025	0.025
33[a]	H10MnSiNi3A	≤0.12	≤1.25	0.40 ~ 0.80	—	3.00 ~ 3.75	≤0.20	—	—	0.025	0.025
34[a]	H10Mn2SiNiMoA	≤0.12	1.25 ~ 1.80	0.40 ~ 0.80	—	0.50 ~ 1.00	≤0.20	0.20 ~ 0.55	Ti≤0.20 Al≤0.10	0.020	0.020
35[a]	H10Mn2NiMoCuA	≤0.12	1.25 ~ 1.80	0.20 ~ 0.60	≤0.30	0.80 ~ 1.25	0.35 ~ 0.65	0.20 ~ 0.55	V≤0.05 Ti≤0.10 Zr≤0.10 Al≤0.10	0.010	0.010
36[a]	H10Mn2SiMoTiA	≤0.12	1.20 ~ 1.90	0.40 ~ 0.80	—	—	≤0.20	0.20 ~ 0.50	Ti≤0.20	0.025	0.025
37[a]	H10SiCrMoA	0.70 ~ 0.12	0.40 ~ 0.70	0.40 ~ 0.70	1.20 ~ 1.50	≤0.02	≤0.20	0.40 ~ 0.65	—	0.025	0.025
38[a]	H10SiCr2MoA	0.07 ~ 0.12	0.40 ~ 0.70	0.40 ~ 0.70	2.30 ~ 2.70	≤0.20	≤0.20	0.90 ~ 1.20	—	0.025	0.025
39[a]	H10Mn2SiMoA	0.07 ~ 0.12	1.60 ~ 2.10	0.50 ~ 0.80	—	≤0.15	≤0.20	0.40 ~ 0.60	—	0.025	0.025
40	H10MnSiMoTiA	0.08 ~ 0.12	1.00 ~ 1.30	0.40 ~ 0.70	≤0.20	≤0.30	≤0.20	0.20 ~ 0.40	Ti:0.05 ~ 0.15	0.025	0.030
41	H10Mn2MoA	0.08 ~ 0.13	1.70 ~ 2.00	≤0.40	≤0.20	≤0.30	≤0.20	0.60 ~ 0.80	Ti:0.15（加入量）	0.030	0.030
42	H10Mn2MoVA	0.08 ~ 0.13	1.70 ~ 2.00	≤0.40	≤0.20	≤0.30	≤0.20	0.60 ~ 0.80	V:0.06 ~0.12 Ti:0.15（加入量）	0.030	0.030
43	H10MnSiMo	≤0.14	0.90 ~ 1.20	0.70 ~ 1.10	≤0.20	≤0.30	≤0.20	0.15 ~ 0.25	—	0.035	0.035
44	H10Mn2A	≤0.17	1.80 ~ 2.20	≤0.05	≤0.20	≤0.30	—	—	—	0.030	0.030
45	H11Mn2SiA	0.06 ~ 0.15	1.40 ~ 1.85	0.80 ~ 1.15	≤0.20	≤0.30	≤0.20	—	—	0.025	0.025

续表

序号	牌号	化学成分(质量分数),%									
		C	Mn	Si	Cr	Ni	Cu	Mo	V,Ti,Zr,Al	S	P
										不大于	
46	H13CrMoA	0.11~0.16	0.40~0.70	0.15~0.35	0.80~1.10	≤0.30	≤0.20	0.40~0.60	—	0.030	0.030
47[a]	H15MnSiAl	0.07~0.19	0.90~1.40	0.30~0.60	—	—	≤0.20	—	Al:0.50~0.90	0.035	0.025
48	H18CrMoA	0.15~0.22	0.40~0.70	0.15~0.35	0.80~1.10	≤0.30	≤0.20	0.15~0.25	—	0.025	0.030
49	H30CrMnSiA	0.25~0.35	0.80~1.10	0.90~1.20	0.80~1.10	≤0.30	≤0.20	—	—	0.025	0.025

注:有“a”的牌号中作为残余元素的 Ni、Cr、Mo、V 总量应不大于 0.50%。

2)根据供需双方协议,亦可供应其他牌号及化学成分的盘条。

3)根据供需双方协议,H08A、H08E、H08C 非沸腾钢允许硅含量(质量分数)不大于 0.07%。

2. 表面质量

盘条表面不得有裂纹、折叠、结疤、耳子、分层及夹杂,允许有压痕及局部的凸块、凹坑、划痕、麻面,但其深度或高度:B、C 级精度盘条不得大于 0.10mm;其他精度等级不得大于 0.20mm。

5.14 焊接用不锈钢盘条

1. 分类、牌号

盘条用钢按组织状态分为奥氏体型、奥氏体+铁素体(双相)型、马氏体型、铁素体型和沉淀硬化型,牌号见表 5-61。

2. 尺寸、外形

1)盘条的公称直径范围为 5mm~20mm。

2)盘条的直径允许偏差和不圆度应符合《热轧盘条尺寸、外形、重量及允许偏差》(GB/T 14981)的规定,具体要求的精度级别应在合同中注明,未注明时应符合 B 级精度的规定。

3)每盘盘条由一根组成,不得有焊接头,盘重应不小于 500kg。

3. 技术要求

(1)牌号及化学成分

盘条用钢的牌号及化学成分(熔炼分析)应符合表 5-66 的规定。

表 5-66　焊接用不锈钢盘条用钢的牌号及化学成分

类型	序号	牌号	化学成分(质量分数),%										
			C	Si	Mn	P	S	Cr	Ni	Mo	Cu	N	其他
奥氏体	1	H05Cr22Ni11Mn6Mo3VN	≤0.05	≤0.90	4.00～7.00	≤0.030	≤0.030	20.50～24.00	9.50～12.00	1.50～3.00	≤0.75	0.10～0.30	V:0.10～0.30
	2	H10Cr17Ni8Mn8Si4N	≤0.10	3.40～4.50	7.00～9.00	≤0.030	≤0.030	16.00～18.00	8.00～9.00	≤0.75	≤0.75	0.08～0.18	
	3	H05Cr20Ni6Mn9N	≤0.05	≤1.00	8.00～10.00	≤0.030	≤0.030	19.00～21.50	5.50～7.00	≤0.75	≤0.75	0.10～0.30	
	4	H05Cr18Ni5Mn12N	≤0.05	≤1.00	10.50～13.50	≤0.030	≤0.030	17.00～19.00	4.00～6.00	≤0.75	≤0.75	0.10～0.30	
	5	H10Cr21Ni10Mn6	≤0.10	0.20～0.60	5.00～7.00	≤0.030	≤0.020	20.00～22.00	9.00～11.00	≤0.75	≤0.75		
	6	H09Cr21Ni9Mn4Mo	0.04～0.14	0.30～0.65	3.30～4.75	≤0.030	≤0.030	19.50～22.00	8.00～10.70	0.50～1.50	≤0.75		
	7	H08Cr21Ni10Si	≤0.08	0.30～0.65	1.00～2.50	≤0.030	≤0.030	19.50～22.00	9.00～11.00	≤0.75	≤0.75		
	8	H08Cr21Ni10	≤0.08	≤0.35	1.00～2.50	≤0.030	≤0.030	19.50～22.00	9.00～11.00	≤0.75	≤0.75		
	9	H06Cr21Ni10	0.04～0.08	0.30～0.65	1.00～2.50	≤0.030	≤0.030	19.50～22.00	9.00～11.00	≤0.50	≤0.75		
	10	H03Cr21Ni10Si	≤0.030	0.30～0.65	1.00～2.50	≤0.030	≤0.030	19.50～22.00	9.00～11.00	≤0.75	≤0.75		
	11	H03Cr21Ni10	≤0.030	≤0.35	1.00～2.50	≤0.030	≤0.030	19.50～22.00	9.00～11.00	≤0.75	≤0.75		
	12	H08Cr20Ni11Mo2	≤0.08	0.30～0.65	1.00～2.50	≤0.030	≤0.030	18.00～21.00	9.00～12.00	2.00～3.00	≤0.75		
	13	H04Cr20Ni11Mo2	≤0.04	0.30～0.65	1.00～2.50	≤0.030	≤0.030	18.00～21.00	9.00～12.00	2.00～3.00	≤0.75		
	14	H08Cr21Ni10Si1	≤0.08	0.65～1.00	1.00～2.50	≤0.030	≤0.030	19.50～22.00	9.00～11.00	≤0.75	≤0.75		
	15	H03Cr21Ni10Si1	≤0.030	0.65～1.00	1.00～2.50	≤0.030	≤0.030	19.50～22.00	9.00～11.00	≤0.75	≤0.75		
	16	H12Cr24Ni13Si	≤0.12	0.30～0.65	1.00～2.50	≤0.030	≤0.030	23.00～25.00	12.00～14.00	≤0.75	≤0.75		
	17	H12Cr24Ni13	≤0.12	≤0.35	1.00～2.50	≤0.030	≤0.030	23.00～25.00	12.00～14.00	≤0.75	≤0.75		
	18	H03Cr24Ni13Si	≤0.030	0.30～0.65	1.00～2.50	≤0.030	≤0.030	23.00～25.00	12.00～14.00	≤0.75	≤0.75		
	19	H03Cr24Ni13	≤0.030	≤0.35	1.00～2.50	≤0.030	≤0.030	23.00～25.00	12.00～14.00	≤0.75	≤0.75		
	20	H12Cr24Ni13Mo2	≤0.12	0.30～0.65	1.00～2.50	≤0.030	≤0.030	23.00～25.00	12.00～14.00	2.00～3.00	≤0.75		
	21	H03Cr24Ni13Mo2	≤0.030	0.30～0.65	1.00～2.50	≤0.030	≤0.030	23.00～25.00	12.00～14.00	2.00～3.00	≤0.75		
	22	H12Cr24Ni13Si1	≤0.12	0.65～1.00	1.00～2.50	≤0.030	≤0.030	23.00～25.00	12.00～14.00	≤0.75	≤0.75		
	23	H03Cr24Ni13Si1	≤0.030	0.65～1.00	1.00～2.50	≤0.030	≤0.030	23.00～25.00	12.00～14.00	≤0.75	≤0.75		

续表

类型	序号	牌号	化学成分(质量分数),%										
			C	Si	Mn	P	S	Cr	Ni	Mo	Cu	N	其他
奥氏体	24	H12Cr26Ni21Si	0.08~0.15	0.30~0.65	1.00~2.50	≤0.030	≤0.030	25.00~28.00	20.00~22.50	≤0.75	≤0.75		
	25	H12Cr26Ni21	0.08~0.15	≤0.35	1.00~2.50	≤0.030	≤0.030	25.00~28.00	20.00~22.50	≤0.75	≤0.75		
	26	H08Cr26Ni21	≤0.08	≤0.65	1.00~2.50	≤0.030	≤0.030	25.00~28.00	20.00~22.50	≤0.75	≤0.75		
	27	H08Cr19Ni12Mo2Si	≤0.08	0.30~0.65	1.00~2.50	≤0.030	≤0.030	18.00~20.00	11.00~14.00	2.00~3.00	≤0.75		
	28	H08Cr19Ni12Mo2	≤0.08	≤0.35	1.00~2.50	≤0.030	≤0.030	18.00~20.00	11.00~14.00	2.00~3.00	≤0.75		
	29	H06Cr19Ni12Mo2	0.04~0.08	0.30~0.65	1.00~2.50	≤0.030	≤0.030	18.00~20.00	11.00~14.00	2.00~3.00	≤0.75		
	30	H03Cr19Ni12Mo2Si	≤0.030	0.30~0.65	1.00~2.50	≤0.030	≤0.030	18.00~20.00	11.00~14.00	2.00~3.00	≤0.75		
	31	H03Cr19Ni12Mo2	≤0.030	≤0.35	1.00~2.50	≤0.030	≤0.030	18.00~20.00	11.00~14.00	2.00~3.00	≤0.75		
	32	H08Cr19Ni12Mo2Si1	≤0.08	0.65~1.00	1.00~2.50	≤0.030	≤0.030	18.00~20.00	11.00~14.00	2.00~3.00	≤0.75		
	33	H03Cr19Ni12Mo2Si1	≤0.030	0.65~1.00	1.00~2.50	≤0.030	≤0.030	18.00~20.00	11.00~14.00	2.00~3.00	≤0.75		
	34	H03Cr19Ni12Mo2Cu2	≤0.030	≤0.65	1.00~2.50	≤0.030	≤0.030	18.00~20.00	11.00~14.00	2.00~3.00	1.00~2.50		
	35	H08Cr19Ni14Mo3	≤0.08	0.30~0.65	1.00~2.50	≤0.030	≤0.030	18.50~20.50	13.00~15.00	3.00~4.00	≤0.75		
	36	H03Cr19Ni14Mo3	≤0.030	0.30~0.65	1.00~2.50	≤0.030	≤0.030	18.50~20.50	13.00~15.00	3.00~4.00	≤0.75		
	37	H08Cr19Ni12Mo2Nb	≤0.08	0.30~0.65	1.00~2.50	≤0.030	≤0.030	18.00~20.00	11.00~14.00	2.00~3.00	≤0.75		Nb②:8×C~1.00
	38	H07Cr20Ni34Mo2Cu3Nb	≤0.07	≤0.60	≤2.50	≤0.030	≤0.030	19.00~21.00	32.00~36.00	2.00~3.00	3.00~4.00		Nb②:8×C~1.00
	39	H02Cr20Ni34Mo2Cu3Nb	≤0.025	≤0.15	1.50~2.00	≤0.015	≤0.020	19.00~21.00	32.00~36.00	2.00~3.00	3.00~4.00		Nb②:8×C~0.40
	40	H08Cr19Ni10Ti	≤0.08	0.30~0.65	1.00~2.50	≤0.030	≤0.030	18.50~20.50	9.00~10.50	≤0.75	≤0.75		Ti:9×C~1.00
	41	H21Cr16Ni35	0.18~0.25	0.30~0.65	1.00~2.50	≤0.030	≤0.030	15.00~17.00	34.00~37.00	≤0.75	≤0.75		
	42	H08Cr20Ni10Nb	≤0.08	0.30~0.65	1.00~2.50	≤0.030	≤0.030	19.00~21.50	9.00~11.00	≤0.75	≤0.75		Nb②:10×C~1.00

续表

类型	序号	牌号	化学成分(质量分数),%										
			C	Si	Mn	P	S	Cr	Ni	Mo	Cu	N	其他
奥氏体	43	H08Cr20Ni10SiNb	≤0.08	0.65~1.00	1.00~2.50	≤0.030	≤0.030	19.00~21.50	9.00~11.00	≤0.75	≤0.75		Nb②:10×C~1.00
奥氏体	44	H02Cr27Ni32Mo3Cu	≤0.025	≤0.50	1.00~2.50	≤0.020	≤0.030	26.50~28.50	30.00~33.00	3.20~4.20	0.70~1.50		
奥氏体	45	H02Cr20Ni25Mo4Cu	≤0.025	≤0.50	1.00~2.50	≤0.020	≤0.030	19.50~21.50	24.00~26.00	4.20~5.20	1.20~2.00		
奥氏体	46	H06Cr19Ni10TiNb	0.04~0.08	0.30~0.65	1.00~2.00	≤0.030	≤0.030	18.50~20.00	9.00~11.00	≤0.25	≤0.75		Ti:≤0.05 Nb②:≤0.05
奥氏体	47	H10Cr16Ni8Mo2	≤0.10	0.30~0.65	1.00~2.00	≤0.030	≤0.030	14.50~16.50	7.50~9.50	1.00~2.00	≤0.75		
奥氏体加铁素体	48	H03Cr22Ni8Mo3N	≤0.030	≤0.90	0.50~2.00	≤0.030	≤0.030	21.50~23.50	7.50~9.50	2.50~3.50	≤0.75	0.08~0.20	
奥氏体加铁素体	49	H04Cr25Ni5Mo3Cu2N	≤0.04	≤1.00	≤1.50	≤0.040	≤0.030	24.00~27.00	4.50~6.50	2.90~3.90	1.50~2.50	0.10~0.25	
奥氏体加铁素体	50	H15Cr30Ni9	≤0.15	0.30~0.65	1.00~2.50	≤0.030	≤0.030	28.00~32.00	8.00~10.50	≤0.75	≤0.75		
马氏体	51	H12Cr13	≤0.12	≤0.50	≤0.60	≤0.030	≤0.030	11.50~13.50	≤0.60	≤0.75	≤0.75		
马氏体	52	H06Cr12Ni4Mo	≤0.06	≤0.50	≤0.60	≤0.030	≤0.030	11.00~12.50	4.00~5.00	0.40~0.70	≤0.75		
马氏体	53	H31Cr13	0.25~0.40	≤0.50	≤0.60	≤0.030	≤0.030	12.00~14.00	≤0.60	≤0.75	≤0.75		
铁素体	54	H06Cr14	≤0.06	0.30~0.70	0.30~0.70	≤0.030	≤0.030	13.00~15.00	≤0.60	≤0.75	≤0.75		
铁素体	55	H10Cr17	≤0.10	≤0.50	≤0.60	≤0.030	≤0.030	15.50~17.00	≤0.60	≤0.75	≤0.75		
铁素体	56	H01Cr26Mo	≤0.015	≤0.40	≤0.40	≤0.020	≤0.020	25.00~27.50	Ni+Cu ≤0.50	0.75~1.50	Ni+Cu ≤0.50	≤0.015	
铁素体	57	H08Cr11Ti	≤0.08	≤0.80	≤0.80	≤0.030	≤0.030	10.50~13.50	≤0.60	≤0.50	≤0.75		Ti:10×C~1.50
铁素体	58	H08Cr11Nb	≤0.08	≤1.00	≤0.80	≤0.040	≤0.030	10.50~13.50	≤0.60	≤0.50	≤0.75		Nb②:10×C~0.75
沉淀硬化	59	H05Cr17Ni4Cu4Nb	≤0.05	≤0.75	0.25~0.75	≤0.030	≤0.030	16.00~16.75	4.50~5.00	≤0.75	3.25~4.00		Nb②:0.15~0.30

① 在对表中给出元素进行分析时,如果发现有其他元素存在,其总量(除铁外)不应超过0.50%;
② Nb可报告为Nb+Ta。

(2)低倍组织

钢坯或盘条的横截面酸浸低倍试片上不得有目视可见的裂纹、缩孔、气泡及夹杂。

(3)表面质量

盘条表面不得有裂纹、折叠、结疤等有害缺陷。如有上述缺陷必须清除。清除深度不得超过直径公差。但允许有深度或高度不超过表 5-67 规定的个别划伤、麻点、凹坑和凸起。

表 5-67 焊接用不锈钢盘条表面允许缺陷深度 mm

盘条公称直径	允许缺陷深度
5～9.5	≤0.10
10～20	≤0.15

5.15 不锈钢盘条

1. 尺寸、外形和重量

1)盘条的直径为 5.5～30.0mm。

2)盘条的直径允许偏差及不圆度应符合《热轧盘条尺寸、外形、重量及允许偏差》(GB/T 14981)中 B 级精度的规定。

3)盘条的盘重应不小于 500kg。

2. 技术要求

(1)牌号及化学成分

1)钢的牌号及化学成分(熔炼分析)应符合表 5-68 的规定。根据需方要求,经双方协议,也可供应其他牌号的盘条。

2)盘条成品化学成分允许偏差应符合《钢的成品化学成分允许偏差》(GB/T 222)的规定。仅当需方要求并在合同中注明时,供方才进行成品化学成分分析。

(2)硬度

退火状态交货的铁素体钢和马氏体钢盘条,退火工艺参照表 5-69,其硬度应符合表 5-69 的规定。

(3)表面质量

1)盘条应加工良好,表面不得有对使用有害的缺陷。

2)纵向裂纹状的缺陷深度不得超过表 5-70 的规定。

表 5-68　不锈钢盘条用钢的牌号及化学成分

类型	序号	统一数字代号	牌　号	化学成分(质量分数),%							
				C	Si	Mn	P	S	Ni	Cr	Mo
铁素体	1	S11710	1Cr17	≤0.12	≤0.75	≤1.00	≤0.035	≤0.030	1)	16.00~18.00	
铁素体	2	S11714	Y1Cr17	≤0.12	≤1.00	≤1.25	≤0.060	≥0.15	1)	16.00~18.00	2)
铁素体	3	S11790	1Cr17Mo	≤0.12	≤1.00	≤1.00	≤0.035	≤0.030	1)	16.00~18.00	0.75~1.25
马氏体	4	S41008	0Cr13	≤0.08	≤1.00	≤1.00	≤0.035	≤0.030	1)	11.50~13.50	
马氏体	5	S41010	1Cr13	≤0.15	≤1.00	≤1.00	≤0.035	≤0.030	1)	11.50~13.50	
马氏体	6	S41614	Y1Cr13	≤0.15	≤1.00	≤1.25	≤0.060	≥0.15	1)	12.00~14.00	2)
马氏体	7	S45710	1Cr13Mo	0.08~0.18	≤0.60	≤1.00	≤0.035	≤0.030	1)	11.50~14.00	0.30~0.60
马氏体	8	S42020	2Cr13	0.16~0.25	≤1.00	≤1.00	≤0.035	≤0.030	1)	12.00~14.00	
马氏体	9	S42030	3Cr13	0.26~0.35	≤1.00	≤1.00	≤0.035	≤0.030	1)	12.00~14.00	
马氏体	10	S42034	Y3Cr13	0.26~0.35	≤1.00	≤1.25	≤0.060	≥0.15	1)	12.00~14.00	2)
马氏体	11	S45830	3Cr13Mo	0.28~0.35	≤0.80	≤1.00	≤0.035	≤0.030	1)	12.00~14.00	0.50~1.00
马氏体	12	S42040	4Cr13	0.36~0.45	≤0.60	≤0.80	≤0.035	≤0.030	1)	12.00~14.00	
马氏体	13	S43110	1Cr17Ni2	0.11~0.17	≤0.80	≤0.80	≤0.035	≤0.030	1.50~2.50	16.00~18.00	
马氏体	14	S47310	1Cr11Ni2W2MoV	0.10~0.16	≤0.60	≤0.60	≤0.035	≤0.030	1.40~1.80	10.50~12.00	Mo:0.35~0.50 V:0.18~0.30 W:1.50~2.00
马氏体	15	S41420	2Cr13Ni2	0.20~0.30	≤0.50	0.80~1.20	0.08~0.15	0.15~0.25	1.50~2.00	12.00~14.00	
马氏体	16	S44070	7Cr17	0.60~0.75	≤1.00	≤1.00	≤0.035	≤0.030	1)	16.00~18.00	3)
马氏体	17	S44080	8Cr17	0.75~0.95	≤1.00	≤1.00	≤0.035	≤0.030	1)	16.00~18.00	3)
马氏体	18	S44090	9Cr18	0.90~1.00	≤0.80	≤0.80	≤0.035	≤0.030	1)	17.00~19.00	3)
马氏体	19	S44091	11Cr17	0.95~1.20	≤1.00	≤1.00	≤0.035	≤0.030	1)	16.00~18.00	3)
马氏体	20	S44094	Y11Cr17	0.95~1.20	≤1.00	≤1.25	≤0.060	≥0.15	1)	16.00~18.00	3)
马氏体	21	S45990	9Cr18Mo	0.95~1.10	≤0.80	≤0.80	≤0.035	≤0.030	1)	16.00~18.00	0.40~0.70
马氏体	22	S46990	9Cr18MoV	0.85~0.95	≤0.80	≤0.80	≤0.035	≤0.030	1)	17.00~19.00	1.00~1.30

续表

类型	序号	统一数字代号	牌号	化学成分(质量分数),%							
				C	Si	Mn	P	S	Ni	Cr	Mo
奥氏体型	23	S35350	1Cr17Mn6Ni5N	≤0.15	≤1.00	5.50~7.50	≤0.060	≤0.030	3.50~5.50	16.00~18.00	N≤0.25
	24	S35450	1Cr18Mn8Ni5N	≤0.15	≤1.00	7.50~10.00	≤0.060	≤0.030	4.00~6.00	17.00~19.00	N≤0.25
	25	S35555	2Cr15Mn15Ni2N	0.15~0.25	≤1.00	14.00~16.00	≤0.060	≤0.030	1.50~3.00	14.00~16.00	N:0.15~0.30
	26	S30210	1Cr18Ni9	≤0.15	≤1.00	≤2.00	≤0.035	≤0.030	8.00~10.00	17.00~19.00	
	27	S30314	Y1Cr18Ni9	≤0.15	≤1.00	≤2.00	≤0.20	≥0.15	8.00~10.00	17.00~19.00	2)
	28	S30408	0Cr18Ni9	≤0.07	≤1.00	≤2.00	≤0.035	≤0.030	8.00~11.00	17.00~19.00	
	29	S30408	0Cr19Ni9	≤0.08	≤1.00	≤2.00	≤0.035	≤0.030	8.00~10.50	18.00~20.00	
	30	S30403	00Cr19Ni10	≤0.03	≤1.00	≤2.00	≤0.035	≤0.030	8.00~12.00	18.00~20.00	
	31	S34878	0Cr18Ni9Cu2	≤0.08	≤1.00	≤2.00	≤0.035	≤0.030	8.00~10.50	17.00~19.00	Cu:1.00~3.00
	32	S34888	0Cr18Ni9Cu3	≤0.08	≤1.00	≤2.00	≤0.035	≤0.030	8.50~10.50	17.00~19.00	Cu:3.00~4.00
	33	S31608	0Cr17Ni12Mo2	≤0.08	≤1.00	≤2.00	≤0.035	≤0.030	10.00~14.00	16.00~18.50	2.00~3.00
	34	S31603	00Cr17Ni14Mo2	≤0.03	≤1.00	≤2.00	≤0.035	≤0.030	12.00~15.00	16.00~18.00	2.00~3.00
	35	S31708	0Cr19Ni13Mo3	≤0.08	≤1.00	≤2.00	≤0.035	≤0.030	11.00~15.00	18.00~20.00	3.00~4.00
	36	S31703	00Cr19Ni13Mo3	≤0.03	≤1.00	≤2.00	≤0.035	≤0.030	11.00~15.00	18.00~20.00	3.00~4.00
	37	S32160	1Cr18Ni9Ti	≤0.12	≤1.00	≤2.00	≤0.035	≤0.030	8.00~11.00	17.00~19.00	Ti:5(C% -0.02~0.8)
	38	S32168	0Cr18Ni10Ti	≤0.08	≤1.00	≤2.00	≤0.035	≤0.030	9.00~12.00	17.00~19.00	Ti≥5C%
	39	S30508	0Cr18Ni12	≤0.08	≤1.00	≤2.00	≤0.035	≤0.030	11.00~13.50	16.50~19.00	
	40	S30510	1Cr18Ni12	≤0.12	≤1.00	≤2.00	≤0.035	≤0.030	10.50~13.00	17.00~19.00	
	41	S30908	0Cr23Ni13	≤0.08	≤1.00	≤2.00	≤0.035	≤0.030	12.00~15.00	22.00~24.00	
	42	S31008	0Cr25Ni20	≤0.08	≤1.00	≤2.00	≤0.035	≤0.030	19.00~22.00	24.00~26.00	
沉淀硬化型	43	S51778	0Cr17Ni7Al	≤0.09	≤1.00	≤1.00	≤0.035	≤0.030	6.50~7.75	16.00~18.00	Cu≤0.50 Al:0.75~1.50

1)为镍含量(质量分数)不大于0.60%;
2)为钼含量(质量分数)不大于0.60%;
3)为钼含量(质量分数)不大于0.75%。

表 5-69 铁素体钢和马氏体钢退火工艺及硬度

类型	牌号	退火温度,℃	HBW 不大于
铁素体	1Cr17	780~850 空冷或缓冷	183
	Y1Cr17	680~820 空冷或缓冷	183
	1Cr17Mo	780~850 空冷或缓冷	183
马氏体	0Cr13	800~900 缓冷或约 750 快冷	183
	1Cr13	800~900 缓冷或约 750 快冷	200
	Y1Cr13	800~900 缓冷或约 750 快冷	200
	1Cr13Mo	830~900 缓冷或约 750 快冷	200
	2Cr13	800~900 缓冷或约 750 快冷	223
	3Cr13	800~900 缓冷或约 750 快冷	235
	Y3Cr13	800~900 缓冷或约 750 快冷	235
	4Cr13	800~900 缓冷或约 750 快冷	230
	3Cr13Mo	800~900 缓冷或约 750 快冷	207
	1Cr17Ni2	650~700 空冷	285
	1Cr11Ni2W2MoV	780~850 缓冷	269
	2Cr13Ni2	640~720 缓冷	285
	7Cr17	800~920 缓冷	255
	8Cr17	800~920 缓冷	255
	9Cr18	800~920 缓冷	255
	11Cr17	800~920 缓冷	269
	Y11Cr17	800~920 缓冷	269
	9Cr18Mo	800~900 缓冷	269
	9Cr18MoV	800~920 缓冷	269

表 5-70 盘条纵向裂纹状的缺陷深度 mm

盘条直径	允许缺陷深度
5.5~14.0	≤0.15
>14.0~20.0	≤0.20
>20.0~30.0	双方协议

5.16 低碳钢热轧圆盘条

技术要求

(1)牌号和化学成分

1)钢的牌号和化学成分(熔炼分析),应符合表 5-71 的规定。

表 5-71　低碳钢热轧圆盘条的牌号和化学成分

牌　号	化学成分(质量分类),%				
	C	Mn	Si	S	P
			不大于		
Q195	≤0.12	0.25～0.50	0.30	0.040	0.035
Q215	0.09～0.15	0.25～0.60			
Q235	0.12～0.20	0.30～0.70	0.30	0.045	0.045
Q275	0.14～0.22	0.40～1.00			

2)允许用铝代硅脱氧。

3)钢中铬、镍、铜、砷的残余含量应符合 GB/T 700 的有关规定。

4)经供需双方协议并在合同中注明,可供应其他成分或牌号的盘条。

5)盘条的成品化学成分允许偏差应符合 GB/T 222 的规定。

(2)力学性能和工艺性能

盘条的力学性能和工艺性能应符合表 5-72 的规定,经供需双方协商并在合同中注明,可做冷弯性能试验。直径大于 12mm 的盘条,冷弯性能指标由供需双方协商确定。

表 5-72　盘条的力学性能和工艺性能

牌号	力学性能		冷弯试验 180° d=弯心直径 a=试样直径
	抗拉强度 R_m,N/mm² 不大于	断后伸长率 $A_{11.3}$,% 不小于	
Q195	410	30	$d=0$
Q215	435	28	$d=0$
Q235	500	23	$d=0.5a$
Q275	540	21	$d=1.5a$

(3)表面质量

1)盘条应将头尾有害缺陷切除。盘条的截面不应有缩孔、分层及夹杂。

2)盘条表面应光滑,不应有裂纹、折叠、耳子、结疤,允许有压痕及局部的凸块、划痕、麻面,其深度或高度(从实际尺寸算起)B 级和 C 级精度不应大于 0.10mm,A 级精度不得大于 0.20mm。

5.17　预应力钢丝及钢绞线用热轧盘条

1. 牌号和化学成分

盘条的牌号和化学成分(熔炼分析)应符合表 5-73 的规定。

表 5-73 预应力钢丝及钢绞线用热轧盘条的牌号和化学成分

牌 号	化学成分(质量分数),%					
	C	Si	Mn	P	S	Cu
72A	0.70~0.75	0.12~0.32	0.30~0.60	≤0.025	≤0.025	≤0.20
72MnA	0.70~0.75	0.12~0.32	0.60~0.90	≤0.025	≤0.025	≤0.20
75A	0.73~0.78	0.12~0.32	0.30~0.60	≤0.025	≤0.025	≤0.20
75MnA	0.73~0.78	0.12~0.32	0.60~0.90	≤0.025	≤0.025	≤0.20
77A	0.75~0.80	0.12~0.32	0.30~0.60	≤0.025	≤0.025	≤0.20
77MnA	0.75~0.80	0.12~0.32	0.60~0.90	≤0.025	≤0.025	≤0.20
80A	0.78~0.83	0.12~0.32	0.30~0.60	≤0.025	≤0.025	≤0.20
80MnA	0.78~0.83	0.12~0.32	0.60~0.90	≤0.025	≤0.025	≤0.20
82A	0.80~0.85	0.12~0.32	0.30~0.60	≤0.025	≤0.025	≤0.20
82MnA	0.80~0.85	0.12~0.32	0.60~0.90	≤0.025	≤0.025	≤0.20

2. 力学性能(表 5-74)

表 5-74 预应力钢丝及钢绞线用热轧盘条的力学性能

牌 号	力学性能			
	抗拉强度 σ_b,MPa	断面收缩率 ψ,%	抗拉强度 σ_b,MPa	断面收缩率 ψ,%
	直径 8.0~10.0mm		直径 10.5~13.0mm	
72A	960~1080	≥25%	940~1060	≥25%
72MnA 75A	990~1110		970~1090	
75MnA 77A	1020~1140		1000~1120	
77MnA 80A	1040~1160		1020~1140	
80MnA 82A	1060~1180		1040~1160	
82MnA	1080~1200		1060~1180	

3. 高倍检验

(1)脱碳层

盘条应进行脱碳层深度检验,盘条一边总脱碳层(铁素体+过渡层)的深度应不大于 1.5%D(D 表示盘条公称直径)。

(2)显微组织

盘条的金相组织应主要为索氏体组织,不应有马氏体、网状渗碳体及对性能有害的组织。若供方在工艺上有保证,可不作检验。

4. 表面质量

盘条应将头尾有害缺陷部分切除。其表面应光滑,不应有折叠、耳子、结疤、分层及肉眼可见的裂纹、夹渣等缺陷。允许有局部的压痕及凸块、划痕、麻面,其深度或高度(从实际尺寸算起)应不大于0.10mm。

5.18 预应力混凝土用钢丝

1. 术语(表5-75)

表5-75 预应力混凝土用钢丝的相关术语

术 语	定 义
冷拉钢丝	用盘条通过拔丝模或轧辊经冷加工而成产品,以盘卷供货的钢丝
消除应力钢丝	按下述一次性连续处理方法之一生产的钢丝。 1)钢丝在塑性变形下(轴应变)进行的短时热处理,得到的应是低松弛钢丝 2)钢丝通过矫直工序后在适当温度下进行的短时热处理,得到的应是普通松弛钢丝
松弛	在恒定长度下应力随时间而减小的现象
螺旋肋钢丝	钢丝表面沿着长度方向上具有规则间隔的肋条
刻痕钢丝	钢丝表面沿着长度方向上具有规则间隔的压痕

2. 分类及代号(表5-76)

表5-76 预应力混凝土用钢丝的分类及代号

分类方式	类 别		代 号
按加工状态分	(1)冷拉钢丝		WCD
	(2)消除应力钢丝	低松弛钢丝 普通松弛钢丝	WLR WNR
按外形分	(1)光圆钢丝 (2)螺旋肋钢丝 (3)刻痕钢丝		P H I

3. 尺寸、外形、质量及允许偏差

1)光圆钢丝的尺寸及允许偏差应符合表5-77的规定。每米质量参见表5-77,计算钢丝每米参考质量时钢的密度为$7.85g/cm^3$。

表 5-77　光圆钢丝尺寸及允许偏差、每米参考质量

公称直径，mm	直径允许偏差，mm	公称横截面积，mm^2	每米参考质量，g/m
3.00	±0.04	7.07	55.5
4.00		12.57	98.6
5.00	±0.05	19.63	154
6.00		28.27	222
6.25		30.68	241
7.00		38.48	302
8.00	±0.06	50.26	394
9.00		63.62	499
10.00		78.54	616
12.00		113.1	888

2)螺旋肋钢丝的尺寸及允许偏差应符合表5-78的规定。钢丝的公称横截面积、每米参考质量与光圆钢丝相同。

表 5-78　螺旋肋钢丝的尺寸及允许偏差

公称直径，mm	螺旋肋数量，条	基圆尺寸		外轮廓尺寸		单肋尺寸	螺旋肋导程，mm
		基圆直径，mm	允许偏差，mm	外轮廓直径，mm	允许偏差，mm	宽度，mm	
4.00	4	3.85	±0.05	4.25	±0.05	0.90～1.30	24～30
4.80	4	4.60		5.10		1.30～1.70	28～36
5.00	4	4.80		5.30			
6.00	4	5.80		6.30		1.60～2.00	30～38
6.25	4	6.00		6.70			30～40
7.00	4	6.73		7.46		1.80～2.20	35～45
8.00	4	7.75		8.45	±0.10	2.00～2.40	40～50
9.00	4	8.75		9.45		2.10～2.70	42～52
10.00	4	9.75		10.45		2.50～3.00	45～58

3)三面刻痕钢丝的尺寸及允许偏差应符合表5-79的规定。钢丝的横截面积、每米参考质量与光圆钢丝相同。三条痕中的其中一条倾斜方向与其他两条相反。

表 5-79　三面刻痕钢丝尺寸及允许偏差

公称直径，mm	刻痕深度		刻痕长度		节距	
	公称深度，mm	允许偏差，mm	公称长度，mm	允许偏差，mm	公称节距，mm	允许偏差，mm
≤5.00	0.12	±0.05	3.5	±0.05	5.5	±0.05
>5.00	0.15		5.0		8.0	

注：公称直径指横截面积等同于光圆钢丝横截面积时所对应的直径。

4)光圆及螺旋肋钢丝的不圆度不得超出其直径公差的1/2。

5)盘重。每盘钢丝由一根组成，其盘重不小于500kg，允许有10%的盘数小于500kg但不小于100kg。

6)盘内径：

① 冷拉钢丝的盘内径应不小于钢丝公称直径的 100 倍。

② 消除应力钢丝的盘内径不小于 1700mm。

4. 力学性能

1)冷拉钢丝的力学性能应符合表 5-80 的规定。规定非比例伸长应力 $\sigma_{p0.2}$ 值不小于公称抗拉强度的 75%。除抗拉强度、规定非比例伸长应力外，对压力管道用钢丝还需进行断面收缩率、扭转次数、松弛率的检验；对其他用途钢丝还需进行断后伸长率、弯曲次数的检验。

表 5-80 冷拉钢丝的力学性能

公称直径，mm	抗拉强度 σ_b，MPa 不小于	规定非比例伸长应力 $\sigma_{p0.2}$，MPa 不小于	最大力下总伸长率 (L_0 = 200mm) δ_{gt}，% 不小于	弯曲次数，次/180° 不小于	弯曲半径 R，mm	断面收缩率 ψ，% 不小于	每 210mm 扭距的扭转次数 n 不小于	初始应力相当于 70% 公称抗拉强度时，1000h 后应力松弛率 r，% 不大于
3.00	1470 1570 1670 1770	1100 1180 1250 1330	1.5	4	7.5	—	—	8
4.00				4	10	35	8	
5.00				4	15		8	
6.00	1470 1570 1670 1770	1100 1180 1250 1330		5	15	30	7	
7.00				5	20		6	
8.00				5	20		5	

2)消除应力的光圆及螺旋肋钢丝的力学性能应符合表 5-81 的规定。规定非比例伸长应力 $\sigma_{p0.2}$ 值对低松弛钢丝应不小于公称抗拉强度的 88%，对普通松弛钢丝应不小于公称抗拉强度的 85%。

表 5-81 消除应力光圆及螺旋肋钢丝的力学性能

公称直径，mm	抗拉强度 σ_b，MPa 不小于	规定非比例伸长应力 $\sigma_{p0.2}$，MPa 不小于		最大力下总伸长率 (L_0 = 200mm) δ_{gt}，% 不小于	弯曲次数，次/180° 不小于	弯曲半径 R，mm	应力松弛性能		
							初始应力相当于公称抗拉强度的百分数，%	1000h 后应力松弛率 r，% 不大于	
		WLR	WNR					WLR	WNR
							对所有规格		
4.00	1470 1570 1670 1770 1860	1290 1380 1470 1560 1640	1250 1330 1410 1500 1580	3.5	3	10	60	1.0	4.5
4.80					4	15			
5.00									
6.00	1470 1570 1670 1770	1290 1380 1470 1560	1250 1330 1410 1500		4	15	70	2.5	8
6.25					4	20			
7.00					4	20			
8.00	1470 1570	1290 1380	1250 1330		4	20	80	4.5	12
9.00					4	25			
10.00	1470	1290	1250		4	25			
12.00					4	30			

3）消除应力的刻痕钢丝的力学性能应符合表5-82的规定。规定非比例伸长应力$\sigma_{p0.2}$值对低松弛钢丝应不小于公称抗拉强度的88%，对普通松弛钢丝应不小于公称抗拉强度的85%。

4）为便于日常检验，表5-80中最大力下的总伸长率可采用L_0=200mm的断后伸长率代替，但其数值应不少于1.5%；表5-81和表5-82中最大力下的总伸长率可采用L_0=200mm的断后伸长率代替，但其数值应不小于3.0%。仲裁试验以最大力下总伸长率为准。

表5-82　消除应力的刻痕钢丝的力学性能

公称直径，mm	抗拉强度 σ_b，MPa 不小于	规定非比例伸长应力 $\sigma_{p0.2}$，MPa 不小于		最大力下总伸长率（L_0=200mm）δ_{gt}，% 不小于	弯曲次数，次/180° 不小于	弯曲半径 R，mm	应力松弛性能		
							初始应力相当于公称抗拉强度的百分数，%	1000h后应力松弛率 r，% 不大于	
		WLR	WNR				对所有规格	WLR	WNR
≤5.0	1470	1290	1250			15			
	1570	1380	1330						
	1670	1470	1410				60	1.0	4.5
	1770	1560	1500						
	1860	1640	1580	3.5	3		70	2.5	8
>5.0	1470	1290	1250			20			
	1570	1380	1330				80	4.5	12
	1670	1470	1410						
	1770	1560	1500						

5）每一交货批钢丝的实际强度不应高于其公称强度级200MPa。

6）钢丝弹性模量为（205±10）GPa，但不作为交货条件。

7）允许使用推算法确定1000h松弛值。

8）供轨枕用钢丝，供方应进行镦头强度检验，镦头强度不低于母材公称抗拉强度的95%，其他需镦头锚固使用的应在合同中注明。

5. 表面质量

1）钢丝表面不得有裂纹和油污，也不允许有影响使用的拉痕、机械损伤等。

2）除非供需双方另有协议，否则钢丝表面只要没有目视可见的锈蚀麻点，表面浮锈不应作为拒收的理由。

3）消除应力的钢丝表面允许存在回火颜色。

6. 消除应力钢丝的伸直性

取弦长为1m的钢丝，放在一平面上，其弦与弧内侧最大自然矢高，刻痕钢丝不大于25mm，光圆及螺旋肋钢丝不大于20mm。

5.19 预应力混凝土用低合金钢丝

1. 术语(表 5-83)

表 5-83 预应力混凝土用低合金钢丝的相关术语

术语	定义
低合金钢丝	用专用低合金钢盘条拔制的强度为 800～1200MPa 的用于中、小预应力混凝土构件主筋的钢丝
轧痕低合金钢丝	经轧辊冷加工使钢丝表面形成有规律凹痕的低合金钢丝
特征值	标准中规定钢丝的力学性能指标均为规定的特征值。符合标准要求的材料试验结果中低于此值的盘数应不超过 5%，即所供应的钢丝的任何 20 次试验中，低于特征值的不得超过 1 次，且不低于特征值的 93%

2. 分类及代号(表 5-84)

表 5-84 预应力混凝土用低合金钢丝的分类及代号

分类方式	类别	代号
按强度级别分	(1)抗拉强度为 800MPa 级的预应力混凝土用光面低合金钢丝 (2)抗拉强度为 1000MPa 级的预应力混凝土用光面低合金钢丝 (3)抗拉强度为 1200MPa 级的预应力混凝土用光面低合金钢丝	YD 800 YD 1000 YD 1200
按钢丝表面形状分	(1)光面钢丝 (2)轧痕钢丝	YZD 1000

注："Y"为预应力的"预"字汉语拼音字头，"D"为低合金的"低"字汉语拼音字头，"Z"为轧痕的"轧"字汉语拼音字头。

3. 尺寸、外形、重量及允许偏差

1)光面钢丝的尺寸和允许偏差应符合表 5-85 的规定。

表 5-85 预应力混凝土用低合金光面钢丝的尺寸和允许偏差

公称直径，mm	允许偏差，mm	公称横截面积，mm^2	每米理论重量，g
5.0	+0.08 -0.04	19.63	154.1
7.0	+0.10 -0.10	38.48	302.1

2)轧痕钢丝的外形、尺寸及允许偏差应符合表 5-86 的规定。

表 5-86 预应力混凝土用低合金轧痕钢丝的外形、尺寸及允许偏差

	直径 d	轧痕深度 h	轧痕圆柱半径 R	轧痕间距 l	每米理论重量，g
尺寸，mm	7.0	0.30	8	7.0	302.1
允许偏差，mm	±0.10	±0.05	±0.5	+0.5 -1.0	+8.7 -8.6

注：1. 钢丝直径及偏差用重量法测定，计算钢丝理论重量时的比重为 7.85g/cm^3；

2. 同一截面上两个轧痕相对错位≤2mm。

3)钢丝的不圆度应不超过直径公差之半。

4)盘重、盘径。

① 每盘钢丝由一根组成,电焊接头应当切除,其盘重应不小于50kg,最小重量不小于30kg,每个交货批中盘重小于50kg的盘数不得多于10。

② 光圆钢丝的盘径不小于550mm,轧痕钢丝的盘径不小于1700mm。

4. 技术要求

(1)拔丝用盘条

1)钢的牌号及化学成分(熔炼成分)应符合表5-87的规定。

表5-87 拔丝用盘条的牌号及化学成分 %

级别代号	牌号	C	Mn	Si	V、Ti	S	P
YD 800	21MnSi	0.17~0.24	1.20~1.65	0.30~0.70	—	≤0.045	≤0.045
	24MnTi	0.19~0.27	1.20~1.60	0.17~0.37	Ti:0.01~0.05	≤0.045	≤0.045
YD 1000	41MnSiV	0.37~0.45	1.00~1.40	0.60~1.10	V:0.05~0.12	≤0.045	≤0.045
YD1200	70Ti	0.66~0.70	0.60~1.00	0.17~0.37	Ti:0.01~0.05	≤0.045	≤0.045

铬、镍、铜的残余含量各不大于0.30%,砷的残余含量不大于0.080%,氮的含量不大于0.008%。

2)力学性能和工艺性能应符合表5-88的规定。

表5-88 拔丝用盘条的力学性能和工艺性能

公称直径,mm	级别	抗拉强度σ_b,MPa	伸长率,%	冷弯
6.5	YD 800	≥550	$\delta_5 \geq 23$	180°,$d=5a$
9.0	YD 1000	≥750	$\delta_5 \geq 15$	90°,$d=5a$
10.0	YD 1200	≥900	$\delta_{10} \geq 7$	90°,$d=5a$

(2)钢丝

1)钢丝应选用(1)条规定的原料进行制造。

2)钢丝的力学性能和工艺性能应符合表5-89的规定。

表5-89 钢丝的力学性能和工艺性能

公称直径 mm	级别	抗拉强度σ_b MPa	伸长率δ_{100} %	反复弯曲		应力松弛	
				弯曲半径R mm	次数N	张拉应力与公称强度比	应力松弛率最大值
5.0	YD 800	800	4	15	4	0.70	8% 1000h 或 5% 10h
7.0	YD 1000	1000	3.5	20	4		
7.0	YD 1200	1200	3.5	20	4		

5. 表面质量

1)钢丝表面不得有裂纹、折叠、结疤、油污及其他影响力学性能的机械损伤缺陷。

2)钢丝表面可有浮锈,但不得有锈皮及肉眼可见的麻坑等腐蚀现象。

5.20 钢筋混凝土用钢筋焊接网

1. 术语（表 5-90）

表 5-90 钢筋混凝土用钢筋焊接网的相关术语

术 语	定 义
钢筋焊接网	纵向钢筋和横向钢筋分别以一定的间距排列且互成直角、全部交叉点均焊接在一起的网片
纵向钢筋	与焊接网制造方向平行排列的钢筋
横向钢筋	与焊接网制造方向垂直排列的钢筋
并筋	焊接网中并列紧贴在一起的同类型、同直径的两根钢筋，并筋仅适用于纵向钢筋
间距	焊接网中同一方向相邻钢筋中心线之间的距离，对于并筋，中心线为两根钢筋接触点的公切线
伸出长度	纵向、横向钢筋超出焊接网片最外边横向、纵向钢筋中心线的长度
网片长度	焊接网片平面长边的长度（与制造方向无关）
网片宽度	焊接网片平面短边的长度（与制造方向无关）

2. 分类

钢筋焊接网按钢筋的牌号、直径、长度和间距分为定型钢筋焊接网和定制钢筋焊接网两种。

3. 技术要求

（1）钢筋

1）钢筋焊接网应采用公称直径 5～16mm 的钢筋，经供需双方协议可用其他公称直径的钢筋。

2）钢筋焊接网两个方向均为单根钢筋时，较细钢筋的公称直径不小于较粗钢筋的公称直径的 0.6 倍。

当纵向钢筋采用并筋时，纵向钢筋的公称直径不小于横向钢筋公称直径的 0.7 倍，也不大于横向钢筋公称直径的 1.25 倍。按供需双方协议可供应直径比超出上述规定的钢筋焊接网。

（2）尺寸与重量

1）钢筋焊接网纵向钢筋间距宜为 50mm 的整倍数，横向钢筋间距宜为 25mm 的整倍数，最小间距宜采用 100mm，间距的允许偏差取 ±10mm 和规定间距的 ±5% 较大值。

2）钢筋的伸出长度应不小于 25mm。

3）网片长度和宽度的允许偏差取 ±25mm 和规定长度的 ±5% 较大值。

4）钢筋焊接网的理论重量按组成钢筋公称直径和规定尺寸计算，计算时钢的密度采用 0.00785g/mm³。钢筋焊接网实际重量与理论重量的允许偏差为 ±4.5%。

（3）性能要求

1）焊接网用钢筋的力学与工艺性能应分别符合相应标准中相应牌号钢筋的规定。

2）钢筋焊接网焊点的抗剪力应不小于试样受拉钢筋规定屈服力值的 0.3 倍。

（4）表面质量

1）钢筋焊接网表面不应有影响使用的缺陷，只要性能符合要求，钢筋表面浮锈和因矫直造成的钢筋表面轻微损伤不作为拒收的理由。

2）钢筋焊接网允许有因取样产生的局部空缺。

6 玻璃、陶瓷

6.1 普通平板玻璃

1. 分类

1)按厚度分:2mm、3mm、4mm、5mm 四类。
2)按等级分:优等品、一等品、合格品三类。

2. 尺寸

玻璃板应为矩形,尺寸一般不小于600mm×400mm。

3. 技术要求

1)厚度偏差应符合表6-1的规定。

表6-1 普通平板玻璃的厚度偏差 mm

厚度	允许偏差	厚度	允许偏差
2	±0.20	4	±0.20
3	±0.20	5	±0.25

2)尺寸偏差,长1500mm以内(含1500mm)不得超过±3mm,长超过1500mm不得超过±4mm。
3)尺寸偏斜,长1000mm,不得超过±2mm。
4)弯曲度不得超过0.3%。
5)边部凸出或残缺部分不得超过3mm,一片玻璃只许有一个缺角,沿原角等分线测量不得超过5mm。
6)可见光总透过率不得低于表6-2规定。

表6-2 普通平板玻璃的可见光总透过率

厚度,mm	可见光总透过率,%	厚度,mm	可见光总透过率,%
2	88	4	86
3	87	5	84

玻璃表面不许有擦不掉的白雾状或棕黄色的附着物。
7)外观质量应符合表6-3的分等要求。

表 6-3　普通平板玻璃的外观质量

缺陷种类	说　明	优 等 品	一 等 品	合 格 品
波　筋（包括波纹辊子花）	不产生变形的最大入射角	60°	45° 50mm 边部,30°	30° 100mm 边部,0°
气　泡	长度 1mm 以下的	集中的不许有	集中的不许有	不限
	长度大于 1mm 的每平方米允许个数	≤6mm,6	≤8mm,8 >8~10mm,2	≤10mm,12 >10~20mm,2 >20~25mm,1
划　伤	宽≤0.1mm 每平方米允许条数	长≤50mm 3	长≤100mm 5	不限
	宽>0.1mm 每平方米允许条数	不许有	宽≤0.4mm 长<100mm 1	宽≤0.8mm 长<100mm 3
砂　粒	非破坏性的,直径 0.5~2mm,每平方米允许个数	不许有	3	8
疙　瘩	非破坏性的疙瘩波及范围直径不大于 3mm,每平方米允许个数	不许有	1	3
线　道	正面可以看到的每片玻璃允许条数	不许有	30mm 边部 宽≤0.5mm 1	宽≤0.5mm 2
麻　点	表面呈现的集中麻点	不许有	不许有	每平方米不超过 3 处
	稀疏的麻点每平方米允许个数	10	15	30

注:1. 集中气泡,麻点是指 100mm 直径圆面积内超过 6 个;
2. 砂粒的延续部分,入射角 0°能看出的当线道论。

8)玻璃 15mm 边部,一等品、合格品允许有任何非破坏性缺陷。

9)玻璃不允许有裂口存在。

6.2　平板玻璃混合料

1. 主要原料

纯碱、芒硝、硅砂和砂岩、白云石、石灰石、长石等。

2. 配料称重精度

静态精度应等于或高于 1/1000,动态精度应保持在 1/200~1/500;条件允许时,为了保证原料的干基量,宜采用水分自动检测补偿装置。

3. 平板玻璃混合料

平板玻璃混合料质量应符合表 6-4 要求。

表 6-4 平板玻璃混合料的质量要求

项 目 名 称		允许范围	
		优等品	合格品
外观		无料团和结块	
混合料温度,℃	≥	36	
水分抽单样与设定值偏离,%		±0.50	
Na_2CO_3 抽单样与设定值偏离,%		±0.30	±0.70
Na_2CO_3 3~5 抽单样累计平均值与设定值偏离,%		±0.05	±0.20
Na_2CO_3 均方差,%		±0.25	±0.60
酸不溶物抽单样与设定值偏离,%		±0.50	±1.0
CaO 抽单样与设定值偏离,%		±0.30	±0.70
MgO 抽单样与设定值偏离,%			
电导仪测均匀度,%	≥	98.5	95

注:设定值是根据配料表和工艺指标计算出的值。

6.3 平板玻璃用白云石

1. 产品分类

1)白云石产品分为白云石块和白云石粉两类。

2)白云石块产品按粒度划分为 300~20mm,150~20mm,50~10mm 三类。

3)白云石产品划分为优等品、一级品、合格品三个等级。

2. 技术要求

(1)化学成分和水分

1)白云石块和白云石粉的化学成分及白云石粉的水分应符合表 6-5 的规定。

表 6-5 白云石块和白云石粉的化学成分及水分

级别	化学成分,%					水分,%
	MgO	CaO	Fe_2O_3	SiO_2	Al_2O_3	
优等品	≥21.00	≤31.00	≤0.10	≤2.00	≤1.00	≤1
一级品	≥20.00	≤32.00	≤0.20	≤3.00	≤1.00	
合格品	≥18.00	≤34.00	≤0.25	≤3.00	≤1.00	

2)白云石块和白云石粉的 MgO 和 CaO 的含量波动应不高于 ±0.65%。

(2)粒度

1)白云石块的粒度应符合表6-6的规定。

表6-6　白云石块的粒度

规格,mm	产率,%				
	+300mm	+150mm	+50mm	-20mm	-10mm
300~20	0	—	—	≤10	—
150~20	—	0	—	≤10	—
50~10	—	—	0	—	≤10

2)白云石粉的粒度应小于2.5mm。优等品小于0.1mm粒级的产率应不超过20.00%。

3)白云石产品中不应混有泥土、山皮及杂石等其他杂质。

6.4　夹层玻璃

1. 定义

1)夹层玻璃。由一层玻璃与一层或多层玻璃、塑料材料夹中间层而成的玻璃制品。

2)中间层。介于玻璃之间或玻璃与塑料材料之间起粘结和隔离作用的材料,使夹层玻璃具有抗冲击、阳光控制、隔音等性能。

3)Ⅰ类夹层玻璃($L_{Ⅰ}$)。对霰弹袋冲击试验不作要求的夹层玻璃。

4)Ⅱ-1类夹层玻璃($L_{Ⅱ-1}$)。霰弹袋冲击高度1200mm,符合霰弹袋冲击性能要求的夹层玻璃。

5)Ⅱ-2类夹层玻璃($L_{Ⅱ-2}$)。霰弹袋冲击高度750mm,符合霰弹袋冲击性能要求的夹层玻璃。

6)Ⅲ类夹层玻璃($L_{Ⅲ}$)。总厚度不超过16mm且符合霰弹袋冲击性能要求的夹层玻璃。

2. 分类(表6-7)

表6-7　夹层玻璃的分类

分类方式	类别
按形状分类	(1)平面夹层玻璃 (2)曲面夹层玻璃
按性能分类	(1)Ⅰ类夹层玻璃 (2)Ⅱ-1类夹层玻璃 (3)Ⅱ-2类夹层玻璃 (4)Ⅲ类夹层玻璃

3. 要求

（1）材料

1）浮法玻璃、压花玻璃、夹丝网玻璃、夹线玻璃、钢化玻璃、吸热玻璃、半钢化玻璃等应符合相应的规范要求。

Ⅲ类夹层玻璃不使用夹丝玻璃及钢化玻璃。

2）聚碳酸酯板、聚氨酯板、丙烯酸酯板等塑料材料应符合相应标准、技术条件或订货文件的要求。

3）聚乙烯缩丁醛等中间层材料应符合相应标准、技术条件或订货文件的要求。

（2）外观质量（表6-8）

表6-8　夹层玻璃的外观质量要求

项　　目	要　　　　求
裂纹	不允许存在
爆边	长度或宽度不得超过玻璃的厚度
划伤和磨伤	不得影响使用
脱胶	不允许存在
杂质	气泡、中间层杂质及其他可观察到的不透明物等点缺陷允许个数须符合表6-9的规定

表6-9　夹层玻璃允许点缺陷数

缺陷尺寸 λ，mm			$0.5<\lambda\leq1.0$	$1.0<\lambda\leq3.0$			
板面面积 S，m^2			S不限	$S\leq1$	$1<S\leq2$	$2<S\leq8$	$S\geq8$
允许的缺陷数，个	玻璃层数	2层	不得密集存在	1	2	$1/m^2$	$1.2/m^2$
		3层		2	3	$1.5/m^2$	$1.8/m^2$
		4层		3	4	$2/m^2$	$2.4/m^2$
		≥5层		4	5	$2.5/m^2$	$3/m^2$

注：1. 小于0.5mm的缺陷不予以考虑，不允许出现大于3mm的缺陷。
2. 当出现下列情况之一时，视为密集存在：
a）两层玻璃时，出现4个或4个以上的缺陷，且彼此相距不到200mm；
b）三层玻璃时，出现4个或4个以上的缺陷，且彼此相距不到180mm；
c）四层玻璃时，出现4个或4个以上的缺陷，且彼此相距不到150mm；
d）五层以上玻璃时，出现4个或4个以上的缺陷，且彼此相距不到100mm。

（3）尺寸允许偏差

1）长度与宽度

平面夹层玻璃长度及宽度的允许偏差应符合表6-10的规定。

表6-10　夹层玻璃长度及宽度的允许偏差　mm

总　厚　度 D	长度或宽度 L	
	$L \leqslant 1200$	$1200 < L < 2400$
$4 \leqslant D < 6$	+2 -1	— —
$6 \leqslant D < 11$	+2 -1	+3 -1
$11 \leqslant D < 17$	+3 -2	+4 -2
$17 \leqslant D < 24$	+4 -3	+5 -3

一边长度超过2400mm的制品、多层制品、原片玻璃总厚度超过24mm的制品、使用钢化玻璃作原片玻璃的制品及其他特殊形状的制品，其尺寸允许偏差由供需双方商定。

2）叠差

夹层玻璃最大叠差应符合表6-11的规定。

表6-11　夹层玻璃最大允许叠差　mm

长度或宽度 L	最大允许叠差 δ
$L < 1000$	2.0
$1000 \leqslant L < 2000$	3.0
$2000 \leqslant L < 4000$	4.0
$L \geqslant 4000$	6.0

3）厚度

对于多层制品、原片玻璃总厚度超过24mm及使用钢化玻璃作为原片时，其厚度允许偏差由供需双方商定。

① 干法夹层玻璃的厚度偏差

干法夹层玻璃的厚度偏差不能超过构成夹层玻璃的原片允许偏差和中间层允许偏差之和。中间层总厚度小于2mm时，其允许偏差不予考虑。中间层总厚度大于2mm时，其允许偏差为±0.2mm。

② 湿法夹层玻璃的厚度偏差不能超过构成夹层玻璃的原片允许偏差与中间层的允许偏差之和。

中间层的允许偏差见表6-12。

③ 对矩形夹层玻璃制品，一边长度小于2400mm时，其对角线偏差不得大于4mm，一边长度大于2400mm时，其对角线偏差由供需双方商定。

表 6-12 湿法夹层玻璃—中间层的允许偏差 mm

中间层厚度 d	允许偏差 δ
$d<1$	±0.4
$1\leqslant d<2$	±0.5
$2\leqslant d<3$	±0.6
$d\geqslant 3$	±0.7

(4) 弯曲度

平面夹层玻璃的弯曲度不得超过 0.3%。使用夹丝玻璃或钢化玻璃制作的夹层玻璃由供需双方商定。

(5) 耐热性

试验后允许试样存在裂口,但超出边部或裂口 13mm 部分不能产生气泡或其他缺陷。

(6) 耐湿性

试验后超出原始边 15mm、新切边 25mm、裂口 10mm 部分不能产生气泡或其他缺陷。

(7) 耐辐照性

试验后要求试样不可产生显著变色、气泡及浑浊现象。

可见光透射比相对减少率 ΔT 应不大于 10%。

$$\Delta T=\frac{T_1-T_2}{T_1}\times 100 \tag{6-1}$$

式中 ΔT——可见光透射比相对减少率,%;

T_1——紫外线照射前的可见光透射比;

T_2——紫外线照射后的可见光透射比。

使用压花玻璃作原片的夹层玻璃对可见光透射比不作要求。

(8) 落球冲击剥离性能

试验后中间层不得断裂或不得因碎片的剥落而暴露。

钢化夹层玻璃、弯夹层玻璃、总厚度超过 16mm 的夹层玻璃及原片在三片或三片以上的夹层玻璃由供需双方商定。

(9) 霰弹袋冲击性能(表 6-13)

表 6-13 霰弹袋冲击性能

种类	冲击高度,mm	结果判定
Ⅱ-1 类	1200	试样不破坏,如试样破坏,破坏部分不应存在断裂或使直径 75mm 球自由通过的孔
Ⅱ-2 类	750	
Ⅲ类	300→450→600→750→900→1200	需同时满足以下要求: a) 破坏时,允许出现裂缝和碎裂物,但不允许出现断裂或产生使 75mm 球自由通过的孔。 b) 在不同高度冲击后发生崩裂而产生碎片时,称量试验后 5min 内掉下来的 10 块最大碎片,其质量不得超过 $65cm^2$ 面积内原始试样的质量。 c) 1200mm 冲击后,试样不一定保留在试验框内,但应保持完整

该项不适用于评价比试样尺寸或面积大得多的制品。

(10)抗风压性能

应由供需双方商定是否有必要进行本项试验,以便合理选择给定风载条件下适宜的夹层玻璃厚度,或验证所选定的玻璃厚度及面积能否满足设计抗风压值的要求。

6.5 中空玻璃

1. 术语

中空玻璃,两片或多片玻璃以有效支撑均匀隔开并周边粘结密封,使玻璃层间形成有干燥气体空间的制品。

2. 规格

常用中空玻璃形状和最大尺寸见表6-14。

表6-14 中空玻璃形状和最大尺寸 mm

玻璃厚度	间隔厚度	长边最大尺寸	短边最大尺寸(正方形除外)	最大面积,m^2	正方形边长最大尺寸
3	6	2110	1270	2.4	1270
	9~12	2110	1271	2.4	1270
4	6	2420	1300	2.86	1300
	9~10	2440	1300	3.17	1300
	12~20	2440	1300	3.17	1300
5	6	3000	1750	4.00	1750
	9~10	3000	1750	4.80	2100
	12~20	3000	1815	5.10	2100
6	6	4550	1980	5.88	2000
	9~10	4550	2280	8.54	2440
	12~20	4550	2440	9.00	2440
10	6	4270	2000	8.54	2440
	9~10	5000	3000	15.00	3000
	12~20	5000	3180	15.90	3250
12	12~20	5000	3180	15.90	3250

3. 材料

中空玻璃所用材料应满足中空玻璃制造及性能要求,见表6-15。

表6-15 中空玻璃的材料要求

术 语	定 义
玻璃	可采用浮法玻璃、夹层玻璃、钢化玻璃、幕墙用钢化玻璃和半钢化玻璃、着色玻璃、镀膜玻璃和压花玻璃等
密封胶	中空玻璃用弹性密封胶、中空玻璃用塑性密封胶应符合有关规定

续表

术 语	定 义
胶条	用塑性密封胶制成的含有干燥剂和波浪形铝带的胶条,其性能应符合相应标准
间隔框	使用金属间隔框时应去污或进行化学处理
干燥剂	干燥剂质量、性能应符合相应标准

4. 尺寸偏差

(1)长度及宽度允许偏差(表6-16)

表6-16 中空玻璃的长度及宽度允许偏差 mm

长(宽)度 L	允 许 偏 差
$L<1000$	±2
$1000\leqslant L<2000$	+2 −3
$L\geqslant 2000$	±3

(2)厚度允许偏差(表6-17)

表6-17 中空玻璃厚度允许偏差 mm

公 称 厚 度	允 许 偏 差
$t<17$	±1.0
$17\leqslant t<22$	±1.5
$t\geqslant 22$	±2.0

注:中空玻璃的公称厚度为玻璃原片的公称厚度与间隔层厚度之和。

(3)两对角线之差

正方形和矩形中空玻璃对角线之差应不大于对角线平均长度的0.2%。

(4)中空玻璃的胶层厚度

单道密封胶层厚度为10mm±2mm,双道密封外层密封胶层厚度为5~7mm,胶条密封胶层厚度为8mm±2.0mm,特殊规格或有特殊要求的产品由供需双方商定。

5. 外观

中空玻璃不得有妨碍透视的污迹、夹杂物及密封胶飞溅现象。

6. 密封性能

20块4mm+12mm+4mm试样全部满足以下两条规格为合格:

1)在试验压力低于环境气压10kPa±0.5kPa下,初始偏差必须≥0.8mm。

2)在该气压下保持2.5h后,厚度偏差的减少应不超过初始偏差的15%。

20块5mm+9mm+5mm试样全部满足以下两条规定为合格:

1)在试验压力低于环境气压 10kPa ±0.5kPa 下,初始偏差必须≥0.5mm。
2)在该气压下保持 2.5h 后,厚度偏差的减少应不超过初始偏差的 15%。

7. 露点

20 块试样露点均≤ -40℃为合格。

8. 耐紫外线照射性能

两块试样紫外线照射 168h,试样内表面上均无结雾或污染的痕迹、玻璃原片无明显错位和产生胶条蠕变为合格。如果有一块或两块试样不合格,可另取两块备用试样重新试验,两块试样均满足要求为合格。

9. 气候循环耐久性能

试样经循环后进行露点测试。4 块试样露点≤ -40℃为合格。

10. 高温高湿耐久性能

试样经循环试验后进行露点测试。8 块试样露点≤ -40℃为合格。

6.6 浮法玻璃

1. 分类

1)浮法玻璃按用途分为制镜级、汽车级、建筑级。
2)浮法玻璃按厚度分为:2mm、3mm、4mm、5mm、6mm、8mm、10mm、12mm、15mm、19mm。

2. 要求

1)浮法玻璃应为正方形或长方形。其长度和宽度尺寸允许偏差应符合表 6-18 的规定。

表 6-18 浮法玻璃的尺寸允许偏差 mm

厚度	尺寸允许偏差	
	尺寸小于 3000	尺寸 3000 ~ 5000
2,3,4	±2	—
5,6		±3
8,10	+2,-3	+3,-4
12,15	±3	±4
19	±5	±5

2)浮法玻璃的厚度允许偏差应符合表 6-19 规定。同一片玻璃厚薄差,厚度 2mm、3mm 为 0.2mm;厚度 4mm、5mm、6mm、8mm、10mm 为 0.3mm。

表 6-19 浮法玻璃的厚度允许偏差 mm

厚度	允许偏差
2,3,4,5,6	±0.2
8,10	±0.3
12	±0.4
15	±0.6
19	±1.0

3)建筑级浮法玻璃的外观质量应符合表 6-20 的规定。

表 6-20 建筑级浮法玻璃的外观质量

缺陷种类	质量要求			
气泡	长度及个数允许范围			
	长度,L 0.5mm≤L≤1.5mm	长度,L 1.5mm<L≤3.0mm	长度,L 3.0mm<L≤5.0mm	长度,L L>5.0mm
	5.5×S,个	1.1×S,个	0.44×S,个	0,个
夹杂物	长度及个数允许范围			
	长度,L 0.5mm≤L≤1.0mm	长度,L 1.0mm<L≤2.0mm	长度,L 2.0mm<L≤3.0mm	长度,L L>3.0mm
	2.2×S,个	0.44×S,个	0.22×S,个	0,个
点状缺陷密集度	长度大于 1.5mm 的气泡和长度大于 1.0mm 的夹杂物:气泡与气泡、夹杂物与夹杂物或气泡与夹杂物的间距应大于 300mm			
线道	按标准检验肉眼不应看见			
划伤	长度和宽度允许范围及条数			
	宽 0.5mm,长 60mm,3×S,条			
光学变形	入射角:2mm 40°;3mm 45°;4mm 以上 50°			
表面裂纹	按标准检验肉眼不应看见			
断面缺陷	爆边、凹凸、缺角等不应超过玻璃板的厚度			

注:S 为以平方米为单位的玻璃板面积,保留小数点后两位。气泡、夹杂物的个数及划伤条数允许范围为各系数与 S 相乘所得的数值,应按 GB/T 8170 修约至整数。

4)汽车级浮法玻璃厚度以 2mm、3mm、4mm、5mm、6mm 为主。其外观质量应符合表 6-21 的规定。

表 6-21 汽车级浮法玻璃外观质量

缺陷种类	质量要求			
气泡	长度及个数允许范围			
	长度,L 0.3mm≤L≤0.5mm	长度,L 0.5mm<L≤1.0mm	长度,L 1.0mm<L≤1.5mm	长度,L L>1.5mm
	3×S,个	2×S,个	0.5×S,个	0,个
夹杂物	长度及个数允许范围			
	长度,L 0.3mm≤L≤0.5mm	长度,L 0.5mm<L≤1.0mm	长度,L L>1.0mm	
	2×S,个	1×S,个	0,个	

续表

<table>
<tr><td>缺陷种类</td><td>质　量　要　求</td></tr>
<tr><td>点状缺陷密集度</td><td>长度大于1.0mm的气泡和长度大于0.5mm的夹杂物:气泡与气泡、夹杂物与夹杂物或气泡与夹杂物的间距应大于300mm</td></tr>
<tr><td>线道</td><td>按标准检验肉眼不应看见</td></tr>
<tr><td rowspan="2">划伤</td><td>长度及宽度允许范围及条数</td></tr>
<tr><td>宽0.2mm,长40mm,2×S,条</td></tr>
<tr><td>光学变形</td><td>入射角:2mm　45°;3mm　50°;4mm、5mm、6mm　60°</td></tr>
<tr><td>表面裂纹</td><td>按标准检验肉眼不应看见</td></tr>
<tr><td>断面缺陷</td><td>爆边、凹凸、缺角等不应超过玻璃板的厚度</td></tr>
</table>

注:S为以平方米为单位的玻璃板面积,保留小数点后两位。气泡、夹杂物的个数及划伤条数允许范围为各系数与S相乘所得的数值,应按GB/T 8170修约至整数。

5)制镜级浮法玻璃厚度以2mm、3mm、5mm、6mm为主。其外观质量应符合表6-22的规定。

表6-22　制镜级浮法玻璃外观质量

<table>
<tr><td>缺陷种类</td><td colspan="24">质　量　要　求</td></tr>
<tr><td rowspan="3">气泡</td><td colspan="12">2mm玻璃长度及个数允许范围</td><td colspan="12">3mm、5mm、6mm玻璃长度及个数允许范围</td></tr>
<tr><td colspan="3">长度,L
0.3mm≤L≤0.5mm</td><td colspan="3">长度,L
0.5mm<L≤1.0mm</td><td colspan="3">长度,L
1.0mm<L≤1.5mm</td><td colspan="3">长度,L
L>1.5mm</td><td colspan="3">长度,L
0.3mm≤L≤0.5mm</td><td colspan="3">长度,L
0.5mm<L≤1.0mm</td><td colspan="3">长度,L
1.0mm<L≤1.5mm</td><td colspan="3">长度,L
L>1.5mm</td></tr>
<tr><td colspan="3">2×S,个</td><td colspan="3">1×S,个</td><td colspan="3">0.5×S,个</td><td colspan="3">0,个</td><td colspan="3">3×S,个</td><td colspan="3">2×S,个</td><td colspan="3">0.5×S,个</td><td colspan="3">0,个</td></tr>
<tr><td rowspan="3">夹杂物</td><td colspan="12">2mm玻璃长度及个数允许范围</td><td colspan="12">3mm、5mm、6mm玻璃长度及个数允许范围</td></tr>
<tr><td colspan="4">长度,L
0.3mm≤L≤0.5mm</td><td colspan="4">长度,L
0.5mm<L≤1.0mm</td><td colspan="4">长度,L
L>1.0mm</td><td colspan="4">长度,L
0.3mm≤L≤0.5mm</td><td colspan="4">长度,L
0.5mm<L≤1.0mm</td><td colspan="4">长度,L
L>1.0mm</td></tr>
<tr><td colspan="4">2×S,个</td><td colspan="4">0.5×S,个</td><td colspan="4">0,个</td><td colspan="4">1×S,个</td><td colspan="4">0.5×S,个</td><td colspan="4">0,个</td></tr>
<tr><td>点状缺陷密集度</td><td colspan="24">长度大于0.5mm的气泡及夹杂物的间距应大于300mm</td></tr>
<tr><td>线道</td><td colspan="24">按标准检验肉眼不应看见</td></tr>
<tr><td rowspan="2">划伤</td><td colspan="24">长度和宽度允许范围及条数</td></tr>
<tr><td colspan="24">宽0.1mm,长30mm,2×S,条</td></tr>
<tr><td>光学变形</td><td colspan="24">入射角:2mm　45°;3mm　55°;5mm、6mm　60°</td></tr>
<tr><td>表面裂纹</td><td colspan="24">按标准检验肉眼不应看见</td></tr>
<tr><td>断面缺陷</td><td colspan="24">爆边、凹凸、缺角等不应超过玻璃板的厚度</td></tr>
</table>

注:S为以平方米为单位的玻璃板面积,保留小数点后两位。气泡、夹杂物的个数及划伤条数允许范围为各系数与S相乘所得的数值,应按GB/T 8170修约至整数。

6)浮法玻璃对角线差应不大于对角线平均长度的0.2%。

7)浮法玻璃弯曲度不应超过0.2%。

8)浮法玻璃的可见光透射比应不小于表6-23的规定。

表 6-23 浮法玻璃的可见光透射比

厚度,mm	可见光透射比,%	厚度,mm	可见光透射比,%
2	89	8	82
3	88	10	81
4	87	12	78
5	86	15	76
6	84	19	72

6.7 压花玻璃

1. 术语(表 6-24)

表 6-24 压花玻璃的相关术语

术语	定义
图案不清	局部花纹图案模糊或变形
线条	压花玻璃表面呈现的线状条纹缺陷
气泡	压花玻璃中的夹杂气体物
划伤	在生产和储运装卸过程中,玻璃表面被划出的痕迹
压痕	压辊表面造成的玻璃板面缺陷
皱纹	压花玻璃表面呈现的波纹状缺陷
裂纹	玻璃表面的开裂缺陷
杂物	嵌入玻璃表面或裹在玻璃板中的未熔化的混合料颗粒及其他杂质
厚度	从表面压花图案的最高部位至另一面的距离

2. 分类

1)压花玻璃按外观质量分为一等品、合格品。

2)压花玻璃按厚度分为 3mm、4mm、5mm、6mm 和 8mm。

3. 要求

1)压花玻璃应为长方形或正方形,其长度和宽度尺寸允许偏差应符合表 6-25 的规定。

表 6-25 长度和宽度尺寸允许偏差 mm

厚度	尺寸允许偏差
3	±2
4	±2
5	±2
6	±2
8	±3

2)压花玻璃的厚度偏差应符合表6-26的规定。

表6-26　厚度允许偏差　　mm

厚　　度	厚度允许偏差
3	±0.3
4	±0.4
5	±0.4
6	±0.5
8	±0.6

3)压花玻璃对角线差应小于两对角线平均长度的0.2%。

4)压花玻璃的弯曲度不应超过0.3%。

5)压花玻璃外观质量应符合表6-27规定。

表6-27　压花玻璃外观质量

缺陷类型	说　明	一等品			合格品		
图案不清	目测可见	不允许					
气泡	长度范围,mm	$2\leq L<5$	$5\leq L<10$	$L\geq 10$	$2\leq L<5$	$5\leq L<15$	$L\geq 15$
	允许个数	$6.0\times S$	$3.0\times S$	0	$9.0\times S$	$4.0\times S$	0
杂物	长度范围,mm	$2\leq L<3$		$L\geq 3$	$2\leq L<3$		$L\geq 3$
	允许个数	$1.0\times S$		0	$2.0\times S$		0
线条	长度范围,mm	不允许			长度$100\leq L<200$,宽度$W<0.5$		
	允许条数				$3.0\times S$		
皱纹	目测可见	不允许			边部50mm以内轻微的允许存在		
压痕	长度范围,mm	不允许			$2\leq L<5$		$L\geq 5$
	允许条数				$2.0\times S$		0
划伤	长度范围,mm	不允许			长度$L\leq 60$,宽度$W<0.5$		
	允许条数				$3.0\times S$		
裂纹	目测可见	不允许					
断面缺陷	爆边、凹凸、缺角等	不应超过玻璃板的厚度					

注:1. 表中,L表示相应缺陷的长度,W表示其宽度,S是以平方米为单位的玻璃板的面积,气泡、杂物、压痕和划伤的数量允许上限值是以S乘以相应系数所得的数值,此数值应按GB/T 8170修约至整数;

2. 对于2mm以下的气泡,在直径为100mm的圆内不允许超过8个;

3. 破坏性的杂物不允许存在。

6.8　建筑用安全玻璃

1. 防火玻璃

(1)术语(表6-28)

表 6-28　防火玻璃的相关术语

术　语	定　　义
耐火完整性	在标准耐火试验条件下,建筑分隔构件当其一面受火时,能在一定时间内防止火焰穿透或防止火焰在背火面出现的能力
耐火隔热性	在标准耐火试验条件下,建筑分隔构件当某一面受火时,能在一定时间内其背火面温度不超过规定值的能力
热辐射强度	在标准耐火试验条件下,在玻璃背火面一定距离、一定时间内的热辐射照度值

(2)分类(表 6-29)

表 6-29　防火玻璃的分类

分类方式	类　　别
按结构分	1)复合防火玻璃(FFB):由两层或两层以上玻璃复合而成或由一层玻璃和有机材料复合而成,并满足相应耐火等级要求的特种玻璃 2)单片防火玻璃(DFB):由单层玻璃构成,并满足相应耐火等级要求的特种玻璃
按耐火性能分	1)A 类防火玻璃:同时满足耐火完整性、耐火隔热性要求的防火玻璃 2)B 类防火玻璃:同时满足耐火完整性、热辐射强度要求的防火玻璃 3)C 类防火玻璃:满足耐火完整性要求的防火玻璃

注:以上三类防火玻璃按耐火等级可分别分为Ⅰ级、Ⅱ级、Ⅲ级、Ⅳ级。

(3)原片玻璃的要求

制造防火玻璃可选用普通平板玻璃、浮法玻璃、钢化玻璃等材料作原片,复合防火玻璃也可选用单片防火玻璃作原片。原片玻璃应符合相应标准的规定。

(4)尺寸、厚度及允许偏差

1)复合防火玻璃的尺寸和厚度允许偏差应符合表 6-30 的规定。

表 6-30　复合防火玻璃的尺寸和厚度允许偏差　　mm

玻璃的总厚度 d	长度或宽度(L)允许偏差		厚度允许偏差
	$L \leq 1200$	$1200 < L \leq 2400$	
$5 \leq d < 11$	±2	±3	±1.0
$11 \leq d < 17$	±3	±4	±1.0
$17 \leq d < 24$	±4	±5	±1.3
$d > 24$	±5	±6	±1.5

注:当长度 L 大于 2400mm 时,尺寸允许偏差由供需双方商定。

2)单片防火玻璃尺寸和厚度允许偏差应符合表 6-31 的规定。

表 6-31　单片防火玻璃的尺寸和厚度允许偏差　　mm

<table>
<tr><th rowspan="2">玻璃厚度</th><th colspan="3">长度或宽度(L)允许偏差</th><th rowspan="2">厚度允许偏差</th></tr>
<tr><th><i>L</i>≤1000</th><th>1000<<i>L</i>≤2000</th><th><i>L</i>>2000</th></tr>
<tr><td>5
6</td><td>+1
−2</td><td rowspan="3">±3</td><td rowspan="4">±4</td><td>±0.2</td></tr>
<tr><td>8
10</td><td rowspan="2">+2
−3</td><td>±0.3</td></tr>
<tr><td>12</td><td>±0.4</td></tr>
<tr><td>15</td><td>±4</td><td>±4</td><td>±0.6</td></tr>
<tr><td>19</td><td>±5</td><td>±5</td><td>±6</td><td>±1.0</td></tr>
</table>

(5)外观质量

1)复合防火玻璃的外观质量应符合表6-32的规定,周边15mm范围内的气泡、胶合层杂质不作规定。

表6-32 复合防火玻璃的外观质量要求

缺陷名称	要求
气泡	直径300mm圆内允许长0.5~1.0mm的气泡1个
胶合层杂质	直径500mm圆内允许长2.0mm以下的杂质2个
裂痕	不允许存在
爆边	每米边长允许有长度不超过20mm、自边部向玻璃表面延伸深度不超过厚度一半的爆边4个
叠差	由供需双方商定
磨伤	
脱胶	

2)单片防火玻璃的外观质量应符合表6-33的规定。

表6-33 单片防火玻璃的外观质量

缺陷名称	要求
爆边	不允许存在
划伤	宽度≤0.1mm,长度≤50mm的轻微划伤,每平方米面积内不超过4条
	0.5mm>宽度>0.1mm,长度≤50mm的轻微划伤,每平方米面积内不超过1条
结石、裂纹、缺角	不允许存在
波筋、气泡	不低于GB 11614建筑级的规定

(6)耐火性能

1)A类防火玻璃的耐火性能应符合表6-34的规定。

表6-34 A类防火玻璃的耐火性能(耐火完整性、耐火隔热性)

耐火等级	Ⅰ级	Ⅱ级	Ⅲ级	Ⅳ级
耐火时间,≥min	90	60	45	30

2)B类防火玻璃的耐火性能应符合表6-35的规定。

表6-35 B类防火玻璃的耐火性能(耐火完整性、热辐射强度)

耐火等级	Ⅰ级	Ⅱ级	Ⅲ级	Ⅳ级
耐火时间,≥min	90	60	45	30

3)C类防火玻璃的耐火性能应符合表6-36的规定。

表6-36 C类防火玻璃的耐火性能(耐火完整性)

耐火等级	Ⅰ级	Ⅱ级	Ⅲ级	Ⅳ级
耐火时间,≥min	90	60	45	30

(7)弯曲度

复合防火玻璃和单片防火玻璃的弯曲度,弓形和波形时均不应超过0.3%。

(8)透光度

1)复合防火玻璃的透光度应符合表6-37的规定。

表6-37 复合防火玻璃的透光度

玻璃的总厚度,d	透光度,%
$5\leqslant d<11$	≥75
$11\leqslant d<17$	≥70
$17\leqslant d\leqslant 24$	≥65
$d>24$	≥60

2)单片防火玻璃的透光度由供需双方商定。

(9)复合防火玻璃耐紫外线辐照性能

当复合防火玻璃使用在有建筑采光要求的场合时,应考虑其耐紫外线辐照性能。

按标准进行试验,试验后试样均不应产生显著变色、气泡及浑浊现象,同时防火玻璃透光度的相对减少率应不大于10%,见下式。

$$\frac{a-b}{a}\times 100\%\leqslant 10\% \tag{6-2}$$

式中 a——紫外线辐照前的透光度;

b——紫外线辐照后的透光度。

(10)力学性能

1)复合防火玻璃的抗冲击性能。

试验后玻璃应满足下述的任意一条。

① 玻璃没有破坏。

② 如果玻璃破坏,钢球不得穿透试样。

2)单片防火玻璃的抗冲击性能。

试验后玻璃不得破碎。

3)单片防火玻璃碎片状态。

每块样品在50mm×50mm区域内的碎片数应超过40块,横跨区域边界的碎片以半块计。允许有少量长条形碎片存在,但其长度不得超过75mm,且端部不是刀刃状;延伸至玻璃边缘的长条形碎片与玻璃边缘形成的夹角不得大于45°。

2. 钢化玻璃

(1)定义

钢化玻璃,经热处理工艺之后的玻璃。其特点是在玻璃表面形成压应力层,机械强度和耐热冲击强度得到提高,并具有特殊的碎片状态。

(2)分类(表6-38)

表6-38 钢化玻璃的分类

分类方式	类别
按生产工艺分	1)垂直法钢化玻璃:在钢化过程中采取夹钳吊挂的方式生产出来的钢化玻璃 2)水平法钢化玻璃:在钢化过程中采取水平辊支撑的方式生产出来的钢化玻璃
按形状分	(1)平面钢化玻璃 (2)曲面钢化玻璃

(3)尺寸及其允许偏差

1)长方形平面钢化玻璃边长的允许偏差应符合表6-39的规定。

表6-39 长方形平面钢化玻璃边长允许偏差 mm

<table>
<tr><th rowspan="2">厚 度</th><th colspan="4">边长(L)允许偏差</th></tr>
<tr><th>L≤1000</th><th>1000 < L≤2000</th><th>2000 < L≤3000</th><th>L > 3000</th></tr>
<tr><td>3、4、5、6</td><td>+1
−2</td><td rowspan="2">±3</td><td rowspan="3">±4</td><td rowspan="3">±5</td></tr>
<tr><td>8、10、12</td><td>+2
−3</td></tr>
<tr><td>15</td><td>±4</td><td>±4</td></tr>
<tr><td>19</td><td>±5</td><td>±5</td><td>±6</td><td>±7</td></tr>
<tr><td>>19</td><td colspan="4">供需双方商定</td></tr>
</table>

2)长方形平面钢化玻璃的对角线差应符合表6-40的规定。

表6-40 长方形平面钢化玻璃的对角线差允许值 mm

玻璃公称厚度	对角线差允许值		
	边长≤2000	2000 < 边长≤3000	边长 > 3000
3、4、5、6	±3.0	±4.0	±5.0
8、10、12	±4.0	±5.0	±6.0
15、19	±5.0	±6.0	±7.0
>19	供需双方商定		

(4)圆孔

本条只适用于公称厚度不小于4mm的钢化玻璃。圆孔的边部加工质量由供需双方商定。

1)孔径。孔径一般不小于玻璃的公称厚度,孔径的允许偏差应符合表6-41的规定。小于玻璃的公称厚度的孔的孔径允许偏差由供需双方商定。

表6-41 孔径及其允许偏差 mm

公称孔径(D)	允许偏差
$4 \leq D \leq 50$	±1.0
$50 < D \leq 100$	±2.0
$D > 100$	供需双方商定

2)孔的位置。

① 孔的边部距玻璃边部的距离不应小于玻璃公称厚度的2倍。

② 两孔孔边之间的距离不应小于玻璃公称厚度的2倍。

③ 孔的边部距玻璃角部的距离不应小于玻璃公称厚度的6倍。

注:如果孔的边部距玻璃角部的距离小于35mm,那么这个孔不应处在相对于角部对称的位置上。具体位置由供需双方商定。

④ 圆心位置表示方法及其允许偏差。

圆孔圆心的位置的表达方法可参照图6-1进行。如图6-1建立坐标系,用圆心的位置坐标(x,y)表达圆心的位置。

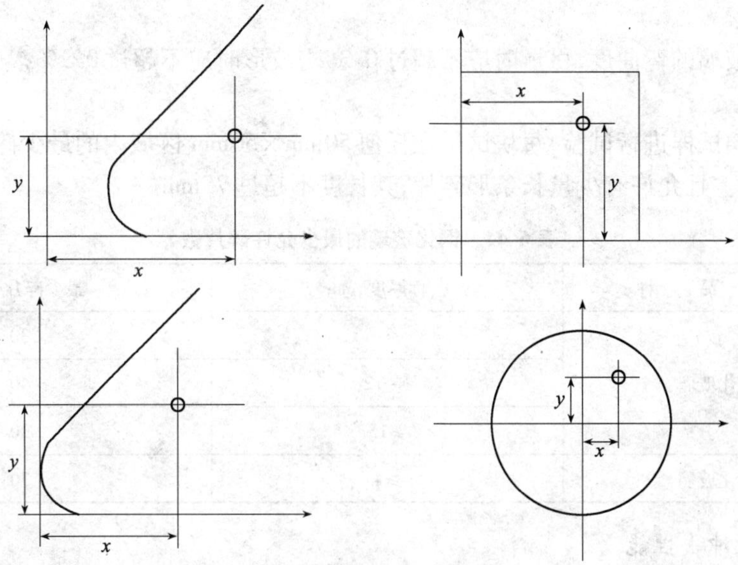

图 6-1 圆心位置表示方法

圆孔圆心的位置 x,y 的允许偏差与玻璃的边长允许偏差相同(见表 6-39)。

(5)厚度及其允许偏差

1)钢化玻璃的厚度的允许偏差应符合表 6-42 的规定。

表 6-42 钢化玻璃的厚度及其允许偏差 mm

公称厚度	厚度允许偏差
3、4、5、6	±0.2
8、10	±0.3
12	±0.4
15	±0.6
19	±1.0
>19	供需双方商定

2)对于表 6-42 未作规定的公称厚度的玻璃,其厚度允许偏差可采用表 6-42 中与其邻近的较薄厚度玻璃的规定,或由供需双方商定。

(6)外观质量

钢化玻璃的外观质量应满足表 6-43 的要求。

表 6-43 钢化玻璃的外观质量

缺陷名称	说明	允许缺陷数
爆边	每片玻璃每米边长上允许有长度不超过 10mm,自玻璃边部向玻璃板表面延伸深度不超过 2mm,自板面向玻璃厚度延伸深度不超过厚度 1/3 的爆边个数	1 处
划伤	宽度在 0.1mm 以下的轻微划伤,每平方米面积内允许存在条数	长度≤100mm 时 4 条
	宽度大于 0.1mm 的划伤,每平方米面积内允许存在条数	宽度 0.1mm~1mm,长度≤100mm 时 4 条
夹钳印	夹钳印与玻璃边缘的距离≤20mm,边部变形量≤2mm	
裂纹、缺角	不允许存在	

(7)弯曲度

平面钢化玻璃的弯曲度,弓形时应不超过0.3%,波形时应不超过0.2%。

(8)碎片状态

取4块玻璃试样进行试验,每块试样在任何50mm×50mm区域内的最少碎片数必须满足表6-44的要求。且允许有少量长条形碎片,其长度不超过75mm。

表6-44 钢化玻璃的最少允许碎片数

玻璃品种	公称厚度,mm	最少碎片数,片
平面钢化玻璃	3	30
	4~12	40
	≥15	30
曲面钢化玻璃	≥4	30

(9)霰弹袋冲击性能

取4块平型玻璃试样进行试验,应符合下列任意一条的规定。

1)玻璃破碎时,每块试样的最大10块碎片质量的总和不得超过相当于试样65cm^{2}面积的质量,保留在框内的任何无贯穿裂纹的玻璃碎片的长度不能超过120mm。

2)弹袋下落高度为1200mm时,试样不破坏。

(10)表面应力

钢化玻璃的表面应力不应小于90MPa。

(11)耐热冲击性能

钢化玻璃应耐200℃温差不破坏。

6.9 不透明石英玻璃制品

1. 术语(表6-45)

表6-45 不透明石英玻璃制品的相关术语

术语	定义
色斑	不透明石英玻璃制品中存在的黑、白、褐等任意形状的色点
浮砂	不透明石英玻璃制品中外表面可脱落的石英砂粒
孔洞	在石英玻璃制品中未压实一端封闭的石英砂粒
沟缝	石英玻璃制品在高温压制过程中,由于浮砂的存在,经挤压后所造成的表面皱褶,冷加工后残留的条状凹痕

2. 产品分类

不透明石英玻璃管材、不透明石英玻璃坩埚、不透明石英玻璃板材、不透明石英玻璃炉衬、不透明石英玻璃砖。

3. 规格尺寸及允许偏差

(1)不透明石英玻璃管材

1)直管的规格尺寸及允许偏差应符合表6-46的规定。

表6-46 直管的规格尺寸及偏差 mm

外径	外径偏差	壁厚范围	壁厚偏差	同一横截面壁厚偏差
75~99	±1.0	2.5~10	±1.0	1.0
100~149	±1.5	5~25	±1.0	1.0
150~199	±2.0	5~25	±2.0	2.0
200~249	±2.5	10~25	±3.0	3.0
250~299	±3.0	10~25	±3.0	3.0
300~349	±3.0	10~25	±3.0	3.0
350~399	±3.5	25~50	±4.0	4.0
400~424	±3.5	25~50	±4.0	4.0
425~459	±4.0	25~50	±5.0	5.0
460~500	±5.0	25~50	±5.0	5.0

注:长度由供需双方商定。

2)锥形管的规格尺寸及允许偏差应符合表6-47的规定。

表6-47 锥形管的规格尺寸及偏差 mm

高度及偏差	外径及偏差		壁厚及偏差
	大端	小端	
500±5.0	300±3.0	270±3.0	20±5.0
610±5.0	370±3.0	270±3.0	20±5.0
660±5.0	380±3.0	270±3.0	20±5.0

3)弯管。

① 大弯头的规格尺寸及允许偏差应符合表6-48的规定。

表6-48 大弯头的规格尺寸及偏差 mm

外径及偏差		壁厚及偏差
大端	小端	
75±1.5	80±1.5	5.0±1.5

② 小弯头的规格尺寸及允许偏差应符合表6-49的规定。

表6-49 小弯头的规格尺寸及偏差 mm

外径及偏差		壁厚及偏差
大端	小端	
75±1.5	50±1.5	50±1.5

(2)不透明石英玻璃坩埚

不透明石英玻璃坩埚的规格尺寸及允许偏差应符合表6-50的规定。

表 6-50　不透明石英玻璃坩埚的规格尺寸及偏差　mm

外　形	外　径	外径偏差	高　度	高度偏差	厚　度	边缘厚度偏差
锥形	105 ~ 200	±3	100 ~ 180	±15	7、8、9	±1
桶形	300 ~ 380	±4.5	350 ~ 400	±15	10	±1

(3)不透明石英板材

1)圆板,最大规格:ϕ(550 ±5.0)mm ×(30 ±3.0)mm;

2)矩形板,最大规格(800 ±5.0)mm ×(550 ±5.0)mm ×(30 ±3.0)mm。

(4)不透明玻璃衬炉

不透明石英玻璃衬炉规格尺寸及偏差应符合表 6-51 的规定。

表 6-51　不透明石英玻璃衬炉规格尺寸及偏差　mm

外　径	外径偏差	壁　厚	壁厚偏差	同一横截面壁厚偏差	最大长度
400 ~ 449	±4.0	12 ~ 15	±4.0	4.0	1200 ±5.0
450 ~ 499	±4.5	12 ~ 15	±4.0	4.0	1200 ±5.0
500 ~ 549	±5.0	14 ~ 17	±5.0	5.0	1200 ±5.0
550 ~ 599	±5.5	14 ~ 17	±5.0	5.0	1200 ±5.0
600 ~ 650	±6.0	15 ~ 20	±6.0	6.0	1200 ±5.0

(5)不透明石英玻璃砖

不透明石英玻璃砖的形状与规格尺寸应符合表 6-52 的规定。

表 6-52　不透明石英玻璃砖规格尺寸及偏差　mm

长　度	宽　度	厚　度	偏　差
200	150 ~ 200	250 ~ 300	±5.0
300	150 ~ 200	250 ~ 300	±5.0
400	150 ~ 200	250 ~ 300	±5.0
500	150 ~ 200	250 ~ 300	±5.0
600	150 ~ 200	250 ~ 300	±5.0
700	150 ~ 200	250 ~ 300	±5.0
800	150 ~ 200	250 ~ 300	±5.0
900	150 ~ 200	250 ~ 300	±5.0
1000	150 ~ 200	250 ~ 300	±5.0

4. 外观指标

(1)不透明石英玻璃管材

1)管材经加工后,端面应磨平并与中心轴垂直;直径大于 200mm,壁厚大于 10mm 的管材,端部边缘不允许有径向深度大于 4mm,轴向长度大于 15mm 的崩落。

2)外壁必须磨除浮砂,内壁应平滑,气泡深度应在壁厚偏差绝对值范围内。

3)弯曲度不得超过管长的千分之六。

4)色斑,最大轴径尺寸应小于 10mm。轴径 3 ~ 10mm 的色斑,每 $100cm^2$ 面积上不得多于 3 块。

5)凹凸不平,应在壁厚偏差绝对值范围内。

6)裂纹,不允许。

7)椭圆度,同一横截面长短轴之差不得大于外径允许偏差的绝对值。

(2)不透明石英玻璃坩埚

1)坩埚经加工后,端面应磨平;直径大于200mm,壁厚大于10mm的坩埚端部边缘不允许有径向深度大于4mm,轴向长度大于15mm的崩落。

2)外壁必须磨掉浮砂,内壁必须光滑,气泡深度应在壁厚偏差绝对值范围内。

3)色斑,最大轴径尺寸应小于10mm;轴径3~10mm的色斑,每100cm^{2}面积上不得多于3块。

4)裂纹,不允许。

5)椭圆度,同一横截面长短轴之差不得大于外径允许偏差的绝对值。

(3)不透明石英玻璃板材

1)板材表面要磨平,两大表面必须光滑、平行。平行度允许偏差应在板厚偏差绝对值范围内。

2)气泡,两大表面气泡深度应在板厚偏差绝对值范围内。

3)色斑,最大轴径尺寸应小于10mm;轴径3~10mm的色斑,每100cm^{2}面积上不得多于3块。

4)裂纹,不允许。

(4)不透明石英玻璃衬炉

1)产品经加工后,两端应磨平,端面与中心轴垂直,内外壁应平滑整洁,端面边缘不应有径向深度大于3mm,轴向长度大于15mm的崩落。

2)色斑,最大轴径尺寸应小于10mm;轴径3~10mm的色斑,每100cm^{2}面积上不得多于两块。

3)凹凸不平,应在壁厚偏差绝对值范围内。

4)裂纹,不允许。

5)椭圆度,同一横截面长短轴之差不得大于外径允许偏差的绝对值。

(5)不透明石英玻璃砖

1)经冷加工后,四面磨平,两端切平,立面与底端面基本垂直。

2)孔洞,直径不大于10~30mm,深度不大于15~30mm的孔洞,在长度端面上允许有一处。

3)缺角,边长不大于30~50mm,深不大于5~20mm的缺角,允许有一处。

4)沟缝,宽不得大于10mm,深不得大于10mm。

5)色斑及淡红色熔块允许存在,但总面积不得大于所在面的五分之一,暗红色熔块不允许存在。

6)裂纹,不允许。

5. 理化性能

(1)二氧化硅含量

不透明石英玻璃板材、坩埚、管材的SiO_2含量应不小于99.5%,不透明石英玻璃衬炉的

SiO_2 含量应不小于99.9%，不透明石英玻璃砖的 SiO_2 含量应不小于99.0%。

(2)热稳定性

取不透明石英玻璃板材、坩埚、管材、衬炉、砖试样两组，每组三个试样(一组试验，一组备用)，衬炉试样于800℃下，其余试样于1100℃下恒温30min后，置于空气中冷却至室温，试样不得出现裂纹、缺口和表面崩落(切磨断面崩落不计)。

6.10 无碱玻璃纤维带

1. 产品分类

按照所使用的浸润剂类型分为增强型无碱带和非增强型无碱带。使用塑料型浸润剂的无碱玻璃纤维带为增强型无碱带，使用纺织型或其他非塑料型浸润剂的无碱玻璃纤维带为非增强型无碱带。

2. 理化性能

(1)玻璃成分

应采用无碱玻璃成分。其碱金属氧化物的含量应不大于0.8%。

(2)可燃物含量

除非另有商定，增强型无碱带为0.4%～1.0%，非增强型无碱带为0.6%～2.0%。

(3)经纬密度

经纬密度标称值由企业明示。其偏差不得超过标称值的±1.0根/cm。

(4)厚度

厚度及其偏差应符合表6-53的规定，其他厚度可由供需双方商定，但偏差不得超过标称值的±10%。

表6-53 无碱玻璃纤维带的物理性能要求

产品代号	厚度 mm	断裂强力 ≥N/25mm
ET 60	0.060±0.006	325
ET 80	0.080±0.008	500
ET 100	0.100±0.010	500
ET 130	0.130±0.013	625
ET 150	0.150±0.015	675
ET 170	0.170±0.017	750
ET 200	0.200±0.020	875
ET 250	0.250±0.025	1125
ET 300	0.300±0.030	1500

(5)断裂强力

无碱带断裂强力应符合表6-53的规定，其他规格的断裂强力依据表6-53按厚度类推取较高值。

(6)层合板弯曲强度

增强型无碱带的层合板弯曲强度应符合表6-54的规定。

表6-54 增强型无碱带的层合板弯曲强度 MPa

基材	层合板弯曲强度	
	标准状态	潮湿状态
不饱和聚酯树脂	≥221	≥190
环氧树脂	≥221	≥160

注:1. 层合板玻璃纤维含量为45%~55%;
2. 潮湿状态:100℃蒸馏水中煮2h。

(7)水提取液的电导率

水提取液电导率应不大于15mS/m。

(8)宽度(表6-55)

表6-55 无碱玻璃纤维带的宽度允许偏差 mm

标称宽度	允许偏差
≤25	±1.0
>25~50	±1.5
>50~120	±2.0
>120	±2.5

(9)长度

除非另有商定,卷长应为50m、100m,长度偏差不超过±2m。

3. 外观质量

1)外观质量按表6-56规定作开剪或假开剪处理,假开剪每25m允许一次。

表6-56 无碱玻璃纤维带的外观质量要求

疵点名称	疵点程度	开剪	假开剪
松、紧经	a. 多根松、紧经,长1m以上的	✓	
	b. 单根松、紧经,长1m以上的		✓
错纬	厚薄段	✓	
破洞	经、纬纱共断或并断3根以上的	✓	
断经	a. 单根断经,100mm以上的	✓	
	b. 双根断经,30mm以上的	✓	
接头痕迹	a. 厚度为0.10mm及以下的,长70mm以上的		✓
	b. 厚度为0.10mm以上的,长90mm以上的		✓
	c. 0.5m以内,5根以上的	✓	
稀、密路	a. 纬密比允许公差多或少1根		✓
	b. 纬密比允许公差多或少1根以上的	✓	
	c. 严重云织	✓	
边不良	a. 凹边2mm以上	✓	
	b. 影响使用的松边、紧边、豁边、圈圈边和厚边	✓	
夹杂物	不论大小	✓	
污渍	a. 铁锈	✓	
	b. 油污长宽之和小于或等于14mm		✓
	c. 油污长宽之和大于14mm	✓	

2)每卷允许拼段一次,每段长度应不小于10m,拼段处作明显标记,对于一个交付批,拼段卷数不得超过总卷数的20%。

6.11 玻璃纤维增强塑料浴缸

1. 术语(表6-57)

表6-57 玻璃纤维增强塑料浴缸的相关术语

术语	定义
胶衣型浴缸	表面为胶衣树脂的玻璃纤维增强塑料浴缸
压克力浴缸	表面为压克力板材的玻璃纤维增强塑料浴缸

2. 产品分类

浴缸分为胶衣型浴缸(用B表示)和压克力浴缸(用Y表示)。

3. 外观

(1)压克力浴缸的外观

压克力浴缸表面应光滑,色泽应均匀;不得有气泡、裂纹等缺陷。

(2)胶衣型浴缸的外观

1)各部位不允许存在的缺陷见表6-58。

表6-58 胶衣型浴缸各部位不允许存在的缺陷

部位	不允许存在的缺陷
上缘面、内侧面、底面	小孔、皱纹、气泡、固化不良、浸渍不良、裂纹、缺陷
背面	固化不良、浸渍不良、缺损、毛刺
切割面	分层、毛刺

2)缺陷的允许程度。除1)规定之外,在使用面上其他各种缺陷的允许程度如表6-59所示,但背面不受此限制。

表6-59 胶衣型浴缸其他缺陷的允许程度

缺陷	允许程度
针孔、修补痕迹、伤痕、颜色不匀、布纹、污点、凹凸不平、集合缺陷	距离浴缸被检处约600mm,用眼睛观察,不能明显看出
变形	上缘面水平部位不贮水,其他各面无明显变形

4. 长度偏差(表6-60)

表6-60 浴缸的长度偏差 mm

长度	许用偏差
≤1000	±5
>1000	+5,-10

6.12 便器水箱配件

1. 术语(表6-61)

表6-61 便器水箱配件的相关术语

术语	定义
静压力	进水阀完全关闭时,在它之前的进水管路中的稳定压力值
动压力	进水阀完全打开时,在它之前300~500mm长范围内内径不小于5mm的管道中的稳定压力值
排水阀的排水量	进水阀关闭时,打开排水阀,一次从水箱中排出水的体积
进水阀	进水阀是用来自动控制水箱进水的装置。当水箱中水位低于工作水位时自动开始进水,水位达到工作水位时自动停止进水
排水阀	排水阀是用来控制水箱排水的装置。开启后应能排出预先设定的水量并能自动关闭
冲洗水箱	安装有进水阀和排水阀的用于直接冲洗便器或其他排污装置的水箱
水箱附件	用于操纵或辅助冲洗水箱完成冲洗动作的除进水阀和排水阀以外的部件
溢流水位	水箱中的水即将从溢流口流出时的水位高度,简记为OL
盈溢水位	在静压力为0.6MPa。进水阀完全打开而排水阀完全关闭的情况下,水箱中的水已溢流时所能达到的最大水位高度。简记为SL
工作水位	满足正常冲洗过程需要时水箱中的水位高度,简记为WL
临界水位	进水阀产生虹吸和结束虹吸时两者中最低的水位线。简记为CL
剩余水位	在工作水位下关闭进水阀。打开排水阀。当排水阀自然关闭时水箱中的水位高度。简记为RL
水击	水在正常流动状态下遇到阀门关闭而造成的瞬间压力升高

2. 部件代码(表6-62)

表6-62 水箱配件部件代码表

部件	代码
进水阀	IV
排水阀	OV
水箱附件	FA
塑料水箱	PT

3. 要求

(1)一般要求

1)各部件应能方便的安装和拆卸。各活动部件应动作灵活,无卡阻现象。

2)进水阀是否有补水装置,由制造商决定。有补水装置的进水阀,补水管应牢固的固定在进水阀上,其补水量应能满足便器水封回复的要求。对于零售市场的产品,应标明补水比率或补水量。

3）进水阀上应标记有 CL 线。

4）进水阀应有调节进水量的装置。

5）排水阀与冲洗水箱排水孔的固定方式，由制造商决定。

6）进水阀和进水管路连接的管螺纹精度应符合《55°非密封管螺纹》（GB/T 7307）中 B 级精度的要求。

7）扳手驱动的排水阀的链条或牵引线的抗拉载荷应不小于 60N，其与阀门和扳手的固定载荷应不小于 30N。

8）冲洗水箱内部各部件安装相对位置应满足图 6-2 的要求。

注：本条为水箱配件与冲洗水箱的配套性指标。将水箱配件安装在相配套的冲洗水箱中，在使用状态下各部件的相对位置应满足本条。

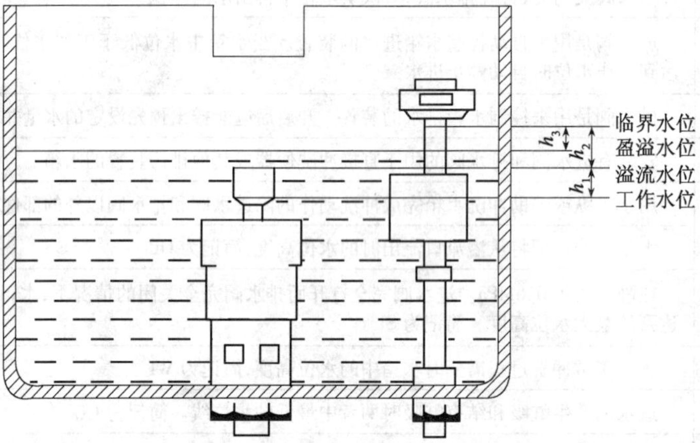

$h_1 \geqslant 10mm$；$h_2 \geqslant 25mm$；$h_3 \geqslant 5mm$。

图 6-2　水箱内部各部件安装相对位置示意图

（2）外观质量

1）铜铸件外表面不得有缩孔、砂眼、裂纹和气孔等缺陷，内腔不得粘附型砂。

2）塑料件表面不应有明显的波纹、熔接痕，也不应有明显的擦划伤、修饰损伤等缺陷。

3）安装后的可见电镀表面不得有未镀到的地方，表面应光亮、均匀，不允许有起皮、剥落、起泡等现象。

4）进行 24h 酸性盐雾试验后，安装后的可见电镀表面外观等级应达到《金属基体上金属和其他无机覆盖层经腐蚀试验后的试样和试件的评级》（GB/T 6461）标准中 6 级的要求。

（3）使用性能

1）进水阀。

① 进水流量。在动压力 0.05MPa 下，进水流量应不小于 0.05L/s。

② 密封性。

a. 静压力密封性。进行试验时，水箱中的水位上升高度应不大于 8mm。

b. 动压力密封性。进行试验时，水箱中的水位上升高度应不大于 8mm。

③ 耐压性。进水阀在承受 1.6MPa 静压力时不应有渗漏、变形、冒汗和任何其他损坏现象。

④ 抗热变性。进行试验时,进水阀不应有渗漏、变形、冒汗和任何其他损坏现象。

⑤ 防虹吸。进行试验时,进水阀不应有虹吸产生。

⑥ 水击。进水阀关阀时不应产生使动压增加 0.2MPa 以上的水击现象。

⑦ 噪声。进水过程产生的噪声应不大于 55dB(A)。

⑧ 寿命。进行 100000 次循环试验后,进水阀应能满足②的要求并不应有任何其他故障。

2)排水阀。

① 排水量。排放一次,排水量应不小于 3L。

② 排水流量。排水流量应不小于 1.7L/s。

③ 密封性。水箱内的水位在高于剩余水位 50mm 处和低于排水阀溢流口 5mm 处,排水阀关闭后不应有渗漏现象。

④ 寿命。进行 100000 次循环试验后,排水阀应能满足③的要求并不应有任何其他故障。

6.13 人造玛瑙及人造大理石卫生洁具

1. 术语(表 6-63)

表 6-63 人造玛瑙及人造大理石卫生洁具的相关术语

术语	定义
人造玛瑙卫生洁具	以不饱和聚酯、氢氧化铝等为主要原料加工而成的具有玛瑙质感的制品
人造大理石卫生洁具	以不饱和聚酯、碳酸钙等为主要原料加工而成的具有大理石纹理的制品
可见面	产品安装后观察者站在一般位置容易见到的面
洗净面	产品安装后使用时水能冲洗的可见面
气泡	存在于表面层的可见小气泡
气泡轻微	在 ϕ200mm 范围内,不大于 ϕ2mm 的气泡不超过两个
麻点	表面出现的直径在 0.5~1.0mm 左右的凹陷形圆点
麻点轻微	在 ϕ200mm 范围内麻点不超过两个
划痕	表面因摩擦等原因留下的伤痕
划痕不明显	在 $1m^2$ 范围内,长×宽不超过 50mm×0.1mm,稍有深度的划痕不超过一条
修补痕迹	表面由于修补面留下的痕迹
修补痕迹不明显	表面修补处与周围基本吻合,色泽无明显差异
凹陷	产品表面局部下陷
凹陷不明显	在 $1m^2$ 范围内不大于 $1mm^2$ 的凹陷不得超过 5 处
色差	同一产品或一套产品之间的色度差
杂质	原料配方以外的影响外观的物质

2. 产品分类

(1)品种(表6-64)

表6-64 人造玛瑙卫生洁具的分类

分类方式	类别
按材质分	(1)人造玛瑙卫生洁具 (2)人造大理石卫生洁具
按用途分	浴缸、洗脸盆、便器、净身器、淋浴盆等

(2)产品代号

产品代号表示方法规定如下:

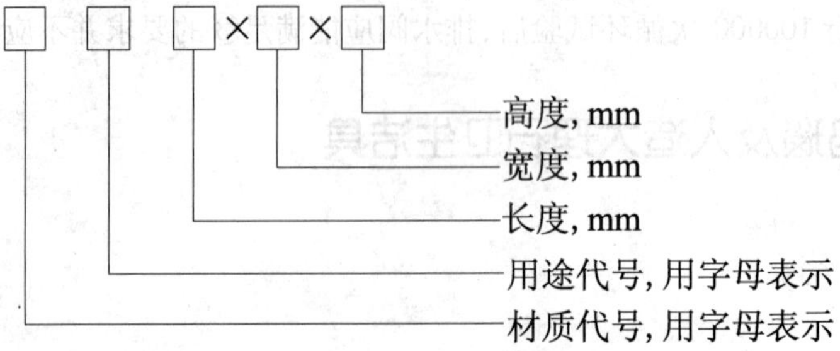

其中对于材质代号,人造玛瑙用M表示,人造大理石用S表示。对于用途代号,浴缸、洗脸盆、便器、净身器、淋浴盆分别用Y、P、B、J、L表示。

3. 技术要求

(1)尺寸允许偏差

外形尺寸允许偏差见表6-65,预留孔应与市售通用管件相匹配,孔眼尺寸允许偏差按《卫生陶瓷》(GB 6952)的规定。

表6-65 人造玛瑙卫生洁具的外形尺寸允许偏差

外形尺寸,mm	允许偏差,%
≤1000	±2
>1000	±1

(2)外观质量

人造玛瑙及人造大理石卫生洁具的外观质量均应符合表6-66规定。其中裂纹、缺损两项指标是对整件卫生洁具的要求,其余项目是对其可见面的要求。

表6-66 人造玛瑙卫生洁具的外观质量

缺陷名称	要求	缺陷名称	要求
裂纹	不允许	皱纹	不明显
缺损	不允许	白斑	不明显
花斑	轻微	气泡	轻微
麻点	轻微	划痕	不明显
修补痕迹	不明显	凹陷	不明显
色差	同套产品色泽基本一致	杂质	不明显

(3)物理性能

物理性能应符合表6-67规定,其中冲洗功能仅针对坐便器,耐荷重性、耐冲击性仅针对浴缸。

表6-67　人造玛瑙卫生洁具的物理性能

试验项目	性能要求
光泽度	≥80光泽单位
不平整度	≤4‰
巴氏硬度	≥40
耐荷重性	表面不产生裂纹
耐冲击性	表面不产生裂纹
吸水率	≤0.5%
胶衣层厚度	0.35~0.60mm
可清洗性	不多于3个斑点
耐热水性	无裂纹、不起泡
耐污染性	无明显变色
冲洗功能	6个注水乒乓球排出,洗净面无墨水残留痕迹

6.14　卫生陶瓷

1. 术语(表6-68)

表6-68　卫生陶瓷的相关术语

术语	定义
釉泡	尺寸不超过1mm的表面隆起部分
小包	尺寸为1mm~3mm的表面隆起部分
大包	尺寸超过3mm的表面隆起部分
棕眼	釉面上尺寸不大于1mm的小孔
熔洞	釉面上尺寸大于1mm的孔洞
斑点	尺寸不超过1mm的异色点。除非数量足以引起变色,小于0.3mm的斑点密集程度不足以引起变色时可不计
小花斑	尺寸为1mm~3mm的异色点
大花斑	尺寸为3mm~6mm的异色点
色斑	尺寸超过6mm的异色区或由密集斑点形成的异色区
坑包	尺寸不大于6mm的凹凸面

续表

术　语	定　　义
标准面	边长为50mm的正方形面
孔眼圆度	孔眼最大半径与最小半径之差
瓷质卫生陶瓷	由黏土或其他无机物质经混炼、成型、高温烧制而成的用做卫生设施的、吸水率≤0.5%的有釉陶瓷制品
陶质卫生陶瓷	由黏土或其他无机物质经混炼、成型、高温烧制而成的、用做卫生设施的、8.0%≤吸水率<15.0%的有釉陶瓷制品
节水型坐便器	按标准规定方法进行测试，用水量不大于6L的坐便器
节水型小便器	按标准规定方法进行测试，用水量不大于3L的小便器
节水型蹲便器	按标准规定方法进行测试，用水量不大于8L的蹲便器
溢流水位	当洁具排水口关闭或堵塞时，洁具内发生溢流时的水位
洁具	带配件的陶瓷件
配件	与陶瓷件配套使用的洁具配件。如水箱配件、冲洗阀、坐圈和盖、水嘴、软管及排水配件等
冲水装置	连接在供水管道和便器之间的一种阀门，启动时，水能以一定速度和预定的水量流到便器里执行冲洗过程，然后慢慢关闭，并使存水弯里重新形成水封
水箱(重力)冲水装置	能储存一定水量，开启时由于重力作用而排出定量的水(含供水系统内同时排出的水)进入便器
压力冲水装置	利用供水水压形成冲水压力的装置。如冲洗阀和压力式冲洗水箱
临界水位(C/L)	冲水装置因重力作用或真空作用而流回至供水管道内的最低水位
冲水周期	在冲水装置打开瞬间至供水阀完全关闭瞬间的时间内，完成冲洗便器内壁并补水至水封水位的过程
便器用水量	一个冲水周期所用的水量
静压力	进水阀关闭时，在水“无流动”状态下，供水管的水对进水阀的压力
流动压力	冲水过程中，在水流动状态下，供水管的水对进水阀的压力
水封深度	从水封水表面到水道入口最高点的垂直距离
挡水堰	便器排水道内控制水位的部位
水封表面面积	当坐便器中水充至存水弯挡水堰时，坐便器中静止的水表面面积
安装孔平面	比安装孔半径大10mm的环形平面
排污口安装距	下排式便器排污口中心至完成墙的距离；后排式便器排污口中心至完成地面的距离

2. 产品分类

按吸水率分为瓷质卫生陶瓷和陶质卫生陶瓷。

(1)瓷质卫生陶瓷

瓷质卫生陶瓷产品分类见表6-69。

表 6-69 瓷质卫生陶瓷产品分类

种类	类型	结构	安装方式	排污方向	按用水量分	按用途分
坐便器	挂箱式 坐箱式 连体式 冲洗阀式	冲落式 虹吸式 喷射虹吸式 旋涡虹吸式	落地式 壁挂式	下排式 后排式	普通型 节水型	成人型 幼儿型 残疾人/老年人专用型
洗面器	—	—	台式 立柱式 壁挂式	—	—	—
小便器	—	冲落式 虹吸式	落地式 壁挂式	—	普通型 节水型	—
蹲便器	挂箱式 冲洗阀式	—	—	—	普通型 节水型	成人型 幼儿型
净身器	—	—	落地式 壁挂式	—	—	—
洗涤槽	—	—	台式 壁挂式	—	—	住宅用 公共场所用
水箱	高水箱 低水箱	—	壁挂式 坐箱式 隐藏式	—	—	—
小件卫生陶瓷	皂盒、 手纸盒等	—	—	—	—	—

(2)陶质卫生陶瓷

陶质卫生陶瓷产品分类见表 6-70。

表 6-70 陶质卫生陶瓷产品分类

种类	类型	安装方式
洗面器	—	台式、立柱式、壁挂式
不带存水弯小便器	—	落地式、壁挂式
净身器	—	落地式、壁挂式
洗涤槽	家庭用、公共场所用	台式、壁挂式
水箱	高水箱、低水箱	壁挂式、坐箱式、隐藏式
浴缸、淋浴盆	—	—
小件卫生陶瓷	皂盒等	—

3. 外观质量

(1)釉面

除安装面及下列所述外，所有裸露表面和坐便器的排污管道内壁都应有釉层覆盖；釉面应与陶瓷坯体完全结合。釉面外观质量要求见表 6-71。

表 6-71　卫生陶瓷釉面外观质量

项　　目	要　　求
坐便器和蹲便器	便器水箱背部和底部;水箱盖底部和后部;瓷质水箱的内部;蹲便器安装后排污水道隐蔽面部分
洗面器	洗面器后部靠墙部位;溢流孔后部;台上盆底部;洗面器角位和立柱的后部
净身器	正常位非可见区域及隐蔽面

注:其他在窑炉内支撑烧成时非可见面区域也可以无釉覆盖。

(2)外观缺陷最大允许范围

对产品的洗净面、可见面、其他区域(安装面和隐蔽面)进行划分。外观缺陷最大允许范围应符合表6-72 的规定。

表 6-72　卫生陶瓷外观缺陷最大允许范围

缺陷名称	单位	洗净面	可见面		其他区域
			A 面	B 面	
开裂、坯裂	mm	不允许			不影响使用的允许修补
釉裂、熔洞	mm	不允许			—
大包、大花斑、色斑、坑包	个	不允许			—
棕眼	个	总数 2	总数 2	2;总数 5	—
小包、小花斑	个	总数 2	总数 2	2;总数 6	
釉泡、斑点	个	1;总数 2	2;总数 4	2;总数 4	—
波纹	mm^2	≤2600			—
缩釉、缺釉	mm^2	不允许		$4mm^2$ 以下 1 个	—
磕碰	mm^2	不允许			$20mm^2$ 以下 2 个
釉缕、橘釉、釉粘、坯粉、落脏、剥边、烟熏、麻面	—	不允许			

注:1. 数字前无文字或符号时,表示一个标准面允许的缺陷数。
2. 其他面,除表中注明外,允许有不影响使用的缺陷。
3. 0.5mm 以下的不密集棕眼可不计。

4. 最大允许变形(表 6-73)

表 6-73　卫生陶瓷产品的最大允许变形量　　mm

产品名称	安装面	表面	整体	边缘
坐便器	3	4	6	—
洗面器	3	6	20mm/m 最大 12	4
小便器	5	20mm/m 最大 12	20mm/m 最大 12	—
蹲便器	6	5	8	4
净身器	3	4	6	—
洗涤槽	4	20mm/m 最大 12	20mm/m 最大 12	5
水箱	底 3 墙 8	4	5	4
浴缸	—	20mm/m 最大 16	20mm/m 最大 16	—
淋浴盆	—	20mm/m 最大 12	20mm/m 最大 12	—

注:形状为圆形或艺术造型的产品,边缘变形不作要求。

5. 尺寸

(1)尺寸允许偏差(表6-74)

表6-74 卫生陶瓷的尺寸允许偏差 mm

尺寸类型	尺寸范围	允许偏差
外形尺寸	—	规格尺寸×±3%
孔眼直径	$\phi<15$ $15\leqslant\phi\leqslant30$ $30<\phi\leqslant80$ $\phi>80$	+2 ±2 ±3 ±5
孔眼圆度	$\phi\leqslant70$ $70<\phi\leqslant100$ $\phi>100$	2 4 5
孔眼中心距	≤100 >100	±3 规格尺寸×±3%
孔眼距产品中心线偏移	≤100 >100	3 规格尺寸×3%
孔眼距边	≤300 >300	±9 规格尺寸×±3%
安装孔平面度	—	2
排污口安装距	—	+5 -20

(2)重要尺寸

卫生陶瓷产品应符合以下所规定的尺寸要求。其允许偏差没有注明的应符合表6-74的规定。

1)坐便器排污口安装距见表6-75。

表6-75 坐便器排污口安装距

坐便器	排污口安装距,mm
下排式	305、400、200
后排式	100、180

注:特殊情况可按合同要求。

2)坐便器和蹲便器排污口最大外径见表6-76。

表6-76 坐便器和蹲便器排污口最大外径

坐便器和蹲便器	排污口最大外径,mm
下排式坐便器和带存水弯蹲便器	100
后排式坐便器和不带存水弯蹲便器	107

3)水封深度。所有带整体存水弯卫生陶瓷的水封深度不得小于50mm。

4)坐便器水封表面面积。安装在水平面的坐便器水封表面面积不得小于100mm×85mm。

5）冲洗阀式坐便器和小便器进水口距墙。用冲洗阀的坐便器进水口中心至完成墙的距离、用冲洗阀的小便器进水口中心至完成墙的距离应不小于60mm。

6）大便器和小便器水道最小过球直径见表6-77。

表6-77 大便器和小便器水道最小过球直径

项 目	水道最小过球直径
大便器	41mm的固体球
小便器	19mm的固体球

7）洗面器和净身器的供水孔尺寸。洗面器和净身器供水孔表面安装平面直径应不小于（供水孔直径+9）mm。

8）水箱进水孔和排水孔尺寸。低水箱进水孔直径为25mm或29mm，排水孔直径为65mm或81mm。特殊情况可按合同要求。

9）淋浴盆和浴缸排水口尺寸。淋浴盆、浴缸排水口直径为60mm；特殊情况可按合同要求。

10）壁挂式坐便器安装螺栓孔尺寸。壁挂式坐便器的所有安装螺栓孔直径应为20mm~26mm，或为加长型螺栓孔。

11）坯体厚度。卫生陶瓷任何部位的坯体厚度应不小于6mm。

（3）吸水率

1）瓷质卫生陶瓷产品的吸水率$E \leqslant 0.5\%$；

2）陶质卫生陶瓷产品的吸水率$8.0\% \leqslant E < 15.0\%$。

（4）抗裂性

经抗裂试验应无釉裂无坯裂。

6. 功能要求

（1）便器功能要求

1）便器用水量。便器平均用水量应符合表6-78的规定。坐便器和蹲便器在任一试验压力下，最大用水量不得超过规定值1.5L。

表6-78 便器用水量 L

坐 便 器	普通型（单/双挡）	9
	节水型（单/双挡）	6
蹲 便 器	普通型	11
	节水型	8
小 便 器	普通型	5
	节水型	3

双挡坐便器的小挡排水量不得大于大挡排水量的70%。

2）坐便器冲洗功能。单挡坐便器和双挡坐便器的全冲水应在规定用水量下满足以下冲洗功能的要求；双挡坐便器小挡冲水应在规定用水量下满足洗净功能，污水置换功能和水封回复功能的要求。

① 洗净功能。进行墨线试验，每次冲洗后累积残留墨线的总长度不大于50mm，且每一段

残留墨线长度不大于13mm。

② 固体物排放功能。

a. 球排放。进行球排放试验,三次试验平均数应不少于85个。

b. 颗粒排放。进行颗粒排放试验,连续三次试验,坐便器存水弯中存留的可见聚乙烯颗粒三次平均数不多于125个(5%),可见尼龙球三次平均数不多于5个。

③ 污水置换功能。进行污水置换试验,稀释率应不低于100。对于双挡式冲水坐便器,还应进行小挡冲水的污水置换试验,稀释率应不低于17。

④ 水封回复功能。每次冲水后的水封回复都不得小于50mm。

⑤ 排水管道输送特性。节水型坐便器进行管道输送特性试验,球的平均传输距离应不小于12m。

⑥ 防溅污性。进行防溅污性试验,不得有水溅到模板上,直径小于5mm的溅射水滴或水雾不计。

3)小便器冲洗功能。

① 洗净功能。进行墨线试验,每次冲洗后累积残留墨线的总长度不大于25mm,且每一段残留墨线长度不大于13mm。

② 污水置换功能。带存水弯的小便器进行污水置换试验,稀释率应不低于100。

4)蹲便器冲洗功能。

① 洗净功能。进行墨线试验,每次冲洗后不得有残留墨线痕迹。

② 排放功能。进行试验,测定三次,试体排出排污口总数应不少于9个。

③ 防溅污性。进行防溅污性试验,不得有水溅到模板上,直径小于5mm的溅射水滴或水雾不计。

(2)洗面器、洗涤槽和净身器溢流功能

设有溢流孔的洗面器、洗涤槽和净身器进行溢流试验,应保持5min不溢流。

(3)耐荷重性

1)壁挂式坐便器和落地式坐便器应能承受2.2kN的荷重。

2)洗面器应能承受1.1kN的荷重。

3)小便器应能承受0.22kN的荷重。

4)洗涤槽应能承受0.44kN的荷重。

5)浴缸底面应能承受1.47kN的荷重;侧面应能承受0.22kN的荷重。

6)淋浴盆应能承受1.47kN的荷重。

上述被测洁具应进行测试后无变形或任何可见破损。

(4)坐便器冲洗噪声

测定坐便器冲洗噪声,冲洗噪声的累计百分数声级L_{50}应不超过55dB,累计百分数声级L_{10}应不超过65dB。

7. 便器配套性技术要求

(1)冲水装置配套性

1)配套要求。必须配备与该便器配套使用且满足6.(1)条规定的定量冲水装置,并应保证其整体的密封性。

2）冲水装置技术要求。所配套的冲水装置包括水箱（重力）冲水装置、压力冲水装置在内的各种机械式或非接触式冲水装置。其中：非接触式冲水装置、便器用冲洗阀、便器用水箱配件应符合相应标准的要求。

3）防虹吸功能。所配套的冲水装置应具有防虹吸功能。

4）安全水位技术要求。配套水箱的有效工作水位至溢流口的垂直距离应不大于 38mm；进水阀临界水位应高于溢流口水位，其垂直距离应不小于 25mm；水箱（重力）冲水装置的非密封口最低位应高于盈溢水位，其垂直距离应不小于 5mm。

（2）坐便器坐圈和盖配套性

1）应配备与该坐便器配套使用的坐圈和盖。

2）所配套的塑料坐圈和盖应符合相应标准的要求。

（3）连接密封性要求

1）产品与给水和排水系统之间的连接安装，应按生产厂的安装说明进行，且能在不小于 0.10MPa 的静水压下保持 15min 无渗漏。

2）各类产品用卫生设备软管应符合《卫生设备用软管》（JC 886）的要求。

8. 卫生陶瓷产品分类代码

产品分类代码

卫生陶瓷产品由代码来识别，代码组成形式为：

GB 6952 □□ — □□□□□□ — ×××

标准号

类别码

编码

安装距

1）类别码见表 6-79。

表 6-79　卫生陶瓷产品的类别码

字母位置	字母	意义
第一个（类别）	C	瓷质
	T	陶质
第二个（类型）	Z	坐便器
	M	洗面器
	X	小便器
	D	蹲便器
	J	净身器
	C	洗涤槽
	S	水箱
	Y	浴缸
	L	淋浴盆

2）产品编码按表 6-80 规定表示。

表 6-80 各类产品编码

类别	第1个编码		第2个编码		第3个编码		第4个编码		第5个编码		第6个编码	
坐便器	类型	编码	安装	编码	排污	编码	规格	编码	用途	编码	用水	编码
	挂箱式	1	落地式	1	下排式	1	普通型	1	成人	A	普通型	P
	坐箱式	2	壁挂式	2	后排式	2	加长型	2	幼儿	B	节水型	J
	连体	3							残疾人/老年人	C		
	冲洗阀式	4										
洗面器	类型	编码	安装	编码	龙头孔							
	台式	A	台上	1	单孔	1						
	立柱式	B	台下	2	双孔	2						
	壁挂式	C	平板	3	三孔	3						
			陶瓷柱	4								
			金属架	5								
			明挂	6								
			暗挂	7								
小便器	安装	编码	排污	编码	用水	编码						
	落地式	1	带存水弯	1	普通型	P						
	壁挂式	2	不带存水弯	2	节水型	J						
蹲便器	类型	编码	排污	编码	挡板	编码	用途	编码	用水	编码		
	挂箱式	1	带存水弯	1	有挡板	1	成人	A	普通型	P		
	冲洗阀	2	不带存水弯	2	无挡板	2	幼儿	B	节水型	J		
净身器	安装	编码	龙头孔	编码								
	落地式	1	单孔	1								
	壁挂式	2	双孔	2								
			三孔	3								
			四孔	4								
			无孔	5								
洗涤槽	类型	编码	安装	编码	挡板	编码	用途	编码				
	单联	1	台式	1	后挡板	1	家庭用	A				
	双联	2	壁挂式	2	无挡板	2	公共场所用	B				
水箱	类型	编码	安装	编码	用途	编码	用法	编码				
	低水箱	1	坐箱式	1	重力式	1	顶单按式	1				
	高水箱	2	壁挂式	2	压力式	2	顶双按式	2				
					感应式	3	侧按式	3				

9. 卫生陶瓷产品部分重要尺寸示意图(图6-3 ~图6-8)

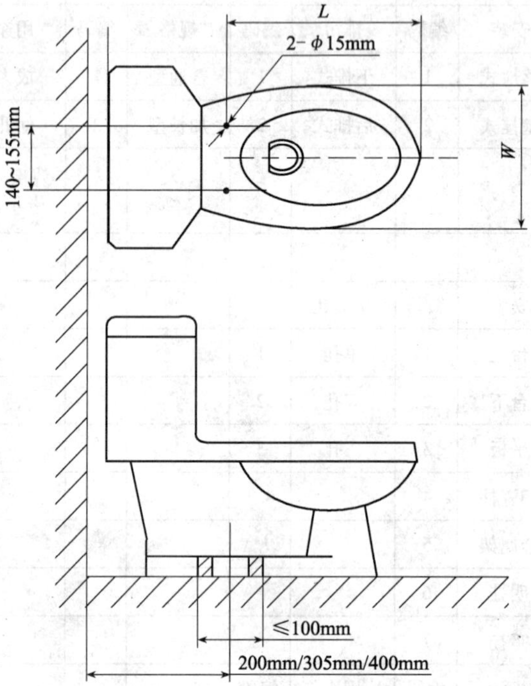

mm

类　　型	L	W
成人普通型	420	355
成人加长型	470	355
幼儿型	380	280

图6-3　坐便器(一)

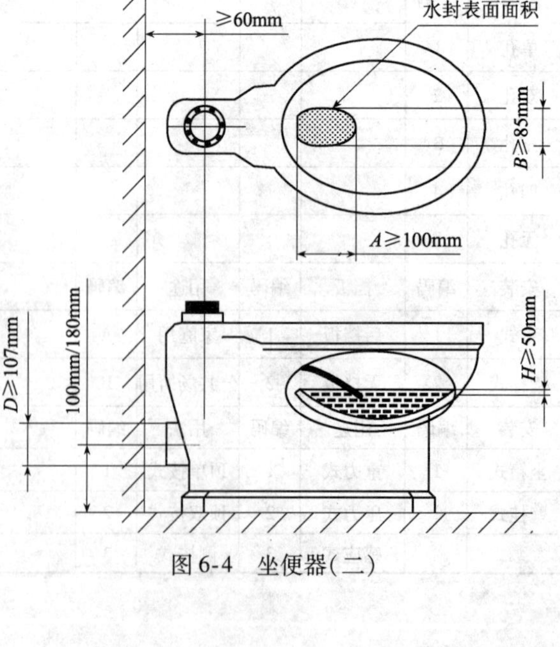

图6-4　坐便器(二)

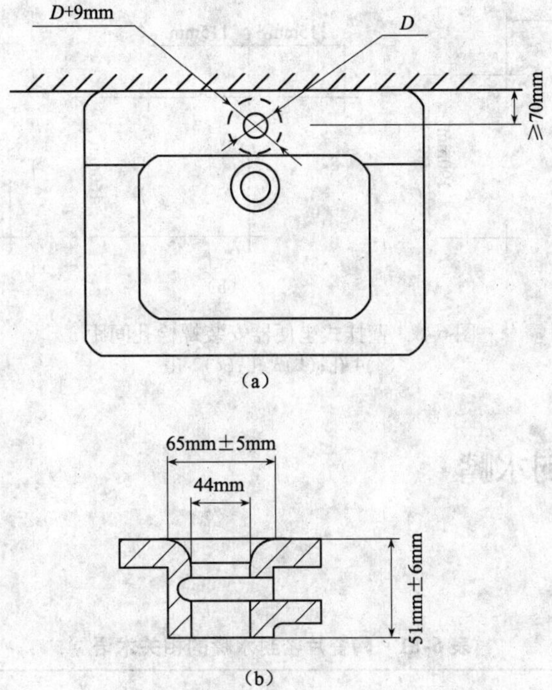

图 6-5 洗面器和净身器
(a)进水口;(b)排水口

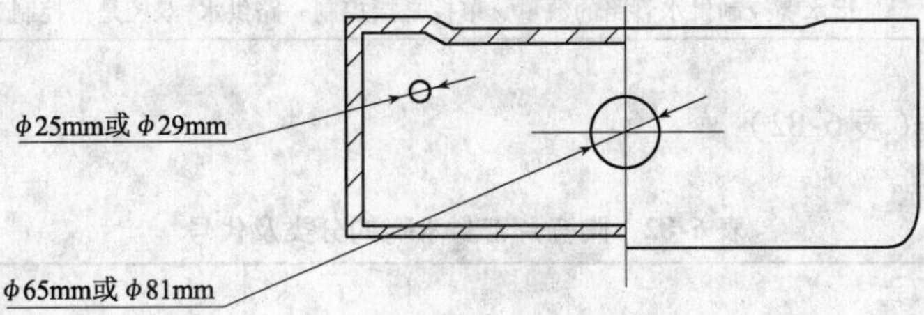

图 6-6 水箱

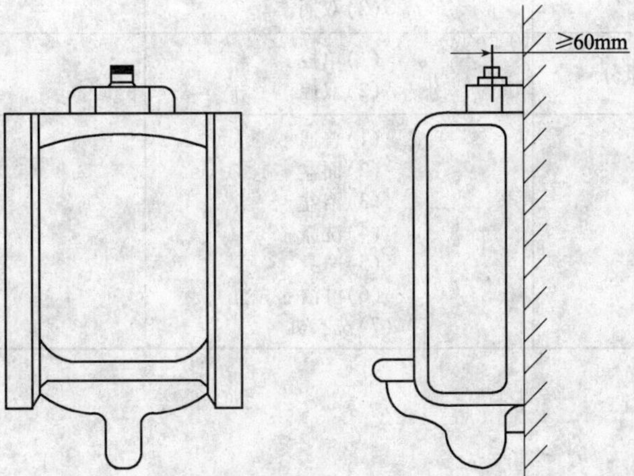

图 6-7 小便器

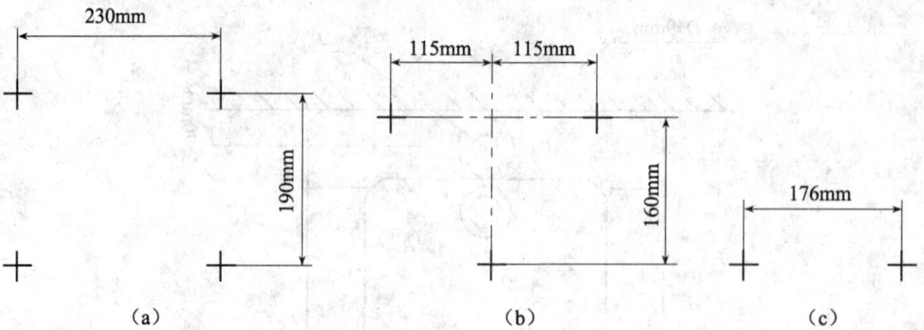

图 6-8 壁挂式坐便器安装螺栓孔间距
(a)4 孔;(b)3 孔;(c)2 孔

6.15 陶瓷片密封水嘴

1. 术语(表 6-81)

表 6-81 陶瓷片密封水嘴的相关术语

术 语	定 义
单柄、双柄	是指水嘴启闭控制手柄(手轮)的数量。单柄是指由一个手柄(手轮)控制冷、热水流量及温度;双柄是指由两个手柄(手轮)控制冷、热水流量及温度
单控、双控	是指水嘴控制供水管路的数量。单控是指控制一路供水;双控是指控制二路(冷、热)供水

2. 分类及代号(表 6-82)

表 6-82 陶瓷片密封水嘴的分类及代号

分 类 方 式	类 别	代 号
按启闭控制部件数量分	(1)单柄 (2)双柄	D S
按控制供水管路的数量分	(1)单控 (2)双控	D S
按用途分	(1)普通 (2)面盆 (3)浴盆 (4)洗涤 (5)净身 (6)淋浴 (7)洗衣机	P M Y X J L XY

3. 技术要求

(1)加工与装配

1)铸件不得有缩孔、裂纹和气孔等缺陷,内腔所附有的芯砂应清除干净。

2)管螺纹精度应符合相应的规定。

3)螺纹表面不应有凹痕、断牙等明显缺陷,表面粗糙度 Ra 不大于 3.2μm。

4)塑料件表面不应有明显的填料斑、波纹、溢料、缩痕、翘曲和熔接痕。也不应有明显的擦伤、划伤、修饰损伤和污垢。

5)冷热水标志应清晰,蓝色(或 C 或冷字)表示冷水,红色(或 H 或热字)表示热水。双控水嘴冷水标志在右,热水标志在左,连接牢固。轮式手柄逆时针方向转动为开启,顺时针方向转动为关闭。

6)装配好的手柄应平稳,轻便、无卡阻。手柄与阀杆连接牢固,不得松动。单柄双控混合水嘴手柄扭力矩应大于等于 6N·m±0.6N·m,在冷水、热水位置的开、关两个状态扭力矩应大于等于 2.5N·m±0.5N·m;单柄单控和双柄双控水嘴手柄扭力矩应大于等于 4N·m±0.5N·m。试验后,任何部件应无可见变形;阀芯密封、上密封、流量应达到标准要求。

7)陶瓷片硬度≥1000HV5。

8)与水嘴配接的软管应符合《卫生设备用软管》(JC 886)的规定。

9)水嘴连接螺纹应能承受扭力矩为:公称通径 DN15,扭力矩≥61N·m;公称通径 DN20,扭力矩≥88N·m。经扭力矩试验后,应无裂纹、损坏。

(2)外观质量

1)水嘴外表面涂、镀层应结合良好,组织应细密,光滑均匀,色泽均匀,抛光外表面应光亮,不应有起泡、烧焦、脱离、划伤等外观缺陷。

2)涂、镀层进行 24h 酸性盐雾试验后,达到标准 10 级的要求。

3)涂、镀层经附着力试验后,不允许出现起皮或脱落现象。

(3)使用性能

1)水嘴阀体的强度性能应符合表 6-83 的规定。

表 6-83 水嘴阀体的强度性能

检测部位	出水口状态	用冷水进行试验		技术要求
		试验条件		
		压力,MPa	时间,s	
进水部位(阀座下方)	打开	2.5±0.05	60±5	无变形、无渗漏
出水部位(阀座上方)	关闭	0.4±0.02	60±5	无渗漏

2)水嘴的密封性能应符合表 6-84 的规定。

表 6-84 水嘴的密封性能

检测部位	阀芯及转换开关位置	出水口状态	用冷水进行实验			用空气在水中进行试验		
			试验条件		技术要求	试验条件		技术要求
			压力,MPa	时间,s		压力,MPa	时间,s	
连接件	用 1.5N·m 关闭	开	1.6±0.05	60±5	无渗漏	0.6±0.02	20±2	无气泡
阀芯		开	1.6±0.05 0.05±0.01	60±5		0.6±0.02 0.02±0.001	20±2 20±2	
冷、热水隔墙		开	0.4±0.02	60±5 60±5		0.2±0.01	20±2	
上密封	开	闭	0.4±0.02	60±5		0.2±0.01	20±2	

续表

检测部位		阀芯及转换开关位置	出水口状态	用冷水进行实验			用空气在水中进行试验		
				试验条件		技术要求	试验条件		技术要求
				压力，MPa	时间，s		压力，MPa	时间，s	
手动转换开关	转换开关在淋浴位	浴盆位关闭	人工堵住淋浴出水口打开浴盆出水口	0.4±0.02	60±5	浴盆出水口无渗漏	0.2±0.01	20±2	浴盆出水口无气泡
	转换开关在浴盆位	淋浴位关闭	人工堵住浴盆出水口打开淋浴出水口	0.4±0.02	60±5	淋浴出水口无渗漏	0.2±0.01	20±2	淋浴出水口无气泡
自动复位转换开关	转换开关在浴盆位1	淋浴位关闭	两出水口打开	0.4±0.02（动压）	60±5	淋浴出水口无渗漏	—	—	—
	转换开关在淋浴位2	浴盆位关闭			60±5	浴盆出水口无渗漏	—	—	—
	转换开关在淋浴位3	浴盆位关闭		0.05±0.01（动压）	60±5	浴盆出水口无渗漏	—	—	—
	转换开关在浴盆位4	淋浴位关闭			60±5	淋浴出水口无渗漏	—	—	—

按表6-84中规定，用冷水进行试验和用空气在水中进行试验是等效的。

3）流量。

① 在动态压力为0.3MPa±0.02MPa水压下，浴盆水嘴（不带附件）流量不小于0.33L/s，面盆、洗涤等其他水嘴（不带附件）流量不小于0.20L/s。

② 面盆、洗涤及厨房水嘴（带附件）在动态压力为0.1MPa±0.01MPa水压下，流量不大于0.15L/s。

4）水嘴寿命。

① 单柄双控水嘴开关寿命试验达到 7×10^4 周期，单柄单控和双柄双控水嘴开关寿命试验达到 2×10^5 次后，应符合2）的要求。

② 转换开关寿命试验达到 3×10^4 次后，应符合2）的要求。

③ 旋转式出水管寿命试验达到 8×10^4 次后，应符合2）的要求。

④ 水嘴多冷热疲劳试验后，应符合2）的要求。

4. 规格尺寸

1）单柄单控陶瓷片密封普通水嘴规格尺寸应符合图6-9要求。

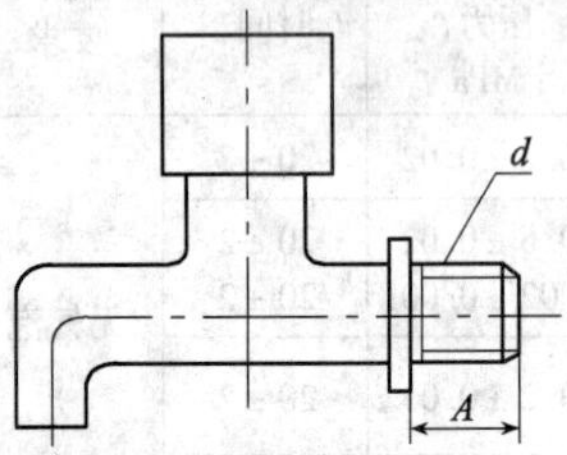

mm

DN	d	A
15	G1/2″	≥14
20	G3/4″	≥15
25	G1″	≥18

图6-9　单柄单控陶瓷片密封普通水嘴

2) 单柄单控陶瓷片密封面盆水嘴规格尺寸应符合图 6-10 的要求。

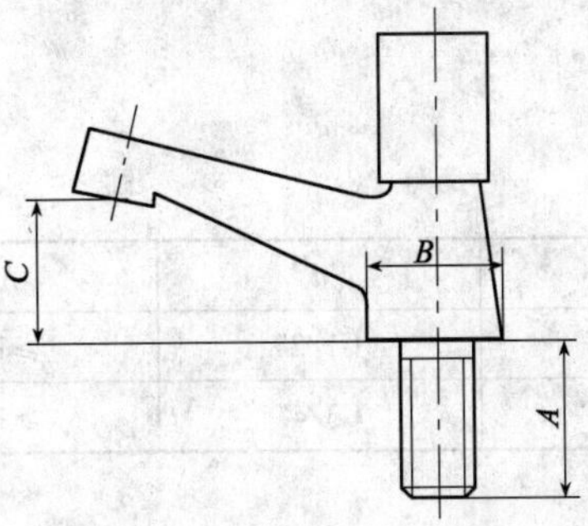

mm

DN15	A	B	C
G1/2″	≥48	≥ϕ30	≥25

图 6-10　单柄单控陶瓷片密封面盆水嘴

3) 单柄双控陶瓷片密封面盆水嘴规格尺寸应符合图 6-11 的要求。

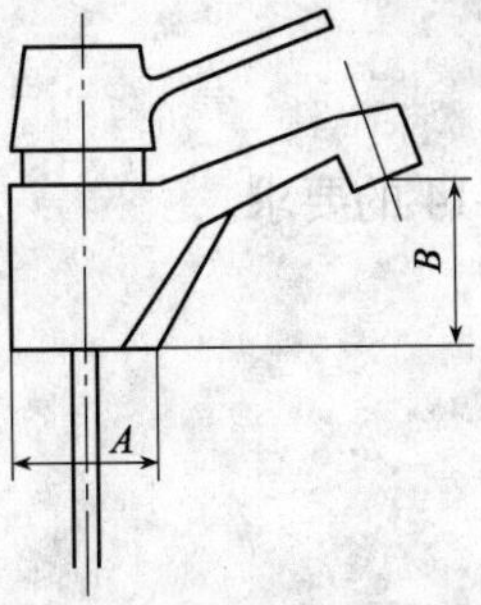

mm

A	B
≥ϕ40	≥25

(a)

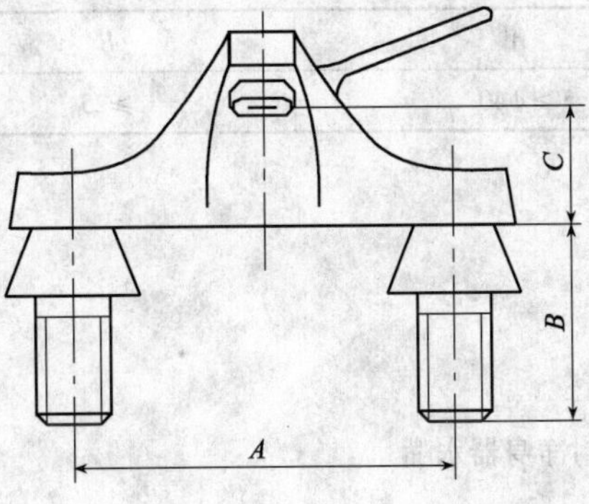

mm

A	B	C
102	≥48	≥25

(b)

图 6-11　单柄双控陶瓷片密封面盆水嘴

4) 单柄双控陶瓷片密封浴盆水嘴规格尺寸应符合图 6-12 的要求。

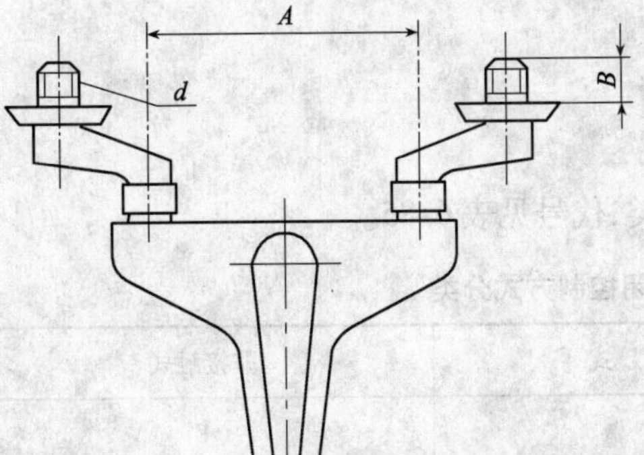

mm

DN	d	A	B
15	G1/2″	150	≥16
20	G3/4″	偏心管调节尺寸范围 120 ~ 180	≥20

图 6-12　单柄双控陶瓷片密封浴盆水嘴

5)陶瓷片密封洗涤水嘴规格尺寸应符合图6-13的要求。

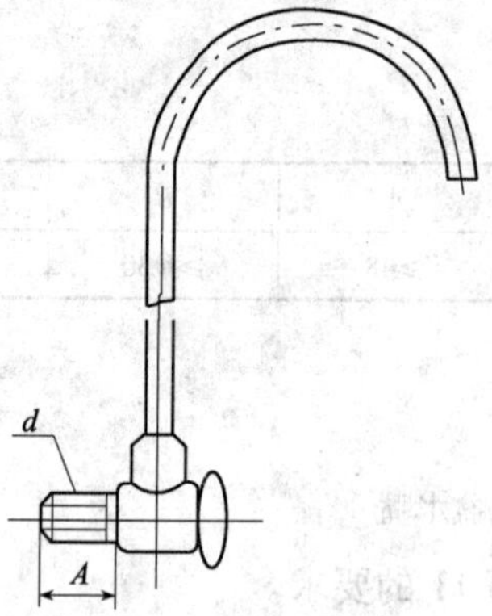

mm

DN	d	A
15	G1/2″	≥14
20	G3/4″	≥15

图6-13　陶瓷片密封洗涤水嘴

6)单柄双控陶瓷片密封净身器水嘴规格尺寸应符合图6-14的要求。

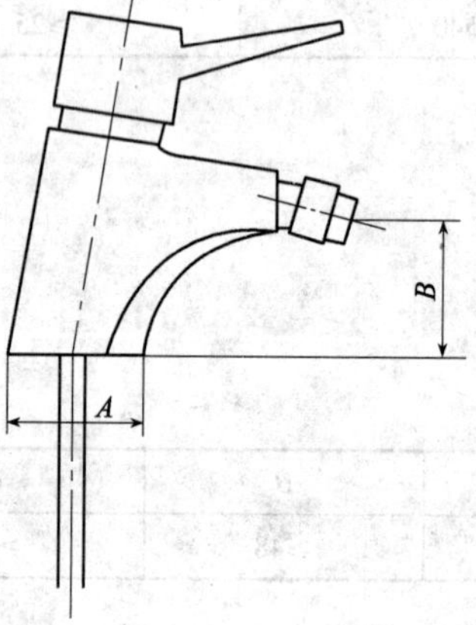

mm

A	B
≥ϕ40	≥25

图6-14　单柄双控陶瓷片密封净身器水嘴

6.16　面盆水嘴

1. 分类、代号及标记

(1)分类、代号

1)按启闭控制方式分为机械式和非接触式两类,代号见表6-85。

表6-85　面盆水嘴按启闭控制方式分类

启闭控制方式	机　械　式	非接触式
代　　号	J	F

① 机械式面盆水嘴按启闭控制部件数量分为单柄和双柄两类,代号见表6-86。

表 6-86 机械式面盆水嘴分类

启闭控制部件数量	单 柄	双 柄
代 号	D	S

② 非接触式面盆水嘴按传感器控制方式分类见表 6-87。

表 6-87 非接触式面盆水嘴分类

传感器控制方式	反射红外式	遮挡红外式	热释电式	微波反射式	超声波反射式	其他类型
代 号	F	Z	R	W	C	Q

2)按控制供水管路的数量分为单控和双控两类,代号见表 6-88。

表 6-88 面盆水嘴按控制供水管路的数量分类

供水管路的数量	单 控	双 控
代 号	D	S

3)按密封材料分为陶瓷和非陶瓷两类,代号见表 6-89。

表 6-89 面盆水嘴按密封材料分类

密封材料	陶 瓷	非 陶 瓷
代 号	C	F

(2)标记

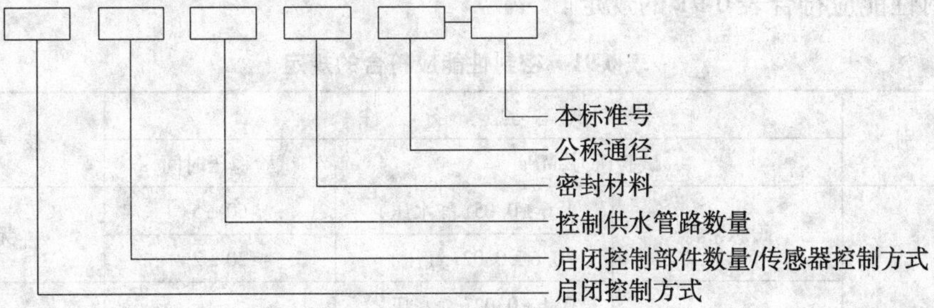

示例 1:

公称通径为 15mm 的机械式单柄双控陶瓷密封面盆水嘴。

JDSC 15—JC/T 758—2008

示例 2:

公称通径为 15mm 的费机械式反射红外式单控非陶瓷密封面盆水嘴。

FFDF 15—JC/T 758—2008

2. 技术要求

(1)材料

产品所使用的与饮用水直接接触的铜材质铅析出限量,应符合 JC/T 1043 的规定。

(2)加工与装配

1)管螺纹精度应符合 GB/T 7306.1 或 GB/T 7306.2 或 GB/T 7307 的规定。

2）螺纹表面不应有凹痕、断牙等明显缺陷，表面粗糙度 Ra 不大于 3.2μm。

3）机械式双控面盆水嘴冷热水标志应清晰，蓝色（或 C 或冷字）表示冷水，红色（或 H 或热字）表示热水。双控水嘴冷水标志在右，热水标志在左。连接牢固。轮式手柄逆时针方向转动为开启，顺时针方向转动为关闭。

4）机械式面盆水嘴操作手柄开启、关闭应平稳，轻便，无卡阻。

5）与面盆水嘴配接的软管应符合 JC 886 的规定。

（3）外观质量

1）产品外表面涂、镀层色泽均匀，光滑，不应有起泡、烧焦、露底、划伤等缺陷。

2）产品表面涂、镀层按 GB/T 10125 进行 24h 乙酸盐雾试验后，达到 GB/T 6461 标准中 10 级的要求。

3）产品表面涂、镀层经附着力试验后，不允许出现起皮或脱落现象。

（4）使用性能

1）阀体的强度性能应符合表 6-90 的规定。

表 6-90　阀体的强度性能应符合的规定

产品类别	试验条件			技术要求
	试验压力，MPa	试验稳压时间，s	试验稳压时间，s	
机械式	进水部位（阀座下方）	2.5 ±0.05（静水压）	60 ±5	无变形、无渗漏
	出水部位（阀座上方）	0.4 ±0.02（动水压）		无渗漏

2）密封性能应符合表 6-91 的规定。

表 6-91　密封性能应符合的规定

产品类别	试验条件			技术要求
	试验压力，MPa		试验稳压时间，s	
机械式	阀芯密封	1.6 ±0.05（静水压）	60 ±5	无渗漏
		0.6 ±0.02（气压）	20 ±2	
	上密封	0.4 ±0.02（静水压）	60 ±5	无渗漏
		0.02 ±0.005（静水压）		
		0.2 ±0.01（气压）	20 ±2	
		0.01 ±0.005（气压）		
	冷热水隔墙密封	0.4 ±0.02（静水压）	60 ±5	无渗漏
		0.2 ±0.01（气压）	20 ±2	

3）流量。

① 在动态压力为 0.3MPa ±0.02MPa 水压下，面盆水嘴（不带附件）流量不小于 0.20L/s。

② 在动态压力为 0.1MPa ±0.01MPa 水压下，面盆水嘴（带附件）流量不大于 0.15L/s。

4）扭力矩试验。

① 机械式面盆水嘴在流量调节方向手柄扭力矩应不小于 6N·m ±0.6N·m，在温度调节方向手柄扭力矩应不小于 $3_{-0.5}^{\ 0}$N·m。试验后，产品应无可见变形，并满足对水嘴密封和流量的要求。

② 机械式面盆水嘴沿阀杆轴线方向应能承受67N的拉力。试验后，产品应无可见变形，并满足对水嘴密封的要求。

③ 面盆水嘴连接螺纹承受的扭力矩应符合：公称通径DN15，扭力矩≥61N·m；公称通径DN20，扭力矩≥88N·m。试验后水嘴应无裂纹、损坏。

5）寿命。

① 机械式面盆水嘴开关寿命试验按表6-92规定进行，开关寿命试验后应符合表6-91的要求。

表6-92　机械式面盆水嘴开关寿命的规定

产品类别	开关寿命
机械式单柄单控、双柄双控面盆水嘴	2×10^5 次
机械式单柄双控面盆水嘴	7×10^4 循环

② 机械式面盆水嘴经冷热疲劳试验后，应符合表6-91规定。

6）非接触式面盆水嘴性能要求应符合CJ/T 194中第六章的规定。

7　管材、管件

7.1　自应力混凝土输水管

1. 定义

利用自应力水泥膨胀力张拉钢筋或钢丝网而产生预应力的混凝土输水管,称为自应力混凝土输水管(以下简称管子)。

2. 分类

(1)产品分类

管子按配筋分为钢筋管和钢丝网管两类,后者又按管模结构分为两半模成型管和整体模成型管两种。以上三种管顺序称为Ⅰ型管、Ⅱ型管和Ⅲ型管。Ⅰ型管外形及各部尺寸示于图7-1、表7-1,Ⅱ型管外形及各部尺寸示于图7-2、表7-2,Ⅲ型管外形及各部尺寸示于图7-3、表7-3。

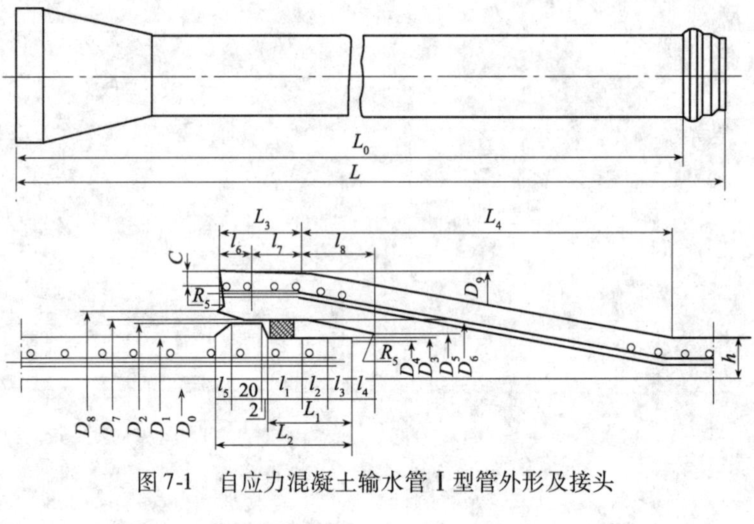

图7-1　自应力混凝土输水管Ⅰ型管外形及接头

表7-1　自应力混凝土输水管Ⅰ型管尺寸表　　mm

公称内径 D_0		100	150	200	250	300	350	400	500	600	800
外径 D_1		150	200	260	320	380	440	490	610	720	960
壁厚 h		25	25	30	35	40	45	45	55	60	80
外保护层厚 C		7	7	7	7	7	7	7	7	7	7
管长	L_0	3000	3000	3000	3000	4000	4000	4000	4000	4000	4000
	L	3080	3080	3080	3080	4088	4088	4107	4107	4117	4140

续表

接头尺寸	插口	D_2	164	214	274	334	397	457	514	634	743	984
		D_3	152	202	262	322	382	442	496	616	726	966
		D_4	146	196	256	316	376	436	490	610	718	958
		l_1	20	20	20	20	25	25	35	35	40	50
		l_2	15	15	15	15	15	15	15	15	20	20
		l_3	15	15	15	15	18	18	20	20	20	25
		l_4	10	15	15	15	17	17	20	20	25	25
		l_5	8	8	8	8	8	8	15	15	15	23
		L_1	50	50	50	50	58	58	70	70	80	95
		L_2	80	80	80	80	88	88	107	107	117	140
	承口	D_5	148	198	258	318	378	438	492	612	724	963
		D_6	168	218	278	338	401	461	518	638	750	993
		D_7	169	219	279	339	402	462	519	639	751	994
		D_8	176	226	286	346	411	471	530	650	762	1008
		D_9	240	290	365	435	510	580	640	780	910	1214
		l_6	20	20	20	20	20	20	27	27	27	35
		l_7	30	30	30	30	35	35	45	45	50	60
		l_8	40	45	45	45	50	50	55	55	65	70
		L_3	50	50	50	50	55	55	72	72	77	95
		L_4	210	210	245	270	310	335	350	395	475	592
参考质量,kg/根			90	115	180	260	470	615	700	1070	1415	2536

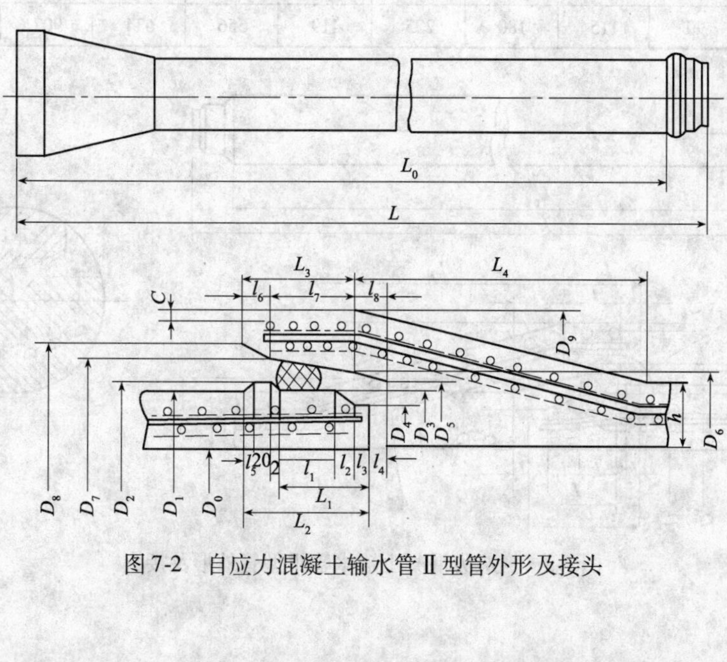

图 7-2　自应力混凝土输水管Ⅱ型管外形及接头

表 7-2　自应力混凝土输水管Ⅱ型管尺寸表　mm

公称内径 D_0		100	150	200	250	300	350	400	500	600	800
外径 D_1		150	200	260	310	370	430	480	590	700	920
壁厚 h		25	25	30	30	35	40	40	45	50	60
外保护层厚 C		7	7	7	7	7	7	7	7	7	7
管长	L_0	3000	3000	3000	3000	4000	4000	4000	4000	4000	4000
	L	3080	3080	3080	3080	4088	4088	4107	4107	4117	4135
接头尺寸 插口	D_2	164	214	274	324	386	447	503	613	723	945
	D_3	152	202	262	312	372	432	486	596	706	926
	D_4	146	196	256	306	366	426	480	590	698	918
	l_1	20	20	20	20	25	25	35	35	40	50
	l_2	15	15	15	15	15	15	15	15	20	20
	l_3	15	15	15	15	18	18	20	20	20	25
	l_4	10	15	15	15	17	17	20	20	25	30
	l_5	8	8	8	8	8	8	15	15	15	18
	L_1	50	50	50	50	58	58	70	70	80	95
	L_2	80	80	80	80	88	88	107	107	117	135
接头尺寸 承口	D_5	148	198	256	308	368	428	482	592	704	924
	D_6	167	217	277	327	390	450	507	617	730	952
	D_7	169	219	279	329	392	452	509	619	732	954
	D_8	176	226	286	336	401	461	520	630	743	962
	D_9	240	290	365	424	490	555	617	740	870	1114
	l_6	20	20	20	20	20	20	27	27	27	35
	l_7	30	30	30	30	35	35	45	45	50	60
	l_8	40	45	45	45	50	50	55	55	65	70
	L_3	50	50	50	50	55	55	72	72	77	95
	L_4	210	210	245	308	324	338	370	405	458	523
参考质量,kg/根		90	115	180	225	419	556	634	907	1222	2030

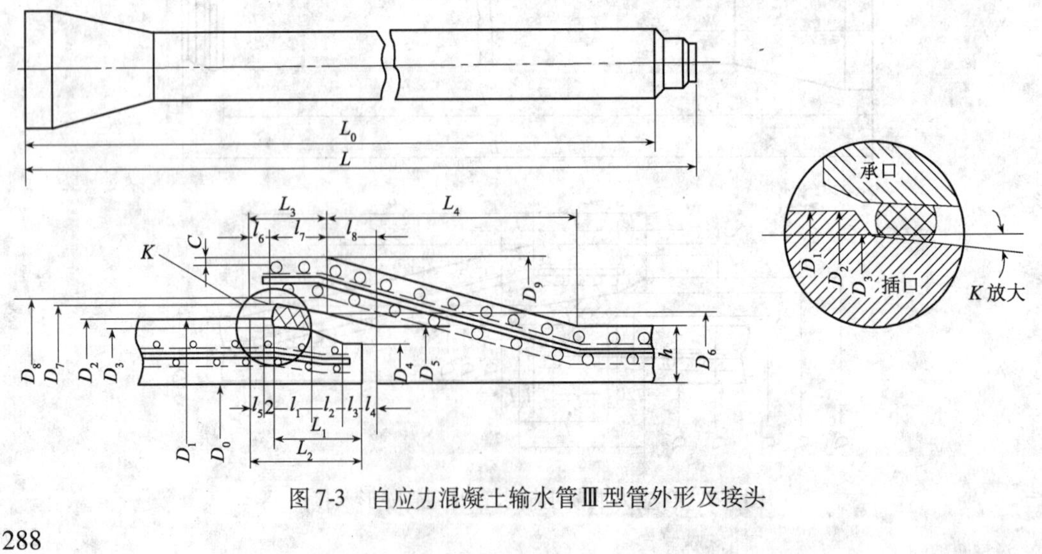

图 7-3　自应力混凝土输水管Ⅲ型管外形及接头

表 7-3 自应力混凝土输水管Ⅲ型管尺寸表 mm

公称内径 D_0			100	150	200	250	300	350	400	500	600	800
外径 D_1			154	204	260	310	370	430	480	590	700	920
壁厚 h			27	27	30	30	35	40	40	45	50	60
外保护层厚 C			7	7	7	7	7	7	7	7	7	7
管长		L_0	3000	3000	3000	3000	4000	4000	4000	4000	4000	4000
		L	3080	3080	3080	3080	4088	4088	4107	4107	4117	4135
接头尺寸	插口	D_2	154	204	260	310	370	430	480	590	700	920
		D_3	142	192	248	299	356	416	464	574	682	902
		D_4	138	188	244	294	350	410	457	567	674	893
		l_1	20	20	20	20	25	25	35	35	40	50
		l_2	15	15	15	15	15	15	15	15	20	20
		l_3	15	15	15	15	18	18	20	20	20	25
		l_4	10	15	15	15	17	17	20	20	25	30
		l_5	28	28	28	28	28	28	35	35	35	38
		L_1	50	50	50	50	58	58	70	70	80	95
		L_2	80	80	80	80	88	88	107	107	117	135
	承口	D_5	140	190	244	294	351	411	460	570	680	902
		D_6	157	207	263	313	374	434	485	595	706	927
		D_7	159	209	265	315	376	436	487	597	708	929
		D_8	167	217	273	323	384	444	497	609	721	945
		D_9	231	281	351	401	473	543	596	716	848	1091
		l_6	20	20	20	20	20	20	27	27	27	35
		l_7	30	30	30	30	35	35	45	45	50	60
		l_8	40	45	45	45	50	50	55	55	65	70
		L_3	50	50	50	50	55	55	72	72	77	95
		L_4	218	218	258	258	292	320	329	357	420	485
参考质量,kg/根			95	132	190	232	430	573	650	905	1200	1916

(2)压力等级

管子按工作压力分为工压-4、工压-5、工压-6、工压-8、工压-10 和工压-12 六个等级。各等级管子的压力指标见表 7-4。

表 7-4 自应力混凝土输水管压力指标

等级	公称内径,mm	压力指标,MPa	
		工作压力	出厂检验压力
工压-4 工压-5 工压-6 工压-8 工压-10 工压-12	100 ~ 800	0.4 0.5 0.6 0.8 1.0 1.2	0.8 1.0 1.2 1.4 1.7 2.0

注:1. 各等级管子是在素土平基、管顶复土深 0.8 ~ 2m,地面允许两辆汽-15 级汽车荷载及相应等级的工作压力的条件下设计的。

2. ϕ600 ~ ϕ800mm 的自应力钢丝网水泥管,系按 90°土弧基础设计。

3. 用各类型管铺设管道时,其接头允许的转角:内径 100 ~ 350mm 的管子为 2.0 度;内径 400 ~ 800mm 的管子为 1.5 度。

4. 不在上述使用条件下铺设使用时,应根据地面荷载、埋设深度、工作压力等进行设计计算。

(3)公称内径

管子按公称内径分为 100mm、150mm、200mm、250mm、300mm、350mm、400mm、500mm、600mm 和 800mm 10 种。

当公称内径小于 300mm 时,管子的有效长度为 3m;当等于和大于 300mm 时,管子的有效长度为 4m。

(4)质量等级分类

根据产品的外观质量、尺寸偏差及出厂检验水压下的检验结果将管子分为一等品(B)和合格品(C)。

3. 技术要求

(1)外观

各质量等级管子的承口、插口、管子内、外壁及缺陷修补应符合表 7-5 的规定。

表 7-5 自应力混凝土输水管的外观要求

项目	质量等级	要求
承口密封面	一等品	表面平整光滑,不得露砂、起皮,无凹槽缺损
	合格品	表面平整,不得露砂、起皮,出现的凹槽其深度不大于 2mm,面积不大于 300mm^2,应修补
插口密封面	一等品	合缝不得错位,其余同承口规定
	合格品	表面光滑,无飞边毛刺,合缝凹槽宽与深度不大于 3mm,错位不大于 1mm,凹槽同承口规定,均应修补
管内壁	一等品	表面平整,无起皮、鼓泡,无浮渣
	合格品	有起皮、鼓泡,其不平整度不大于 3mm,累计面积不大于 5%
管外壁	一等口	平整,两管端对管轴线倾斜度:D_0 不大于 250mm 者,不大于 1mm,其余管子不大于 2mm,两端无损伤,管子内外壁不得露筋露网
	合格品	有粘皮、麻面,其深度不大于 2mm,累计面积不大于 5%,两管端对管轴线倾斜度:D_0 不大于 250mm 者,不大于 2mm,其余管子不大于 4mm,两端如有损伤,但其纵向长度未达到承插口密封面,环向长度不超过周长的 1/4,允许修补,管子内外壁不得露筋露网
缺限修补	一等口	不允许修补
	合格品	允许修补,修补处应粘结牢固、平整

(2)管子尺寸允许偏差

管子尺寸偏差不得超过表7-6的规定。

表7-6 自应力混凝土输水管的主要尺寸允许偏差 mm

公称直径	质量等级	内径 D_0	壁厚 h	保护层 C	插口			承口
					止胶台 D_2	密封面 D_3	密封面 l_1	密封面 D_7
100~350	一等品	0,-2	0,-2	+2,0	±1	+1	+2	±1
	合格品	+3,-4	+4,-2	+4,-2		-0.5	-1	
400~600	一等品	0,-2	0,-2	+2,0	±1.5	±1	+2	±1
	合格品	+4,-5	+4,-2	+4,-2			-1	
800	一等品	0,-4	0,-3	+2,0	±2	+2	±2	+2
	合格品	+6,-8	+6,-3	+4,-2		-1		-1

(3)出厂压力检验

出厂管子的压力指标必须符合表7-2中出厂检验压力的规定。管子性能应符合表7-7的规定且不开裂。

表7-7 出厂检验压力下自应力混凝土输水管的性能

项目	质量等级	内容
管子抗渗性能	一等品	不应有潮片等任何渗水现象发生
	合格品	允许有潮片,表面砂眼漏水不超过三点,合缝漏水不超过两处,每处长度不超过200mm,允许修补后再试一次,应达到不渗水
接头性能	一等品 合格品	不应滴水
管子抗裂性能	一等品 合格品	不开裂

7.2 预应力钢筒混凝土管

1. 术语

预应力钢筒混凝土管的相关术语,见表7-8。

表7-8 预应力钢筒混凝土管的相关术语

术语	定义
预应力钢筒混凝土管	在带有钢筒的混凝土管芯外侧缠绕环向预应力钢丝并制作水泥砂浆保护层而制成的管子(简称PCCP),包括内衬式预应力钢筒混凝土管(PCCPL)和埋置式预应力钢筒混凝土管(PCCPE)
内衬式预应力钢筒混凝土管	由钢筒和混凝土内衬组成管芯并在钢筒外侧缠绕环向预应力钢丝,然后制作水泥砂浆保护层而制成的管子(简称PCCPL)
埋置式预应力钢筒混凝土管	由钢筒和钢筒内、外两侧混凝土层组成管芯并在管芯混凝土外侧缠绕环向预应力钢丝,然后制作水泥砂浆保护层而制成的管子(简称PCCPE)
单胶圈预应力钢筒混凝土管	管子接头采用了单根橡胶密封圈进行柔性密封连接的预应力钢筒混凝土管,包括单胶圈内衬式预应力钢筒混凝土管(简称PCCPSL)和单胶圈埋置式预应力钢筒混凝土管(简称PCCPSE)
双胶圈预应力钢筒混凝土管	管子接头采用了两根橡胶密封圈进行柔性密封连接的预应力钢筒混凝土管,包括双胶圈内衬式预应力钢筒混凝土管(简称PCCPDL)和双胶圈埋置式预应力钢筒混凝土管(简称PCCPDE)

2. 产品分类

预应力钢筒混凝土管(PCCP)按其结构分为内衬式预应力钢筒混凝土管(PCCPL)和埋置式预应力钢筒混凝土管(PCCPE);按管子的接头密封类型又分为单胶圈预应力钢筒混凝土管(PCCPSL、PCCPSE)和双胶圈预应力钢筒混凝土管(PCCPDL、PCCPDE)。

3. 规格和尺寸

预应力钢筒混凝土管的基本尺寸应分别符合表7-9、表7-10和表7-11的规定;预应力钢筒混凝土管结构形式应分别符合图7-4和图7-5的规定;管子承插口接头钢环的形状及尺寸应符合表7-12和图7-6的规定。

表7-9　内衬式预应力钢筒混凝土管(PCCPL)基本尺寸　mm

管子种类	公称内径 D_0	最小管芯厚度 t_c	保护层净厚度	钢筒厚度 t_y	承口深度 C	插口长度 E	承口工作面内径 B_b	插口工作面外径 B_s	接头内间隙 J	接头外间隙 K	胶圈直径 d	有效长度 L_0	管子长度 L	参考重量, t/m
单胶圈	400	40	20	1.5	93	93	493	493	15	15	20	5000 6000	5078 6078	0.23
	500	40					593	593						0.28
	600	40					693	693						0.31
	700	45					803	803						0.41
	800	50					913	913						0.50
	900	55					1023	1023						0.60
	1000	60					1133	1133						0.70
	1200	70					1353	1353						0.94
	1400	90					1593	1593						1.35
双胶圈	1000	60	20	1.5	160	160	1133	1133	25	25	20	5000 6000	5135 6135	0.70
	1200	70					1353	1353						0.94
	1400	90					1593	1593						1.35

表7-10　埋置式预应力钢筒混凝土管(PCCPE)基本尺寸(单胶圈接头)　mm

公称内径 D_0	最小管芯厚度 t_c	保护层净厚度	钢筒厚度 t_y	承口深度 C	插口长度 E	最小承口工作面内径 B_b	最小插口工作面外径 B_s	接头内间隙 J	接头外间隙 K	胶圈直径 d	有效长度 L_0	管子长度 L	参考重量, t/m
1400	100	20	1.5	108	108	1503	1503	25	25	20	5000 6000	5083 6083	1.48
1600	100					1703	1703						1.67
1800	115					1903	1903						2.11
2000	125					2103	2103						2.52
2200	140					2313	2313						3.05
2400	150					2513	2513						3.53
2600	165					2713	2713						4.16

续表

公称内径 D_0	最小管芯厚度 t_c	保护层净厚度	钢筒厚度 t_y	承口深度 C	插口长度 E	最小承口工作面内径 B_b	最小插口工作面外径 B_s	接头内间隙 J	接头外间隙 K	胶圈直径 d	有效长度 L_0	管子长度 L	参考重量，t/m
2800	175					2923	2923						4.72
3000	190					3143	3143						5.44
3200	200					3343	3343						6.07
3400	220	20	1.5	150	150	3553	3553	25	25	20	5000 6000	5125 6125	7.05
3600	230					3763	3763						7.77
3800	245					3973	3973						8.69
4000	260					4183	4183						9.67

表 7-11　埋置式预应力钢筒混凝土管（PCCPE）基本尺寸（双胶圈接头）　mm

公称内径 D_0	最小管芯厚度 t_c	保护层净厚度	钢筒厚度 t_y	承口深度 C	插口长度 E	最小承口工作面内径 B_b	最小插口工作面外径 B_s	接头内间隙 J	接头外间隙 K	胶圈直径 d	有效长度 L_0	管子长度 L	参考重量，t/m
1400	100					1503	1503						1.48
1600	100					1703	1703						1.67
1800	115					1903	1903						2.11
2000	125	20	1.5	160	160	2103	2103	25	25	20	5000 6000	5135 6135	2.52
2200	140					2313	2313						3.05
2400	150					2513	2513						3.53
2600	165					2713	2713						4.16
2800	175					2923	2923						4.72
3000	190					3143	3143						5.44
3200	200					3343	3343						6.07
3400	220	20	1.5	160	160	3553	3553	25	25	20	5000 6000	5135 6135	7.05
3600	230					3763	3763						7.77
3800	245					3973	3973						8.69
4000	260					4183	4183						9.67

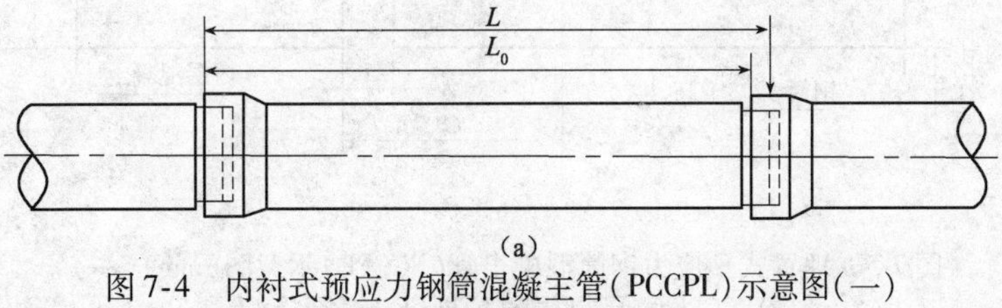

(a)

图 7-4　内衬式预应力钢筒混凝主管（PCCPL）示意图（一）

(a) PCCPL 管子外形图

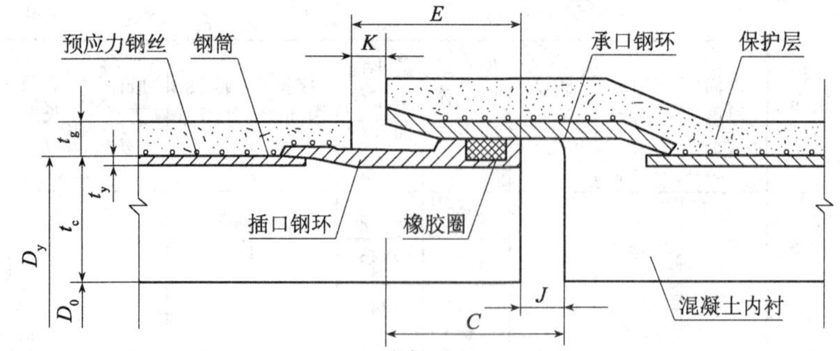

（b）

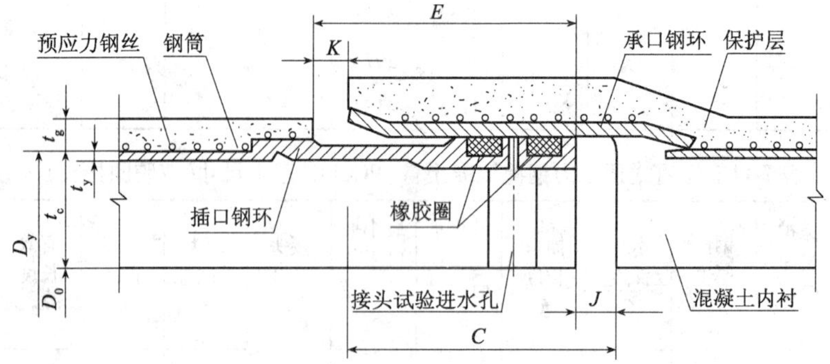

（c）

图 7-4　内衬式预应力钢筒混凝主管（PCCPL）示意图（二）

（b）PCCPSL 管子接头图；（c）PCCPDL 管子接头图

注：钢筒也可焊接在承插口钢环的外侧，

钢筒外径 D_y 由设计确定。

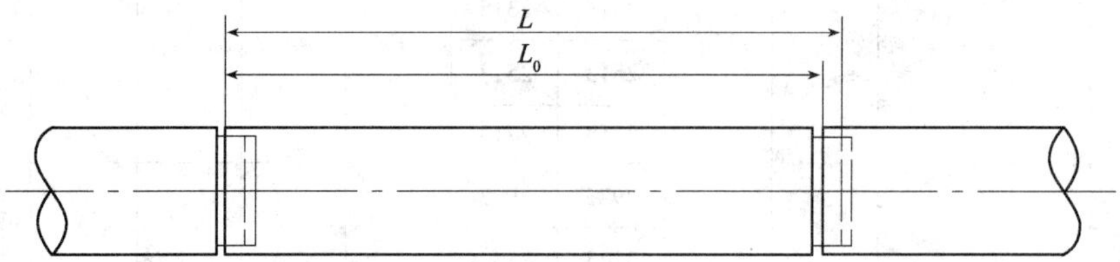

（a）

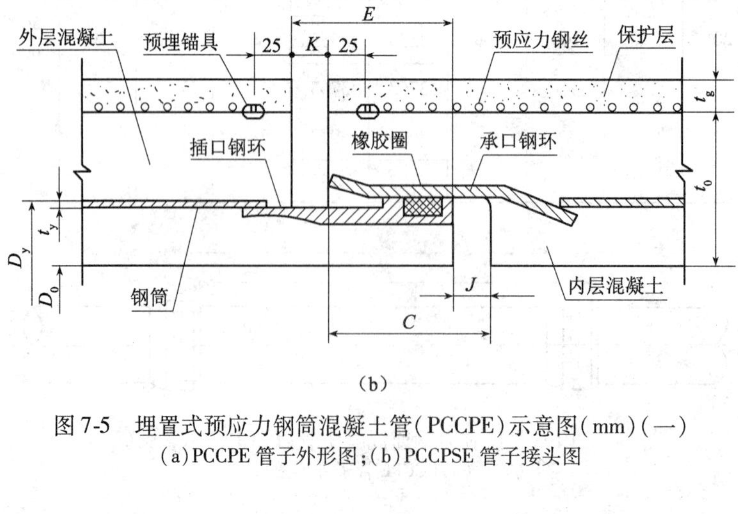

（b）

图 7-5　埋置式预应力钢筒混凝土管（PCCPE）示意图（mm）（一）

（a）PCCPE 管子外形图；（b）PCCPSE 管子接头图

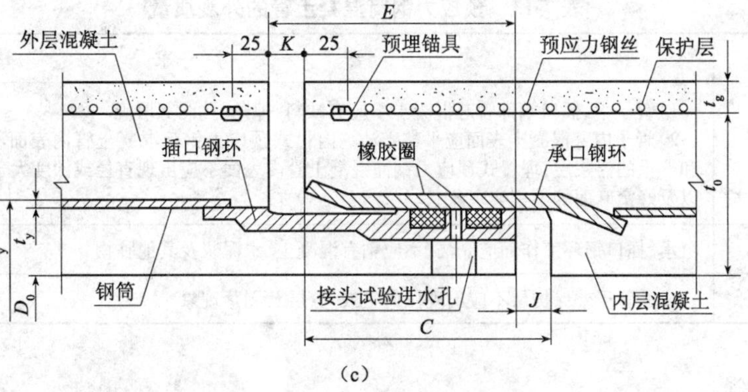

图 7-5　埋置式预应力钢筒混凝土管(PCCPE)示意图(mm)(二)

(c)PCCPDE 管子接头图

注:钢筒也可焊接在承插口钢环的内侧,

钢筒外径 D_y 由设计确定。

表 7-12　管子承插口钢环基本尺寸　　mm

钢环种类	公称内径	插口钢环						承口钢环				
		t_s	W_s	a	b	c	h	t_b	W_b	d	e	f
单胶圈	400～1200	16.0	140	22.0	10.0	11.1	—	6.0～8.0	130	7.0	26.0	76
	1400～2600	16.0	140	22.0	10.0	11.1	—	8.0	165	7.0	26.0	110
	2800～4000	16.2	184	21.8	10.0	11.4	—	8.0～10.0	203	10.0	26.0	114
双胶圈	1000～2600	19.0	205	21.0	10.0	11.0	16.0	8.0	216	10.0	26.0	127
	2800～4000	19.0	205	21.0	10.0	11.0	16.0	8.0～10.0	216	10.0	26.0	127

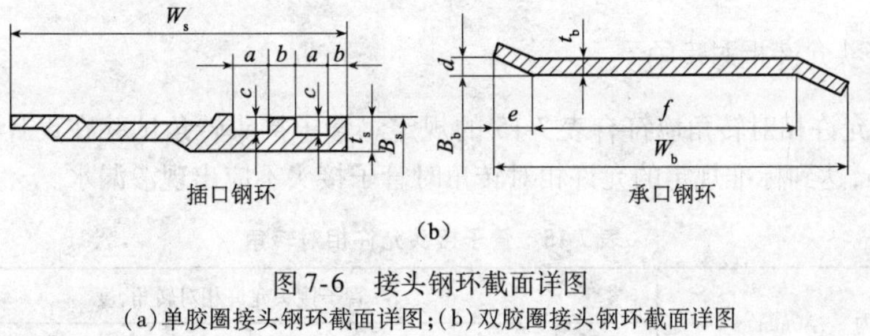

图 7-6　接头钢环截面详图

(a)单胶圈接头钢环截面详图;(b)双胶圈接头钢环截面详图

4. 外观质量

外观质量要求,见表 7-13。

表 7-13　预应力钢筒混凝土管的外观质量

项　　目	要　　　　求
管芯混凝土	1）管子承、插口端部管芯混凝土不应有缺料、掉角、孔洞等瑕疵 2）管子内壁混凝土表面应平整光洁。内衬式预应力钢筒混凝土管内表面不应出现浮渣、露石和严重的浮浆层；埋置式预应力钢筒混凝土管内表面不应出现直径或深度大于 10mm 孔洞或凹坑以及蜂窝麻面等不密实现象
承插口钢环	承、插口钢环工作面应光洁，不应粘有混凝土、水泥浆及其他脏物
管子外保护层	成品管子外保护层不应出现任何空鼓、分层及剥落现象

5. 管子裂缝

（1）内表面裂缝

管子内表面出现的环向裂缝或螺旋状裂缝宽度不应大于 0.5mm（浮浆裂缝除外）；距管子插口端 300mm 范围内出现的环向裂缝宽度不应大于 1.5mm；成品管子内表面沿管子纵轴线的平行线成 15°夹角范围内不允许存在裂缝长度大于 150mm 的纵向可见裂缝。

（2）外表面裂缝

覆盖在预应力钢丝表面上的水泥砂浆保护层不允许存在任何可见裂缝；覆盖在非预应力钢丝区域的水泥砂浆保护层出现的可见裂缝宽度不应大于 0.25mm。

6. 允许偏差

成品管子允许偏差应不超过表 7-14 的规定。

表 7-14　成品管子允许偏差　　mm

<table>
<tr><th rowspan="2">公称内径</th><th rowspan="2">内径 D_0</th><th rowspan="2">管芯厚度 t_c</th><th rowspan="2">保护层厚 t_g</th><th rowspan="2">管子总长 L</th><th colspan="2">承　口</th><th colspan="2">插　口</th><th rowspan="2">承插口工作面椭圆度</th><th rowspan="2">管子端面倾斜度</th></tr>
<tr><th>内径 B_b</th><th>深度 C</th><th>外径 B_s</th><th>长度 E</th></tr>
<tr><td>400～1200</td><td>±5</td><td>±4</td><td rowspan="3">-1</td><td rowspan="2">±6</td><td rowspan="3">+1.0
+0.2</td><td>±3</td><td rowspan="3">-0.2
-1.0</td><td>±3</td><td rowspan="3">0.5%或
12.7mm
（取小值）</td><td>≤6</td></tr>
<tr><td>1400～3000</td><td>±8</td><td>±6</td><td>±4</td><td>±4</td><td>≤9</td></tr>
<tr><td>3200～4000</td><td>±10</td><td>±8</td><td>±10</td><td>±5</td><td>±5</td><td>≤13</td></tr>
</table>

7. 管子接头允许相对转角

管子接头允许相对转角应符合表 7-15 的规定。管子接头转角试验在设计确定的工作压力下恒压 5min，达到标准规定的允许相对转角时管子接头不应出现渗漏水。

表 7-15　管子接头允许相对转角

公　称　内　径（mm）	管子接头允许相对转角，度	
	单胶圈接头	双胶圈接头
400～1000	1.5	—
1200～4000	1.0	0.5

注：依管线工程实际情况，在进行管子结构设计时可以适当增加管子接头允许相对转角。

7.3 混凝土和钢筋混凝土排水管

1. 产品分类

1)产品按有无钢筋分为混凝土管(CP)和钢筋混凝土管(RCP),以下简称管子,按外压荷载分级,其中混凝土管分为Ⅰ、Ⅱ两级,钢筋混凝土管分为Ⅰ、Ⅱ、Ⅲ三级。其规格、外压荷载级别和内水压力分别见表7-16、表7-17。

表 7-16 混凝土管规格、外压荷载级别和内水压力

公称内径 D_0,mm	有效长度 $L\geqslant$,mm	Ⅰ级管			Ⅱ级管		
		壁厚 $t\geqslant$,mm	破坏荷载,kN/m	内水压力,MPa	壁厚 $t\geqslant$,mm	破坏荷载,kN/m	内水压力,MPa
100	1000	19	12	0.02	25	19	0.04
150		19	8		25	14	
200		22	8		27	12	
250		25	9		33	15	
300		30	10		40	18	
350		35	12		45	19	
400		40	14		47	19	
450		45	16		50	19	
500		50	17		55	21	
600		60	21		65	24	

表 7-17 钢筋混凝土管规格、外压荷载级别和内水压力

公称内径 D_0/mm	有效长度 $L\geqslant$/mm	Ⅰ级管				Ⅱ级管				Ⅲ级管			
		壁厚 $t\geqslant$/mm	裂缝荷载/(kN/m)	破坏荷载/(kN/m)	内水压力/MPa	壁厚 $t\geqslant$/mm	裂缝荷载/(kN/m)	破坏荷载/(kN/m)	内水压力/MPa	壁厚 $t\geqslant$/mm	裂缝荷载/(kN/m)	破坏荷载/(kN/m)	内水压力/MPa
200	2000	30	12	18	0.06	30	15	23	0.10	30	19	29	0.10
300		30	15	23		30	19	29		30	29	44	
400		35 (40)	17	26		40	27	41		40	39	59	
500		42 (50)	21	32		50	32	48		50	49	74	
600		50 (55)	25	38		60	40	60		60	60	90	
700		55 (60)	28	42		70	47	71		70	67	100	
800		65 (70)	33	50		80	54	81		80	77	115	
900		70 (75)	37	56		90	61	92		90	87	130	
1000		75 (85)	40	60		100	69	100		100	94	141	
1100		85 (95)	44	66		110	74	110		110	108	162	

续表

公称内径 D_0/mm	有效长度 $L≥$/mm	Ⅰ级管				Ⅱ级管				Ⅲ级管			
		壁厚 $t≥$/mm	裂缝荷载/(kN/m)	破坏荷载/(kN/m)	内水压力/MPa	壁厚 $t≥$/mm	裂缝荷载/(kN/m)	破坏荷载/(kN/m)	内水压力/MPa	壁厚 $t≥$/mm	裂缝荷载/(kN/m)	破坏荷载/(kN/m)	内水压力/MPa
1200	2000	90 (100)	48	72	0.06	120	81	120	0.10	120	119	179	0.10
1350		105 (115)	55	83		135	90	140		135	134	201	
1500		115 (125)	60	90		150	99	150		150	151	226	
1650		125 (140)	66	99		165	110	170		165	166	249	
1800		140 (150)	72	110		180	120	180		180	183	274	
2000		155 (170)	80	120		200	134	200		200	204	305	
2200		175 (185)	84	130		220	145	220		220	227	340	
2400		185 (200)	90	140		230	152	230		230	250	376	
2600		220	104	156		235	172	260		235	272	407	
2800		235	112	168		255	185	280		255	296	445	
3000		250	120	180		275	198	300		275	317	475	

注:括号内数值为推荐壁厚。

2)管子按连接方式分为柔性接口管和刚性接口管。

① 柔性接口管按接口型式分为承插口管、企口管、钢承口管和双插口管。

柔性接口承插口管型式分为甲型、乙型、丙型。

② 刚性接口管按接口型式分为平口管、承插口管、企口管和双插口管。

3)管子按质量等级分为优等品、一等品和合格品。

4)管子按名称、外压荷载级别、规格(公称内径×有效长度)和标准编号顺序进行标记。

2. 技术要求

(1)混凝土强度

制管用混凝土强度等级不得低于C30,用于制作顶管的混凝土强度等级不宜低于C40。

(2)外观质量

1)管子内、外表面应平整,管子应无粘皮、麻面、蜂窝、塌落、露筋、空鼓。

2)混凝土管不允许有裂缝。钢筋混凝土管外表面不允许有裂缝,内表面裂缝宽度不得超过0.05mm。表面龟裂和砂浆层的干缩裂缝不在此限。

3)合缝处不应漏浆。

4)在下列情况下,管子允许进行修补:

① 外表面凹深不超过5mm,粘皮、麻面、蜂窝深度不超过壁厚的1/5,其最大值不超过10mm,且总面积不超过外表面积的1/20,每块面积不超过$100cm^2$;

② 内表面有局部塌落,但没有露出环向钢筋,且塌落面积不超过管子内表面积的1/20,每

块面积不超过 $100cm^2$；

③ 合缝漏浆深度不超过壁厚的1/4，长度不超过管长的1/4；

④ 端面碰伤纵向长度不超过100mm，环向长度限值不超过表7-18的规定。

表7-18 混凝土管端面碰伤环向长度限值 mm

公称内径 D_0	碰伤环向长度限值
100～200	45
300～500	60
600～900	80
1000～1500	105
1650～2400	120
2600～3000	135

(3)尺寸允许偏差

1)柔性接口甲型、乙型和丙型承插口管尺寸允许偏差见表7-19。

表7-19 柔性接口甲型、乙型和丙型承插口管尺寸允许偏差 mm

公称内径 D_0	产品等级	管子尺寸		
		D_0	t	L
300～800	优等品	+4，-6	+6，-2	+15，-10
	一等品	+4，-8	+8，-2	+18，-10
	合格品	+6，-8	+8，-3	+18，-12
900～1500	优等品	+6，-8	+8，-3	+15，-10
	一等品	+6，-10	+10，-3	+18，-12
	合格品	+8，-10	+10，-4	+20，-14

2)柔性接口企口管尺寸允许偏差见表7-20。

表7-20 柔性接口企口管尺寸允许偏差 mm

公称内径 D_0	产品等级	管子尺寸		
		D_0	t	L
1350～1500	优等品	+6，-8	+8，-3	+15，-10
	一等品	+6，-10	+10，-3	+18，-12
	合格品	+8，-10	+10，-4	+20，-14
1650～1800	优等品	+6，-10	+10，-3	+15，-10
	一等品	+8，-12	+12，-4	+18，-12
	合格品	+10，-14	+14，-5	+20，-14
2000～2400	优等品	+8，-10	+10，-4	+15，-10
	一等品	+8，-12	+12，-4	+18，-12
	合格品	+10，-14	+14，-5	+20，-14
2600～3000	优等品	+8，-12	+12，-4	+15，-10
	一等品	+10，-14	+14，-5	+18，-12
	合格品	+12，-16	+16，-6	+20，-14

3）柔性接口钢承口管尺寸允许偏差见表7-21。

表7-21　柔性接口钢承口管尺寸允许偏差　mm

公称内径 D_0	产品等级	管子尺寸		
		D_0	t	L
2000～2400	优等品	+8，-10	+10，-4	+15，-10
	一等品	+8，-12	+12，-4	+18，-12
	合格品	+10，-14	+14，-5	+20，-14
2600～3000	优等品	+8，-12	+12，-4	+15，-10
	一等品	+10，-14	+14，-5	+18，-12
	合格品	+12，-16	+16，-6	+20，-14

4）柔性、刚性接口双插口管尺寸允许偏差见表7-22。

表7-22　柔性、刚性接口双插口管尺寸允许偏差　mm

公称内径 D_0	产品等级	管子尺寸		
		D_0	t	L
600～800	优等品	+4，-6	+6，-2	+15，-10
	一等品	+4，-8	+8，-2	+18，-10
	合格品	+6，-8	+8，-3	+18，-12
900～1500	优等品	+6，-8	+8，-3	+15，-10
	一等品	+6，-10	+10，-3	+18，-12
	合格品	+8，-10	+10，-4	+20，-14
1650～1800	优等品	+6，-10	+10，-3	+15，-10
	一等品	+8，-12	+12，-4	+18，-12
	合格品	+10，-14	+14，-5	+20，-14
2000～2400	优等品	+8，-10	+10，-4	+15，-10
	一等品	+8，-12	+12，-4	+18，-12
	合格品	+10，-14	+14，-5	+20，-14
2600～3000	优等品	+8，-12	+12，-4	+15，-10
	一等品	+10，-14	+14，-5	+18，-12
	合格品	+12，-16	+16，-6	+20，-14

5)刚性接口平口管尺寸允许偏差见表7-23。

表7-23 刚性接口平口管尺寸允许偏差 mm

公称内径 D_0	产品等级	管子尺寸		
		D_0	t	L
200～800	优等品	+4,-6	+6,-2	+15,-10
	一等品	+4,-8	+8,-2	+18,-10
	合格品	+6,-8	+8,-3	+18,-12
900～1500	优等品	+6,-8	+8,-3	+15,-10
	一等品	+6,-10	+10,-3	+18,-12
	合格品	+8,-10	+10,-4	+20,-14
1650～2000	优等品	+6,-10	+10,-3	+15,-10
	一等品	+8,-12	+12,-4	+18,-12
	合格品	+10,-14	+14,-5	+20,-14
2000～2400	优等品	+8,-10	+10,-4	+15,-10
	一等品	+8,-12	+12,-4	+18,-12
	合格品	+10,-14	+14,-5	+20,-14

6)刚性接口承插口管尺寸允许偏差见表7-24。

表7-24 刚性接口承插口管尺寸允许偏差 mm

公称内径 D_0	产品等级	管子尺寸		
		D_0	t	L
100～600	优等品	+4,-6	+6,-2	+15,-10
	一等品	+4,-8	+8,-2	+18,-10
	合格品	+6,-8	+8,-3	+18,-12

7)刚性接口企口管尺寸允许偏差见表7-25。

表7-25 刚性接口企口管尺寸允许偏差 mm

公称内径 D_0	产品等级	管子尺寸		
		D_0	t	L
1100～1500	优等品	+6,-8	+8,-3	+15,-10
	一等品	+6,-10	+10,-3	+18,-12
	合格品	+8,-10	+10,-4	+20,-14
1650～1800	优等品	+6,-10	+10,-3	+15,-10
	一等品	+8,-12	+12,-4	+18,-12
	合格品	+10,-14	+14,-5	+20,-14

续表

公称内径 D_0	产品等级	管子尺寸		
		D_0	t	L
2000~2400	优等品	+8，-10	+10，-4	+15，-10
	一等品	+8，-12	+12，-4	+18，-12
	合格品	+10，-14	+14，-5	+20，-14
2600~3000	优等品	+8，-12	+12，-4	+15，-10
	一等品	+10，-14	+14，-5	+18，-12
	合格品	+12，-16	+16，-6	+20，-14

8)管子端面倾斜的允许偏差为：公称内径小于1000mm时，允许偏差为小于或等于10mm；公称内径大于或等于1000mm时，允许偏差为小于或等于公称内径的1%，并不得大于15mm。

9)管子弯曲度的允许偏差为小于或等于管子有效长度的0.3%。

(4)内水压力

管子在进行内水压力检验时，在规定的检验压力下允许有潮片，但潮片面积不得大于总外表面积的5%，且不得有水珠流淌。

(5)外压荷载

管子外压检验荷载不得低于规定的荷载级别要求。

(6)保护层厚度

环筋的内、外混凝土保护层厚度：当壁厚小于或等于40mm时，不应小于8mm；当壁厚大于40mm且小于等于100mm时，不应小于12mm；当壁厚大于100mm时，不应小于20mm。

7.4 玻镁风管

1. 产品分类

(1)分类

风管根据结构的分类见表7-26。

表7-26 玻镁风管的分类

类型	定义	代号
整体普通型风管	由玻璃纤维布、氯氧镁水泥等，整体一次成型的非保温型风管	ZTP
整体保温型风管	由玻璃纤维布、氯氧镁水泥等作为内、外表面结构层，中间层以绝热用模塑聚苯乙烯泡沫塑料等为保温材料，整体一次成型的保温型风管	ZTB
组合保温型风管	先由玻璃纤维布、氯氧镁水泥等作面层。中间以绝热用模塑聚苯乙烯泡沫塑料为芯材生产轻质保温夹芯板，再由轻质保温夹芯板及专用粘结剂等材料，加工成为组合保温型风管	ZHB

注：根据供需双方协商可生产其他类型风管。

(2)分级

尺寸允许偏差合格的风管，根据外观质量、物理力学性能分为两个等级：一等品(B)和合格品(C)。

(3)规格

1)整体普通型风管规格及尺寸允许偏差应符合表7-27的规定。

表7-27 整体普通型风管规格及尺寸允许偏差 mm

管口宽度(b)	管体			法兰						长度允许偏差	管口边长允许偏差
	壁厚≥	玻璃纤维布层数		高度		厚度		玻璃纤维布层数			
		C_1	C_2	值	偏差	值	偏差	C_1	C_2		
$b \leqslant 300$	3.0	4	5	40	-1.0 +2.0	10	-0.5 +1.5	7	9	±6	±2
$300 < b \leqslant 500$	4.0	5	7	45		12		8	11		
$500 < b \leqslant 1000$	5.0	6	8	45		14		9	12		±3
$1000 < b \leqslant 1500$	6.0	7	9	50		16		10	14		
$1500 < b \leqslant 2000$	7.0	8	11	50		18		14	18		±4
$b > 2000$	8.0	9	12	55		20		16	21		

注:玻纤布的厚度:$C_1 = 0.4$mm,$C_2 = 0.3$mm。

2)整体保温型风管规格及尺寸允许偏差应符合表7-28的规定。

表7-28 整体保温型风管规格及尺寸允许偏差 mm

管口宽度(b)	管体						法兰						管体长度允许偏差	管口边长允许偏差
	内壁			外壁			净高度		厚度		玻璃纤维布层数			
	厚度≥	玻璃纤维布层数		厚度≥	玻璃纤维布层数		值	偏差	值	偏差				
		C_1	C_2		C_1	C_2					C_1	C_2		
$b \leqslant 300$	2.0	3	4	2.0	3	4	37	-1.0 +2.0	10	-0.5 +1.5	7	9	±6	±2
$300 < b \leqslant 500$	2.0	3	4	2.0	3	4	40		12		8	11		
$500 < b \leqslant 1000$	2.0	3	4	3.0	4	5	40		14		9	12		±3
$1000 < b \leqslant 1500$	3.0	4	5	3.0	4	5	45		16		10	14		
$1500 < b \leqslant 2000$	3.0	4	5	4.0	5	7	45		18		14	18		±4
$b > 2000$	3.0	4	5	5.0	6	8	50		20		16	21		

注:1. 玻纤布的厚度:$C_1 = 0.4$mm,$C_2 = 0.3$mm。

2. 法兰:高度(H_f)、净高度(H_j)、厚度(e);法兰净高度 $H_j = H_f - e$。

3)组合保温型风管规格及尺寸允许偏差应符合表7-29的规定。

表7-29 组合保温型风管规格及尺寸允许偏差 mm

管口宽度(b)	管体内、外壁		管体厚度允许偏差	管体长度允许偏差	管口边长允许偏差
	厚度	交织玻纤布层数			
$150 < b \leqslant 500$	≥2.5	≥2.0	+1.0 0	±4	±2
$500 < b \leqslant 1500$					±3
$b > 1500$					±4

4）各种规格的其他类型风管及各类型的异径管、异形管、弯头、三通、四通等及风管配件的规格尺寸，应符合按照程序批准的设计图纸与文件的规定。

2. 要求

（1）外观质量（表7-30）

表7-30　风管的外观质量　　mm

管口宽度（b）	外表面不平度≤		管口对角线差≤		管壁垂直偏离差≤		法兰缺棱掉角面积，mm²≤		返　卤		泛　霜	
	一等品	合格品	一等品	合格品	一等品	合格品	一等品	合格品	一等品	合格品	一等品	合格品
$b≤300$	2	3	2	3	3	5	100 允许一处	250 允许一处	不允许有返卤现象	不允许有返卤现象	不允许	轻微
$300<b≤500$	2	3	3	4								
$500<b≤1000$	3	4	4	5								
$1000<b≤1500$	3	4	6	7								
$1500<b≤2000$	4	5	7	8								
$b>2000$	5	6	8	9								

（2）尺寸允许偏差

风管尺寸允许偏差应符合表7-27、表7-28及表7-29的规定。

（3）物理力学性能

1）整体普通型风管物理力学性能应符合表7-31的规定。

表7-31　整体普通型风管物理力学性能

检验项目		一等品（B）	合格品（C）
软化系数	≥	0.85	0.75
吸水率，%	≤	8.0	12.0
抗弯强度，MPa	≥	65	
表观密度，kg/m³	≤	2000	
法兰抗冲击强度，kJ/m²	≥	20	

2）整体保温型风管物理力学性能应符合表7-32的规定。

表7-32　整体保温型风管物理力学性能

<table>
<tr><th colspan="2">检验项目</th><th colspan="2">一等品（B）</th><th colspan="2">合格品（C）</th></tr>
<tr><td>吸水率，%</td><td>≤</td><td colspan="2">20</td><td colspan="2">30</td></tr>
<tr><td>软化系数</td><td>≥</td><td colspan="2">0.85</td><td colspan="2">0.75</td></tr>
<tr><td colspan="2">管体抗柔性冲击</td><td colspan="4">15kg砂袋从1m高处自由落下，冲击15次不变形、不破坏</td></tr>
<tr><td>法兰抗冲击强度，kJ/m²</td><td>≥</td><td colspan="4">20</td></tr>
<tr><td rowspan="2">面密度，kg/m²</td><td rowspan="2">≤</td><td>管口宽（b）≤500</td><td colspan="2">500＜管口宽（b）≤1500</td><td>管口宽（b）＞1500</td></tr>
<tr><td>10.0</td><td colspan="2">15.0</td><td>20.0</td></tr>
</table>

3)组合保温型风管物理力学性能应符合表 7-33 规定。

表 7-33 组合保温型风管物理力学性能

检验项目		一等品(B)	合格品(C)
软化系数	≥	0.85	0.75
吸水率,%	≤	20	30
抗折荷载,N	≥	1000	
面密度,kg/m²	≤	9.0	
抗冻性能(D15)		折角缝、闭合缝粘结严密,不开裂	
通风耐压性能		风管在 3kPa 空气压力作用下,粘结缝不开裂、不漏气	

4)风管的燃烧性能为不燃烧材料 A 级。

7.5 石棉水泥井管

1. 产品分类

(1)分类

根据成井深度,井管分成表 7-34 中所列类型。

表 7-34 石棉水泥井管的分类 m

井管类型	设计成井深度
Ⅰ	400~500
Ⅱ	150~<400
Ⅲ	<150

(2)分等

根据井管的外观质量、尺寸偏差分为一等品(B)和合格品(C)。

(3)规格(表 7-35)

表 7-35 石棉水泥井管的规格

公称直径	内径	标准长度,m	管端		参考重量,kg/m
			厚度	外径	
mm			mm		
200	200	3,4,5	16	232	20.1
250	250		20	290	31.4
300	300		24	348	45.2
350	350		28	406	61.5

注:经供需双方协议可以生产其他规格尺寸的井管。

2. 外观质量

各种等级的井管外观质量应符合表 7-36 的规定。

表 7-36 石棉水泥井管的外观质量

项目	允许范围	
	一等品	合格品
外表面	深度不大于 2mm 的伤痕和脱皮，每处面积不大于 $10cm^2$，其总面积不大于 $30cm^2$	深度不大于 2mm 的伤痕和脱皮，每处面积不大于 $10cm^2$，其总面积不大于 $50cm^2$
内表面	深度不大于 2mm 的脱皮，每处面积不大于 $10cm^2$，其总面积不大于 $20cm^2$	深度不大于 2mm 的脱皮，每处面积不大于 $10cm^2$，其总面积不大于 $30cm^2$

3. 尺寸允许偏差

1）井管长度的正偏差不限制，负偏差不大于标准长度的 2%。井管同一端壁厚和内、外径的允许偏差符合表 7-37 的规定。

表 7-37 石棉水泥井管的尺寸允许偏差 mm

公称直径	尺寸允许偏差				
	壁厚	内径		外径	
		一等品	合格品	一等品	合格品
200 250	+1.0 -0.5	±1.8	±2	±1	±2
300 350	+1.5 -1.0				

2）井管同一端内径的最大值与最小值相差不得大于表 7-38 的规定，井管两端面必须切削成与中心轴线垂直，不应有毛刺和起层。

表 7-38 石棉水泥井管同一端内径的最大值与最小值差 mm

公称直径	200		250		300		350	
	一等品	合格品	一等品	合格品	一等品	合格品	一等品	合格品
允许值	1.8	2.0	2.3	2.5	2.7	3.0	3.2	3.5

3）允许弯曲度：标准长度为 3m 者不大于 9mm；标准长度为 4m、5m 者不大于 12mm。

4）每批中短管数量不允许超过 10%，这种短管子长度比标准长度不得短于 300mm。但所供应的井管总长度以实数计算，宜不少于用户订货单上提出的数量。

4. 物理力学性能

1）各类井管应承受表 7-39 所规定的试验水压，在此水压下保持 30s，井管外表面不应有洇水现象。

表 7-39 石棉水泥井管的物理力学性能

试验水压 MPa / 公称直径 mm / 井管类型	200	250	300	350
Ⅰ	0.8	0.8	0.7	0.6
Ⅱ	0.6	0.6	0.5	0.4
Ⅲ	0.3	0.3	0.2	0.2

2）管材的轴向抗压强度不应低于表7-40的规定。

表7-40　石棉水泥井管材的轴向抗压强度

轴向抗压强度 MPa ＼ 公称直径 mm ＼ 井管类型	200	250	300	350
Ⅰ	62	53	49	49
Ⅱ	49	42	39	39
Ⅲ	30	30	30	30

3）井管的管壁吸水率不应大于20%。

7.6　石棉水泥管用橡胶圈

1. 分级、型式和规格

（1）分级

橡胶圈以硬度指标分为H40、H50、H60三个级别。

（2）截面形式

1）橡胶圈需用模压法制作。

2）橡胶圈按截面形态分为圆形（Y）、唇形（C）和梯形（T）。

（3）规格尺寸和尺寸允许偏差

1）圆形橡胶圈的尺寸应符合管子与接头配套规格尺寸要求，其内径、截面直径与尺寸允许偏差应符合表7-41的规定。

表7-41　圆形橡胶圈的规格尺寸与尺寸允许偏差　　mm

橡胶圈内径	内径允许偏差	橡胶圈截面直径	截面直径允许偏差
116	+2 －1	14	+0.5 －0.2
141			
168			
213			
267			
328	+2 －1	16	+0.5 －0.2

2）唇形、梯形等其他断面型式的橡胶圈截面尺寸及尺寸允许偏差，应与配套使用的管子相匹配。

2. 技术要求

（1）橡胶圈的成分

1）橡胶圈的成分中不应析出有毒物质，如能萃取出汞、锰、铅或铜等化合物，其含量（指在检验水中）不得超过《生活饮用水卫生标准》规定的限量数。

2)输水管用橡胶圈成分中不应析出有损害饮用水质量的物质,即具有化学稳定性。试样在规定的溶液中,测量值须符合表7-42规定。

表7-42　输水管用橡胶圈化学成分

试验项目			限量
游离硫磺分析	游离硫磺,%	<	0.5
溶解试验	臭氧及气味		需无异常现象
	浊度,度	<	1
	高锰酸钾消耗量,mL/L	<	5
	色度,度	<	5
	剩余氯碱量,mL/L	<	1.5

(2)外观质量

1)橡胶圈的颜色要均匀,不应有游离硫磺、石蜡等析出物。

2)橡胶圈的材质须均匀致密,橡胶圈应无平面扭曲现象,无肉眼可见的杂质、气孔、裂缝及其他有碍使用的缺陷。

3)橡胶圈上的毛刺应除净,其厚度不超过0.4mm,剪损宽度应不超过0.8mm。

4)大口径管子用的橡胶圈,可用压出法制作胶条后,作成带接头的橡胶圈,每个橡胶圈的接头只允许一处,对带接头的橡胶圈须进行结合强度试验,接头处无分离迹象。

(3)物理力学性能

各类橡胶圈的物理力学性能应符合表7-43规定。

表7-43　石棉水泥管用橡胶圈

性能		硬度级别		
		40	50	60
		性能指标		
硬度IRHD	公称硬度	40	50	60
	允许偏差	+5 -4	+5 -4	+5 -4
扯断伸长率,%	>	500	480	450
扯断强度,MPa	>	14	14	14
压缩永久变形,% (23±2)℃,70h 70℃,22h	 ≤ ≤	20 35	20 35	20 35
热空气老化性能,在70℃空气中老化,168h的数值时对原始值的变化 硬度,IRHD 扯断强度,% 扯断伸长率,%	≤	-5～+8 -20 -30～+10	-5～+8 -20 -30～+10	-5～+8 -20 -30～+10
浸水溶胀性能,在70℃蒸馏水中浸泡168h体积变化,%		(-3～+8)	(-3～+8)	(-3～+8)
压缩应力松弛,% (23±2)℃,168h	≤	16	16	16
结合强度,MPa	>	14	13	12

注:带括号的指标数可供产、需双方协商采用。

7.7 预应力与自应力钢筋混凝土管用橡胶密封圈

1. 成分与制作

1)胶圈成分中不应析出有毒的物质。如能萃取出汞、锰、铅或铜等化合物,其含量(指在检验水中)不得超过《生活饮用水卫生标准》规定的限量数。

2)胶圈成分中不应析出有损害饮用水质量的物质,即具有化学稳定性。试样在指定的溶液中,测值须符合表7-44的限量。

表7-44 橡胶密封圈的成分

试验项目	限		量
游离硫磺分析	游离硫磺,%	<	0.5
溶解试验	臭氧及气味		需无异常现象
	浊度,度	<	1
	色度,度	<	5
	高锰酸钾消耗量,mg/L	<	5
	剩余氯碱量,mg/L	<	1.5

2. 硬度分级

以硬度为标志,胶圈分为四个等级,见表7-45在同一胶圈或试件上所测得的硬度值之差,应不超过4IRHD。硬度允许公差见表7-45。

表7-45 橡胶密封圈材料的一般要求

性能		单位	硬度级别 40	硬度级别 50	硬度级别 60	硬度级别 (70)②
			性能指标			
公称硬度		IRHD	40	50	60	(70)
硬度允许公差		IRHD	+5 -4	+5 -4	+5 -4	+5 -4
扯断伸长率,最小		%	400	375	300	(200)
扯断强度,最小		MPa	14	13	12	(11)
压缩永久变形	(23±2)℃、70h,最大	%	12	12	12	(15)
	70℃、22h,最大	%	25	25	25	(25)
热空气老化性能,在70℃空气老化168h的数值对原始值的变化	硬度,最大	IRHD	-5~+8	-5~+8	-5~+8	(-5~+8)
	扯断强度,最大	%	-20	-20	-20	(-20)
	扯断伸长率,最大	%	-30~+10	-30~+10	-30~+10	(-30~+10)
浸水溶胀性能,在70℃蒸馏水中浸泡168h体积变化,最大		%	(0~+8)	(0~+8)	(0~+8)	(0~+8)
压缩应力松弛	(23±2)℃、168h,最大①	%	16	16	16	(16)

① 测值低于表中规定的数值时,亦认可。用意是在提高测试精度后,在修订标准时,再调整规定数,并删去扯断强度。
② 带括号的指标数,可供产、需双方协商采用。

3. 外观质量

1)胶圈的颜色要均匀,不应有游离硫、石蜡等喷出物。

2)胶圈的材质须致密,无平面扭曲现象,无肉眼可见的杂质、气孔、裂缝及其他有碍使用的缺陷。

3)单个胶圈上,凹凸不超过1mm,面积不超过6mm^2者,应不多于三处。

4)胶圈上的毛刺须除净,其厚度应不超过0.4mm,剪损宽度应不超过0.8mm。

5)合模缝错位,包括呈椭圆的缺陷,不超过截面公差。

7.8 灰口铸铁管件

1. 分类

1)灰口铸铁管件按公称直径可分DN75、DN100、DN150、DN200、DN250、DN300、DN350、DN400、DN500、DN600、DN700、DN800、DN900、DN1000、DN1100、DN1200、DN1500共17种。

2)按管的接口形式分类

铸铁管件按接口型式分为N型、N_1型、X型等。

2. 尺寸和形状

灰口铸铁管件的名称、图形标识应符合表7-46的规定。柔性机械接口铸铁管件接口型式分为N(包括N_1)型胶圈机械接口和X型胶圈机械接口,柔性机械接口铸铁管件的名称、图形标示应符合表7-47的规定。

表7-46 灰口铸铁管件名称、图形标示

名称	图形标示	公称直径 DN,mm
承盘短管	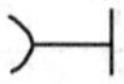	75~1500
插盘短管		75~1500
套管	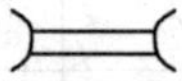	75~1500
90°双承弯管	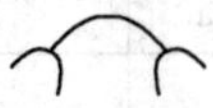 90°	75~1500
45°双承弯管	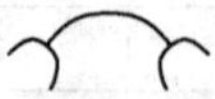 45°	75~1500
$22\frac{1}{2}°$双承弯管	 $22\frac{1}{2}°$	75~1500
$11\frac{1}{4}°$双承弯管	 $11\frac{1}{4}°$	75~1500
全承丁字管	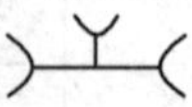	75~1500
全承十字管	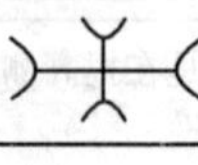	200~1500

续表

名　　称	图 形 标 示	公 称 直 径 DN,mm
插堵		75～1500
承堵		75～300
90°双盘弯管	 90°	75～1000
45°双盘弯管	 45°	75～1000
三盘丁字管	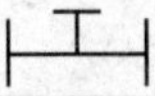	75～1000
盲法兰盘		75～1500
双承丁字管	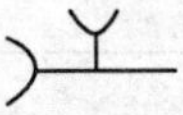	75～1500
承插渐缩管	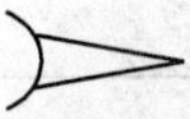	75～1500
插承渐缩管	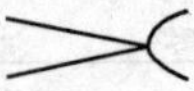	75～1500
90°承插弯管	 90°	75～700
45°承插弯管	 45°	75～700
$22\frac{1}{2}$°承插弯管	 $22\frac{1}{2}$°	75～700
$11\frac{1}{4}$°承插弯管	 $11\frac{1}{4}$°	75～700
乙字管		75～500
承插单盘排气管①	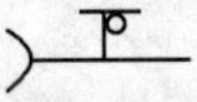	150～1500
承插泄水管	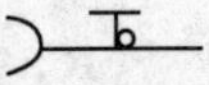	700～1500

注:承插单盘排气管可用作消火栓丁字管。

表 7-47　柔性机械接口铸铁管件的名称、图形标示

名　　称	图 形 标 示	公 称 直 径 DN,mm
插盘短管		100～600
承盘短管		100～600
可卸接头	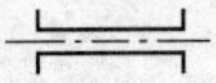	100～600
90°双承弯管		100～600
90°单承弯管		100～600

续表

名　　称	图 形 标 示	公 称 直 径 DN,mm
45°双承弯管		100～600
45°单承弯管		100～600
$22\frac{1}{2}^{\circ}$双承弯管		100～600
$22\frac{1}{2}^{\circ}$单承弯管		100～600
$11\frac{1}{4}^{\circ}$双承弯管		100～600
$11\frac{1}{4}^{\circ}$单承弯管		100～600
双承丁字管	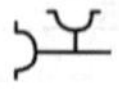	100～600
三承十字管	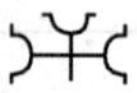	100～600
插堵	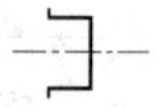	100～600
承堵	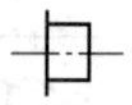	100～600
插承渐缩管	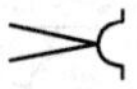	150～600
乙字管		100～600

3. 尺寸偏差

(1)插口外径和承口内径偏差

灰口铸铁管件插口外径和承口内径偏差应符合表7-48的规定。

表7-48　灰口铸铁管件插口外径和承口内径偏差　mm

公 称 直 径 DN	插 口 外 径 D_4	承 口 内 径 D_3
75～200	+3.5 −4	+4 −3.5
250～900	+4 −5	+5 −4
1000～1500	+4.5 −6	+6 −4.5

柔性机械接口铸铁管件插口外径和承口内径允许偏差及插口椭圆度应符合表7-49的规定。

表 7-49 柔性机械接口铸铁管件承插口允许偏差及插口椭圆度 mm

公称直径 DN	承口内径 D_3	插口外径 D_4	插口椭圆度
≤300	±1.5	±2.0	≤4
350～600	±2.0	±3.0	≤5

(2)承口深度允许偏差

铸铁管件承口深度允许偏差：

公称直径为 75～500mm，允许偏差为 ±5mm；

公称直径等于和大于 600mm，允许偏差为 ±10mm。

(3)壁厚允许偏差

管件壁厚负偏差为$(1.5+0.05T)$mm。

承口壁厚负偏差为$(1.5+0.05C)$mm。

(4)长度允许偏差

铸铁管件长度允许偏差为$^{+20}_{-30}$mm。

(5)管盘机械加工及钻孔允许偏差

管盘上的各螺孔中心应和管件中心相对应，螺孔中心圆直径偏差为 ±1mm。

相邻螺孔中心之间距离的偏差为 ±0.5mm。

管盘加工后的厚度偏差：

公称直径小于和等于 300mm，厚度负偏差为 2mm；

公称直径等于和大于 350mm，厚度负偏差为 3mm。

管盘突出部分直径偏差为 ±2%。

管盘内径中心与螺孔中心圆的中心之偏差，应不大于表 7-50 的规定。

表 7-50 管盘内径中心与螺孔中心圆的中心之偏差 mm

公称直径 DN	允许偏差
≤150	1
200～500	1.5
≥600	2

4. 端面

管件端面应与管件轴线垂直。

5. 柔性机械接口铸铁管件法兰盘厚度偏差

公称直径小于或等于 300mm，允许负偏差为 2mm。

公称直径大于或等于 350mm，允许负偏差为 3mm。

法兰盘上的螺栓孔径允许偏差为0^{+1}_{0}mm。

6. 质量及其允许偏差

1)管件按理论重量交货。计算重量时，铸铁比重采用 7.20。承口重量为估算值。

2)每根管件的重量偏差为 ±8%，其中弯管、多支管的管件及非标准管件的重量偏差为 ±12%。

7. 技术要求

(1)化学成分

铸铁管件的磷含量应不大于0.30%,硫含量应不大于0.10%。

(2)力学性能

1)铸铁管件的抗拉强度应不小于1.4N/mm^2。

2)管件表面硬度不大于HBW230,管件中心部分硬度不大于HBW215。

(3)工艺性能

1)管件水压试验应符合表7-51的规定。

表7-51 管件水压试验压力

公称直径DN,mm	试验压力,MPa
≤300	2.5
≥350	2.0

2)管件用于输气管道时,需做气密性试验。

(4)组织

管件应为灰口铸铁,组织应致密,易于切削、钻孔。

(5)表面质量

管件内外表面应光洁,不允许有任何妨碍使用的明显缺陷。受铸造工艺的限制和影响,但又不影响使用的铸造缺陷允许存在。

管件上局部薄弱处应不多于2处。局部减薄后的厚度应不小于GB/T 3422中同口径离心直管G级的最小厚度。受减小壁厚影响的面积应小于内腔截面积的1/10。

(6)涂覆

1)管件内外表面可涂沥青质或其他防腐材料。若要求内表面不涂涂料时,由供需双方商定。

2)输水管与水接触的涂料应不溶于水,不得使水产生臭和味,有害杂质含量应符合卫生部饮用水的有关规定。

3)涂覆前,内外表面应光洁,并无铁锈、铁片。

4)涂覆后,内外表面应光洁,涂层均匀、粘附牢固,并不因气候冷热而发生异常。

7.9 可锻铸铁管路连接件

1. 术语(表7-52)

表7-52 可锻铸铁管路连接件的相关术语

术语	定义
加强	在内螺纹管件外径的端部,以方边或圆边的形式附加的材料
肋	为了有利于安装或制造,在管件外部或内部的局部和沿轴向附加的材料
出口	管件的内螺纹或外螺纹端部。用于连接管子、管件或其他元件
主管	三通或四通的主轴线上的两个出口

续表

术　语	定　　　　义
支管	三通或四通的侧向出口
倒角	螺纹入口端切出的锥形部分，便于装配和防止损坏螺纹始端
端面到端面的尺寸	管件出口处同轴两个平行面之间的距离
端面到中心的尺寸	管件出口处的端面到与其成角度的出口中心轴线之间的距离
安装长度	安装后管子端面到管件轴线的平均距离，或两个管子端面之间的平均距离

2. 产品分类

(1)按表面状态分

1)黑品管件，符号 Fe；

2)热镀锌管件，符号 Zn。

(2)按结构型式分

管件型式和符号在表 7-53 中给出，这些符号与管路识别有关，可以用于标记。

表 7-53　可锻铸铁管路连接件按结构型式分类

型式	符号(代号)			
A 弯头	A1(90) 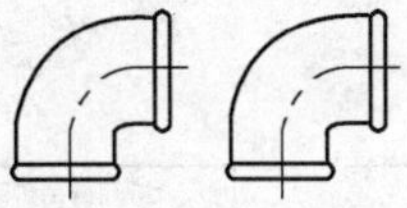	A1/45°(120) 	A4(92) 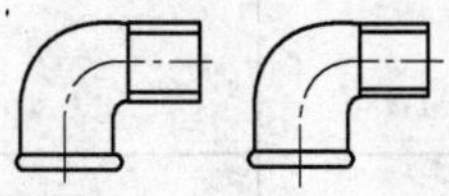	A4/45°(121) 
B 三通	B1(130) 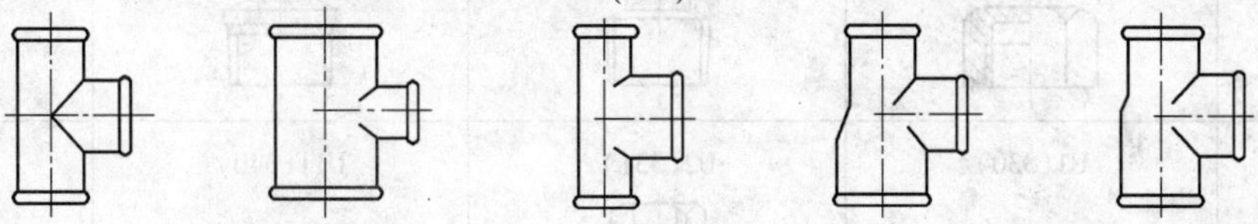			
C 四通	C1(180) 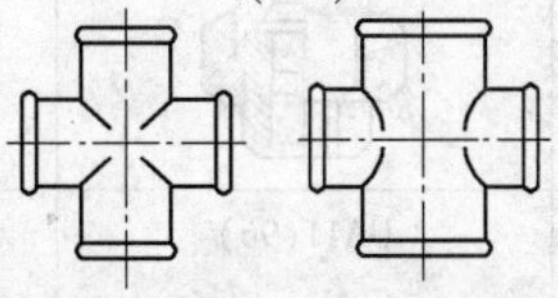			
D 短月弯	D1(2a) 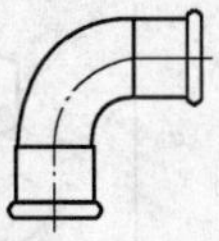	D4(1a) 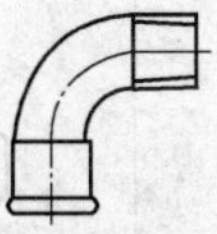		
E 单弯三通及双弯弯头	E1(131) 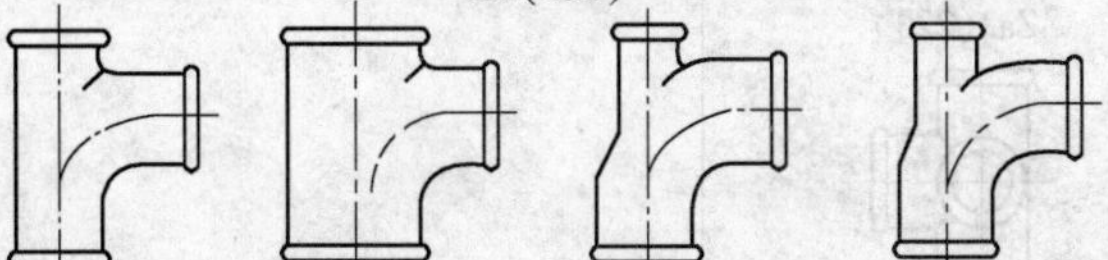	E2(132) 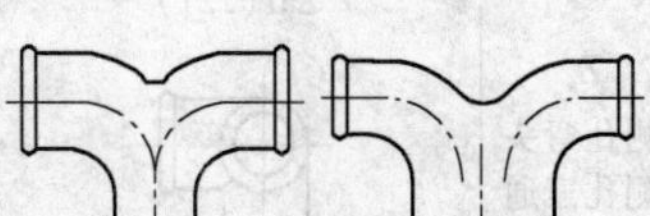		

续表

型式	符号(代号)				
G 长月弯	G1(2) 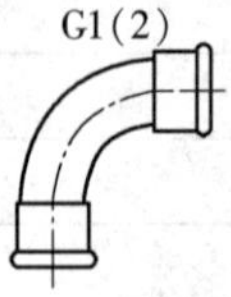	G1/45°(41) 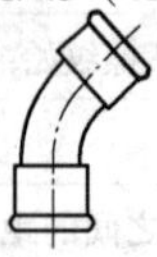	G4(1) 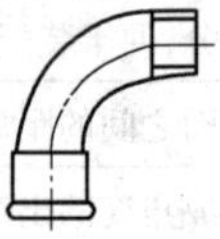	G4/45°(40) 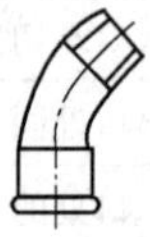	G8(3) 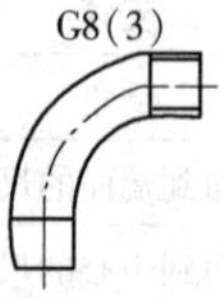
M 外接头	M2(270) M2R—L(271) 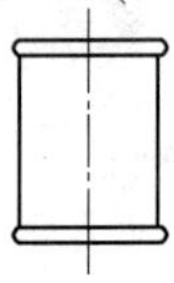	M2(240) 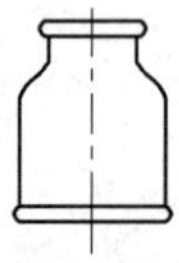	M4(529a) 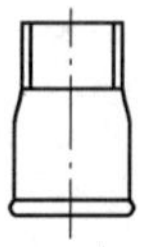	M4(246) 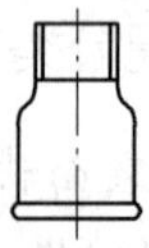	
N 内外螺丝 内接头	N4(241) 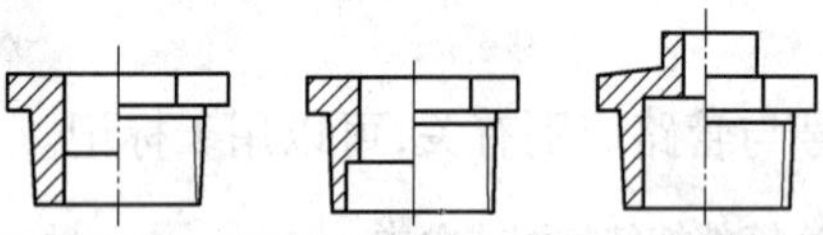	N8(280) N8R—L(281) 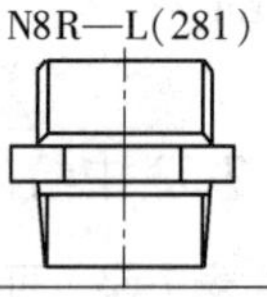	N8(245) 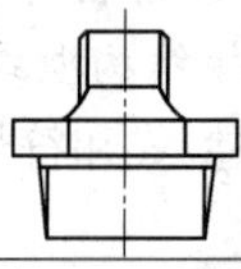		
P 锁紧螺母	P4(310) 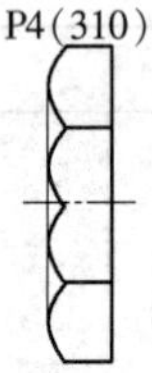				
T 管帽 管堵	T1(300) 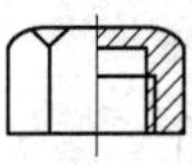	T8(291) 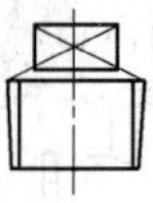	T9(290) 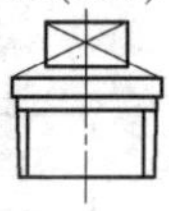	T11(596) 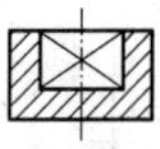	
U 活接头	U1(330) 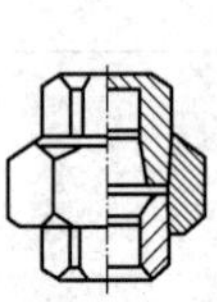	U2(331) 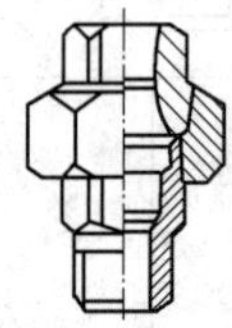	U11(340) 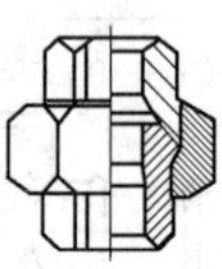	U12(341) 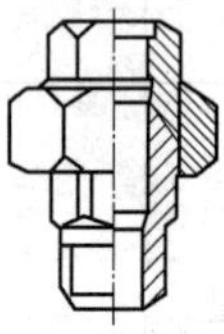	
UA 活接弯头	UA1(95) 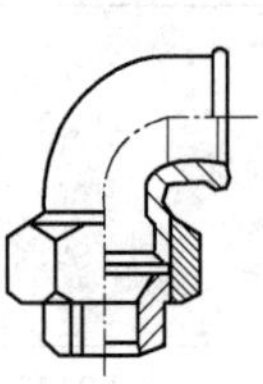	UA2(97) 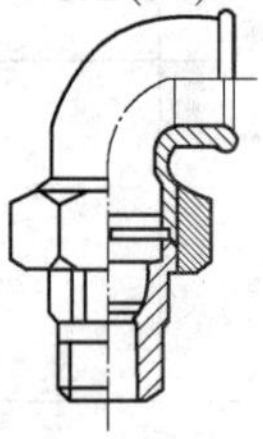	UA11(96) 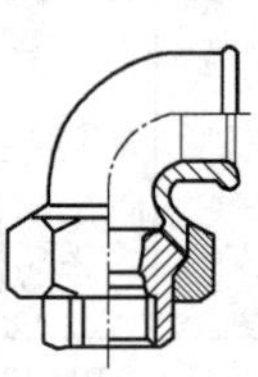	UA12(98) 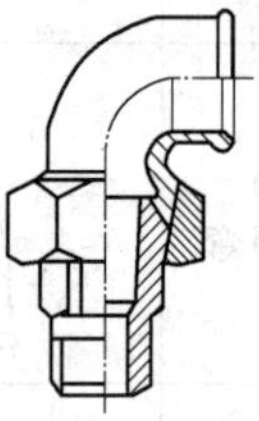	
Z_a 侧孔弯头 侧孔三通	Za1(221) 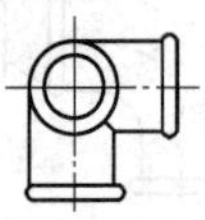	Za2(223) 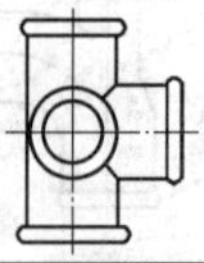			

3. 技术要求

(1)管件材料

1)管件应使用符合《可锻铸铁件》(GB/T 9440)的可锻铸铁材料,所用材料根据设计者的要求按下列牌号选取。

① KTB 400-05 或 KTB 350-04 用于白心可锻铸铁;

② KTH 350-10 或 KTH 300-06 用于黑心可锻铸铁。

2)使用机械性能不低于1)规定的其他黑色金属时,允许用于规格不大于3/8的直型管件,但不包括活接头在内。

(2)热镀锌层

管件要求镀锌保护层时,应采用热镀锌工艺,并符合下列要求。

注:黑色金属材料的管件选择的镀锌层可与订货方协定。

1)在形成的锌层中,微量元素的百分比含量不允许超出表7-54规定的最大值。

表7-54　锌层微量元素的百分比含量

元　素	含量,%
铝(Al)	0.1
锑(Sb)	0.01
砷(As)	0.02
铋(Bi)	0.01
镉(Cd)	0.01
铜(Cu)	0.1
铅(Pb)	1.6,个别情况下1.8
锡(Sn)	0.1

2)镀锌层相关表面锌的质量不小于500g/m²,以五件管件锌的质量作平均值,相当于平均覆盖厚度为70μm,个别样件不小于450g/m²(63μm)。

锌层平均覆盖厚度 $\bar{s}$ 可用近似下式进行计算。

$$\bar{s}=\frac{m_A}{7.2} \tag{7-1}$$

式中　$\bar{s}$——锌层平均覆盖厚度,μm;

m_A——单位面积的锌层质量,g/m²。

3)镀锌管件表面镀层应均匀连续,内表面锌层应无锌疤、毛刺和非金属附着物。

(3)管件表面的防锈处理

管件的表面应作防锈处理,防锈材料不应带有多环芳香族的碳氢化合物。

(4)尺寸与公差

1)管件的主要尺寸见《可锻铸铁管路连接件》(GB 3287)。未规定尺寸,由制造方自行决定。在没有规定最大或最小尺寸时,管件从端面到端面,端面到中心的尺寸偏差见表7-55。

注:活接头端面到端面和端面到中心的尺寸,由于管件公差和设计的综合影响,最后的装配结果可能不符合所给公差。

表7-55　可锻铸铁管路连接件的基本尺寸公差　mm

基本尺寸	≤30	>30~≤50	>50~≤75	>75~≤100	>100~≤150	>150~≤200	>200
公　差	±1.5	±2.0	±2.5	±3.0	±3.5	±4.0	±5.0

2）平均配合长度见表7-56。

表7-56　可锻铸铁管路连接件的平均配合长度

管件规格	1/8	1/4	3/8	1/2	3/4	1	$1\frac{1}{4}$	$1\frac{1}{2}$	2	$2\frac{1}{2}$	3	4	5	6
配合长度，mm	7	10	10	13	15	17	19	19	24	27	30	36	40	40

3）扳手平面对边宽度尺寸取决于管件的设计，由制造方确定。

① 管堵的平面应是方形的，其他小于或等于3/4管件的平面应是六边形的，大于3/4的管件的平面可以是六边形或八边形。活接头零件的平面（除连接螺母外）可以是六边、八边或十边形的。

② 扳手平面的最小厚度（见表7-57）在其转角处测量。对锁紧螺母任何形式的倒角均不应使扳手平面的厚度小于表7-57给出的尺寸。

表7-57　扳手平面最小厚度

管件规格	1/8	1/4	3/8	1/2	3/4	1	$1\frac{1}{4}$	$1\frac{1}{2}$	2	$2\frac{1}{2}$	3	4
扳手平面最小厚度，mm	4	4	4	5	5	5.5	6	6.5	7	7	7.5	8

（5）螺纹轴线夹角的极限偏差

管件螺纹的轴线应是精确的，测定角度的偏差不超过±0.5°。

（6）倒角

管件螺纹端面必须倒角，内螺纹最小夹角为90°，端面倒角直径应大于螺纹的大径。外螺纹最小夹角为60°，端面倒角的直径应小于端面螺纹的小径。

（7）性能要求

1）所有管件应符合表7-58中给出的最大允许的工作压力和温度范围。温度为120℃与300℃之间的压力值用线性插入法确定（见图7-7）。管件正常使用的温度不低于-20℃。对温度低于-20℃的特殊使用情况，订货方应在订货协议中明确提出。

表7-58　可锻铸铁管路连接件的压力/温度比值

使用温度，℃	最大允许工作压力，MPa
-20~120	2.5
120~300	内插值
300	2

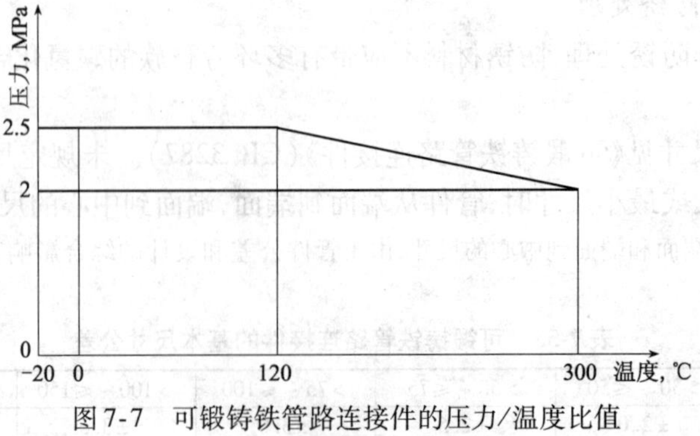

图7-7　可锻铸铁管路连接件的压力/温度比值

2)承受压力的管件包括活接头的组成部件应能承受表7-59所给定的试验压力,各种规格的管件应按表7-59进行试验。

表7-59 可锻铸铁管路连接件的设计试验压力

水压设计试验压力(检验)	
管件规格1/8~4	管件规格5和6
10MPa	6.4MPa

在某温度下,如果压力大于1.5倍最大允许工作压力,即使压力低于表7-59给定值时,发生泄漏也是允许的。

7.10 给水用硬聚氯乙烯(PVC—U)管材

1. 温度对压力的折减系数

公称压力(PN)指管材输送20℃水的最大工作压力。当输水温度不同时,应按表7-60给出的不同温度对压力的折减系数(f_t)修正工作压力。用折减系数乘以公称压力得到最大允许工作压力。

表7-60 温度对压力的折减系数

温度,℃	折减系数f_t
$0<t\leqslant 25$	1
$25<t\leqslant 35$	0.8
$35<t\leqslant 45$	0.63

2. 产品分类

1)产品按连接方式不同分为弹性密封圈式和溶剂粘接式。

2)公称压力等级和规格尺寸见表7-61和表7-62。

表7-61 给水用硬聚氯乙烯管材的公称压力等级和规格尺寸(一) mm

公称外径 d_n	管材S系列SDR系列和公称压力						
	S16 SDR33 PN0.63	S12.5 SDR26 PN0.8	S10 SDR21 PN1.0	S8 SDR17 PN1.25	S6.3 SDR13.6 PN1.6	S5 SDR11 PN2.0	S4 SDR9 PN2.5
	公称壁厚 e_n						
20	—	—	—	—	—	2.0	2.3
25	—	—	—	—	2.0	2.3	2.8
32	—	—	—	2.0	2.4	2.9	3.6
40	—	—	2.0	2.4	3.0	3.7	4.5
50	—	2.0	2.4	3.0	3.7	4.6	5.6
63	2.0	2.5	3.0	3.8	4.7	5.8	7.1
75	2.3	2.9	3.6	4.5	5.6	6.9	8.4
90	2.8	3.5	4.3	5.4	6.7	8.2	10.1

注:公称壁厚(e_n)根据设计应力(σ_s)10MPa确定,最小壁厚不小于2.0mm。

表7-62 给水用硬聚氯乙烯管材的公称压力等级和规格尺寸(二) mm

公称外径 d_n	管材S系列SDR系列和公称压力						
	S20 SDR41 PN0.63	S16 SDR33 PN0.8	S12.5 SDR26 PN1.0	S10 SDR21 PN1.25	S8 SDR17 PN1.6	S6.3 SDR13.6 PN2.0	S5 SDR11 PN2.5
	公称壁厚 e_n						
110	2.7	3.4	4.2	5.3	6.6	8.1	10.0
125	3.1	3.9	4.8	6.0	7.4	9.2	11.4
140	3.5	4.3	5.4	6.7	8.3	10.3	12.7
160	4.0	4.9	6.2	7.7	9.5	11.8	14.6
180	4.4	5.5	6.9	8.6	10.7	13.3	16.4
200	4.9	6.2	7.7	9.6	11.9	14.7	18.2
225	5.5	6.9	8.6	10.8	13.4	16.6	—
250	6.2	7.7	9.6	11.9	14.8	18.4	—
280	6.9	8.6	10.7	13.4	16.6	20.6	—
315	7.7	9.7	12.1	15.0	18.7	23.2	—
355	8.7	10.9	13.6	16.9	21.1	26.1	—
400	9.8	12.3	15.3	19.1	23.7	29.4	—
450	11.0	13.8	17.2	21.5	26.7	33.1	—
500	12.3	15.3	19.1	23.9	29.7	36.8	—
560	13.7	17.2	21.4	26.7	—	—	—
630	15.4	19.3	24.1	30.0	—	—	—
710	17.4	21.8	27.2	—	—	—	—
800	19.6	24.5	30.6	—	—	—	—
900	22.0	27.6	—	—	—	—	—
1000	24.5	30.6	—	—	—	—	—

注:公称壁厚(e_n)根据设计应力(σ_s)12.5MPa确定。

3. 技术要求

(1)外观

管材内外表面应光滑,无明显划痕、凹陷、可见杂质和其他影响达到本部分要求的表面缺陷。管材端面应切割平整并与轴线垂直。

(2)颜色

管材颜色由供需双方协商确定,色泽应均匀一致。

(3)不透光性

管材应不透光。

(4)管材尺寸

1)管材长度一般为4m,6m,也可由供需双方协商确定。长度不允许负偏差。

2)管材弯曲度应符合表7-63规定。

表7-63 给水用硬聚氯乙烯管材的弯曲度

公称外径 d_n,mm	≤32	40~200	≥225
弯曲度,%	不规定	≤1.0	≤0.5

3)平均外径及偏差和不圆度应符合表7-64规定,PN 0.63、PN 0.8的管材不要求不圆度。不圆度的测量应在出厂前进行。

表 7-64 给水用硬聚氯乙烯管材的平均外径及偏差和不圆度 mm

平均外径 d_{em}		不圆度	平均外径 d_{em}		不圆度
公称外径 d_n	允许偏差		公称外径 d_n	允许偏差	
20	+0.3 0	1.2	225	+0.7 0	4.5
25	+0.3 0	1.2	250	+0.8 0	5.0
32	+0.3 0	1.3	280	+0.9 0	6.8
40	+0.3 0	1.4	315	+1.0 0	7.6
50	+0.3 0	1.4	355	+1.1 0	8.6
63	+0.3 0	1.5	400	+1.2 0	9.6
75	+0.3 0	1.6	450	+1.4 0	10.8
90	+0.3 0	1.8	500	+1.5 0	12.0
110	+0.4 0	2.2	560	+1.7 0	13.5
125	+0.4 0	2.5	630	+1.9 0	15.2
140	+0.5 0	2.8	710	+2.0 0	17.1
160	+0.5 0	3.2	800	+2.0 0	19.2
180	+0.6 0	3.6	900	+2.0 0	21.6
200	+0.6 0	4.0	1000	+2.0 0	24.0

4)壁厚。

① 管材任意点壁厚及偏差应符合表 7-61、表 7-62 和表 7-65 的规定。

表 7-65 给水用硬聚氯乙烯管材的壁厚及偏差 mm

壁　厚 e_y	允许偏差	壁　厚 e_y	允许偏差
$e \leq 2.0$	+0.4 0	$6.0 < e \leq 6.6$	+1.0 0
$2.0 < e \leq 3.0$	+0.5 0	$6.6 < e \leq 7.3$	+1.1 0
$3.0 < e \leq 4.0$	+0.6 0	$7.3 < e \leq 8.0$	+1.2 0
$4.0 < e \leq 4.6$	+0.7 0	$8.0 < e \leq 8.6$	+1.3 0
$4.6 < e \leq 5.3$	+0.8 0	$8.6 < e \leq 9.3$	+1.4 0
$5.3 < e \leq 6.0$	+0.9 0	$9.3 < e \leq 10.0$	+1.5 0

续表

壁　　厚 e_y	允许偏差	壁　　厚 e_y	允许偏差
$10.0<e\leqslant10.6$	$^{+1.6}_{0}$	$24.6<e\leqslant25.3$	$^{+3.8}_{0}$
$10.6<e\leqslant11.3$	$^{+1.7}_{0}$	$25.3<e\leqslant26.0$	$^{+3.9}_{0}$
$11.3<e\leqslant12.0$	$^{+1.8}_{0}$	$26.0<e\leqslant26.6$	$^{+4.0}_{0}$
$12.0<e\leqslant12.6$	$^{+1.9}_{0}$	$26.6<e\leqslant27.3$	$^{+4.1}_{0}$
$12.6<e\leqslant13.3$	$^{+2.0}_{0}$	$27.3<e\leqslant28.0$	$^{+4.2}_{0}$
$13.3<e\leqslant14.0$	$^{+2.1}_{0}$	$28.0<e\leqslant28.6$	$^{+4.3}_{0}$
$14.0<e\leqslant14.6$	$^{+2.2}_{0}$	$28.6<e\leqslant29.3$	$^{+4.4}_{0}$
$14.6<e\leqslant15.3$	$^{+2.3}_{0}$	$29.3<e\leqslant30.0$	$^{+4.5}_{0}$
$15.3<e\leqslant16.0$	$^{+2.4}_{0}$	$30.0<e\leqslant30.6$	$^{+4.6}_{0}$
$16.0<e\leqslant16.6$	$^{+2.5}_{0}$	$30.6<e\leqslant31.3$	$^{+4.7}_{0}$
$16.6<e\leqslant17.3$	$^{+2.6}_{0}$	$31.3<e\leqslant32.0$	$^{+4.8}_{0}$
$17.3<e\leqslant18.0$	$^{+2.7}_{0}$	$32.0<e\leqslant32.6$	$^{+4.9}_{0}$
$18.0<e\leqslant18.6$	$^{+2.8}_{0}$	$32.6<e\leqslant33.3$	$^{+5.0}_{0}$
$18.6<e\leqslant19.3$	$^{+2.9}_{0}$	$33.3<e\leqslant34.0$	$^{+5.1}_{0}$
$19.3<e\leqslant20.0$	$^{+3.0}_{0}$	$34.0<e\leqslant34.6$	$^{+5.2}_{0}$
$20.0<e\leqslant20.6$	$^{+3.1}_{0}$	$34.6<e\leqslant35.3$	$^{+5.3}_{0}$
$20.6<e\leqslant21.3$	$^{+3.2}_{0}$	$35.3<e\leqslant36.0$	$^{+5.4}_{0}$
$21.3<e\leqslant22.0$	$^{+3.3}_{0}$	$36.0<e\leqslant36.6$	$^{+5.5}_{0}$
$22.0<e\leqslant22.6$	$^{+3.4}_{0}$	$36.6<e\leqslant37.3$	$^{+5.6}_{0}$
$22.6<e\leqslant23.3$	$^{+3.5}_{0}$	$37.3<e\leqslant38.0$	$^{+5.7}_{0}$
$23.3<e\leqslant24.0$	$^{+3.6}_{0}$	$38.0<e\leqslant38.6$	$^{+5.8}_{0}$
$24.0<e\leqslant24.6$	$^{+3.7}_{0}$	—	—

② 管材平均壁厚及允许偏差应符合表7-66的规定。

表7-66　给水用硬聚氯乙烯管材的平均壁厚及允许偏差　　mm

平均壁厚 e_m	允许偏差	平均壁厚 e_m	允许偏差
≤2.0	+0.4 0	20.0 < e ≤ 21.0	+2.3 0
2.0 < e ≤ 3.0	+0.5 0	21.0 < e ≤ 22.0	+2.4 0
3.0 < e ≤ 4.0	+0.6 0	22.0 < e ≤ 23.0	+2.5 0
4.0 < e ≤ 5.0	+0.7 0	23.0 < e ≤ 24.0	+2.6 0
5.0 < e ≤ 6.0	+0.8 0	24.0 < e ≤ 25.0	+2.7 0
6.0 < e ≤ 7.0	+0.9 0	25.0 < e ≤ 26.0	+2.8 0
7.0 < e ≤ 8.0	+1.0 0	26.0 < e ≤ 27.0	+2.9 0
8.0 < e ≤ 9.0	+1.1 0	27.0 < e ≤ 28.0	+3.0 0
9.0 < e ≤ 10.0	+1.2 0	28.0 < e ≤ 29.0	+3.1 0
10.0 < e ≤ 11.0	+1.3 0	29.0 < e ≤ 30.0	+3.2 0
11.0 < e ≤ 12.0	+1.4 0	30.0 < e ≤ 31.0	+3.3 0
12.0 < e ≤ 13.0	+1.5 0	31.0 < e ≤ 32.0	+3.4 0
13.0 < e ≤ 14.0	+1.6 0	32.0 < e ≤ 33.0	+3.5 0
14.0 < e ≤ 15.0	+1.7 0	33.0 < e ≤ 34.0	+3.6 0
15.0 < e ≤ 16.0	+1.8 0	34.0 < e ≤ 35.0	+3.7 0
16.0 < e ≤ 17.0	+1.9 0	35.0 < e ≤ 36.0	+3.8 0
17.0 < e ≤ 18.0	+2.0 0	36.0 < e ≤ 37.0	+3.9 0
18.0 < e ≤ 19.0	+2.1 0	37.0 < e ≤ 38.0	+4.0 0
19.0 < e ≤ 20.0	+2.2 0	38.0 < e ≤ 39.0	+4.1 0

5)承口。

① 弹性密封圈式承口最小深度应符合表7-67规定。

表7-67 给水用硬聚氯乙烯管材的承口尺寸 mm

公称外径 d_n	弹性密封圈承口最小配合深度 m_{min}	溶剂粘接承口最小深度 m_{min}	溶剂粘接承口中部平均内径 d_{sm}	
			$d_{sm,min}$	$d_{sm,max}$
20	—	16.0	20.1	20.3
25	—	18.5	25.1	25.3
32	—	22.0	32.1	32.3
40	—	26.0	40.1	40.3
50	—	31.0	50.1	50.3
63	64	37.5	63.1	63.3
75	67	43.5	75.1	75.3
90	70	51.0	90.1	90.3
110	75	61.0	110.1	110.4
125	78	68.5	125.1	125.4
140	81	76.0	140.2	140.5
160	86	86.0	160.2	160.5
180	90	96.0	180.3	180.6
200	94	106.0	200.3	200.6
225	100	118.5	225.3	225.6
250	105	—	—	—
280	112	—	—	—
315	118	—	—	—
355	124	—	—	—
400	130	—	—	—
450	138	—	—	—
500	145	—	—	—
560	154	—	—	—
630	165	—	—	—
710	177	—	—	—
800	190	—	—	—
1000	220	—	—	—

注:1. 承口中部的平均内径是指在承口深度$\frac{1}{2}$处所测定的相互垂直的两直径的算术平均值。承口的最大锥度(α)不超过0°30′。

2. 当管材长度大于12m时,密封圈式承口深度m_{min}需另行设计。

弹性密封圈式承口的密封环槽处的壁厚应不小于相连管材公称壁厚的0.8倍。

② 溶剂粘接式承口的最小深度、承口中部内径尺寸应符合表7-67规定。

溶剂粘接式承口壁厚应不小于相连管材公称壁厚的0.75倍。

(5)物理性能(表7-68)

表7-68 给水用硬聚氯乙烯管材的物理性能

项目	技术指标
密度,kg/m^3	1350~1460
维卡软化温度,℃	≥80
纵向回缩率,%	≤5
二氯甲烷浸渍试验(15℃,15min)	表面变化不劣于4N

(6)力学性能(表7-69)

表7-69 给水用硬聚氯乙烯管材的力学性能

项目	技术指标
落锤冲击试验(0℃)TIR,%	≤5
液压试验	无破裂,无渗漏

7.11 给水用硬聚氯乙烯(PVC—U)管件

1. 材料

1)生产管件的材料为PVC—U混合料。混合料应以PVC树脂为主,加入为生产符合本部分要求的管件所需的添加剂。

2)树脂必须是卫生级,加入的添加剂不得使输送介质产生毒性、引起感官不良感觉或助于微生物生长。同时不得影响产品的粘接性能及影响规定的其他性能。

3)允许使用满足规定性能要求的自厂回用料,不允许使用外部得到的再加工料。

2. 产品分类(表7-70)

表7-70 给水用硬聚氯乙烯管件的分类

分类方式	类别
按连接方式分	(1)粘接式承口管件 (2)弹性密封圈式承口管件 (3)螺纹接头管件 (4)法兰连接管件
按加工方式分	(1)注塑成型管件 (2)管材弯制成型管件

3. 温度的折减系数(表7-71)

表7-71 给水用硬聚氯乙烯管件的折减系数

温度,℃	折减系数
$0<t\leq 25$	1
$25<t\leq 35$	0.8
$35<t\leq 45$	0.63

4. 技术要求

(1)外观

1)粘接式承口配合尺寸,见表7-72。

表 7-72　粘接式承口配合尺寸　mm

公称外径	最小深度	承口中部平均内径	
		min	max
20	16.0	20.1	20.3
25	18.5	25.1	25.3
32	22.0	32.1	32.3
40	26.0	40.1	40.3
50	31.0	50.1	50.3
63	37.5	63.1	63.3
75	43.5	75.1	75.3
90	51.0	90.1	90.3
110	61.0	110.1	110.4
125	68.5	125.1	125.4
140	76.0	140.2	140.5
160	86.0	160.2	160.5
180	96.0	180.2	180.6
200	106.0	200.2	200.6
225	118.5	225.3	225.7
250	131.0	250.3	250.8
280	146.0	280.3	280.9
315	163.5	315.4	316.0
355	183.5	355.5	356.2
400	206.0	400.5	401.5

注：管件中部承口平均内径定义为承口中部（承口全部深度的一半处）互相垂直的两直径测量值的算术平均值。

承口部分的最大锥度见表 7-73。

表 7-73　粘接式承口管件的承口锥度

公称外径，mm	最大承口锥度
≤63	0°40′
75～315	0°30′
355～400	0°15′

2）弹性密封圈式承口深度，见表 7-74。

表 7-74　粘接式承口管件的承口锥度　mm

公称外径 d_n	最小深度 m	公称外径 d_n	最小深度 m
63	40	140	51
75	42	160	54
90	44	180	57
110	47	200	60
125	49	225	64

续表

公称外径 d_n	最小深度 m	公称外径 d_n	最小深度 m
250	68	450	98
280	72	500	105
315	78	560	114
355	84	630	125
400	90		

(2)物理力学性能(表7-75)

表7-75　给水用硬聚氯乙烯管件的物理力学性能

项　　目		要　　求			
维卡软化温度		≥74℃			
烘箱试验		符合 GB/T 8803			
坠落试验		无破裂			
液压试验	公称外径 d_n	试验温度,℃	试验压力,MPa	试验时间,h	试验要求
	$d_n \leqslant 90$	20	4.2×PN	1	无破裂 无渗漏
			3.2×PN	1000	
	$d_n > 90$	20	3.36×PN	1	
			2.56×PN	1000	

注:1. d_n 指与管件相连的管材的公称外径。
2. 用管材弯制成型管件只做1h试验。
3. 弯制管件所用的管材应符合 GB/T 10002.1 对物理、力学性能的要求。

7.12　给水用聚乙烯管材

1. 材料的基本性能要求(表7-76)

表7-76　给水用聚乙烯管材材料的基本性能要求

项　　目	要　　求
炭黑含量①,(质量)%	2.5±0.5
炭黑分散①	≤等级3
颜料分散②	≤等级3
氧化诱导时间(200℃),min	≥20
熔体流动速率③(5kg,190℃),g/10min	与产品标称值的偏差不应超过±25%

① 仅适用于黑色管材料;
② 仅适用于蓝色管材料;
③ 仅适用于混配料。

2. 技术要求

1)不同等级材料设计应力的最大允许值,见表7-77。

表 7-77　给水用聚乙烯管材不同等级材料设计应力

材料的等级	设计应力的最大允许值 σ_s, MPa
PE 63	5
PE 80	6.3
PE 100	8

2)聚氯乙烯管材的公称压力和规格尺寸,见表 7-78 ~ 表 7-80。

表 7-78　PE63 级聚氯乙烯管材的公称压力和规格尺寸

公称外径 d_n, mm	公称壁厚 e_n, mm				
	标准尺寸比				
	SDR33	SDR26	SDR17.6	SDR13.6	SDR11
	公称压力, MPa				
	0.32	0.4	0.6	0.8	1.0
16	—	—	—	—	2.3
20	—	—	—	2.3	2.3
25	—	—	2.3	2.3	2.3
32	—	—	2.3	2.4	2.9
40	—	2.3	2.3	3.0	3.7
50	—	2.3	2.9	3.7	4.6
63	2.3	2.5	3.6	4.7	5.8
75	2.3	2.9	4.3	5.6	6.8
90	2.8	3.5	5.1	6.7	8.2
110	3.4	4.2	6.3	8.1	10.0
125	3.9	4.8	7.1	9.2	11.4
140	4.3	5.4	8.0	10.3	12.7
160	4.9	6.2	9.1	11.8	14.6
180	5.5	6.9	10.2	13.3	16.4
200	6.2	7.7	11.4	14.7	18.2
225	6.9	8.6	12.8	16.6	20.5
250	7.7	9.6	14.2	18.4	22.7
280	8.6	10.7	15.9	20.6	25.4
315	9.7	12.1	17.9	23.2	28.6
355	10.9	13.6	20.1	26.1	32.2
400	12.3	15.3	22.7	29.4	36.3
450	13.8	17.2	25.5	33.1	40.9
500	15.3	19.1	28.3	36.8	45.4
560	17.2	21.4	31.7	41.2	50.8
630	19.3	24.1	35.7	46.3	57.2
710	21.8	27.2	40.2	52.2	—
800	24.5	30.6	45.3	58.8	—
900	27.6	34.4	51.0	—	—
1000	30.6	38.2	56.6	—	—

表 7-79 PE80 级聚氯乙烯管材的公称压力和规格尺寸

公称外径 d_n, mm	公称壁厚 e_n, mm				
	标准尺寸比				
	SDR33	SDR21	SDR17	SDR13.6	SDR11
	公称压力, MPa				
	0.4	0.6	0.8	1.0	1.25
16	—	—	—	—	—
20	—	—	—	—	—
25	—	—	—	—	2.3
32	—	—	—	—	3.0
40	—	—	—	—	3.7
50	—	—	—	—	4.6
63	—	—	—	4.7	5.8
75	—	—	4.5	5.6	6.8
90	—	4.3	5.4	6.7	8.2
110	—	5.3	6.6	8.1	10.0
125	—	6.0	7.4	9.2	11.4
140	4.3	6.7	8.3	10.3	12.7
160	4.9	7.7	9.5	11.8	14.6
180	5.5	8.6	10.7	13.3	16.4
200	6.2	9.6	11.9	14.7	18.2
225	6.9	10.8	13.4	16.6	20.5
250	7.7	11.9	14.8	18.4	22.7
280	8.6	13.4	16.6	20.6	25.4
315	9.7	15.0	18.7	23.2	28.6
355	10.9	16.9	21.1	26.1	32.2
400	12.3	19.1	23.7	29.4	36.3
450	13.8	21.5	26.7	33.1	40.9
500	15.3	23.9	29.7	36.8	45.4
560	17.2	26.7	33.2	41.2	50.8
630	19.3	30.0	37.4	46.3	57.2
710	21.8	33.9	42.1	52.2	—
800	24.5	38.1	47.4	58.8	—
900	27.6	42.9	53.3	—	—
1000	30.6	47.7	59.3	—	—

表 7-80　PE100 级聚氯乙烯管材的公称压力和规格尺寸

公称外径 d_n,mm	公称壁厚 e_n,mm				
	标准尺寸比				
	SDR26	SDR21	SDR17	SDR13.6	SDR11
	公称压力,MPa				
	0.6	0.8	1.0	1.25	1.6
32	—	—	—	—	3.0
40	—	—	—	—	3.7
50	—	—	—	—	4.6
63	—	—	—	4.7	5.8
75	—	—	4.5	5.6	6.8
90	—	4.3	5.4	6.7	8.2
110	4.2	5.3	6.6	8.1	10.0
125	4.8	6.0	7.4	9.2	11.4
140	5.4	6.7	8.3	10.3	12.7
160	6.2	7.7	9.5	11.8	14.6
180	6.9	8.6	10.7	13.3	16.4
200	7.7	9.6	11.9	14.7	18.2
225	8.6	10.8	13.4	16.6	20.5
250	9.6	11.9	14.8	18.4	22.7
280	10.7	13.4	16.6	20.6	25.4
315	12.1	15.0	18.7	23.2	28.6
355	13.6	16.9	21.1	26.1	32.2
400	15.3	19.1	23.7	29.4	36.3
450	17.2	21.5	26.7	33.1	40.9
500	19.1	23.9	29.7	36.8	45.4
560	21.4	26.7	33.2	41.2	50.8
630	24.1	30.0	37.4	46.3	57.2
710	27.2	33.9	42.1	52.2	—
800	30.6	38.1	47.4	58.8	—
900	34.4	42.9	53.3	—	—
1000	38.2	47.7	59.3	—	—

3)50 年寿命要求,40℃以下的温度的压力折减系数见表 7-81。

表 7-81　给水用聚乙烯管材的压力折减系数

温　　度,℃	压力折减系数
20	1.0
30	0.87
40	0.74

3. 技术要求

(1)颜色

市政饮用水管材的颜色为蓝色或黑色,黑色管上应有共挤出蓝色色条,色条沿管材纵向至少有三条。

其他用途水管可以为蓝色或黑色。

暴露在阳光下的敷设管道(如地上管道)必须是黑色。

(2)外观

管材的内外表面应清洁、光滑,不允许有气泡、明显的划伤、凹陷、杂质、颜色不均等缺陷。管端头应切割平整,并与管轴线垂直。

(3)管材尺寸

1)直管长度一般为 6m、9m、12m,也可以由供需双方商定。长度的极限偏差为长度的 $^{+0.4}_{-0.2}\%$;

盘管盘架直径应不小于管材外径的 18 倍,盘管展开长度由供需双方商定。

2)管材的平均外径,见表 7-82。

表 7-82　给水用聚乙烯管材的平均外径　mm

公称外径 d_n	最小平均外径 $d_{em,min}$	最大平均外径 $d_{em,max}$	
		等级 A	等级 B
16	16.0	16.3	16.3
20	20.0	20.3	20.3
25	25.0	25.3	25.3
32	32.0	32.3	32.3
40	40.0	40.4	40.3
50	50.0	50.5	50.3
63	63.0	63.6	63.4
75	75.0	75.7	75.5
90	90.0	90.9	90.6
110	110.0	111.0	110.7
125	125.0	126.2	125.8
140	140.0	141.3	140.9
160	160.0	161.5	161.0
180	180.0	181.7	181.1
200	200.0	201.8	201.2
225	225.0	227.1	226.4
250	250.0	252.3	251.5
280	280.0	282.6	281.7
315	315.0	317.9	316.9
355	355.0	358.2	357.2
400	400.0	403.6	402.4
450	450.0	454.1	452.7
500	500.0	504.5	503.0
560	560.0	565.0	563.4
630	630.0	635.7	633.8
710	710.0	716.4	714.0
800	800.0	807.2	804.2
900	900.0	908.1	904.0
1000	1000.0	1009.0	1004.0

3)任一点的壁厚公差，见表7-83。

表7-83　给水用聚乙烯管材的任一点壁厚公差　mm

最小壁厚 $e_y$min		公差 t_y	最小壁厚 $e_y$min		公差 t_y
>	≤		>	≤	
2.0	3.0	0.5	25.5	26.0	5.1
3.0	4.0	0.6	26.0	26.5	5.2
4.0	4.6	0.7	26.5	27.0	5.3
4.6	5.3	0.8	27.0	27.5	5.4
5.3	6.0	0.9	27.5	28.0	5.5
6.0	6.6	1.0	28.0	28.5	5.6
6.6	7.3	1.1	28.5	29.0	5.7
7.3	8.0	1.2	29.0	29.5	5.8
8.0	8.6	1.3	29.5	30.0	5.9
8.6	9.3	1.4	30.0	30.5	6.0
9.3	10.0	1.5	30.5	31.0	6.1
10.0	10.6	1.6	31.0	31.5	6.2
10.6	11.3	1.7	31.5	32.0	6.3
11.3	12.0	1.8	32.0	32.5	6.4
12.0	12.6	1.9	32.5	33.0	6.5
12.6	13.3	2.0	33.0	33.5	6.6
13.3	14.0	2.1	33.5	34.0	6.7
14.0	14.6	2.2	34.0	34.5	6.8
14.6	15.3	2.3	34.5	35.0	6.9
15.3	16.0	2.4	35.0	35.5	7.0
16.0	16.5	3.2	35.5	36.0	7.1
16.5	17.0	3.3	36.0	36.5	7.2
17.0	17.5	3.4	36.5	37.0	7.3
17.5	18.0	3.5	37.0	37.5	7.4
18.0	18.5	3.6	37.5	38.0	7.5
18.5	19.0	3.7	38.0	38.5	7.6
19.0	19.5	3.8	38.5	39.0	7.7
19.5	20.0	3.9	39.0	39.5	7.8
20.0	20.5	4.0	39.5	40.0	7.9
20.5	21.0	4.1	40.0	40.5	8.0
21.0	21.5	4.2	40.5	41.0	8.1
21.5	22.0	4.3	41.0	41.5	8.2
22.0	22.5	4.4	41.5	42.0	8.3
22.5	23.0	4.5	42.0	42.5	8.4
23.0	23.5	4.6	42.5	43.0	8.5
23.5	24.0	4.7	43.0	43.5	8.6
24.0	24.5	4.8	43.5	44.0	8.7
24.5	25.0	4.9	44.0	44.5	8.8
25.0	25.5	5.0	44.5	45.0	8.9

续表

最小壁厚 e_y min		公差 t_y	最小壁厚 e_y min		公差 t_y
>	≤		>	≤	
45.0	45.5	9.0	53.5	54.0	10.7
45.5	46.0	9.1	54.0	54.5	10.8
46.0	46.5	9.2	54.5	55.0	10.9
46.5	47.0	9.3	55.0	55.5	11.0
47.0	47.5	9.4	55.5	56.0	11.1
47.5	48.0	9.5	56.0	56.5	11.2
48.0	48.5	9.6	56.5	57.0	11.3
48.5	49.0	9.7	57.0	57.5	11.4
49.0	49.5	9.8	57.5	58.0	11.5
49.5	50.0	9.9	58.0	58.5	11.6
50.0	50.5	10.0	58.5	59.0	11.7
50.5	51.0	10.1	59.0	59.5	11.8
51.0	51.5	10.2	59.5	60.0	11.9
51.5	52.0	10.3	60.0	60.5	12.0
52.0	52.5	10.4	60.5	61.0	12.1
52.5	53.0	10.5	61.0	61.5	12.2
53.0	53.5	10.6			

(4)静液压强度(表7-84)。

表7-84 给水用聚乙烯管材的静液压强度

项　　目	环向应力,MPa			要　　求
	PE 63	PE 80	PE 100	
20℃静液压强度(100h)	8.0	9.0	12.4	不破裂,不渗漏
80℃静液压强度(165h)	3.5	4.6	5.5	不破裂,不渗漏
80℃静液压强度(1000h)	3.2	4.0	5.0	不破裂,不渗漏

(5)物理性能(表7-85)

表7-85 给水用聚乙烯管材的物理性能

项　　目		要　　求
断裂伸长率,%		≥350
纵向回缩率(110℃),%		≤3
氧化诱导时间(200℃),min		≥20
耐候性①(管材累计接受≥3.5GJ/m^2老化能量后)	80℃静液压强度(165h),试验条件同表7-82	不破裂,不渗漏
	断裂伸长率,%	≥350
	氧化诱导时间(200℃),min	≥10

① 仅适用于蓝色管材。

7.13 给水用低密度聚乙烯管材

1. 规格(表7-86)

表7-86 给水用低密度聚乙烯管材的规格尺寸及偏差

公称外径,mm	平均极限偏差,mm	公称压力,MPa					
		PN 0.25		PN 0.4		PN 0.6	
		公称壁厚,mm	极限偏差,mm	公称壁厚,mm	极限偏差,mm	公称壁厚,mm	极限偏差,mm
16	+0.3 0	0.8	+0.3 0	1.2	+0.4 0	1.8	+0.4 0
20	+0.3 0	1.0	+0.3 0	1.5	+0.4 0	2.2	+0.5 0
25	+0.3 0	1.2	+0.4 0	1.9	+0.4 0	2.7	+0.5 0
32	+0.3 0	1.6	+0.4 0	2.4	+0.5 0	3.5	+0.6 0
40	+0.4 0	1.9	+0.4 0	3.0	+0.5 0	4.3	+0.7 0
50	+0.5 0	2.4	+0.5 0	3.7	+0.6 0	5.4	+0.9 0
63	+0.6 0	3.0	+0.5 0	4.7	+0.8 0	6.8	+1.1 0
75	+0.7 0	3.6	+0.6 0	5.6	+0.9 0	8.1	+1.3 0
90	+0.9 0	4.3	+0.7 0	6.7	+1.1 0	9.7	+1.5 0
110	+1.0 0	5.3	+0.8 0	8.1	+1.3 0	11.8	+1.8 0

2. 要求

(1)颜色

管材颜色一般为黑色,其他颜色可由供需双方决定。

(2)外观

管材内外壁应光滑平整,不允许有气泡、裂纹、分解变色线及明显的沟槽、杂质等,管材切口应平整且与轴线垂直。

(3)压力折减系数

当管材在20℃以上40℃以下连续使用时,最大工作压力应按下式计算。

$$MOP = PN \times f_t \tag{7-2}$$

式中 MOP——管材的最大工作压力;

PN——管材的公称压力;

f_t——压力折减系数，可在表7-87中查取。

表7-87 给水用低密度聚乙烯管材的压力折减系数

温度，℃	压力折减系数
20	1.0
25	0.82
30	0.65
35	0.48
40	0.30

(4)物理力学性能(表7-88)

表7-88 给水用低密度聚乙烯管材的物理性能要求

项目				指标
密度，g/cm³			<	0.940
氧化诱导时间(190℃)，mm			≥	20
断裂伸长率，%			≥	350
纵向回缩率，%			≤	3
耐环境应力裂①				折弯处不合格数不超过10%
静液压强度	短期	20℃，6.9MPa环应力，1h		不破裂，不渗漏
	长期	70℃，2.5MPa环应力，100h		

① 公称外径≤32mm的灌溉用管材有此项要求。

7.14 埋地给水用聚丙烯管材

1. 材料

生产管材的材料，应为耐冲击聚丙烯树脂，其熔体质量流动速率MFR(230℃，2.16kg)≤2.3g/10min。

允许使用来自本厂的符合标准的回用料，不允许使用其他来源的材料(色母料除外)。

2. 分类(表7-89)

表7-89 埋地给水用聚丙烯管材的分类

分类方式	类别
按公称压力分	(1)0.4MPa——S16 (2)0.6MPa——S10 (3)0.8MPa——S8 (4)1.0MPa——S6.3
按用途分	(1)给水用管材 (2)灌溉用管材

3. 压力折减系数(表7-90)

表7-90　埋地给水用聚丙烯管材的压力折减系数

使用温度,℃	压力折减系数
20	1.0
30	0.88
40	0.64

4. 管材的规格尺寸与公称压力的关系(表7-91)

表7-91　埋地给水用聚丙烯管材的规格尺寸与公称压力

公称外径,mm	平均外径,mm		公称压力,MPa			
			PN 0.4	PN 0.6	PN 0.8	PN 1.0
	min	max	管系列			
			S16	S10	S8	S6.3
			公称壁厚,mm			
50	50.0	50.5	2.0	2.4	3.0	3.7
63	63.0	63.6	2.0	3.0	3.8	4.7
75	75.0	75.7	2.3	3.6	4.5	5.6
90	90.0	90.9	2.8	4.3	5.4	6.7
110	110.0	111.0	3.4	5.3	6.6	8.1
125	125.0	126.2	3.9	6.0	7.4	9.2
140	140	141.3	4.3	6.7	8.3	10.3
160	160	161.5	4.9	7.7	9.5	11.8
180	180	181.7	5.5	8.6	10.7	13.3
200	200	201.8	6.2	9.6	11.9	14.7
225	225	227.1	6.9	10.8	13.4	16.6
250	250	252.3	7.7	11.9	14.8	18.4

注:1. 公称压力PN为管材在20℃时的工作压力;
2. 管系列S由设计应力与公称压力之比得出。

5. 壁厚偏差(表7-92)

表7-92　埋地给水用聚丙烯管材的壁厚偏差　mm

公称壁厚	允许偏差	公称壁厚	允许偏差
>2.0~3.0	+0.5 0	>4.0~4.6	+0.7 0
>3.0~4.0	+0.6 0	>4.6~6.0	+0.8 0

续表

公称壁厚	允许偏差	公称壁厚	允许偏差
>6.0~6.6	+0.9 0	>12.6~14.0	+1.6 0
>6.6~8.0	+1.0 0	>14.0~14.6	+1.7 0
>8.0~8.6	+1.1 0	>14.6~16.0	+1.8 0
>8.6~10.0	+1.2 0	>16.0~17.0	+1.9 0
>10.0~10.6	+1.3 0	>17.0~18.0	+2.0 0
>10.6~12.0	+1.4 0	>18.0~18.5	+2.1 0
>12.0~12.6	+1.5 0		

6. 外观要求

管材一般为本色,其他颜色可由供需双方决定。

管材的色泽应基本一致。

管材的内外表面应光滑、平整,无凹陷、气泡、杂质和其他影响性能的表面缺陷。管材端面应切割平整与轴线垂直。

管材长度一般为4m、6m,也可由供需双方决定。长度不允许出现负偏差。

7.15 硬聚氯乙烯双壁波纹管材

1. 材料

生产管材所用的材料应以聚氯乙烯(PVC)树脂为主,其中可加入为提高管材加工性能和物理力学性能的添加剂。允许使用符合标准的本厂清洁回用料。

2. 分类

管材按环刚度分类,见表7-93。

表7-93 硬聚氯乙烯双壁波纹管材的分类 kN/m^2

级别	SN 2	SN 4	SN 8	SN 16
环刚度	2	4	8	16

注:仅在外径≥500mm的管材中允许有SN 2级。

3. 外观要求

管材内外层应色泽均匀,颜色由供需双方协商确定。

管材内外壁不应有气泡、裂口、分解变色线及明显的杂质和不规则波纹。管材内壁应光滑,端面应平整并与轴线垂直。

管材波谷区内外壁应紧密熔接,不应出现脱开现象。

4. 规格

管材有效长度一般为6m,其他长度可由供需双方确定,管材长度不应有负偏差。

内径系列管材的尺寸应符合表7-94,且承口最小平均内径应不小于管材的最大平均外径。

表7-94 内径系列管材的尺寸

mm

公称内径	最小平均内径	最小层压壁厚	最小内层壁厚	最小承口结合长度
100	95	1.0	—	32
125	120	1.2	1.0	38
150	145	1.3	1.0	43
200	195	1.5	1.1	54
225	220	1.7	1.4	55
250	245	1.8	1.5	59
300	294	2.0	1.7	64
400	392	2.5	2.3	74
500	490	3.0	3.0	85
600	588	3.5	3.5	96
800	785	4.5	4.5	118
1000	985	5.0	5.0	140

外径系列管材的尺寸应符合表7-95,且承口最小平均内径应不小于管材的最大平均外径。

表7-95 外径系列管材的尺寸

mm

公称外径	最小平均外径	最大平均外径	最小平均内径	最小层压壁厚	最小内层壁厚	最小承口结合长度
63	62.6	63.3	54	0.5	—	32
75	74.5	75.3	65	0.6	—	32
90	89.4	90.3	77	0.8	—	32
(100)	99.4	100.4	93	0.8	—	32
110	109.4	110.4	97	1.0	—	32
125	124.3	125.4	107	1.1	1.0	35
160	159.1	160.5	135	1.2	1.0	42
200	198.8	200.6	172	1.4	1.1	50
250	248.5	250.8	216	1.7	1.4	55
280	278.3	280.9	243	1.8	1.5	58
315	313.2	316.0	270	1.9	1.6	62
400	397.6	401.2	340	2.3	2.0	70
450	447.3	451.4	383	2.5	2.4	75
500	497.0	501.5	432	2.8	2.8	80
630	626.3	631.9	540	3.3	3.3	93
710	705.7	712.2	614	3.8	3.8	101
800	795.2	802.4	680	4.1	4.1	110
1000	994.0	1003.0	854	5.0	5.0	130

5. 物理力学性能(表 7-96)

表 7-96 硬聚氯乙烯双壁波纹管材的物理力学性能

项目		指标
环刚度,kN/m^2	SN 2	≥2
	SN 4	≥4
	SN 8	≥8
	SN 16	≥16
冲击性能		TIR≤10%
环柔性		试样圆滑,无反向弯曲,无破裂,两壁无脱开
烘箱试验		无分层,无开裂
蠕变化率		≤2.5
连接密封性试验		无破裂,无渗漏
静液压试验①		三个试样均无破裂、无渗漏

① 当用于低压输水灌溉时应进行此项试验。

7.16 建筑排水用硬聚氯乙烯管材

1. 材料

生产管材的原料为硬聚氯乙烯(PVC—U)混配料。混配料应以聚氯乙烯(PVC)树脂为主,加入为生产符合本部分要求的管材所必需的添加剂,添加剂应分散均匀。

生产管材的原料中聚氯乙烯树脂质量百分含量不宜低于 80%。

允许使用本厂产生的清洁回用料。

2. 产品分类

管材按连接形式不同分为胶粘型连接型管材和弹性密封圈连接型管材。

3. 要求

(1)外观

管材内外壁应光滑,不允许有气泡、裂口和明显的痕纹、凹陷、色泽不均及分解变色线。管材两端面应切割平整并与轴线垂直。

(2)颜色

管材一般为灰色或白色,其他颜色可由供需双方协商确定。

(3)规格尺寸

1)管材平均外径、壁厚,见表 7-97。

表 7-97　建筑排水用硬聚氯乙烯管材的平均外径、壁厚　mm

公称外径	平均外径		壁厚	
	最小平均外径	最大平均外径	最小壁厚	最大壁厚
32	32.0	32.2	2.0	2.4
40	40.0	40.2	2.0	2.4
50	50.0	50.2	2.0	2.4
75	75.0	75.3	2.3	2.7
90	90.0	90.3	3.0	3.5
110	110.0	110.3	3.2	3.8
125	125.0	125.3	3.2	3.8
160	160.0	160.4	4.0	4.6
200	200.0	200.5	4.9	5.6
250	250.0	250.5	6.2	7.0
315	315.0	315.6	7.8	8.6

2）管材长度一般为 4m 或 6m，其他长度由供需双方协商确定，管材长度不允许有负偏差。

3）管材不圆度应不大于 0.024 倍公称外径。

4）管材弯曲度应不大于 0.50%。

5）管材承口尺寸。

胶粘剂粘接型管材承口尺寸应符合表 7-98 规定。

表 7-98　胶粘剂粘接型管材承口尺寸　mm

公称外径	承口中部平均内径		承口深度
	最小	最大	
32	32.1	32.4	22
40	40.1	40.4	25
50	50.1	50.4	25
75	75.2	75.5	40
90	90.2	90.5	46
110	110.2	110.6	48
125	125.2	125.7	51
160	160.3	160.8	58
200	200.4	200.9	60
250	250.4	250.9	60
315	315.5	316.0	60

弹性密封圈连接型管材承口尺寸应符合表7-99规定。

表7-99 弹性密封圈连接型管材承口尺寸 mm

公称外径	承口端部平均内径	承口配合深度
32	32.3	16
40	40.3	18
50	50.3	20
75	75.4	25
90	90.4	28
110	110.4	32
125	125.4	35
160	160.5	42
200	200.6	50
250	250.8	55
315	316.0	62

4. 物理力学性能(表7-100)

表7-100 建筑排水用硬聚氯乙烯管材的物理力学性能

项目	要求
密度,kg/m^3	1350～1550
维卡软化温度(VST),℃	≥79
纵向回缩率,%	≤5
二氯甲烷浸渍试验	表面变化不劣于4L
拉伸屈服强度,MPa	≥40
落锤冲击试验TIR	TIR≤10%

7.17 建筑排水用硬聚氯乙烯管件

1. 材料

生产管件的原料为硬聚氯乙烯(PVC—U)混配料。混配料应以聚氯乙烯(PVC)树脂为主,加入为生产符合标准的管件所必需的添加剂。添加剂应分散均匀。

管件混配料中聚氯乙烯(PVC)树脂的质量百分数含量宜不低于85%。

允许使用本厂的清洁回用料。

2. 产品分类

管件按连接形式不同分为胶粘剂连接型管件和弹性密封圈连接型管件。

3. 外观

管件一般为灰色和白色,其他颜色可由供需双方商定。

管件内外壁应光滑,不允许有气泡、裂口和明显的痕纹、凹陷、色泽不均及分解变色线。管件应完整无缺损,浇口及溢边应修除平整。

4. 规格尺寸

(1)壁厚

管件承口部位以外的主体壁厚不应小于同规格管材的壁厚。

允许异径管件过渡部分的壁厚从一个尺寸渐变到另一个尺寸,但其余部分的壁厚应符合相应的规定。

型芯偏移的情况下,允许管件最薄处壁厚比相应的规定值减少5%,但同一截面上两个相对壁厚的平均值应不小于相应的规定值。

1)胶粘剂连接型管件的承口壁厚应不小于管件承口部分以外的主体壁厚的75%。

2)弹性密封圈连接型管件的承口壁厚应不小于管件承口部位以外的主体壁厚的90%,密封环槽处的壁厚应不小于管件承口部位以外的主体壁厚的75%。

(2)管件的承口和插口的直径和长度

1)胶粘剂连接型管件承口的插口的直径和长度,见表7-101。

表7-101　胶粘剂连接型管件承口的插口的直径和长度　mm

公称外径	插口的平均外径		承口中部平均外径		承口深度和插口长度
	最　小	最　大	最　小	最　大	
32	32.0	32.2	32.1	32.4	22
40	40.0	40.2	40.1	40.4	25
50	50.0	50.2	50.1	50.4	25
75	75.0	75.3	75.2	75.5	40
90	90.0	90.3	90.2	90.5	46
110	110.0	110.3	110.2	110.6	48
125	125.0	125.3	125.2	125.7	51
160	160.0	160.4	160.3	160.8	58
200	200.0	200.5	200.4	200.9	60
250	250.0	250.5	250.4	250.9	60
315	315.0	315.6	315.5	316.0	60

注:沿承口深度方向允许有不大于30′脱模所必需的锥度。

2)弹性密封圈连接型管件承口和插口的直径和长度,见表7-102。

表 7-102 弹性密封圈连接型管件承口和插口的直径和长度 mm

公称外径	插口的平均外径		承口端部平均内径	承口配合深度和插口长度	
	最 小	最 大		配合长度,最小	承口深度,最小
32	32.0	32.2	32.3	16	42
40	40.0	40.2	40.3	18	44
50	50.0	50.2	50.3	20	46
75	75.0	75.3	75.4	25	51
90	90.0	90.3	90.4	28	56
110	110.0	110.3	110.4	32	60
125	125.0	125.3	125.4	35	67
160	160.0	160.4	160.5	42	81
200	200.0	200.5	200.6	50	99
250	250.0	250.5	250.8	55	125
315	315.0	315.6	316.0	62	132

5. 物理力学性能(表 7-103)

表 7-103 建筑排水用硬聚氯乙烯管件的物理力学性能

项 目	要 求
密度,kg/m³	1350~1550
维卡软化温度,℃	≥74
烘箱试验	符合 GB/T 8803 的规定
坠落试验	无破裂

7.18 无压埋地排污、排水用硬聚氯乙烯管材

1. 产品分类(表 7-104)

表 7-104 无压埋地排污、排水用硬聚氯乙烯管材的分类

分 类 方 式	类 别
按连接形式分	(1)弹性密封圈连接管材 (2)胶粘剂粘接连接管材
按公称环刚度分	SN 2、SN 4 和 SN 8 三级

2. 外观要求

1)管材颜色应均匀一致。颜色由供需双方协商确定。

2)管材内外壁应光滑,不允许有气泡、裂纹、凹陷及分解变色线。管材端部应切割平整并应与轴线垂直。

3. 规格尺寸

(1)长度

管材长度一般为4m、6m,或由供需双方协商确定,长度不允许有负偏差。

带承口的管材长度以有效长度表示。

(2)平均外径

平均外径 d_{em}应符合表7-105的规定。

表7-105 无压埋地排污、排水用硬聚氯乙烯管材的平均外径与壁厚 mm

公称外径① d_n	平均外径 d_{em}		壁厚					
			SN2 SDR51		SN4 SDR41		SN8 SDR34	
	min	max	e min	e_m max	e min	e_m max	e min	e_m max
110	110.0	110.3	—	—	3.2	3.8	3.2	3.8
125	125.0	125.3	—	—	3.2	3.8	3.7	4.3
160	160.0	160.4	3.2	3.8	4.0	4.6	4.7	5.4
200	200.0	200.5	3.9	4.5	4.9	5.6	5.9	6.7
250	250.0	250.5	4.9	5.6	6.2	7.1	7.3	8.3
315	315.0	315.6	6.2	7.1	7.7	8.7	9.2	10.4
(355)	355.0	355.7	7.0	7.9	8.7	9.8	10.4	11.7
400	400.0	400.7	7.9	8.9	9.8	11.0	11.7	13.1
(450)	450.0	450.8	8.8	9.9	11.0	12.3	13.2	14.8
500	500.0	500.9	9.8	11.0	12.3	13.8	14.6	16.3
630	630.0	631.1	12.3	13.8	15.4	17.2	18.4	20.5
(710)	710.0	711.2	13.9	15.5	17.4	19.4	—	—
800	800.0	801.3	15.7	17.5	19.6	21.8	—	—
(900)	900.0	901.5	17.6	19.6	22.0	24.4	—	—
1000	1000.0	1001.6	19.6	21.8	24.5	27.2	—	—

① 括号内为非优选尺寸。

(3)不圆度

不圆度在生产后立即测量,应不大于0.024d_n。

(4)倒角

若有倒角,倒角应与管材轴线呈15°~45°之间的夹角。

管材端部剩余壁厚应至少为e_{min}的三分之一。

(5)壁厚

壁厚e应符合表7-105的规定,任意点最大壁厚允许达到1.2e_{min},但应使平均壁厚e_m小于或等于$e_{m,max}$的规定。

(6)承口和插口尺寸

1)弹性密封圈连接承口和插口尺寸。

弹性密封圈基本尺寸应符合表7-106的规定(见图7-8、图7-9或图7-10)。

当密封圈被紧密固定时,A的最小值和C的最大值应通过有效密封点(见图7-9)测量。有效密封点由生产商规定以确保足够的密封区域。

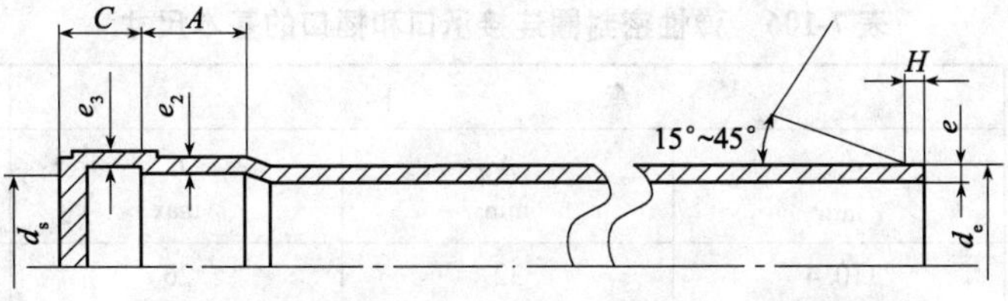

图 7-8 弹性密封圈连接承口和插口示意图

d_s—管材承口内径；d_e—管材外径；e—管材壁厚；e_2—承口处壁厚；e_3—密封槽处壁厚；A—承插长度；C—密封区长度；H—倒角宽度

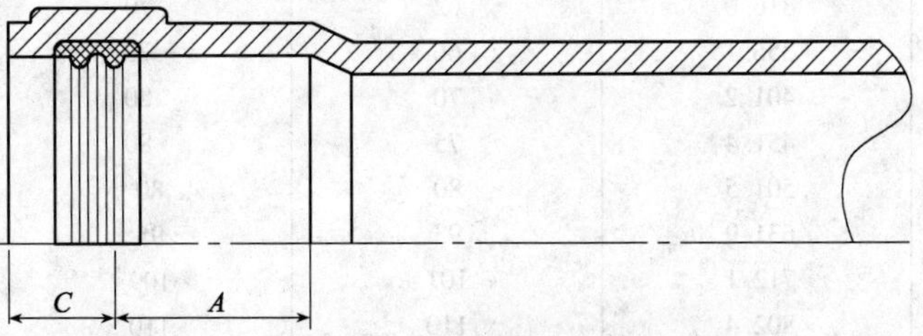

图 7-9 有效密封点测量示意图

A—承插长度；C—密封区长度

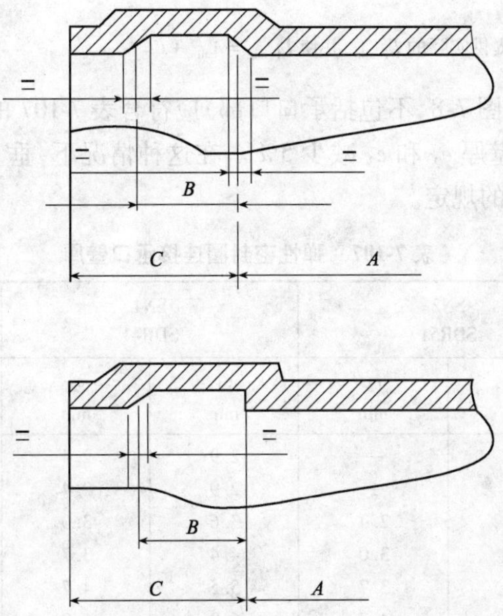

图 7-10 弹性密封圈承口密封槽设计类型示意图

A—承插长度；B—密封槽宽度；C—密封区长度

表 7-106 弹性密封圈连接承口和插口的基本尺寸 mm

公称外径① d_n	承口			插口
	d_{sm} min	A min	C max	H②
110	110.4	32	26	6
125	125.4	35	26	6
160	160.5	42	32	7
200	200.6	50	40	9
250	250.8	55	70	9
315	316.0	62	70	12
(355)	356.1	66	70	13
400	401.2	70	80	15
(450)	451.4	75	80	17
500	501.5	80	80③	18
630	631.9	93	95③	23
(710)	712.1	101	109③	28
800	802.4	110	110③	32
(900)	902.7	120	125③	36
1000	1003.0	130	140③	41

① 括号内为非优选尺寸；
② 倒角角度约为 15°；
③ 允许高于 C 值，生产商应提供实际的 $L_{1,min}$，并使 $L_{1,min}=A_{min}+C$。

承口壁厚 e_2 和 e_3（见图 7-8，不包括承口口部）应符合表 7-107 的规定。

由于型芯偏移，允许壁厚 e_2 和 e_3 减少 5%。在这种情况下，垂直相对两点壁厚的平均值应等于或大于表 7-107 中的规定。

表 7-107 弹性密封圈连接承口壁厚 mm

公称外径① d_n	SN2 SDR51		SN4 SDR41		SN8 SDR34	
	e_2 min	e_3 min	e_2 min	e_3 min	e_2 min	e_3 min
110	—	—	2.9	2.4	2.9	2.4
125	—	—	2.9	2.4	3.4	2.8
160	2.9	2.4	3.6	3.0	4.3	3.6
200	3.6	3.0	4.4	3.7	5.4	4.5
250	4.5	3.7	5.5	4.7	6.6	5.5
315	5.6	4.7	6.9	5.8	8.3	6.9
(355)	6.3	5.3	7.8	6.6	9.4	7.8
400	7.1	6.0	8.8	7.4	10.6	8.8
(450)	8.0	6.6	9.9	8.3	11.9	9.9
500	8.9	7.4	11.1	9.3	13.2	11.0
630	11.1	9.3	13.9	11.6	16.6	13.8
(710)	12.6	10.5	15.7	13.1	—	—
800	14.1	11.8	17.7	14.7	—	—
(900)	16.0	13.2	19.8	16.5	—	—
1000	17.8	14.7	22.0	18.4	—	—

① 括号内为非优选尺寸。

2)胶粘剂粘接型承口和插口尺寸。

胶粘剂粘接型承口和插口(见图7-11)的基本尺寸应符合表7-108的规定。

表7-108 胶粘剂粘接型承口和插口的基本尺寸 mm

公称外径① d_n	承口①			插口
	d_{sm}		L_2	H②
	min	max	min	
110	110.2	110.6	48	6
125	125.2	125.7	51	6
160	160.3	160.8	58	7
200	200.4	200.9	66	9

① 承口长度测量到承口根部;
② 倒角角度约为15°。

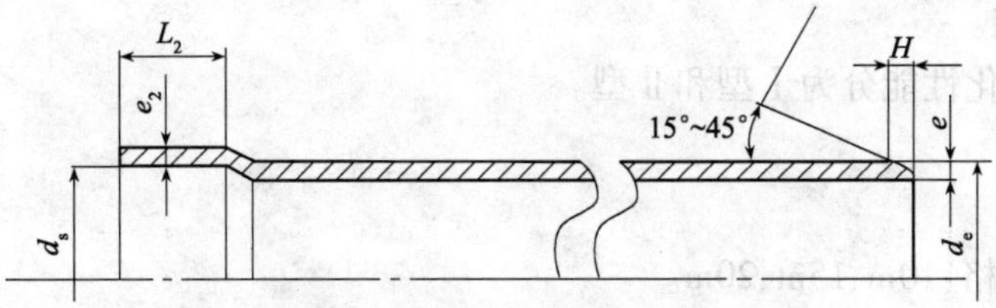

图7-11 胶粘剂粘接型承口和插口的基本尺寸
d_s—管材承口内径;d_e—管材外径;e—管材壁厚;
e_2—承口处壁厚;L_2—胶粘剂粘接型承口长度;H—倒角宽度

制造商应声明承口是锥形的还是平行的。若为平行或近似平行的,承口平均内径d_{sm}应适用于承口全长。若承口为锥形的,d_{sm}的值应为承口中径处测量,相对于管材轴线的最大锥角应为20′。

3)承口壁厚e_2(见图7-11)应符合表7-108的规定。

4. 物理力学性能(表7-109)

表7-109 无压埋地排污、排水用硬聚氯乙烯管材的物理力学性能要求

项目		单位	技术指标
密度		g/cm³	≤1.55
环刚度	SN2	kN/m²	≥2
	SN4		≥4
	SN8		≥8
落锤冲击(TIR)		%	≤10
维卡软化温度		℃	≥79
纵向回缩率		%	≤5,管材表面应无气泡和裂纹
二氯甲烷浸渍		—	表面无变化

8 防 水 材 料

8.1 聚氯乙烯防水卷材

1. 分类

聚氯乙烯防水卷材按有无复合层分类，无复合层的为N类、用纤维单面复合的为L类、织物内增强的为W类。

每类产品按理化性能分为Ⅰ型和Ⅱ型。

2. 规格

1）卷材长度规格：10m、15m、20m。

2）厚度规格：1.2mm、1.5mm、2.0mm。

3）其他长度、厚度规格可由供需双方商定，厚度规格不得小于1.2mm。

3. 技术要求

（1）尺寸偏差

长度、宽度不小于规定值的99.5%。

厚度偏差和最小单值见表8-1。

表8-1　聚氯乙烯防水卷材的厚度偏差和最小单值　mm

厚　度	允许偏差	最小单值
1.2	±0.10	1.00
1.5	±0.15	1.30
2.0	±0.20	1.70

（2）外观

1）卷材的接头不多于一处，其中较短的一段长度不少于1.5m，接头应剪切整齐，并加长150mm。

2）卷材表面应平整、边缘整齐，无裂纹、孔洞、粘结、气泡和疤痕。

（3）理化性能

1）N类无复合层的聚氯乙烯防水卷材理化性能应符合表8-2规定。

表 8-2 N 类无复合层的聚氯乙烯防水卷材理化性能

项目			Ⅰ型	Ⅱ型
拉伸强度,MPa		≥	8.0	12.0
断裂伸长率,%		≥	200	250
热处理尺寸变化率,%		≤	3.0	2.0
低温弯折性			-20℃无裂纹	-25℃无裂纹
抗穿孔性			不透水	
不透水性			不透水	
剪切状态下的粘合性,N/mm		≥	3.0 或卷材破坏	
热老化处理	外观		无起泡、裂纹、粘结和孔洞	
	拉伸强度变化率,%		±25	±20
	断裂伸长率变化率,%			
	低温弯折性		-15℃无裂纹	-20℃无裂纹
耐化学侵蚀	拉伸强度变化率,%		±25	±20
	断裂伸长率变化率,%			
	低温弯折性		-15℃无裂纹	-20℃无裂纹
人工气候加速老化	拉伸强度变化率,%		±25	±20
	断裂伸长率变化率,%			
	低温弯折性		-15℃无裂纹	-20℃无裂纹

注:非外露使用可以不考核人工气候加速老化性能。

2)L 类纤维单面复合及 W 类织物内增强的聚氯乙烯防水卷材应符合表 8-3 的规定。

表 8-3 L 类纤维单面复合及 W 类织物内增强的聚氯乙烯防水卷材理化性能

项目			Ⅰ型	Ⅱ型
拉力,N/cm		≥	100	160
断裂伸长率,%		≥	150	200
热处理尺寸变化率,%		≤	1.5	1.0
低温弯折性			-20℃无裂纹	-25℃无裂纹
抗穿孔性			不透水	
不透水性			不透水	
剪切状态下的粘合性,N/mm ≥	L 类		3.0 或卷材破坏	
	W 类		6.0 或卷材破坏	
热老化处理	外观		无起泡、裂纹、粘结和孔洞	
	拉力变化率,%		±25	±20
	断裂伸长率变化率,%			
	低温弯折性		-15℃无裂纹	-20℃无裂纹
耐化学侵蚀	拉力变化率,%		±25	±20
	断裂伸长率变化率,%			
	低温弯折性		-15℃无裂纹	-20℃无裂纹
人工气候加速老化	拉力变化率,%		±25	±20
	断裂伸长率变化率,%			
	低温弯折性		-15℃无裂纹	-20℃无裂纹

注:非外露使用可以不考核人工气候加速老化性能。

8.2 氯化聚乙烯防水卷材

1. 分类

氯化聚乙烯防水卷材按有无复合层分类,无复合层的为N类、用纤维单面复合的为L类、织物内增强的为W类。

每类产品按理化性能分为Ⅰ型和Ⅱ型。

2. 规格

1)卷材长度规格:10m、15m、20m。

2)厚度规格:1.2mm、1.5mm、2.0mm。

3)其他长度、厚度规格可由供需双方商定,厚度规格不得小于1.2mm。

3. 技术要求

(1)尺寸偏差

长度、宽度不小于规定值的99.5%。

厚度偏差和最小单值见表8-4。

表8-4 氯化聚乙烯防水卷材的厚度偏差和最小单值 mm

厚度	允许偏差	最小单值
1.2	±0.10	1.00
1.5	±0.15	1.30
2.0	±0.20	1.70

(2)外观

1)卷材的接头不多于一处,其中较短的一段长度不少于1.5m,接头应剪切整齐,并加长150mm。

2)卷材表面应平整、边缘整齐,无裂纹、孔洞、粘结、不应有明显气泡、疤痕。

(3)理化性能

1)N类无复合层的氯化聚乙烯防水卷材理化性能应符合表8-5规定。

表8-5 N类无复合层的氯化聚乙烯防水卷材理化性能

项目		Ⅰ型	Ⅱ型
拉伸强度,MPa	≥	5.0	8.0
断裂伸长率,%	≥	200	300
热处理尺寸变化率,%	≤	3.0	纵向2.5 横向1.5
低温弯折性		-20℃无裂纹	-25℃无裂纹
抗穿孔性		不渗水	
不透水性		不透水	
剪切状态下的粘合性,N/mm	≥	3.0或卷材破坏	

续表

项目		Ⅰ型	Ⅱ型
热老化处理	外观	无起泡、裂纹、粘结与孔洞	
	拉伸强度变化率,%	+50 -20	±20
	断裂伸长率变化率,%	+50 -30	±20
	低温弯折性	-15℃无裂纹	-20℃无裂纹
耐化学侵蚀	拉伸强度变化率,%	±30	±20
	断裂伸长率变化率,%	±30	±20
	低温弯折性	-15℃无裂纹	-20℃无裂纹
人工气候加速老化	拉伸强度变化率,%	+50 -20	±20
	断裂伸长率变化率,%	+50 -30	±20
	低温弯折性	-15℃无裂纹	-20℃无裂纹

注:非外露使用可以不考核人工气候加速老化性能。

2)L类纤维单面复合及W类织物内增强的氯化聚乙烯防水卷材应符合表8-6的规定。

表8-6 L类纤维单面复合及W类织物内增强的氯化聚乙烯防水卷材理化性能

项目			Ⅰ型	Ⅱ型
拉力,N/cm		≥	70	120
断裂伸长率,%		≥	125	250
热处理尺寸变化率,%		≤	1.0	
低温弯折性			-20℃无裂纹	-25℃无裂纹
抗穿孔性			不渗水	
不透水性			不透水	
剪切状态下的粘合性,N/mm ≥	L类		3.0或卷材破坏	
	W类		6.0或卷材破坏	
热老化处理	外观		无起泡、裂纹、粘结与孔洞	
	拉力,N/cm	≥	55	100
	断裂伸长率,%	≥	100	200
	低温弯折性		-15℃无裂纹	-20℃无裂纹
耐化学侵蚀	拉力,N/cm	≥	55	100
	断裂伸长率,%	≥	100	200
	低温弯折性		-15℃无裂纹	-20℃无裂纹
人工气候加速老化	拉力,N/cm	≥	55	100
	断裂伸长率,%	≥	100	200
	低温弯折性		-15℃无裂纹	-20℃无裂纹

注:非外露使用可以不考核人工气候加速老化性能。

8.3 氯化聚乙烯—橡胶共混防水卷材

1. 产品分类

(1)类型

按物理力学性能分为S型、N型两种类型。

(2)规格

厚度:1.0mm、1.2mm、1.5mm、2.0mm。

宽度:1000mm、1100mm、1200mm。

长度:20m。

2. 技术要求

(1)外观质量

1)表面平整,边缘整齐。

2)表面缺陷应不影响防水卷材使用,并符合表8-7规定。

表8-7 氯化聚乙烯—橡胶共混防水卷材的外观质量

项目	外观质量要求
折痕	每卷不超过2处,总长不大于20mm
杂质	不允许有大于0.5mm颗粒
胶块	每卷不超过6处,每处面积不大于4 mm^2
缺胶	每卷不超过6处,每处不大于7 mm^2,深度不超过卷材厚度的30%
接头	每卷不超过1处,短段不得少于3000mm,并应加长150mm备作搭接

(2)尺寸偏差(表8-8)

表8-8 氯化聚乙烯—橡胶共混防水卷材的尺寸偏差

厚度允许偏差,%	宽度与长度允许偏差
+15 -10	不允许出现负值

(3)物理力学性能(表8-9)

表8-9 氯化聚乙烯—橡胶共混防水卷材的物理力学性能

项目		指标	
		S型	N型
拉伸强度,MPa	≥	7.0	5.0
断裂伸长率,%	≥	400	250
直角形撕裂强度,kN/m	≥	24.5	20.0
不透水性,30min		0.3MPa 不透水	0.2MPa 不透水

续表

项目			指标	
			S型	N型
热老化保持率（80℃±2℃,168h）	拉伸强度,%	≥	80	
	断裂伸长率,%	≥	70	
脆性温度		≤	-40℃	-20℃
臭氧老化500pphm,168h×40℃,静态			伸长率40% 无裂纹	伸长率20% 无裂纹
粘结剥离强度（卷材与卷材）	kN/m	≥	2.0	
	浸水168h,保持率,%	≥	70	
热处理尺寸变化率,%		≤	+1	+2
			-2	-4

8.4 塑性体改性沥青防水卷材

1. 分类

(1)类型(表8-10)

表8-10 塑料体改性沥青防水卷材的类型

分类方式	类别
按胎基分	(1)聚酯毡(PY) (2)玻纤毡(G) (3)玻纤增强聚酯毡(PYG)
按上表面材料分	(1)聚乙烯膜(PE) (2)细砂(S) (3)矿物粒料(M)
按材料性能分	Ⅰ型和Ⅱ型

(2)规格

1)卷材公称宽度为1000mm。

2)聚酯毡卷材公称厚度为3mm、4mm、5mm。

3)玻纤毡卷材公称厚度为3mm、4mm。

4)玻纤增强聚酯毡卷材公称厚度为5mm。

5)每卷卷材公称面积分为15m^2、10m^2和7.5m^2。

(3)用途

1)塑性体改性沥青防水卷材适用于工业与民用建筑的屋面和地下防水工程。

2)玻纤增强聚酯毡卷材可用于机械固定单层防水,但需通过抗风荷载试验。

3)玻纤毡卷材适用于多层防水中的底层防水。

4)外露使用应采用上表面隔离材料为不透明的矿物粒料的防水卷材。

5)地下工程防水应采用表面隔离材料为细砂的防水卷材。

2. 技术要求

(1)单位面积质量、面积及厚度(表8-11)

表8-11 塑料体改性沥青防水卷材的卷重、面积及厚度

规格(公称厚度),mm		3			4			5		
上表面材料		PE	S	M	PE	S	M	PE	S	M
下表面材料		PE	PE、S		PE	PE、S		PE	PE、S	
面积,m^2/卷	公称面积	10、15			10、7.5			7.5		
	偏差	±0.10			±0.10			±0.10		
单位面积质量,kg/m^2	≥	3.3	3.5	4.0	4.3	4.5	5.0	5.3	5.5	6.0
厚度,mm	平均值≥	3.0			4.0			5.0		
	最小单值	2.7			3.7			4.7		

(2)外观

1)成卷卷材应卷紧卷齐,端面里进外出不得超过10mm。

2)成卷卷材在4~60℃任一产品温度下展开,在距卷芯1000mm长度外不应有10mm以上的裂纹或粘结。

3)胎基应浸透,不应有未被浸渍处。

4)卷材表面应平整,不允许有孔洞、缺边和裂口、疙瘩,矿物粒料粒度应均匀一致并紧密地粘附于卷材表面。

5)每卷卷材接头处不应超过1个,较短的一段不应少于1000mm,接头应剪切整齐,并加长150mm。

(3)材料性能(表8-12)

表8-12 塑料体改性沥青防水卷材的材料性能

项目		指标				
		I		II		
		PY	G	PY	G	PYG
可溶物含量(g/m^2) ≥	3mm	2100				—
	4mm	2900				—
	5mm	3500				
	试验现象	—	胎基不燃	—	胎基不燃	—
耐热性	℃	110		130		
	≤mm	2				
	试验现象	无流淌、滴落				
低温柔性,℃		−7		−15		
		无裂缝				
不透水性30min		0.3MPa	0.2MPa	0.3MPa		

续表

项目			指标				
			Ⅰ		Ⅱ		
			PY	G	PY	G	PYG
拉力	最大峰拉力,N/50mm	≥	500	350	800	500	900
	次高峰拉力,N/50mm	≥	—	—	—	—	800
	试验现象		拉伸过程中,试件中部无沥青涂盖层开裂或与胎基分离现象				
延伸率	最大峰时延伸率,%	≥	25	—	40	—	—
	第二峰时延伸率,%	≥	—		—		15
浸水后质量增加,%	≤	PE/S	1.0				
		M	2.0				
热老化	拉力保持率,%	≥	90				
	延伸率保持率,%	≥	80				
	低温柔性,℃		-2		-10		
			无裂缝				
	尺寸变化率,%	≤	0.7	—	0.7	—	0.3
	质量损失,%	≤	1.0				
接缝剥离强度,N/mm		≥	1.0				
钉杆撕裂强度①,N		≥	—				300
矿物粒料粘附性②,g		≤	2.0				
卷材下表面沥青涂盖层厚度③,mm		≥	1.0				
人工气候加速老化	外观		无滑动、流淌、滴落				
	拉力保持率,%	≥	80				
	低温柔性,℃		-2		-10		
			无裂缝				

① 仅适用于单层机械固定施工方式卷材。
② 仅适用于矿物粒料表面的卷材。
③ 仅适用于热熔施工的卷材。

8.5　弹性体改性沥青防水卷材

1. 分类

(1)类型(表8-13)

表8-13　塑料体改性沥青防水卷材的类型

分类方式	类别
按胎基分	(1)聚酯毡(PY) (2)玻纤毡(G) (3)玻纤增强聚酯毡(PYG)

续表

分类方式	类别
按上表面材料分	(1)聚乙烯膜(PE) (2)细砂(S) (3)矿物粒料(M)
按材料性能分	Ⅰ型和Ⅱ型

(2)规格

1)卷材公称宽度为1000mm。

2)聚酯毡卷材公称厚度为3mm、4mm、5mm。

3)玻纤毡卷材公称厚度为3mm、4mm。

4)玻纤增强聚酯毡卷材公称厚度为5mm。

5)每卷卷材公称面积分为$15m^2$、$10m^2$和$7.5m^2$。

(3)用途

1)弹性体改性沥青防水卷材适用于工业与民用建筑的屋面和地下防水工程。

2)玻纤增强聚酯毡卷材可用于机械固定单层防水,但需通过抗风荷载试验。

3)玻纤毡卷材适用于多层防水中的底层防水。

4)外露使用应采用上表面隔离材料为不透明的矿物粒料的防水卷材。

5)地下工程防水应采用表面隔离材料为细砂的防水卷材。

2. 技术要求

(1)单位面积质量、面积及厚度(表8-14)

表8-14 单位面积质量、面积及厚度

规格公称厚度,mm		3			4			5		
上表面材料		PE	S	M	PE	S	M	PE	S	M
下表面材料		PE	PE、S		PE	PE、S		PE	PE、S	
面积,m^2/卷	公称面积	10、15			10、7.5			7.5		
	偏差	±0.10			±0.10			±0.10		
单位面积质量,kg/m^2 ≥		3.3	3.5	4.0	4.3	4.5	5.0	5.3	5.5	6.0
厚度,mm	平均值≥	3.0			4.0			5.0		
	最小单值	2.7			3.7			4.7		

(2)外观

1)成卷卷材应卷紧卷齐,端面里进外出不得超过10mm。

2)成卷卷材在4~50°任一产品温度下展开,在距卷芯1000mm长度外不应有10mm以上的裂纹或粘结。

3)胎基应浸透,不应有未被浸渍处。

4）卷材表面应平整，不允许有孔洞、缺边和裂口、疙瘩，矿物粒料粒度应均匀一致并紧密地粘附于卷材表面。

5）每卷卷材接头处不应超过1个，较短的一段不应少于1000mm，接头应剪切整齐，并加长150mm。

（3）材料性能（表8-15）

表8-15 弹性体改性沥青防水卷材的材料性能

项目			指标 I PY	指标 I G	指标 II PY	指标 II G	指标 II PYG
可溶物含量，g/m² ≥	3mm		2100				—
	4mm		2900				—
	5mm		3500				
	试验现象		—	胎基不燃	—	胎基不燃	—
耐热性	℃		90		105		
	≤mm		2				
	试验现象		无流淌、滴落				
低温柔性，℃			-20		-25		
			无裂缝				
不透水性30min			0.3MPa	0.2MPa	0.3MPa		
拉力	最大峰拉力，N/50mm	≥	500	350	800	500	900
	次高峰拉力，N/50mm	≥	—	—	—	—	800
	试验现象		拉伸过程中，试件中部无沥青涂盖层开裂或与胎基分离现象				
延伸率	最大峰时延伸率，%	≥	30	—	40	—	—
	第二峰时延伸率，%	≥	—		—		15
浸水后质量增加，%	≤	PE/S	1.0				
		M	2.0				
热老化	拉力保持率，%	≥	90				
	延伸率保持率，%	≥	80				
	低温柔性，℃		-15		-20		
			无裂缝				
	尺寸变化率，%	≤	0.7	—	0.7	—	0.3
	质量损失，%	≤	1.0				
渗油性	张数	≤	2				
接缝剥离强度，N/mm		≥	1.5				
钉杆撕裂强度①，N		≥	—				300
矿物粒料粘附性②，g		≤	2.0				
卷材下表面沥青涂盖层厚度③，mm		≥	1.0				

续表

项目		指标				
		I		II		
		PY	G	PY	G	PYG
人工气候加速老化	外观	无滑动、流淌、滴落				
	拉力保持率,% ≥	80				
	低温柔性,℃	-15		-20		
		无裂缝				

① 仅适用于单层机械固定施工方式卷材。
② 仅适用于矿物粒料表面的卷材。
③ 仅适用于热熔施工的卷材。

8.6 改性沥青乙烯胎防水卷材

1. 分类

(1)类型(表 8-16)

表 8-16 改性沥青乙烯胎防水卷材的类型

分类方式	类别
按基料分	(1)改性氧化沥青防水卷材:用增塑油和催化剂将沥青氧化改性后制成的防水卷材 (2)丁苯橡胶改性氧化沥青防水卷材:用丁苯橡胶和塑料树脂将氧化沥青改性后制成的防水卷材 (3)高聚物改性沥青防水卷材:用 APP、SBS 等高聚物将沥青改性后制成的防水卷材
按上表面覆盖材料分	(1)聚乙烯膜 (2)铝箔
按物理力学性能分	Ⅰ型和Ⅱ型

卷材按不同基料,不同上表面覆盖材料分为五个品种,见表 8-17。

表 8-17 改性沥青乙烯胎防水卷材的品种

上表面覆盖材料	基料		
	改性氧化沥青	丁苯橡胶改性氧化沥青	高聚物改性沥青
聚乙烯膜	OEE	MEE	PEE
铝箔	—	MEAL	PEAL

(2)规格

1)厚度:3mm、4mm。

2）幅宽:1100mm。

3）面积:每卷面积为 $11m^2$。

4）生产其他规格的卷材,可由供需双方协商确定。

（3）代号（表 8-18）

表 8-18　改性沥青乙烯胎防水卷材的代号

品　种	代　号	表示位置
改性氧化沥青	O	第一位
丁苯橡胶改性氧化沥青	M	第一位
高聚物改性沥青	P	第一位
高密度聚乙烯膜胎体	E	第二位
高密度聚乙烯覆面膜	E	第三位

（4）用途

改性沥青聚乙烯胎防水卷材适用于工业与民用建筑的防水工程。上表面覆盖聚乙烯膜的卷材适用于非外露防水工程;上表面覆盖铝箔的卷材适用于外露防水工程。

2. 要求

（1）厚度、面积及卷重（表 8-19）

表 8-19　改性沥青乙烯胎防水卷材的厚度、面积及卷重

公称厚度,mm		3		4	
上表面覆盖材料		E	AL	E	AL
厚度,mm	平均值,≥	3.0		4.0	
	最小单值	2.7		3.7	
最低卷重,kg		33	35	45	47
面积,m^2	公称面积	11			
	偏差	±0.2			

（2）外观

1）成卷卷材应卷紧卷齐,端面里进外出差不得超过 20mm。胎体与沥青基料和覆面材料相互紧密粘结。

2）卷材表面应平整,不允许有可见的缺陷,如孔洞、裂纹、疙瘩等。

3）成卷卷材在 4～40℃任一产品温度下易于展开,在距卷芯 1000mm 长度外不应有 10mm 以上的裂纹或粘结。

4）成卷卷材接头不应超过一处,其中较短的一段不得少于 1000mm。接头处应剪切整齐,并加长 150mm,备作搭接。

(3)物理力学性能(表 8-20)

表 8-20 改性沥青乙烯胎防水卷材的物理力学性能

上表面覆盖材料		E						AL			
基料		O		M		P		M		P	
型号		Ⅰ	Ⅱ	Ⅰ	Ⅱ	Ⅰ	Ⅱ	Ⅰ	Ⅱ	Ⅰ	Ⅱ
不透水性,MPa,≥		0.3									
		不透水									
耐热度,℃		85		85	90	90	95	85	90	90	95
		无流淌,无起泡									
拉力,N/50mm≥	纵向	100	140	100	140	100	140	200	220	200	220
	横向		120		120		120				
断裂延伸率,%≥	纵向	200	250	200	250	200	250	—			
	横向										
低温柔度,℃		0		-5		-10	-15	-5		-10	-15
		无裂纹									
尺寸稳定性	℃	85		85	90	90	95	85	90	90	95
	%,≤	2.5									
热空气老化	外观	无流淌、无起泡						—			
	拉力保持率,%,≥,纵向	80									
	低温柔度,℃	8		3		-2	-7				
		无裂纹									
人工气候加速老化	外观	—						无流淌,无起泡			
	拉力保持率,%,≥,纵向							80			
	低温柔度,℃							3		-2	-7
								无裂纹			

注:表中前5项为强制性项目。

8.7 三元丁橡胶防水卷材

1. 定义

三元丁橡胶防水卷材是以废旧丁基橡胶为主,加入丁酯作改性剂,丁醇作促进剂加工制成的无胎卷材(简称“三元丁卷材”)。

2. 产品分类

(1)规格(表 8-21)

表 8-21 三元丁橡胶防水卷材的规格尺寸

厚度,mm	宽度,mm	长度,m
1.2,1.5	1000	20,10
2.0	1000	10

注:其他规格尺寸可由供需双方商定。

(2)等级

产品按物理力学性能分为一等品(B)和合格品(C)。

(3)用途

三元丁橡胶防水卷材适用于工业与民用建筑及构筑物的防水,尤其适用于寒冷及温差变化较大地区的防水工程。

3. 技术要求

(1)产品尺寸允许偏差(表 8-22)

表 8-22 三元丁橡胶防水卷材的尺寸允许偏差

项 目	允 许 偏 差
厚度,mm	±0.1
长度,m	不允许出现负值
宽度,mm	不允许出现负值

注:1、2mm 厚规格不允许出现负偏差。

(2)外观质量

1)成卷卷材应卷紧卷齐,端面里进外出不得超过 10mm。

2)成卷卷材在环境温度为低温弯折性规定的温度以上时应易于展开。

3)卷材表面应平整,不允许有孔洞、缺边、裂口和夹杂物。

4)每卷卷材的接头不应超过一个。较短的一段不应少于 2500mm,接头处应剪整齐,并加长 150mm。一等品中,有接头的卷材不得超过批量的 3%。

(3)物理力学性能(表 8-23)

表 8-23 三元丁橡胶防水卷材的物理力学性能

产 品 等 级			一等品	合格品
不透水性	压力,MPa	≥	0.3	
	保持时间,min	≥	90,不透水	
纵向拉伸强度,MPa		≥	2.2	2.0
纵向断裂伸长率,%		≥	200	150
低温弯折性(-30℃)			无裂纹	

续表

产品等级			一等品	合格品
耐碱性	纵向拉伸强度的保持率,%	≥	80	
	纵向断裂伸长的保持率,%	≥	80	
热老化处理	纵向拉伸强度保持率(80℃ ±2℃,168h),%	≥	80	
	纵向断裂伸长保持率(80℃ ±2℃,168h),%	≥	70	
热处理尺寸变化率(80℃ ±2℃,168h),%		≤	-4, +2	
人工加速气候老化27周期	外观		无裂纹,无气泡,不粘结	
	纵向拉伸强度的保持率,%	≥	80	
	纵向断裂伸长的保持率,%	≥	70	
	低温弯折性		-20℃,无裂缝	

8.8 铝箔面石油沥青防水卷材

1. 分类和规格

(1)分类

产品分为30、40两个标号。

(2)规格

卷材幅宽为1000m。

2. 技术要求

(1)卷重

卷材的单位面积质量应符合表8-24规定,卷重为单位面积质量乘以面积。

表8-24 铝箔面石油沥青防水卷材单位面积的质量

标号		30号	40号
单位面积质量,kg/m²	≥	2.85	3.80

(2)厚度

30号铝箔面卷材的厚度不小于2.4mm,40号铝箔面卷材的厚度不小于3.2mm。

(3)面积

卷材的面积偏差不超过标称面积的1%。

(4)外观

1)成卷卷材应卷紧卷齐,卷筒两端厚度差不得超过5mm,端面里进外出不超过10mm。

2)成卷卷材在10~45℃任一产品温度下展开,在距卷芯1000mm长度外不应有10mm以上的裂纹或粘结。

3)胎基应浸透,不应有未被浸渍的条纹,铝箔应与涂盖材料粘结牢固,不允许有分层和气泡现象,铝箔表面应花纹整齐,无污迹、折皱、裂纹等缺陷,铝箔应为轧制铝,不得采用塑料镀铝膜。

4)在卷材覆铝箔的一面纵向留 70～100mm 无铝箔的搭接边,在搭接边上可撒细沙或覆聚乙烯膜。

5)卷材表面平整,不允许有孔洞、缺边和裂口。

6)卷材接头不多于 1 处,其中较短的一段不应少于 2500mm,接头应剪切整齐,并加长 150mm。

(5)物理性能(表 8-25)

表 8-25 铝箔面石油沥青防水卷材的物理性能

项目		指标	
		30 号	40 号
可溶物含量,g/m^2	≥	1550	2050
拉力,N/50mm	≥	450	500
柔度,℃		5	
		绕半径 35mm 圆弧无裂纹	
耐热度		(90±2)℃,2h 涂盖层无滑动,无起泡、流淌	
分层		(50±2)℃,7d 无分层现象	

8.9 煤沥青纸胎油毡

1. 定义

煤沥青纸胎油毡(以下简称油毡)系采用低软化点煤沥青浸渍原纸,然后用高软化点煤沥青涂盖油纸两面,再涂或撒隔离材料所制成的一种纸胎防水卷材。

2. 产品分类

(1)等级

油毡按技术要求分为一等品和合格品。

(2)规格

油毡幅宽为 915mm 和 1000mm 两种规格。

(3)品种

油毡按所用隔离材料分为粉状面油毡和片状面油毡两个品种。

(4)标号

油毡分为 200 号、270 号和 350 号三种标号。

3. 用途

1)200 号油毡适用于简易防水、建筑防潮及包装等。

2)270 号和 350 号油毡适用于建筑防水,建筑防潮和包装,与煤焦油聚氯乙烯涂料等材料配套,可用于屋面多层防水。350 号油毡还可用于一般地下防水。

4. 技术要求

(1)质量

每卷油毡的重量应符合表8-26的规定。

表8-26 每卷煤沥青纸胎油毡的重量 kg

标号	200号		270号		350号	
品种	粉毡	片毡	粉毡	片毡	粉毡	片毡
重量 ≥	16.5	19.0	19.5	22.0	23.0	25.5

(2)外观

1)成卷油毡应卷紧卷齐。卷筒的两端厚度差不得超过5mm,端面里进外出不得超过10mm。

2)成卷油毡在环境温度10～45℃时,应易于展开。不应有破坏毡面长度10mm以上的粘结和距卷芯1000mm以外长度在10mm以上的裂纹。

3)纸胎必须浸透,不应有未浸透的浅色斑点,涂盖材料均匀致密地涂盖油纸两面,不应有油纸外露和涂油不均的现象。

4)毡面不应有孔洞、硌(楞)伤,长度20mm以上的疙瘩或水渍。距卷芯1000mm以外长度100m以上折纹和折皱,20mm以内的边缘裂口或长50mm,深20mm以内的缺边不应超过四处。

5)每卷油毡的接头不应超过一处,其中较短的一段长度不应小于2500mm,接头处应剪切整齐,并加长150mm备作搭接。合格品中有接头的油毡卷数不得超过批量的10%,一等品中有接头的油毡卷数不得超过批量的5%。

(3)面积

每卷油毡总面积为20±0.3m²。

(4)物理性能(表8-27)

表8-27 煤沥青纸胎油毡的物理性能

项目		200号	270号		350号	
		合格品	一等品	合格品	一等品	合格品
可溶物含量,g/m² ≥		450	560	510	660	600
不透水性	压力,MPa ≥	0.05	0.05		0.10	
	保持时间,min ≥	15	30	20	30	15
		不渗漏				
吸水率(常压法),%, ≤	粉毡	3.0				
	片毡	5.0				
拉力(25±2℃时,纵向),N ≥		250	330	300	380	350
柔度,℃ ≤		18	16	18	16	18
		绕ϕ20mm圆棒或弯板无裂纹				
耐热度,℃		70±2	75±2	70±2	75±2	70±2
		受热2h涂盖层应无滑动和集中性气泡				

8.10　石油沥青玻璃纤维胎防水卷材

1. 分类

(1)类型

产品按单位面积质量分为15、25号。

产品按上表面材料分为PE膜、砂面,也可按生产厂要求采用其他类型的上表面材料。

产品按力学性能分为Ⅰ、Ⅱ型。

(2)规格

卷材公称宽度为1m。

卷材公称面积为$10m^2$、$20m^2$。

2. 要求

(1)尺寸偏差

宽度允许偏差为:宽度标称值±3%。

面积允许偏差为:不小于面积标称值的-1%。

(2)外观

1)成卷卷材应卷紧、卷齐,端面里进外出不得超过10mm。

2)胎基必须浸透,不应有未被浸透的浅色斑点,不应有胎基外露和涂油不均。

3)卷材表面应平整,无机械损伤、疙瘩、气泡、孔洞、粘着等可见缺陷。

4)20mm以内的边缘裂口或长50mm、深20mm以内的缺边不超过四处。

5)成卷卷材在10~45℃的任一产品温度下,应易于展开,无裂纹或粘结,在距卷芯1000mm长度外不应有10mm以上的裂纹或粘结。

6)每卷接头处不应超过1个,接头应剪切整齐,并加长150mm作为搭接。

(3)单位面积质量

单位面积质量应符合表8-28的规定。

表8-28　单位面积质量

标　　号	15号		25号	
上表面材料	PE膜面	砂面	PE膜面	砂面
单位面积质量,kg/m^2　≥	1.2	1.5	2.1	2.4

(4)材料性能

材料性能应符合表8-29的规定。

表 8-29　材料性能

项目		指标 I型	指标 II型
可溶物含量,g/m² ≥	15号	700	
	25号	1200	
	试验现象	胎基不燃	
拉力,N/50mm ≥	纵向	350	500
	横向	250	400
耐热性		85℃	
		无滑动、流淌、滴落	
低温柔性		10℃	5℃
		无裂缝	
不透水性		0.1MPa,30min 不透水	
钉杆撕裂强度,N ≥		40	50
热老化	外观	无裂纹、无起泡	
	拉力保持率,% ≥	85	
	质量损失率,% ≤	2.0	
	低温柔性	15℃	10℃
		无裂缝	

8.11　石油沥青玻璃布胎油毡

1. 定义

玻璃布油毡采用玻璃布为胎基,浸涂石油沥青并在两面涂撒隔离材料所制成的一种防水卷材。

2. 产品分类

(1)等级

玻璃布油毡按物理性能分为一等品(B)和合格品(C)。

(2)规格

玻璃布油毡幅宽为1000mm。

(3)用途

玻璃布油毡适用于铺设地下防水、防腐层,并用于屋面作防水层及金属管道(热管道除外)的防腐保护层。

3. 技术要求

(1)卷重

玻璃布油毡每卷重应不小于15kg(包括不大于0.5kg的硬质卷芯)。

(2)面积

每卷油毡面积为$20m^2 \pm 0.3m^2$。

(3)外观

1)成卷油毡应卷紧。

2)成卷油毡在5~45℃的环境温度下应易于展开,不得有粘结和裂纹。

3)浸涂材料应均匀、致密地浸涂玻璃布胎基。

4)油毡表面必须平整,不得有裂纹、孔眼、扭曲折纹。

5)涂布或撒布材料均匀、致密地粘附于涂盖层两面。

6)每卷油毡的接头应不超过一处,其中较短一段不得少于2000mm,接头处应剪切整齐,并加长150mm备作搭接。

(4)物理性能(表8-30)

表8-30 石油沥青玻璃布胎油毡的物理性能

项目 \ 等级			一等品	合格品
可溶物含量,g/m		≥	420	380
耐热度(85±2℃),2h			无滑动、起泡现象	
不透水性	压力,MPa		0.2	0.1
	时间不小于15min		无渗漏	
拉力25±2℃时纵向,N		≥	400	360
柔度	温度,℃	≤	0	5
	弯曲直径30mm		无裂纹	
耐霉菌腐蚀性	重量损失,%	≤	2.0	
	拉力损失,%	≤	15	

8.12 石油沥青纸胎油毡

1. 分类和规格

(1)分类

油毡按卷重和物理性能分为Ⅰ型、Ⅱ型、Ⅲ型。

(2)规格

油毡幅宽为1000mm,其他规格可由供需双方商定。

2. 用途

Ⅰ、Ⅱ型油毡适用于辅助防水、保护隔离层、临时性建筑防水、防潮及包装等。Ⅲ型油毡适用于屋面工程的多层防水。

3. 要求

(1)卷重(表8-31)

表8-31 石油沥青纸胎油毡的卷重

类型	Ⅰ型	Ⅱ型	Ⅲ型
卷重,(kg/卷) ≥	17.5	22.5	28.5

(2)面积

每卷油毡的总面积为(20±0.3)m^2。

(3)外观

1)成卷油毡应卷紧、卷齐,端面里进外出不得超过10mm。

2)成卷油毡在10~45℃任一产品温度下展开,在距卷芯1000mm长度外不应有10mm以上的裂纹或粘结。

3)纸胎必须浸透,不应有未被浸透的浅色斑点,不应有胎基外露和涂油不均。

4)毡面不应有孔洞、硌伤,长度20mm以上的疙瘩、浆糊状粉浆、水迹,不应有距卷芯1000mm以外长度100mm以上的折纹、折皱;20mm以内的边缘裂口或长20mm、深20mm以内的缺边不应超过4处。

5)每卷油毡中允许有一处接头,其中较短的一段长度不应少于2500mm,接头处应剪切整齐,并加长150mm,每批卷材中接头不应超过5%。

(4)物理性能(表8-32)

表8-32 石油沥青纸胎油毡的物理性能

项目			指标		
			Ⅰ型	Ⅱ型	Ⅲ型
单位面积浸涂材料总量,g/m^2		≥	600	750	1000
不透水性	压力,MPa	≥	0.02	0.02	0.10
	保持时间,min	≥	20	30	30
吸水率,%		≤	3.0	2.0	1.0
耐热度			(85±2)℃,2h涂盖层无滑动、流淌和集中性气泡		
拉力(纵向),N/50mm		≥	240	270	340
柔度			(18±2)℃,绕ϕ20mm棒或弯板无裂纹		

注:Ⅲ型产品物理性能要求为强制性的,其余为推荐性的。

8.13　建筑防水沥青嵌缝油膏

1. 分类

油膏按耐热性和低温柔性分为702和801两个标号。

2. 技术要求

(1)外观

油膏应为黑色均匀膏状,无结块和未浸透的填料。

(2)物理力学性能(表8-33)

表8-33　建筑防水沥青嵌缝油膏的物理力学性能

项　目		技术指标 702	技术指标 801
密度,g/cm^3		规定值±0.1	
施工度,mm　≥		22.0	20.0
耐热性	温度,℃	70	80
	下垂值,mm　≤	4.0	
低温柔性	温度,℃	-20	-10
	粘结状况	无裂纹和剥离现象	
拉伸粘结性,%　≥		125	
浸水后拉伸粘结性,%　≥		125	
渗出性	渗出幅度,mm　≤	5	
	渗出张数,张　≤	4	
挥发性,%　≤		2.8	

注:规定值由厂方提供或供需双方商定。

8.14　聚氨酯建筑密封胶

1. 分类

(1)品种

聚氨酯建筑密封胶产品按包装形式分为单组分(Ⅰ)和多组分(Ⅱ)两个品种。

(2)类型

产品按流动性分为非下垂型(N)和自流平型(L)两个类型。

(3)级别

产品按位移能力分为25、20两个级别,见表8-34。

表8-34　聚氨酯建筑密封胶级别

级　　别	试验拉压幅度,%	位移能力,%
25	±25	25
20	±20	20

(4)次级别

产品按拉伸模量分为高模量(HM)和低模量(LM)两个次级别。

2. 要求

(1)外观

1)产品应为细腻、均匀膏状物或黏稠液,不应有气泡。

2)产品的颜色与供需双方商定的样品相比,不得有明显差异。多组分产品各组分的颜色间应有明显差异。

(2)物理力学性能(表8-35)

表8-35　聚氨酯建筑密封胶的物理力学性能

试 验 项 目		技 术 指 标		
		20HM	25LM	20LM
密度,g/cm³		规定值±0.1		
流动性	下垂度(N型),mm	≤3		
	流平性(L型)	光滑平整		
表干时间,h		≤24		
挤出性①,mL/min		≥80		
适用期②,h		≥1		
弹性恢复率,%		≥70		
拉伸模量,MPa	23℃	>0.4 或>0.6	≤0.4 和≤0.6	
	-20℃			
定伸粘结性		无破坏		
浸水后定伸粘结性		无破坏		
冷拉—热压后的粘结性		无破坏		
质量损失率,%		≤7		

① 此项仅适用于单组分产品。

② 此项仅适用于多组分产品,允许采用供需双方商定的其他指标值。

8.15 聚硫建筑密封胶

1. 分类

(1)类型

产品按流动性分为非下垂型(N)和自流平型(L)两个类型。

(2)级别

产品按位移能力分为25、20两个级别,见表8-36。

表8-36 聚硫建筑密封胶的级别

级 别	试验拉压幅度,%	位移能力,%
25	±25	25
20	±20	20

(3)次级别

产品按拉伸模量分为高模量(HM)和低模量(LM)两个次级别。

2. 要求

(1)外观

1)产品应为均匀膏状物、无结皮结块,组分间颜色应有明显差别。

2)产品的颜色与供需双方商定的样品相比,不得有明显差异。

(2)物理力学性能(表8-37)

表8-37 聚硫建筑密封胶的物理力学性能

<table>
<tr><td colspan="2" rowspan="2">试 验 项 目</td><td colspan="3">技 术 指 标</td></tr>
<tr><td>20HM</td><td>25LM</td><td>20LM</td></tr>
<tr><td colspan="2">密度,g/cm^3</td><td colspan="3">规定值±0.1</td></tr>
<tr><td rowspan="2">流动性</td><td>下垂度(N型),mm</td><td colspan="3">≤3</td></tr>
<tr><td>流平性(L型)</td><td colspan="3">光滑平整</td></tr>
<tr><td colspan="2">表干时间,h</td><td colspan="3">≤24</td></tr>
<tr><td colspan="2">适用期,h</td><td colspan="3">≥2</td></tr>
<tr><td colspan="2">弹性恢复率,%</td><td colspan="3">≥70</td></tr>
<tr><td rowspan="2">拉伸模量,MPa</td><td>23℃</td><td colspan="2" rowspan="2">>0.4或>0.6</td><td rowspan="2">≤0.4和≤0.6</td></tr>
<tr><td>-20℃</td></tr>
<tr><td colspan="2">定伸粘结性</td><td colspan="3">无破坏</td></tr>
<tr><td colspan="2">浸水后定伸粘结性</td><td colspan="3">无破坏</td></tr>
<tr><td colspan="2">冷拉—热压后的粘结性</td><td colspan="3">无破坏</td></tr>
<tr><td colspan="2">质量损失率,%</td><td colspan="3">≤5</td></tr>
</table>

注:适用期允许采用供需双方商定的其他指标值。

8.16 硅酮建筑密封胶

1. 分类

(1)种类(表8-38)

表8-38 硅酮建筑密封胶的分类

分类方式	类别
按固化机理分	(1)A型:脱酸(酸性) (2)B型:脱醇(中性)
按用途分	(1)G类:镶装玻璃用 (2)F类:建筑接缝用 (不适用于建筑幕墙和中空玻璃)

(2)级别

产品按位移能力分为25、20两个级别,见表8-39。

表8-39 硅酮建筑密封胶级别 %

级别	试验拉压幅度	位移能力
25	±25	25
20	±20	20

(3)次级别

产品按拉伸模量分为高模量(HM)和低模量(LM)两个次级别。

2. 要求

(1)外观

1)产品应为细腻、均匀膏状物,不应有气泡、结皮和凝胶。

2)产品的颜色与供需双方商定的样品相比,不得有明显差异。

(2)理化性能(表8-40)

表8-40 硅酮建筑密封胶的理化性能

项目		技术指标			
		25HM	20HM	25LM	20LM
密度,g/cm³		规定值±0.1			
下垂度,mm	垂直	≤3			
	水平	无变形			
表干时间,h		≤3①			
挤出性,mL/min		≥80			
弹性恢复率,%		≥80			

续表

项目		技术指标			
		25HM	20HM	25LM	20LM
拉伸模量/MPa	23℃	>0.4 或>0.6		≤0.4 和≤0.6	
	-20℃				
定伸粘结性		无破坏			
紫外线辐照后粘结性②		无破坏			
冷拉—热压后粘结性		无破坏			
浸水后定伸粘结性		无破坏			
质量损失率,%		≤10			

①允许采用供需双方商定的其他指标值；
②此项仅适用于 G 类产品。

8.17 建筑窗用弹性密封胶

1. 产品分类

(1)系列

产品按基础聚合物划分系列,见表 8-41。

表 8-41 建筑窗用弹性密封胶系列

品种代号	密封胶基础聚合物
SR	硅酮聚合物
MS	改性硅酮聚合物
PS	聚硫橡胶
PU	聚氨酯甲酸酯
AC	丙烯酸酯聚合物
BU	丁基橡胶
CR	氯丁橡胶
SB	丁苯橡胶

注:以其他聚合物为基础的密封胶,标记取聚合物通用代号。

(2)级别

按产品允许承受接缝位移能力,分为 1 级(±30%),2 级(±20%),3 级(±5%~10%)三个级别。

(3)类别

按产品适用基材分为以下类别(表 8-42)。

表 8-42　建筑窗用弹性密封胶类别

类别代号	适用基材
M	金属
C	混凝土、水泥砂浆
G	玻璃
Q	其他

(4)型别

按产品适用季节分型,见表 8-43。

表 8-43　建筑窗用弹性密封胶型别

类 型 代 号	类　　型
S 型	夏季施工型
W 型	冬季施工型
A 型	全年施工型

(5)品种

按固化机理分为四种,见表 8-44。

表 8-44　建筑窗用弹性密封胶品种

代　　号	固 化 形 式
K	湿气固化,单组分
E	水乳液干燥固化,单组分
Y	溶剂挥发固化,单组分
Z	化学反应固化,多组分

2. 技术要求

(1)外观

1)密封胶不应有结块、凝胶、结皮及不易迅速均匀分散的析出物。

2)颜色应与供需双方商定样品相符。多组分密封胶各个组分的颜色应有明显差别。

(2)物理力学性能(表 8-45)

表 8-45　建筑窗用弹性密封胶的物理力学性能要求

项　　目		1 级	2 级	3 级
密度,g/cm^3		规定值 ±0.1		
挤出性,mL/min	≥	50		
适用期,h	≥	3		
表干时间,h	≤	24	48	72
下垂度,mm	≤	2	2	2
拉伸粘结性能,MPa	≤	0.40	0.50	0.60
低温贮存稳定性①		无凝胶、离析现象		

续表

项　目		1级	2级	3级
初期耐水性①		不产生浑浊		
污染性①		不产生污染		
热空气—水循环后定伸性能，%		100	60	25
水—紫外线辐照后定伸性能，%		100	60	25
低温柔性，℃		-30	-20	-10
热空气—水循环后弹性恢复率，%	≥	60	30	5
拉伸—压缩循环性能	耐久性等级	9030	8020，7020	7010，7005
	粘接破坏面积，% ≤	25		

① 仅适用于乳液（E）品种密封胶。

8.18　中空玻璃用弹性密封胶

1. 分类

（1）产品分类

按基础聚合物分类，聚硫类代号PS，硅酮类代号SR。

（2）产品分级

按位移能力和模量分级。位移能力±25%高模量级，代号25HM；位移能力±20%高模量级，代号20HM；位移能力±12.5%弹性级，代号12.5E。

2. 技术要求

（1）外观

1）密封胶不应有粗粒、结块和结皮，无不易迅速均匀分散的析出物。

2）双组分产品，两组分颜色应有明显的差别。

（2）物理性能（表8-46）

表8-46　中空玻璃用弹性密封胶的物理性能

项　目			技术指标				
			PS类		SR类		
			20HM	12.5E	25HM	20HM	12.5E
密度，g/cm³	A组分 B组分		规定值±0.1 规定值±0.1				
黏度，Pa·s	A组分 B组分		规定值±10% 规定值±10%				
挤出性（仅单组分），s		≤	10				
适用期，min		≥	30				
表干时间，h		≤	2				

续表

项目		技术指标				
		PS类		SR类		
		20HM	12.5E	25HM	20HM	12.5E
下垂度	垂直放置,mm ≤	3				
	水平放置	不变形				
弹性恢复率,% ≥		60%	40%	80%	60%	40%
拉伸模量,MPa	23℃ -20℃	>0.4 或 >0.6	—	>0.6 或 >0.4		—
热压—冷拉后粘结性	位移,%	±20	±12.5	±25	±20	±12.5
	破坏性质	无破坏				
热空气—水循环后定伸粘结性	伸长率,%	60	10	100	60	60
	破坏性质	无破坏				
紫外线辐照—水浸后定伸粘结性	伸长率,%	60	10	100	60	60
	破坏性质	无破坏				
水蒸气渗透率,g/(m^2·d)		15		—		
紫外线辐照发雾性(仅用于单道密封时)		无		—		

8.19 水乳型沥青防水涂料

1. 类型

产品按性能分为H型和L型。

2. 技术要求

(1)外观

样品搅拌后均匀无色差、无凝胶、无结块、无明显沥青丝。

(2)物理力学性能(表8-47)

表8-47 水乳型沥青防水涂料的力学性能

项目	L	H
固体含量,% ≥	45	
耐热度,℃	80±2	110±2
	无流淌、滑动、滴落	
不透水性	0.10MPa,30min无渗水	
粘结强度,MPa ≥	0.30	
表干时间,h ≤	8	
实干时间,h ≤	24	

续表

项目		L	H
低温柔度①,℃	标准条件	-15	0
	碱处理	-10	5
	热处理		
	紫外线处理		
断裂伸长率,% ≥	标准条件	600	
	碱处理		
	热处理		
	紫外线处理		

① 供需双方可以商定温度更低的低温柔度指标。

8.20 聚氨酯防水涂料

1. 分类(表 8-48)

表 8-48 聚氨酯防水涂料的分类

分类方式	类别
按组分分	(1)单组分(S) (2)多组分(M)
按拉伸性能分	Ⅰ、Ⅱ两类

2. 技术要求

(1)外观

产品为均匀粘稠体,无凝胶、结块。

(2)物理力学性能

单组分聚氨酯防水涂料物理力学性能应符合表 8-49 的规定,多组分聚氨酯防水涂料物理力学性能应符合表 8-50 的规定。

表 8-49 单组分聚氨酯防水涂料物理力学性能

项目		Ⅰ	Ⅱ
拉伸强度,MPa	≥	1.9	2.45
断裂伸长率,%	≥	550	450
撕裂强度,N/mm	≥	12	14
低温弯折性,℃	≤	-40	
不透水性,0.3MPa 30min		不透水	
固体含量,%	≥	80	
表干时间,h	≤	12	

续表

项目			Ⅰ	Ⅱ
实干时间,h		≤	24	
加热伸缩率,%		≤	1.0	
		≥	-4.0	
潮湿基面粘接强度①,MPa		≥	0.50	
定伸时老化	加热老化		无裂纹及变形	
	人工气候老化②		无裂纹及变形	
热处理	拉伸强度保持率,%		80~150	
	断裂伸长率,%	≥	500	400
	低温弯折性,℃	≤	-35	
碱处理	拉伸强度保持率,%		60~150	
	断裂伸长率,%	≥	500	400
	低温弯折性,℃	≤	-35	
酸处理	拉伸强度保持率,%		80~150	
	断裂伸长率,%	≥	500	400
	低温弯折性,℃	≤	-35	
人工气候老化②	拉伸强度保持率,%		80~150	
	断裂伸长率,%	≥	500	400
	低温弯折性,℃	≤	-35	

① 仅用于地下工程潮湿基面时要求;
② 仅用于外露使用的产品。

表 8-50　多组分聚氨酯防水涂料物理力学性能

项目			Ⅰ	Ⅱ
拉伸强度,MPa		≥	1.9	2.45
断裂伸长率,%		≥	450	450
撕裂强度,N/mm		≥	12	14
低温弯折性,℃		≤	-35	
不透水性,0.3MPa 30min			不透水	
固体含量,%		≥	92	
表干时间,h		≤	8	
实干时间,h		≤	24	
加热伸缩率,%		≤	1.0	
		≥	-4.0	
潮湿基面粘接强度①/MPa		≥	0.50	
定伸时老化	加热老化		无裂纹及变形	
	人工气候老化②		无裂纹及变形	

续表

项目			Ⅰ	Ⅱ
热处理	拉伸强度保持率,%		80～150	
	断裂伸长率,%	≥	400	
	低温弯折性,℃	≤	-30	
碱处理	拉伸强度保持率,%		60～150	
	断裂伸长率,%	≥	400	
	低温弯折性,℃	≤	-30	
酸处理	拉伸强度保持率,%		80～150	
	断裂伸长率,%	≥	400	
	低温弯折性,℃	≤	-30	
人工气候老化②	拉伸强度保持率,%		80～150	
	断裂伸长率,%	≥	400	
	低温弯折性,℃	≤	-30	

① 仅用于地下工程潮湿基面时要求;
② 仅用于外露使用的产品。

8.21 聚氯乙烯弹性防水涂料

1. 分类

1)PVC 防水涂料按施工方式分为热塑型(J 型)和热熔型(G 型)两种类型。

2)PVC 防水涂料按耐热和低温性能分为 801 和 802 两个型号。

“80”代表耐热温度为 80℃,“1”、“2”代表低温柔性温度分别为“-10℃”、“-20℃”。

2. 技术要求

(1)外观

1)J 型防水涂料应为黑色均匀粘稠状物,无结块、无杂质。

2)G 型防水涂料应为黑色块状物,无焦渣等杂物,无流淌现象。

(2)物理力学性能(表 8-51)

表 8-51 PVC 防水涂料的物理力学性能

项目	技术指标	
	801	802
密度,g/cm³	规定值① ±0.1	
耐热性,80℃,5h	无流淌、起泡和滑动	
低温柔性,℃,φ20mm	-10	-20
	无裂纹	

续表

项目		技术指标	
		801	802
断裂延伸率,% ≥	无处理	350	
	加热处理	280	
	紫外线处理	280	
	碱处理	280	
恢复率,% ≥		70	
不透水性,0.1MPa,30min		不渗水	
粘结强度,MPa,≥		0.20	

①规定值是指企业标准或产品说明所规定的密度值。

8.22 复层建筑涂料

1. 组成、分类、代号及等级

(1)组成

复层涂料一般由底涂层、主涂层、面涂层组成,见表8-52。

表8-52 复层涂料的组成

组成	定义
底涂层	用于封闭基层和增强主涂料的附着能力的涂层
主涂层	用于形成立体或平状装饰面的涂层,厚度至少1mm以上(如为立体状,指凸部厚度)
面涂层	用于增加装饰效果、提高涂膜性能的涂层。其中溶剂型面涂层为A型,水性面涂层为B型

(2)分类与代号

根据主涂层中粘结材料主要成分分类。见表8-53。

表8-53 复层涂料的分类及代号

类别	定义	代号
聚合物水泥系复层涂料	用混有聚合物分散剂或可再乳化粉状树脂的水泥作为粘结料	CE
硅酸盐系复层涂料	用混有合成树脂乳液的硅溶胶等作为粘结料	Si
合成树脂乳液系复层涂料	用合成树脂乳液作为粘结料	E
反应固化型合成树脂乳液系复层涂料	用环氧树脂或类似系统通过反应固化的合成树脂乳液等作为粘结料	RE

(3)等级

产品按耐沾污和耐候性分为三个等级:优等品、一等品和合格品。

2. 要求

产品理化性能应符合表 8-54 的要求。

表 8-54 复层涂料的理化性能要求

项目			指标		
			优等品	一等品	合格品
容器中状态			无硬块,呈均匀状态		
涂膜外观			无开裂、无明显针孔、无气泡		
低温稳定性			不结块、无组成物分离、无凝聚		
初期干燥抗裂性			无裂纹		
粘结强度,MPa	标准状态 ≥	RE	1.0		
		E、Si	0.7		
		CE	0.5		
	浸水后 ≥	RE	0.7		
		E、Si、CE	0.5		
涂层耐温变性(5 次循环)			不剥落;不起泡;无裂纹;无明显变色		
透水性,mL	A 型 <		0.5		
	B 型 <		2.0		
耐冲击性			无裂纹、剥落以及明显变形		
耐沾污性(白色和浅色①)	平状,% ≤		15	15	20
	立体状,级 ≤		2	2	3
耐候性(白色和浅色①)	老化时间,h		600	400	250
	外观		不起泡、不剥落、无裂纹		
	粉化,级 ≤		1		
	变色,级 ≤		2		

① 浅色是指以白色涂料为主要成分,添加适量色浆后配制成的浅色涂料形成的涂膜所呈现的浅颜色,按《中国颜色体系》中规定明度值为 6 ~ 9 之间(三刺激值中的 $Y_{D65} \geq 31.26$)。其他颜色的耐候性要求由供需双方商定。

8.23 聚氯乙烯建筑防水接缝材料

1. 产品分类、型号

(1)分类

PVC 接缝材料按施工工艺分为两种类型:

1)J 型:用热塑法施工的产品,俗称聚氯乙烯胶泥。

2)G 型:用热熔法施工的产品,俗称塑料油膏。

（2）型号

PVC接缝材料按耐热性80℃和低温柔性－10℃为801，耐热性80℃和低温柔性－20℃为802两个型号。

2. 技术要求

（1）外观

1）J型PVC接缝材料为均匀粘稠状物，无结块，无杂质。

2）G型PVC接缝材料为黑色块状物，无焦渣等杂物、无流淌现象。

（2）物理力学性能（表8-55）

表8-55　聚氯乙烯建筑防水接缝材料的物理力学性能

项目			技术要求	
			801	802
密度，$g/cm^3$①			规定值±0.1①	
下垂度，mm，80℃		≤	4	
低温柔性	温度，℃		－10	－20
	柔性		无裂缝	
拉伸粘结性	最大抗拉强度，MPa		0.02～0.15	
	最大延伸率，%	≥	300	
浸水拉伸性	最大抗拉强度，MPa		0.02～0.15	
	最大延伸率，%	≥	250	
恢复率，%		≥	80	
挥发率，%②		≤	3	

① 规定值是指企业标准或产品说明书所规定的密度值；

② 挥发率仅限于G型PVC接缝材料。

9 饰面、保温材料

9.1 天然大理石荒料

1. 产品分类

(1)分类(表 9-1)

表 9-1 天然大理石荒料按规格尺寸分类 cm

类　别	大　料	中　料	小　料
长度×宽度×高度,≥	280×80×160	200×80×130	100×50×40

(2)等级

按荒料的长度、宽度和高度的极差及外观质量将荒料分为一等品(Ⅰ)、二等品(Ⅱ)两个等级。

2. 技术要求

1)荒料应具有直角六面体形状。

2)荒料的最小规格尺寸应符合表 9-2 的规定。

表 9-2 天然大理石荒料的最小规格尺寸 cm

项　目	长　度	宽　度	高　度
指标,≥	100	50	40

3)荒料的长度、宽度、高度极差应符合表 9-3 的规定。

表 9-3 天然大理石荒料的极差 cm

等　级	一等品	二等品
极差,≤	6.0	10.0

3. 外观质量

1)同一批荒料的色调、花纹应基本一致。

2)当出现明显裂纹时,应扣除裂纹所造成的荒料体积损失,扣除体积损失后每块荒料的规格尺寸应满足表 9-2 的规定。

3)荒料色斑、缺陷的质量要求应符合表 9-4 的规定。

表 9-4 天然大理石荒料的质量要求

缺陷名称	规定内容	一等品	二等品
色斑	面积小于 $6cm^2$（面积小于 $2cm^2$ 不计），每面允许个数（个）	2	3

4. 物理性能指标（表 9-5）

表 9-5 天然大理石荒料的物理性能指标

项目			指标
体积密度，g/cm^3		≥	2.60
吸水率，%		≤	0.50
干燥压缩强度，MPa		≥	50.0
干燥	弯曲强度，MPa	≥	7.0
水饱和			

9.2 天然大理石建筑板材

1. 产品分类

（1）分类

按形状分为普型板（PX）和圆弧板（HM：装饰面轮廓的曲率半径处相同的饰面板材）。

（2）等级

1）普型板按规格尺寸偏差、平面度公差、角度公差及外观质量将板材分为优等品（A）、一等品（B）、合格品（C）三个等级。

2）圆弧板按规格尺寸偏差、直线度公差、线轮廓度公差及外观质量将板材分为优等品（A）、一等品（B）、合格品（C）三个等级。

2. 技术要求

（1）规格尺寸允许偏差

1）普型板规格尺寸允许偏差见表 9-6。

表 9-6 普型板规格尺寸允许偏差 mm

项目		允许偏差		
		优等品	一等品	合格品
长度、宽度		0 -1.0		0 -1.5
厚度	≤12	±0.5	±0.8	±1.0
	>12	±1.0	±1.5	±2.0
干挂板材厚度		+2.0 0		+3.0 0

2)圆弧板壁厚度最小值应不小于20mm,规格尺寸允许偏差见表9-7。

表9-7 圆弧板规格尺寸允许偏差 mm

项目	允许偏差		
	优等品	一等品	合格品
弦长	0 -1.0		0 -1.5
高度	0 -1.0		0 -1.5

(2)平面度允许公差

1)普型板平面度允许公差见表9-8。

表9-8 普型板平面度允许公差 mm

板材长度	允许公差		
	优等品	一等品	合格品
≤400	0.2	0.3	0.5
>400~≤800	0.5	0.6	0.8
>800	0.7	0.8	1.0

2)圆板弧直线度与线轮廓度允许公差见表9-9。

表9-9 圆板弧直线度与线轮廓度允许公差 mm

项目		允许公差		
		优等品	一等品	合格品
直线度(按板材高度)	≤800	0.6	0.8	1.0
	>800	0.8	1.0	1.2
线轮廓度		0.8	1.0	1.2

(3)角度允许公差

1)普型板角度允许公差见表9-10。

表9-10 普型板角度允许公差 mm

板材长度	允许公差		
	优等品	一等品	合格品
≤400	0.3	0.4	0.5
>400	0.4	0.5	0.7

2)圆弧板端面角度允许公差,优等品为0.4mm,一等品为0.6mm,合格品为0.8mm。

3)普型板拼缝板材正面与侧面的夹角不得大于90°。

4)圆弧板侧面角应不小于90°。

(4)外观质量

1)同一批板材的色调应基本调和,花纹应基本一致。

2)板材正面外观缺陷的质量要求应符合表9-11的规定。

表 9-11　天然大理石建筑板材的正面质量要求

<table>
<tr><th>名　称</th><th>规 定 内 容</th><th>优等品</th><th>一等品</th><th>合格品</th></tr>
<tr><td>裂纹</td><td>长度超过 10mm 的不允许条数</td><td colspan="3">0</td></tr>
<tr><td>缺棱</td><td>长度不超过 8mm，宽度不超过 1.5mm（长度≤4mm，宽度≤1mm 不计），每米长允许个数（个）</td><td rowspan="4">0</td><td rowspan="3">1</td><td rowspan="3">2</td></tr>
<tr><td>缺角</td><td>沿板材边长顺延方向，长度≤3mm，宽度≤3mm（长度≤2mm，宽度≤2mm 不计），每块板允许个数（个）</td></tr>
<tr><td>色斑</td><td>面积不超过 6cm²（面积小于 2cm² 不计），每块板允许个数（个）</td></tr>
<tr><td>砂眼</td><td>直径在 2mm 以下</td><td>不明显</td><td>有，不影响装饰效果</td></tr>
</table>

3）板材允许粘结和个性粘结和修补不影响板材的装饰效果和物理性能。

（5）物理性能

1）镜面板材的镜向光泽值应不低于 70 光泽单位，若有特殊要求，由供需双方协商确定。

2）板材的其他物理性能指标应符合表 9-12 的规定。

表 9-12　天然大理石建筑板材的物理性能

<table>
<tr><th colspan="3">项　　目</th><th>指　　标</th></tr>
<tr><td colspan="2">体积密度，g/cm³</td><td>≥</td><td>2.30</td></tr>
<tr><td colspan="2">吸水率，%</td><td>≤</td><td>0.50</td></tr>
<tr><td colspan="2">干燥压缩强度，MPa</td><td>≥</td><td>50.0</td></tr>
<tr><td>干燥</td><td rowspan="2">弯曲强度，MPa</td><td rowspan="2">≥</td><td rowspan="2">7.0</td></tr>
<tr><td>水饱和</td></tr>
<tr><td colspan="2">耐磨度①，1/cm³</td><td>≥</td><td>10</td></tr>
</table>

① 为了颜色和设计效果，以两块或多块大理石组合拼接时，耐磨度差异应不大于 5，建议适用于经受严重踩踏的阶梯、地面和月台使用的石材耐磨度最小为 12。

9.3　天然花岗石荒料

1. 产品分类

（1）分类

按规格尺寸将荒料分为三类，见表 9-13。

表 9-13　天然花岗石荒料按规格尺寸分类　cm

类　别	大　料	中　料	小　料
长度×宽度×高度　≥	245×100×150	185×60×95	65×40×70

(2)等级

按荒料的长度、宽度和高度的极差及外观质量将荒料分为一等品(Ⅰ)、二等品(Ⅱ)两个等级。

2. 技术要求

1)荒料应具有直角六面体形状。

2)荒料的最小规格尺寸应符合表9-14的规定。

表9-14 天然花岗石荒料的最小规格尺寸 cm

项目	长度	宽度	高度
指标 ≥	65	40	70

3)荒料的长度、宽度、高度极差应符合表9-15的规定。

表9-15 天然花岗石荒料的极差 cm

等级	一等品	二等品
极差,≤	4	6

3. 外观质量

1)同一批荒料的色调、花纹、颗粒、结构应基本一致。

2)荒料的外观质量要求应符合表9-16的规定。

表9-16 天然花岗石荒料的外观质量

缺陷名称	规定内容	一等品	二等品
裂纹	允许条数(条)	0	2
色斑	面积小于$10cm^2$(面积小于$3cm^2$不计),每面允许个数(个)	2	3
色线	长度小于50cm,每面允许条数(条)	2	3

注:裂纹所造成的荒料体积损失按规定扣除。扣除体积损失后每块荒料的规格尺寸应满足表9-14的规定。

4. 物理性能指标(表9-17)

表9-17 天然花岗石荒料的物理性能指标

项目			指标
体积密度,g/cm^3		≥	2.56
吸水率,%		≤	0.60
干燥压缩强度,MPa		≥	100.0
干燥	弯曲强度,MPa	≥	8.0
水饱和			

9.4 建筑水磨石制品

1. 产品分类

(1)类别(表9-18)

表9-18 建筑水磨石制品的分类

分类方式	类　别	代　号
按制品在建筑物中的使用部位分	(1)墙面和柱面用水磨石 (2)地面和楼面用水磨石 (3)踢脚板、立板和三角板类水磨石 (4)隔断板、窗台板和台面板类水磨石	Q D T G
按制品表面加工程度分	(1)磨面水磨石 (2)抛光水磨石	M P

(2)规格尺寸

水磨石的常用规格尺寸为300mm×300mm、305mm×305mm、400mm×400mm、500mm×500mm。其他规格尺寸由设计、使用部门与生产厂共同议定。

(3)等级

水磨石按其外观质量、尺寸偏差和物理力学性能分为优等品(A)、一等品(B)和合格品(C)。

2. 技术要求

(1)外观质量

1)水磨石面层的外观缺陷规定见表9-19。

表9-19 水磨石面层的外观缺陷 mm

缺陷名称	优等品	一等品	合格品
返浆、杂质	不允许		长×宽≤10×10不超过2处
色差、划痕、杂石、漏砂、气孔	不允许	不明显	
缺口	不允许		长×宽>5×3的缺口不应有 长×宽≤5×3的缺口周边上不超过4处,但同一条棱上不得超过2处

注:一个缺角应计为相邻两棱边各有缺口1处。

2)水磨石磨光面有图案时,其越线和图案偏差应符合表9-20规定。

表9-20 水磨石磨光面的越线和图案偏差 mm

缺陷名称	优等品	一等品	合格品
图案偏差	≤2	≤3	≤4
越线	不允许	越线距离≤2 长度≤10 允许2处	越线距离≤3 长度≤20 允许2处

3)同批水磨石磨光面上的石碴级配和颜色应基本一致。

(2)尺寸偏差

1)水磨石的规格尺寸允许偏差、平面度、角度允许极限公差应符合表9-21的规定。

表9-21 水磨石的规格 mm

类别	等级＼项目	长度、宽度	厚度	平面度	角度
Q	优等品	0 -1	±1	0.6	0.6
	一等品	0 -1	+1 -2	0.8	0.8
	合格品	0 -2	+1 -3	1.0	1.0
D	优等品	0 -1	+1 -2	0.6	0.6
	一等品	0 -1	±2	0.8	0.8
	合格品	0 -2	±3	1.0	1.0
T	优等品	±1	+1 -2	1.0	0.8
	一等品	±2	±2	1.5	1.0
	合格品	±3	±3	2.0	1.5
G	优等品	±2	+1 -2	1.5	1.0
	一等品	±3	±2	2.0	1.5
	合格品	±4	±3	3.0	2.0

2)厚度小于或等于15mm的单面磨光水磨石,同块水磨石的厚度极差不得大于1mm;厚度大于15mm的单面磨光水磨石,同块水磨石上的厚度极差不得大于2mm。

3)侧面不磨光的拼缝水磨石,正面与侧面的夹角不得大于90°。

(3)出石率

磨光面的石碴分布应均匀。石碴粒径大于或等于3mm的水磨石,出石率应不小于55%。

(4)物理力学性能

1)抛光水磨石的光泽度,优等品不得低于45.0光泽单位;一等品不得低于35.0光泽单位;合格品不得低于25.0光泽单位。

2)水磨石的吸水率不得大于8.0%。

3)水磨石的抗折强度平均值不得低于5.0MPa,且单块最小值不得低于4.0MPa。

9.5 矿物棉装饰吸声板

1. 术语(表9-22)

表9-22　矿物棉装饰吸声板的相关术语

术　　语	定　　义
吸声系数	在给定的频率和条件下,吸收及透射的声能通量与入射声能通量之比
降噪系数	在250Hz、500Hz、1000Hz、2000Hz时测得的吸声系数的平均值
直角偏离度	相邻两边偏离直角的程度。用直角尺与板之间的最大间隙和边长之比表示

2. 分类和标记

(1)分类

1)根据产品防潮性能的不同,分为防潮板和普通板。其中防潮板指可在相对湿度为90%以上的环境中使用的产品。

防潮板的标记采用RH后加相对湿度值表示。

2)根据产品吊装方式的不同,分为复合粘贴板、明暗架板、暗架板、明架板(平板、跌级板)。

(2)规格尺寸(表9-23)

表9-23　矿物棉装饰吸声板的规格尺寸　　mm

项　　目	尺　　寸
长度	600、1200、1800
宽度	300、400、600
厚度	9、12、15、19

注:其他规格由供需双方协商确定。

3. 技术要求

(1)外观质量

矿物棉装饰吸声板(以下简称吸声板)的正面不应有影响装饰效果的污迹、划痕、色彩不均、图案不完整等缺陷。产品不得有裂纹、碎片、翘曲、扭曲,不得有影响使用及装饰效果的缺角缺楞。

(2)尺寸允许偏差

吸声板的尺寸允许偏差应符合表9-24规定。

表 9-24　矿物棉装饰吸声板的尺寸允许偏差

<table>
<tr><th rowspan="3">项　　目</th><th colspan="4">加工级别及吊装方式</th></tr>
<tr><th colspan="2">精加工</th><th>粗加工</th><th>混合加工</th></tr>
<tr><th>复合粘贴板及暗架板</th><th>明架跌级板</th><th>明架平板</th><th>明暗架板</th></tr>
<tr><td>长度 mm</td><td rowspan="2">±0.5</td><td rowspan="2">±1.5</td><td rowspan="2">±2.0</td><td>±2.0</td></tr>
<tr><td>宽度 mm</td><td>±0.5</td></tr>
<tr><td>厚度 mm</td><td>±0.5</td><td>±1.0</td><td colspan="2">±1.0</td></tr>
<tr><td>直角偏离度</td><td>≤1/1000</td><td>≤2/1000</td><td colspan="2">≤5/1000</td></tr>
</table>

(3)体积密度

吸声板的体积密度应不大于 500kg/m^3。

(4)含水率

吸声板的含水率应不大于 3.0%。

(5)弯曲破坏荷载和热阻

1)湿法吸声板的弯曲破坏荷载和热阻应符合表 9-25 的规定。

表 9-25　湿法吸声板的弯曲破坏荷载和热阻

厚度 mm	弯曲破坏载荷 N	热阻(m^2·K)/W (平均温度为 25℃ ±5℃)
9	≥40	≥0.14
12	≥60	≥0.19
15	≥90	≥0.23
19	≥130	≥0.28

2)干法吸声板的弯曲破坏荷载和热阻应符合表 9-26 的规定。

表 9-26　干法吸声板的弯曲破坏荷载和热阻

<table>
<tr><th>类　　别</th><th>厚度,mm</th><th>弯曲破坏载荷,N</th><th>热阻,(m²·K)/W
(平均温度为 25℃ ±5℃)</th></tr>
<tr><td>玻璃棉干法板</td><td>15</td><td>≥40</td><td>≥0.40</td></tr>
<tr><td rowspan="2">岩棉、矿渣棉干法板</td><td>15</td><td rowspan="2">≥60</td><td>≥0.40</td></tr>
<tr><td>20</td><td>≥0.50</td></tr>
</table>

3)特殊厚度吸声板的弯曲破坏载荷和热阻要求,由供需双方商定。

(6)降噪系数

吸声板的降噪系数应符合表 9-27 的规定。并应注明试验方法。除非另有规定,混响室法为仲裁试验方法。

表 9-27　矿物棉装饰吸声板的降噪系数

类别		降噪系数(NRC)	
		混响室法(刚性壁)	驻波管法(后空腔 50mm)
湿法板	滚花	≥0.45	≥0.25
	其他	≥0.30	≥0.15
干法板		≥0.60	≥0.30

(7)受潮挠度

湿法吸声板的受潮挠度应不大于 3.5mm。干法吸声板的受潮挠度应不大于 1.0mm。

(8)放射性核素限量

吸声板的放射性核素限量应满足 A 类装修材料的要求,即内照射指数 I_{Ra}^{-}≤1.0 和外照射指数 I_r≤1.3。

(9)甲醛释放量和石棉物相的检测

吸声板的甲醛释放量应不大于 1.5mg/L。

吸声板中不得含有石棉纤维。

9.6　聚氯乙烯壁纸

(1)宽度和每卷长度

成品壁纸的宽度为 530±5mm 或 900~1000±10mm。

530mm 宽的成品壁纸每卷长度为 10±0.05m。900~1000mm 宽的成品壁纸每卷长度为 50±0.50m。

其他规格尺寸由供需双方协商或以标准尺寸的倍数供应。

(2)每卷段数和段长

10m/卷的成品壁纸每卷为一段。

50m/卷的成品壁纸每卷的段数及其段长应符合表 9-28 的规定。

表 9-28　50m/卷的成品壁纸每卷的段数及其段长

级别	每卷段数,不多于	最小段长,不小于
优等品	2 段	10m
一等品	3 段	3m
合格品	6 段	3m

(3)外观质量(表 9-29)

表 9-29　聚氯乙烯壁纸的外观质量

名称 \ 等级	优等品	一等品	合格品
色差	不允许有	不允许有明显差异	允许有差异,但不影响使用
伤痕和皱折	不允许有	不允许有	允许基纸有明显折印,但壁纸表面不许有死折
气泡	不允许有	不允许有	不允许有影响外观的气泡

续表

等级 名称	优等品	一等品	合格品
套印精度	偏差不大于0.7mm	偏差不大于1mm	偏差不大于2mm
露底	不允许有	不允许有	允许有2mm的露底，但不允许密集
漏印	不允许有	不允许有	不允许有影响外观的漏印
污染点	不允许有	不允许有目视明显的污染点	允许有目视明显的污染点，但不允许密集

(4)物理性能(表9-30)

表9-30　聚氯乙烯壁纸的物理性能

项目			指标		
			优等品	一等品	合格品
退色性，级			>4	≥4	≥3
耐摩擦色牢度试验，级	干摩擦	纵向	>4	≥4	≥3
		横向			
	湿摩擦	纵向	>4	≥4	≥3
		横向			
遮蔽性，级			4	≥3	≥3
湿润拉伸负荷，N/15mm		纵向	>2.0	≥2.0	≥2.0
		横向			
综合剂可拭性①		横向	20次无外观上的损伤和变化	20次无外观上的损伤和变化	20次无外观上的损伤和变化

① 可拭性是指粘贴壁纸的黏合剂附在壁纸的正面。在黏合剂未干时，应有可能用湿布或海绵拭去，而不留下明显痕迹。

(5)壁纸的可洗性

1)可洗性是壁纸在粘贴后的使用期内可洗涤的性能。这是对壁纸用在有污染和湿度较高地方的要求。

2)可洗性按使用要求分可洗、特别可洗和可刷洗三个使用等级。其性能应符合表9-31的规定。

表9-31　聚氯乙烯壁纸的可洗性

使用等级	指标
可洗	30次无外观上的损伤和变化
特别可洗	100次无外观上的损伤和变化
可刷洗	40次无外观上的损伤和变化

9.7 建筑物隔热用硬质聚氨酯泡沫塑料

1. 产品分类

(1)分类

按用途分为两种类型。

1)类型Ⅰ:适于承受轻负载,如建筑物屋顶、地板下隔层及类似的用途。

2)类型Ⅱ:适于承受重负载,如衬填材料,冷冻室地板等。

(2)分级

1)按导热系数值不同分为A、B两级。

2)根据使用要求,燃烧性能分为三级。

2. 技术要求

1)板材长度,宽度应符合表9-32规定。

表9-32 硬质聚氨酯泡沫塑料的长度 mm

基本尺寸	尺寸偏差	对角线差
<1000	±5	5
1000~2000	±7	7
2000~4000	±10	13
>4000	+不限 -10	—

2)厚度应符合表9-33规定。

表9-33 硬质聚氨酯泡沫塑料的厚度 mm

厚度	偏差
<50	±2
50~75	±3
75~100	
>100	供需双方商定

3)板材表面应基本平整,无严重凹凸不平。

4)物理机械性能应符合表9-34规定。

表9-34 硬质聚氨酯泡沫塑料的物理性能

项目 \ 指标 \ 分类		类型 Ⅰ A	类型 Ⅰ B	类型 Ⅱ A	类型 Ⅱ B
密度,kg/m^3	≥	30	30	30	30
压缩性能 屈服点时或形变10%时的压缩应力,kPa	≥	100	100	150	150
导热系数,W/(m·K)	≤	0.022	0.027	0.022	0.027

续表

项目 \ 指标 \ 分类				类型 I A	类型 I B	类型 II A	类型 II B
尺寸稳定性(70℃,48h),%			≤	5	5	5	5
水蒸气透湿系数(23±2℃/10%至85%RH),ng/(Pa·m·s)			≤	6.5		6.5	
吸水率 V/V,%			≤	4		3	
燃烧性	1级	垂直燃烧法	平均燃烧时间,s ≤	30		30	
			平均燃烧高度,mm ≤	250		250	
	2级	水平燃烧法	平均燃烧时间,s ≤	90		90	
			平均燃烧范围,mm ≤	50		50	
	3级	非阻燃型		无要求		无要求	

9.8 绝热用岩棉、矿渣棉及其制品

1. 术语(表9-35)

表9-35 绝热用岩棉、矿渣棉及其制品的相关术语

术语	定义
岩棉带、矿渣棉带	将岩棉板、矿渣棉板切成一定的宽度,使其纤维层垂直排列并粘贴在适宜的贴面上的制品
岩棉贴面毡、矿渣棉贴面毡	用纸、布或金属网等做贴面材料的岩棉毡、矿渣棉毡制品
热荷重收缩温度	在规定的升温条件下,试样承受恒定荷载,厚度收缩率为10%时所对应的温度
管壳偏心度	表征管壳横截面内外圆的偏心程度,用厚度的极差相对于标称厚度的百分率表示
有机物含量	在规定的条件下,从干燥产品中除去的有机物质量相对于原质量之比值,以百分数表示

2. 分类

产品按制品形式分为:岩棉、矿渣棉;岩棉板、矿渣棉板;岩棉带、矿渣棉带;岩棉毡、矿渣棉毡;岩棉缝毡、矿渣棉缝毡;岩棉贴面毡、矿渣棉贴面毡和岩棉管壳、矿渣棉管壳(以下简称棉、板、带、毡、缝毡、贴面毡和管壳)。

3. 要求

(1)基本要求

1)棉及制品的纤维平均直径应不大于7.0μm。

2)棉及制品的渣球含量(粒径大于0.25mm)应不大于10.0%(质量分数)。

(2)棉

棉的物理性能应符合表9-36的规定。

表9-36 岩棉、矿渣棉的物理性能

性能		指标
密度,kg/m^3		≤150
导热系数(平均温度70^{+5}_{0}℃,试验密度150kg/m^3),W/(m·K)	≤	0.044
热荷重收缩温度	≥	650

注:密度系指表观密度,压缩包装密度不适用。

(3)板

1)板的外观质量要求,表面平整,不得有妨碍使用的伤痕、污迹、破损。

2)板的尺寸及允许偏差,应符合表9-37的规定。其他尺寸可由供需双方商定,但允许偏差应符合表9-37的规定。

表9-37 岩棉板、矿渣棉板的尺寸及允许偏差 mm

项目		允许偏差
长度	910、1000、1200、1500	+15,-3
宽度	600、630、910	+5,-3
厚度	30~150	+5,-3

3)板的物理性能应符合表9-38的规定。

表9-38 岩棉板、矿渣棉板的物理性能

密度,kg/m^3	密度允许偏差,%		导热系数,W/(m·K)(平均温度70^{+5}_{0}℃)	有机物含量,%	燃烧性能	热荷重收缩温度,℃
	平均值与标称值	单值与平均值				
40~80	±15	±15	≤0.044	≤4.0	不燃材料	≥500
81~100						≥600
101~160			≤0.043			
161~300			≤0.044			

注:其他密度产品,其指标由供需双方商定。

(4)带

1)带的外观质量要求,表面平整,不得有妨碍使用的伤痕、污迹、破损,板条间隙均匀,无脱落。

2)带的尺寸及允许偏差,应符合表9-39的规定。其他尺寸可由供需双方商定,但允许偏差应符合表9-39的规定。

表9-39 岩棉带、矿渣棉带的尺寸及允许偏差 mm

项目		允许偏差
长度	1200、2400	—
宽度	910	+10,-5
宽度	30、50、75、100、150	+4,-2

注:长度允许偏差由供需双方商定。

3)带的物理性能应符合表 9-40 的规定。

表 9-40 岩棉带、矿渣棉带的物理性能

密度,kg/m³	密度允许偏差,%		导热系数,W/(m·K)(平均温度 70^{+5}_{0}℃)	有机物含量①,%	燃烧性能	热荷重收缩温度,℃
	平均值与标称值	单值与平均值				
40~100	±15	±15	≤0.052	≤4.0	不燃材料	≥600
101~160			≤0.049			

① 系指基材。

(5)毡、缝毡和贴面毡

1)毡、缝毡和贴面毡的外观质量要求,表面平整,不得有妨碍使用的伤痕、污迹、破损,贴面毡的贴面与基材的粘贴应平整、牢固。

2)毡、缝毡和贴面毡的尺寸及允许偏差,应符合表 9-41 的规定。其他尺寸可由供需双方商定,但允许偏差应符合表 9-41 的规定。

表 9-41 毡、缝毡和贴面毡的尺寸及允许偏差

项目		允许偏差
长度	910、3000、4000、5000、6000	±2%
宽度	600、630、910	+5mm,-3mm
厚度	30~150	正偏差不限,-3mm

3)毡、缝毡和贴面毡基材的物理性能应符合表 9-42 的规定。

表 9-42 毡、缝毡和贴面毡的物理性能

密度①,kg/m³	密度允许偏差,%		导热系数,W/(m·K)(平均温度 70^{+5}_{0}℃)	有机物含量①,%	燃烧性能	热荷重收缩温度,℃
	平均值与标称值	单值与平均值				
40~100	±15	±15	≤0.044	≤1.50	不燃材料	≥400
101~160			≤0.043			≥600

① 厚度为正偏差时,密度用标称厚度计算。

4)缝毡用基材应铺放均匀,其缝合质量应符合表 9-43 的规定。

表 9-43 缝毡的缝合质量指标

项目	指标
边线与边缘距离,mm	≤75
缝线行距,mm	≤100
开线长度,mm	≤240
开线根数(开线长度不小于 160mm),根	≤3
针脚间距,mm	≤80

(6)管壳

1)管壳外观的质量要求,表面平整,不得有妨碍使用的伤痕、污迹、破损,轴向无翘曲且与端面垂直。

2)管壳的尺寸及允许偏差,应符合表9-44的规定。

表9-44 管壳的尺寸及允许偏差 mm

项目		允许偏差
长度	910、1000、1200	+5, -3
厚度	30、40	+4, -2
	50、60、80、100	+5, -3
内径	22~89	+3, -1
	102~325	+4, -1

3)管壳的偏心度应不大于10%。

4)管壳的物理性能符合表9-45的规定。

表9-45 管壳的物理性能

密度,kg/m³	密度允许偏差,%		导热系数,W/(m·K)(平均温度 70^{+5}_{0}℃)	有机物含量,①%	燃烧性能	热荷重收缩温度,℃
	平均值与标称值	单值与平均值				
40~200	±15	±15	≤0.044	≤5.0	不燃材料	≥600

9.9 膨胀珍珠岩

1. 产品分类及等级

(1)分类

产品按堆积密度分为70、100、150、200、250号五个标号。

注:如需其他标号产品由供需双方确定。

(2)等级

各标号产品按物理性能分成优等品、一等品和合格品三个等级。

2. 技术要求

1)膨胀珍珠岩的堆积密度、质量含水率、粒度和导热系数指标应符合表9-46规定。

2)产品的堆积密度均匀性指标应符合表9-47规定。

表 9-46 膨胀珍珠岩的堆积密度、质量含水率、粒度和导热系数

标号	堆积密度	质量含水率	粒度				导热系数		
	kg/m^3	%	%				W/(m·K) (kcal/m·h·℃)		
	最大值	最大值	5mm 筛孔筛余量	0.15mm 筛孔通过量			平均温度 298 ±5K 温度梯度 5 ~ 10K/cm		
			最大值	最大值			最大值		
				优等品	一等品	合格品	优等品	一等品	合格品
70 号	70	2	2	2	4	6	0.047 (0.040)	0.049 (0.042)	0.051 (0.044)
100 号	100						0.052 (0.045)	0.054 (0.046)	0.056 (0.048)
150 号	150						0.058 (0.050)	0.060 (0.052)	0.062 (0.053)
200 号	200	2	2	2	4	6	0.064 (0.055)	0.066 (0.057)	0.068 (0.058)
250 号	250						0.070 (0.060)	0.072 (0.062)	0.074 (0.064)

表 9-47 膨胀珍珠岩的堆积密度均匀性指标

等级	堆积密度均匀性
一等品	5 袋试样中最大堆积密度或最小堆积密度与 5 袋试样堆积密度平均值之差的绝对值不超过 5 袋试样平均值的 10%
二等品	5 袋试样中最大堆积密度或最小堆积密度与 5 袋试样堆积密度平均值之差的绝对值不超过 5 袋试样平均值的 15%
合格品	5 袋试样堆积密度的平均值符合表 9-46 规定

9.10 石棉布、带

1. 分类与分级

(1)分类

1)石棉布、带按所用石棉纱、线加工工艺分为两种,见表 9-48。

表 9-48 石棉布、带按所用石棉纱、线加工工艺分类

种类代号	加 工 工 艺
SB、SD	由干法工艺生产的石棉纱、线织成的石棉布、带
WSB、WSD	由湿法工艺生产的石棉纱、线织成的石棉布、带

2)石棉布、带按原料组成分五类,见表 9-49。

表 9-49　石棉布、带按原料组成分类

类　　别	定　　义
1 类	未夹有增强物的石棉纱、线织成的布、带
2 类	夹有金属增强丝(铜、铅、锌或其他金属丝及合金丝)的石棉纱、线织成的布、带
3 类	夹有有机增强丝(棉、尼龙、人造丝等)的石棉纱、线织成的布、带
4 类	夹有非金属无机增强丝(玻璃丝、陶瓷纤维等)的石棉纱、线织成的布带
5 类	用 1 ~ 4 类布、带中的两种或两种以上的纱、线织成的布、带

注:夹有增强丝的石棉布、带,其中金属丝用化学符号表示。如铜(Cu)、铅(Pb)、锌(Zn)……,其他增强丝用汉语拼音表示,如玻璃丝(B)、陶瓷纤维(T)、棉(M)、尼龙(N)、人造丝(R)……,可加注于分类代号字母之后。

(2)分级

石棉布、带按烧失量分为六级,见表 9-50。

表 9-50　石棉布、带按烧失量分级

分级代号	烧失量,%
4A 级	≤16.0
3A 级	16.1 ~ 19.0
2A 级	19.1 ~ 24.0
A 级	24.1 ~ 28.0
B 级	28.1 ~ 32.0
S 级	32.1 ~ 35.0

2. 技术要求

1)石棉布、带表面应洁净、平整、织纹清晰。不允许有缺经、缺纬、跳线和线头明显外露等织造上的缺陷。

2)石棉布的规格尺寸、经纬密度、单位面积重量、织物结构及允许偏差,须符合表 9-51 的规定。

表 9-51　石棉布的规格及允许偏差

种类	宽度,mm		厚度,mm		经纬密度 根/100mm		单位面积质量① ≤kg/m²	织纹结构
	基本尺寸	允许偏差	基本尺寸	允许偏差	经线≥	纬线≥		
SB	1000 1200 1500	±20	0.8	±0.1	80	40	0.60	平纹
			1.0		75	38	0.75	
			1.5	±0.2	72	36	1.10	
			2.0		64	32	1.50	
			2.5		60	30	1.90	
			3.0		52	26	2.30	
			3.0		84	60	2.40	平斜纹

续表

<table>
<tr><th rowspan="2">种类</th><th colspan="2">宽度,mm</th><th colspan="2">厚度,mm</th><th colspan="2">经纬密度 根/100mm</th><th rowspan="2">单位面积质量①
≤kg/m²</th><th rowspan="2">织纹结构</th></tr>
<tr><th>基本尺寸</th><th>允许偏差</th><th>基本尺寸</th><th>允许偏差</th><th>经线≥</th><th>纬线≥</th></tr>
<tr><td rowspan="7">WSB</td><td rowspan="7">800
1000
1200
1500</td><td rowspan="7">±20</td><td>0.6</td><td>±0.05</td><td>140</td><td>70</td><td>0.45</td><td rowspan="7">平纹</td></tr>
<tr><td>0.8</td><td rowspan="2">±0.1</td><td>132</td><td>66</td><td>0.55</td></tr>
<tr><td>1.0</td><td>120</td><td>60</td><td>0.75</td></tr>
<tr><td>1.5</td><td rowspan="4">±0.2</td><td>72</td><td>36</td><td>1.00</td></tr>
<tr><td>2.0</td><td>64</td><td>32</td><td>1.20</td></tr>
<tr><td>2.5</td><td>60</td><td>30</td><td>1.40</td></tr>
<tr><td>3.0</td><td>48</td><td>24</td><td>1.70</td></tr>
</table>

注:1. 夹金属丝石棉布单位面积质量不作规定;
2. 特殊规格,由供需双方商定。

3)石棉带的规格和经纬密度的基本要求由需方确定,其偏差应符合表9-52的规定。

表9-52 石棉带的规格和经纬密度的允许偏差

项目	基本要求	偏差
宽度,mm	≤40 40~65 >65	±5
厚度,mm	≤1.0 1.0~2.0 2.1~3.0 >3.0	±0.1 ±0.2 ±0.3 基本尺寸的±10%
经纱密度	全宽	规定值的±10%
纬纱密度	≤20根/25mm >20根/25mm	±1根 规定值的±5%

4)石棉布、带的水分不大于3.5%,如超过要求,允许扣除超过部分计量,但不得超过5.5%。

5)石棉布、带的烧失量应符合表9-53的规定。

表9-53 石棉布、带的烧失量

等级	烧失量%,≤
4A级	16.0
3A级	19.0
2A级	24.0
A级	28.0
B级	32.0
S级	35.0

6)石棉带的单位长度质量应在规定质量的±10%以内。

7)石棉布的断裂强力应符合表9-54的规定。

表9-54　石棉布的断裂强力

种类	厚度,mm	断裂强力 N≥												织纹结构
		4A		3A		2A		A		B		S		
		常温		加热后		常温		加热后		常温		加热后		
		经向	纬向	经向	纬向	经向	纬向	经向	纬向	经向	纬向	经向	纬向	
SB	0.8	294	147	147	78	245	137	137	68	196	98	98	59	平纹
	1.0	392	196	196	98	412	176	147	68	294	147	137	59	
	1.5	490	245	245	127	441	196	157	68	441	196	137	59	
	2.0	588	294	294	147	461	216	167	78	461	216	137	69	
	2.5	686	343	343	176	490	245	176	88	490	215	147	78	
	3.0	784	392	392	196	588	294	206	108	588	294	176	88	
	3.0	882	441	441	245	784	392	274	157	784	392	235	137	平斜纹
WSB	0.6	294	147	147	74	245	123	123	62	—	—	—	—	平纹
	0.8	392	196	196	98	294	147	147	74	—	—	—	—	
	1.0	490	245	245	123	392	196	196	98	—	—	—	—	
	1.5	590	295	295	147	490	245	245	100	—	—	—	—	
	2.0	690	345	345	172	580	255	255	105	—	—	—	—	
	2.5	785	392	392	196	685	275	275	110	—	—	—	—	
	3.0	850	425	425	213	750	295	295	115	—	—	—	—	

注　1. 石棉布的断裂强力指1类石棉布；

2. 含其他金属丝或其他增强纤维石棉布的断裂强力由供需双方商定。

9.11　石棉绳

分类与分级

1)石棉绳按制造方法分为四类,产品名称及代号见表9-55。

表9-55　石棉绳按制造方法分类

产　品　名　称	制　造　方　法	代　　号
石棉扭绳	用石棉纱、线扭合而成	SN
石棉圆绳	用石棉纱、线编结成圆形的绳	SY
石棉方绳	用石棉纱、线编结成方形的绳	SF
石棉松绳	用石棉绒作芯,以石棉纱、线编成菱形网状外皮松软圆形绳	SC

2)石棉绳按烧失量分为六级,见表9-56。

表 9-56　石棉绳按烧失量分级

分　　级	烧失量,%	代　　号
AAAA 级	≤16.0	4A
AAA 级	16.1～19.0	3A
AA 级	19.1～24.0	2A
A 级	24.1～28.0	A
B 级	28.1～32.0	B
S 级	32.1～35.0	S

9.12　石棉纸板

1. 定义

以中短石棉纤维为主要原料,加入填料、粘结剂,经过打浆、抄取、干燥等工艺而制成的纸板状材料。

2. 分类

石棉纸板按用途分为两类,即用于隔热、保温类石棉纸板,代号为 A-1,用于包覆式密封垫片内衬材料的石棉纸板,代号为 A-2。

3. 技术要求

1)石棉纸板的表面应平整、光滑,一面允许有毛布纹压痕;不允许有折裂、鼓泡、分层、缺角等缺陷。

2)石棉纸板的长度、宽度及允许偏差、两对角线长度之差应符合表 9-57 的规定。

表 9-57　石棉纸板的长、宽及对角线尺寸要求　mm

长度×宽度	允　许　偏　差	两对角线长度之差
1000×1000	±5	≤30

注:其他长宽尺寸及允许偏差可由供需双方商定。

3)石棉纸板的厚度及允许偏差应符合表 9-58 的规定。

表 9-58　石棉纸板的厚度及允许偏差　mm

厚度 t	允　许　偏　差	
	A-1	A-2
$0.2<t\leq0.5$	±0.05	±0.05
$0.5<t\leq1.00$	±0.10	±0.07
$1.00<t\leq1.50$	±0.15	±0.08
$1.50<t\leq2.00$	±0.20	±0.09
$2.00<t\leq5.00$	±0.30	±0.10
$t>5.00$	±0.50	—

注:其他厚度及允许偏差由供需双方商定。

4)石棉纸板的物理性能应符合表9-59的规定。

表9-59 石棉纸板的物理性能

项目		性能要求	
		A-1	A-2
水分%	≤	3.0	
烧失量%	≤	18.0	
密度 g/cm^3	≤	1.5	
横向拉伸强度 MPa	≥	0.8	2.0

注:厚度大于3mm者不做横向拉伸强度试验。

9.13 陶瓷墙地砖胶粘剂

1. 术语(表9-60)

表9-60 陶瓷墙地砖胶粘剂的相关术语

术语	定义
晾置时间	涂胶后至叠合试件能达到标准拉伸胶粘强度大于或等于0.5MPa时的最大时间间隔
滑移	在垂直面上,用梳理后的胶粘剂涂层粘贴后陶瓷砖的向下滑动量
润湿能力	梳理后胶粘剂涂层润湿陶瓷砖的能力
横向变形	硬化的条状胶粘剂试样承受三点弯曲,试样中心出现裂纹时产生的最大位移
熟化时间	水泥基胶粘剂从加水拌合到可以使用的时间间隔
基本性能	胶粘剂必须具有的性能要求
可选性能	胶粘剂的附加性能和特殊要求
附加性能	在特殊使用条件下胶粘剂需提高性能级别时应具备的性能
特殊性能	除基本性能外,胶粘剂所具备的其他性能
水泥基胶粘剂	由水硬性胶凝材料、矿物集料、有机外加剂组成的粉状混合物,使用时需与水或其他液体拌合
膏状乳液胶粘剂	由水性聚合物分散液、有机外加剂和矿物填料等组成的膏糊状混合物,可直接使用
反应型树脂胶粘剂	由合成树脂、矿物填料和有机外加剂组成的单组分或多组分混合物,通过化学反应使其硬化

2. 分类和代号

1)产品按组成分为水泥基胶粘剂(C),膏状乳液胶粘剂(D)和反应型树脂胶粘剂(R)。

2)按基本性能和可选性能划分的产品型号见表9-61。

表 9-61 胶粘剂的型号和代号

标记		说明
分类	代号	
C	1	普通型-水泥基胶粘剂
C	1F	快速硬化-普通型-水泥基胶粘剂
C	1T	抗滑移-普通型-水泥基胶粘剂
C	1FT	抗滑移-快速硬化-普通型-水泥基胶粘剂
C	2	增强型-水泥基胶粘剂
C	2E	加长晾置时间-增强型-水泥基胶粘剂
C	2F	增强型-快速硬化-水泥基胶粘剂
C	2T	抗滑移-增强型-水泥基胶粘剂
C	2TE	加长晾置时间-抗滑移-增强型-水泥基胶粘剂
C	2FT	抗滑移-增强型-快速硬化-水泥基胶粘剂
D	1	普通型-膏状乳液胶粘剂
D	1T	抗滑移-普通型-膏状乳液胶粘剂
D	2	增强型-膏状乳液胶粘剂
D	2T	抗滑移-增强型-膏状乳液胶粘剂
D	2TE	加长晾置时间-抗滑移-增强型-膏状乳液胶粘剂
R	1	普通型-反应型树脂胶粘剂
R	1T	抗滑移-普通型-反应型树脂胶粘剂
R	2	增强型-反应型树脂胶粘剂
R	2T	抗滑移-增强型-反应型树脂胶粘剂

注:根据与其他不同性能符号的结合可以插入另外的标记符号。

3)根据表 9-62 ~ 表 9-64,胶粘剂依据不同可选性能都可能有不同型号,这些型号用以下代号标识:

① 普通型胶粘剂(1)。

② 增强型胶粘剂(2)。

③ 快速硬化胶粘剂(F)。

④ 抗滑移胶粘剂(T)。

⑤ 加长晾置时间胶粘剂(E)仅用于增强型水泥基胶粘剂和增强型膏状乳液胶粘剂。

3. 技术要求

(1)水泥基胶粘剂(C)

普通型水泥基胶粘剂应符合表 9-62 Ⅰ所列的性能要求。快速硬化的水泥基胶粘剂应符合表 9-62 Ⅱ所列的性能要求。表 9-62 中Ⅲ、Ⅳ和Ⅴ列出了在特殊使用环境下还应要求的性能。

表 9-62　水泥基胶粘剂(C)的技术要求

<table>
<tr><td colspan="3">基本性能</td></tr>
<tr><td>Ⅰ</td><td colspan="2">普通型胶粘剂(C1)</td></tr>
<tr><td colspan="2">项目</td><td>指标</td></tr>
<tr><td colspan="2">拉伸胶粘原强度,MPa　≥</td><td rowspan="5">0.5</td></tr>
<tr><td colspan="2">浸水后的拉伸胶粘强度,MPa　≥</td></tr>
<tr><td colspan="2">热老化后的拉伸胶粘强度,MPa　≥</td></tr>
<tr><td colspan="2">冻融循环后的拉伸胶粘强度,MPa　≥</td></tr>
<tr><td colspan="2">晾置时间,20min 拉伸胶粘强度,MPa　≥</td></tr>
<tr><td>Ⅱ</td><td colspan="2">快速硬化胶粘剂(CF)</td></tr>
<tr><td colspan="2">项目</td><td>指标</td></tr>
<tr><td colspan="2">早期拉伸胶粘强度,24h,MPa　≥</td><td rowspan="2">0.5</td></tr>
<tr><td colspan="2">晾置时间,10min 拉伸胶粘强度,MPa　≥</td></tr>
<tr><td colspan="3">其他所有要求如表中Ⅰ所列</td></tr>
<tr><td colspan="3">可选性能</td></tr>
<tr><td>Ⅲ</td><td colspan="2">特殊性能(CT)</td></tr>
<tr><td colspan="2">项目</td><td>指标</td></tr>
<tr><td colspan="2">滑移,mm　≤</td><td>0.5</td></tr>
<tr><td>Ⅳ</td><td colspan="2">附加性能(C2)</td></tr>
<tr><td colspan="2">项目</td><td>指标</td></tr>
<tr><td colspan="2">拉伸胶粘原强度,MPa　≥</td><td rowspan="4">1.0</td></tr>
<tr><td colspan="2">浸水后的拉伸胶粘强度,MPa　≥</td></tr>
<tr><td colspan="2">热老化后的拉伸胶粘强度,MPa　≥</td></tr>
<tr><td colspan="2">冻融循环后的拉伸胶粘强度,MPa　≥</td></tr>
<tr><td>Ⅴ</td><td colspan="2">附加性能(CE)</td></tr>
<tr><td colspan="2">项目</td><td>指标</td></tr>
<tr><td colspan="2">加长的晾置时间,30min 拉伸胶粘强度,MPa　≥</td><td>0.5</td></tr>
</table>

胶粘剂润湿能力和横向变形由供需双方协商确定,并在订货合同中明示。

(2)膏状乳液胶粘剂(D)

膏状乳液胶粘剂应符合表 9-63 中Ⅰ的要求。

表 9-63 中Ⅱ、Ⅲ和Ⅳ列出了在特殊使用环境下应符合的性能。

表 9-63 膏状乳液胶粘剂(D)的技术要求

基本性能			
Ⅰ	普通型胶粘剂(D1)		
项目			指标
压缩剪切胶粘原强度,MPa		≥	1.0
热老化后的压缩剪切胶粘强度,MPa		≥	1.0
晾置时间,20min 拉伸胶粘强度,MPa		≥	0.5
可选性能			
Ⅱ	特殊性能(DT)		
项目			指标
滑移,mm		≤	0.5
Ⅲ	附加性能(D2)		
项目			指标
浸水后的剪切胶粘强度,MPa		≥	0.5
高温下的剪切胶粘强度,MPa		≥	1.0
Ⅳ	附加性能(DE)		
项目			指标
加长的晾置时间,30min 拉伸胶粘强度,MPa		≥	0.5

(3)反应型树脂胶粘剂(R)

反应型树脂胶粘剂应符合表 9-64 中Ⅰ的要求。

表 9-64 中Ⅱ和Ⅲ列出了在特殊使用环境下应符合的性能。

表 9-64 反应型树脂胶粘剂(R)的技术要求

基本性能			
Ⅰ	普通型胶粘剂(R1)		
项目			指标
压缩剪切胶粘原强度,MPa		≥	2.0
浸水后的压缩剪切胶粘强度,MPa		≥	2.0
晾置时间,20min 拉伸胶粘强度,MPa		≥	0.5
可选性能			
Ⅱ	特殊性能(RT)		
项目			指标
滑移,mm		≤	0.5
Ⅲ	附加性能(R2)		
项目			指标
高低温交变循环后的压缩剪切胶粘强度,MPa		≥	2.0

9.14 壁纸胶粘剂

1. 术语(表9-65)

表9-65 壁纸胶粘剂的相关术语

术 语	定 义
成品胶	根据产品说明配制好供使用的壁纸胶液
湿粘性	胶粘层仍为湿态时胶粘剂对被粘基材的粘附性
网面	纸张分二个表面,其贴向造纸机铜网的一面为网面(反面),另一面为非网面(正面)

2. 产品分类

(1)分类

壁纸胶粘剂按其材性和应用分为两大类。

第1类:适用于一般纸基壁纸粘贴的胶粘剂。

第2类:具有高湿粘性、高干强适用于各种基底壁纸粘贴的胶粘剂。

(2)代号

每类按其物理形态又分为粉型、调制型、成品型三种形态。第一类三种形态代号依次为1F、1H、1Y;第2类三种形态代号依次为2F、2H、2Y。

3. 技术要求

壁纸胶粘剂技术要求应符合表9-66的规定。

表9-66 壁纸胶粘剂的技术要求

项 目			技术指标			
			第1类		第2类	
			优等品	合格品	优等品	合格品
成品胶外观			均匀无团块胶液			
pH值			6~8			
适用期			不变质(不腐败、不变稀、不长霉)			
晾置时间,min		≥	15		10	
湿粘性	标记线距离,mm		200	150	300	250
湿粘性	30s移动距离,mm	<	5			
干粘性	纸破率,%		100			
滑动性,N		≤	2		5	
防霉性①等级			1		0	1

① 仅测防毒型产品。

9.15　天花板胶粘剂

1. 产品分类

(1)类型(表 9-67)

表 9-67　天花板胶粘剂的类型

类　别	定　义
乙酸乙烯系	以乙酸乙烯树脂及其乳液为粘料,加入添加剂
乙烯共聚系	以乙酸乙烯和乙烯共聚物为粘料,加入添加剂
合成胶乳系	以合成胶乳为粘料,加入添加剂
环氧树脂系	以环氧树脂为粘料,加入添加剂

(2)代号

天花板胶粘剂的基材和材料代号,如表 9-68 所示。

表 9-68　天花板胶粘剂的代号

胶粘剂	代号	材　料	代　号					
乙酸乙烯系	VA	基材	石膏板		石棉水泥板		木板	
乙烯共聚系	EC		GY		AS		WO	
合成胶乳系	SL	天花板材料	胶合板	纤维板	石膏板	石棉水泥板	硅酸钙板	矿棉板
环氧树脂系	ER		GL	FI	GY	AS	SI	MI

2. 技术要求

天花板胶粘剂的技术要求应符合表 9-69 规定。

表 9-69　天花板胶粘剂的技术要求

试验项目		技术指标														
外观		胶液均匀、无块状颗粒														
涂布性		容易涂布、梳齿不零乱														
流挂①,mm　<		3														
拉伸胶接强度 MPa≥	基材	石膏板						石棉水泥板②			木板					
	天花板材料 / 试验条件	胶合板	纤维板	石膏板	石棉水泥板②	硅酸钙板	矿棉板	石膏板	硅酸钙板	矿棉板	胶合板	纤维板	石膏板	石棉水泥板②	硅酸钙板	矿棉板
	23±2℃,96h	0.2						0.2	0.2		1	0.5	0.2	0.5		0.2
	23±2℃,96h 浸水 24h	—						—	0.1		0.5	0.2	—	0.2		0.1

① 仅对实际施工时不需要临时固定的腻子状胶粘剂进行流挂试验;
② 此处石棉水泥板为混凝土、水泥砂浆、TK 板、FC 板等的代替品。

9.16 木地板胶粘剂

1. 产品分类

(1)类型(表9-70)

表9-70 木地板胶粘剂的类型

类别	定义
聚乙烯醇系	以聚乙烯醇改性物为粘料,加入添加剂
乙酸乙烯系	以乙酸乙烯树脂为粘料,加入添加剂
乙烯共聚系	以乙酸乙烯和以乙烯共聚物为粘料,加入添加剂
丙烯酸系	以丙烯酸树脂为粘料,加入添加剂

(2)代号

木地板胶粘剂代号如表9-71所示。

表9-71 木地板胶粘剂的代号

胶粘剂类型	聚乙烯醇系	乙酸乙烯系	乙烯共聚系	丙烯酸系
代号	PV	VA	EC	AC

2. 技术要求

木地板胶粘剂的技术要求应符合表9-72规定。

表9-72 木地板胶粘剂的技术要求

试验项目	技术指标
涂布性	容易涂布、胶层均匀
拉伸劈裂胶接强度23℃ ±2℃,96h,再浸水24hN/cm ≥	200

图表索引

参考文献

[1] 通用硅酸盐水泥(GB 175—2007)[S].北京:中国标准出版社,2007.
[2] 道路硅酸盐水泥(GB 13693—2005)[S].北京:中国标准出版社,2005.
[3] 砌筑水泥(GB/T 3183—2003)[S].北京:中国标准出版社,2003.
[4] 水泥胶砂强度检验方法(GB/T 17671—1999)[S].北京:中国标准出版社,1998.
[5] 水泥细度检验方法筛析法(GB/T 1345—2005)[S].北京:中国标准出版社,2005.
[6] 水泥密度测定方法(GB/T 208—1994)[S].北京:中国标准出版社,1995.
[7] 建筑用砂(GB/T 14684—2001)[S].北京:中国标准出版社,2004.
[8] 建筑用卵石、碎石(GB/T 14685—2001)[S].北京:中国标准出版社,2004.
[9] 混凝土用水标准(JGJ 63—2006)[S].北京:中国建筑工业出版社,2006.
[10] 混凝土外加剂(GB 8076—1997)[S].北京:中国标准出版社,1997.
[11] 普通混凝土配合比设计规程(JGJ 55—2000)[S].北京:中国建筑工业出版社,2003.
[12] 粉煤灰混凝土应用技术规范(GBJ 146—1990)[S].北京:中国计划出版社,1991.
[13] 蒸压加气混凝土应用技术规范(JGJ/T 17—2008)[S].北京:中国建筑工业出版社,2009.
[14] 轻骨料混凝土技术规程(JGJ 51—2002)[S].北京:中国建筑工业出版社,2004.
[15] 轻集料及其试验方法　第1部分:轻集料(GB/T 17431.1—1998)[S].北京:中国标准出版社,1999.
[16] 烧结普通砖(GB 5101—2003)[S].北京:中国标准出版社,2004.
[17] 烧结多孔(GB 13544—2000)[S].北京:中国标准出版社,2000.
[18] 烧结空心砖和空心砌块(GB 13545—2003)[S].北京:中国标准出版社,2004.
[19] 蒸压灰砂砖(GB 11945—1999)[S].北京:中国标准出版社,1999.
[20] 耐酸砖(GB/T 8488—2008)[S].北京:中国标准出版社,2009.
[21] 陶瓷砖(GB/T 4100—2006)[S].北京:中国标准出版社,2006.
[22] 烧结瓦(GB/T 21149—2007)[S].北京:中国标准出版社,2007.
[23] 石棉水泥波瓦及其脊瓦(GB/T 9772—1996)[S].北京:中国标准出版社,1997.
[24] 玻璃纤维增强聚酯波纹板(GB/T 14206—2005)[S].北京:中国标准出版社,2005.
[25] 蒸压加气混凝土板(GB 15762—1995)[S].北京:中国标准出版社,1996.
[26] 预应力混凝土空心板(GB 14040—2007)[S].北京:中国标准出版社,2008.
[27] 钢丝网水泥板(GB 16308—2008)[S].北京:中国标准出版社,2009.
[28] 普通混凝土小型空心砌块(GB 8239—1997)[S].北京:中国标准出版社,1997.
[29] 轻集料混凝土小型空心砌块(GB/T 15229—2002)[S].北京:中国标准出版社,2002.
[30] 蒸压加气混凝土砌块(GB 11968—2006)[S].北京:中国标准出版社,2006.
[31] 直接用原木、坑木(GB 142—1995)[S].北京:中国标准出版社,1996.
[32] 小径原木(GB/T 11716—1999)[S].北京:中国标准出版社,1999.
[33] 锯切用原木(GB/T 143—2006)[S].北京:中国标准出版社,2006.

[34] 原木材积表(GB 4814—1984)[S]. 北京:中国标准出版社,1985.
[35] 杉原条材积表(GB 4815—1984)[S]. 北京:中国标准出版社,1985.
[36] 杉原条(GB/T 5039—1999)[S]. 北京:中国标准出版社,1999.
[37] 刨切单板(GB/T 13010—2006)[S]. 北京:中国标准出版社,2006.
[38] 刨切单板用原木(GB/T 15106—2006)[S]. 北京:中国标准出版社,2006.
[39] 旋切单板用原木(GB/T 15779—2006)[S]. 北京:中国标准出版社,2006.
[40] 针叶树锯材(GB/T 153—1995)[S]. 北京:中国标准出版社,1996.
[41] 阔叶树锯材(GB/T 4817—1995)[S]. 北京:中国标准出版社,1996.
[42] 抗静电木质活动地板(LY/T 1330—1999)[S]. 北京:中国标准出版社,2004.
[43] 胶合板(GB/T 9846.1~4—2004)[S]. 北京:中国标准出版社,2004.
[44] 刨花板(GB/T 4897.1~7—2003)[S]. 北京:中国标准出版社,2003.
[45] 细木工板(GB/T 5849—2006)[S]. 北京:中国标准出版社,2006.
[46] 硬质纤维板(GB 12626.1、2—1990)[S]. 北京:中国标准出版社,1990.
[47] 薄型硬质纤维板(LY/T 1205—1997)[S]. 北京:中国标准出版社,1997.
[48] 硬质木纤维瓦楞板(LY/T 1203—1997)[S]. 北京:中国标准出版社,1997.
[49] 浮雕纤维板(LY/T 1204—1997)[S]. 北京:中国标准出版社,1997.
[50] 装饰单板贴面人造板(GB/T 15104—2006)[S]. 北京:中国标准出版社,2006.
[51] 浸渍胶膜纸饰面人造板(GB/T 15102—2006)[S]. 北京:中国标准出版社,2006.
[52] 碳素结构钢(GB/T 700—2006)[S]. 北京:中国标准出版社,2007.
[53] 优质碳素结构钢(GB/T 699—1999)[S]. 北京:中国标准出版社,2000.
[54] 合金结构钢(GB/T 3077—1999)[S]. 北京:中国标准出版社,2000.
[55] 低合金高强度结构钢(GB/T 1591—2008)[S]. 北京:中国标准出版社,2009.
[56] 耐候结构钢(GB/T 4171—2008)[S]. 北京:中国标准出版社,2009.
[57] 冷轧带肋钢筋(GB 13788—2008)[S]. 北京:中国标准出版社,2009.
[58] 钢筋混凝土用钢　第2部分:热轧带肋钢筋(GB 1499.2—2007)[S]. 北京:中国标准出版社,2008.
[59] 钢筋混凝土用钢　第1部分:热轧光圆钢筋(GB 1499.1—2008)[S]. 北京:中国标准出版社,2008.
[60] 碳素结构钢和低合金结构钢热轧钢带(GB 3524—2005)[S]. 北京:中国标准出版社,2005.
[61] 碳素结构钢冷轧钢带(GB/T 716—1991)[S]. 北京:中国标准出版社,1991.
[62] 优质碳素结构钢热轧薄钢板和钢带(GB/T 710—2008)[S]. 北京:中国标准出版社,2009.
[63] 碳素结构钢和低合金结构钢热轧薄钢板及钢带(GB 912—2008)[S]. 北京:中国标准出版社,2009.
[64] 焊接用钢盘条(GB/T 3429—2002)[S]. 北京:中国标准出版社,2003.
[65] 焊接用不锈钢盘条(GB/T 4241—2006)[S]. 北京:中国标准出版社,2006.
[66] 不锈钢盘条(GB/T 4356—2002)[S]. 北京:中国标准出版社,2003.
[67] 低碳钢热轧圆盘条(GB/T 701—2008)[S]. 北京:中国标准出版社,2009.

[68] 预应力钢丝及钢绞线用热轧盘条(YB/T 146—1998)[S]. 北京:冶金工业出版社,1999.
[69] 预应力混凝土用钢丝(GB/T 5223—2002)[S]. 北京:中国标准出版社,2002.
[70] 预应力混凝土用低合金钢丝(YB/T 038—1993)[S]. 北京:冶金工业出版社,1993.
[71] 钢筋混凝土用钢筋焊接网(GB/T 1499.3—2002)[S]. 北京:中国标准出版社,2002.
[72] 普通平板玻璃(GB 4871—1995)[S]. 北京:中国标准出版社,1996.
[73] 夹层玻璃(GB 9962—1999)[S]. 北京:中国标准出版社,2000.
[74] 中空玻璃(GB 11944—2002)[S]. 北京:中国标准出版社,2004.
[75] 浮法玻璃(GB 11614—1999)[S]. 北京:中国标准出版社,2000.
[76] 建筑用安全玻璃(防火玻璃)(GB 15763.1—2001)[S]. 北京:中国标准出版社,2001.
[77] 建筑用安全玻璃(第2部分:钢化玻璃)(GB 15763.2—2005)[S]. 北京:中国标准出版社,2006.
[78] 卫生陶瓷(GB 6952—2005)[S]. 北京:中国标准出版社,2006.
[79] 陶瓷片密封水嘴(GB 18145—2003)[S]. 北京:中国标准出版社,2004.
[80] 自应力混凝土输水管(GB 4084—1999)[S]. 北京:中国标准出版社,2000.
[81] 混凝土和钢筋混凝土排水管(GB 11836—1999)[S]. 北京:中国标准出版社,2000.
[82] 灰口铸铁管件(GB/T 3420—2008)[S]. 北京:中国标准出版社,2009.
[83] 可锻铸铁管路连接件(GB/T 3287—2000)[S]. 北京:中国标准出版社,2000.
[84] 给水用硬聚氯乙烯(PVC—U)管材(GB/T 10002.1—2006)[S]. 北京:中国标准出版社,2006.
[85] 给水用硬聚氯乙烯(PVC—U)管件(GB 10002.2—2003)[S]. 北京:中国标准出版社,2004.
[86] 给水用聚乙烯(PE)管材(GB 13663—2000)[S]. 北京:中国标准出版社,2001.
[87] 给水用低密度聚乙烯管材(QB/T 1930—2006)[S]. 北京:中国轻工业出版社,2006.
[88] 埋地给水用聚丙烯(PP)管材(QB/T 1929—2006)[S]. 北京:中国轻工业出版社,2006.
[89] 硬聚氯乙烯(PVC—U)双壁波纹管材(QB/T 1916—2004)[S]. 北京:中国轻工业出版社,2005.
[90] 建筑排水用硬聚氯乙烯(PVC—U)管材(GB/T 5836.1—2006)[S]. 北京:中国标准出版社,2006.
[91] 建筑排水用硬聚氯乙烯(PVC—U)管件(GB/T 5836.2—2006)[S]. 北京:中国标准出版社,2006.
[92] 无压埋地排污、排水用硬聚氯乙烯(PVC—U)管材(GB/T 20221—2006)[S]. 北京:中国标准出版社,2006.
[93] 聚氯乙烯防水卷材(GB 12952—2003)[S]. 北京:中国标准出版社,2004.
[94] 氯化聚乙烯防水卷材(GB 12953—2003)[S]. 北京:中国标准出版社,2003.
[95] 塑料体改性沥青防水卷材(GB 18243—2008)[S]. 北京:中国标准出版社,2009.
[96] 弹性体改性沥青防水卷材(GB 18242—2008)[S]. 北京:中国标准出版社,2009.
[97] 改性沥青乙烯胎防水卷材(GB 18967—2003)[S]. 北京:中国标准出版社,2004.
[98] 石油沥青玻璃纤维胎卷材(GB/T 14686—2008)[S]. 北京:中国标准出版社,2009.
[99] 石油沥青纸胎油毡(GB 326—2007)[S]. 北京:中国标准出版社,2008.

[100] 硅酮建筑密封胶(GB/T 14683—2003))[S].北京:中国标准出版社,2004.
[101] 聚氨酯防水涂料(GB/T 19250—2003)[S].北京:中国标准出版社,2004.
[102] 复层建筑涂料(GB/T 9779—2005)[S].北京:中国标准出版社,2005.
[103] 天然大理石建筑板材(GB/T 19766—2005)[S].北京:中国标准出版社,2005.
[104] 聚氯乙烯壁纸(QB/T 3805—1999)[S].北京:中国轻工业出版社,1999.
[105] 建筑物隔热用硬质聚氯酯泡沫塑料(QB/T 3806—1999)[S].北京:中国轻工业出版社,1999.
[106] 绝热用岩棉、矿渣棉及其制品(GB/T 11835—2007)[S].北京:中国标准出版社,2008.